国家自然科学基金数学天元基金资助项目

数学文化概论

葛照强　王　峰　王勇茂　主编

科学出版社

北　京

内 容 简 介

本书以数学的发展历史为依据,根据自然科学的发展理念,把数学放在自然科学的大背景下,主要围绕数学与各学科的联系展开讨论.本书通过介绍数学与其他自然科学、数学与工程技术、数学与人文科学等的联系,把数学知识、数学思想和数学方法渗透到科技教育与人文教育中去,培养大学生的数学精神以及应用数学知识、数学思想和数学方法研究自然科学及人文科学问题的能力,以促进科技教育与人文教育协调发展,提高大学生的整体素质.

本书既可作为大学生数学文化课程的教材,也可供其他人员学习和了解数学知识、数学思想和数学方法在自然科学与人文科学中的应用参考.

图书在版编目(CIP)数据

数学文化概论/葛照强,王峰,王勇茂主编. —北京:科学出版社,2021.6
ISBN 978-7-03-067771-6

Ⅰ.①数… Ⅱ.①葛… ②王… ③王… Ⅲ.①数学–文化研究 Ⅳ.①O1-05

中国版本图书馆 CIP 数据核字(2021) 第 003754 号

责任编辑:李静科 / 责任校对:杨聪敏
责任印制:吴兆东 / 封面设计:无极书装

科 学 出 版 社 出版
北京东黄城根北街 16 号
邮政编码:100717
http://www.sciencep.com

北京凌奇印刷有限责任公司印刷
科学出版社发行 各地新华书店经销
*
2021 年 6 月第 一 版 开本:720×1000 1/16
2024 年 4 月第三次印刷 印张:20 1/2
字数:408 000
定价:98.00 元
(如有印装质量问题,我社负责调换)

前　　言

数学文化是一个历史的概念，要想给其一个一劳永逸的定义是不容易的. 就目前对数学文化的研究来看，数学文化大致可以理解为 "所有与数学相关的知识的总和". 数学文化是人类文化的重要组成部分，是人类社会进步的产物，也是推动社会发展的动力. 从蒙昧时代到现代社会，数学文化对人类文明发展产生了毋庸置疑的深刻影响. 数学文化以其思维方法的深邃性和孜孜不倦的理性探索精神为人类认识世界和改造世界提供了强有力的支持，为人类文化发展提供了方法论基础和科学技术手段，决定了大部分哲学思想的内容和研究方法，为政治学说和经济理论提供了科学依据，塑造了众多流派的绘画、音乐、建筑和文学风格等. 作为理性精神的化身，数学文化已渗透到现代社会的各个领域. 犹如克莱因在其名著《西方文化中的数学》中指出："数学是一种精神，一种理性精神. 正是这种精神，激发、促进、鼓舞并驱使人类的思维得以运用到最完善程度，亦正是这种精神，试图决定性地影响人类的物质、道德和社会生活; 试图回答人类自身存在提出的问题; 努力去理解和控制自然; 尽力探求和确立已经获得知识的最深刻和最完美内涵." 研究数学文化，传播数学知识、数学思想、数学方法，培养数学精神，是当今教育研究的主流问题之一，对提高国民整体素质有重要的理论价值和实用价值[1-36].

最早系统地研究数学文化的是美国数学家怀尔德 (R. L. Wilder). 他根据文化生成和发展理论，提出了数学文化的概念及有关理论体系，指出 "数学是一种文化，数学教育是数学文化的教育"[1,3]. 随着数学与社会的发展关系越来越密切，许多国家把数学文化的教育理念渗透到数学教育中去[8-12,34]. 我国关于数学文化的研究已有三十余年的历史. 研究的内容主要集中在对数学文化的宏观价值认识问题及数学文化在数学教学中的渗透问题[4-7, 13-33, 35]. 从不同的侧面说明了数学学科并不是一系列的技巧; 数学在形成现代生活和思想中起着重要作用; 数学一直是形成现代文化的主要力量等. 许多学校开设了数学文化选修课，编写并出版了数学文化课教材. 这些教材从不同的角度解释了数学不仅是关于数与形的科学，还是一门充满人文关怀的科学，说明了当代大学生学习数学文化的重要性. 与此同时，数学文化也被越来越多的中学数学教师所接受，开始探索如何在数学课堂教学中渗透数学文化，提高学生的数学素养，使数学成为个人发展中终身受用的知识[23,29-30]. 就以上对数学文化的宏观价值认识问题及数学文化在数学教学中的渗透问题的研究而言，其中大部分研究的出发点仅仅从数学发展史本身揭示数学的文化价值，大部分教材仅适用于人文学科的学生学习了解数学文化. 很少有从自然科学的发展理念出发, 把数学放在自然科学的大背景下, 研究数学的文化价值, 使理工学科及人文学科的学生都能从中受益.

本书以普通高等院校的学生为对象, 主要突出如下四个方面.

首先, 以数学的发展历史为依据, 围绕数学与其他学科的联系展开讨论. 例如, 第 1 章介绍了数学发展简史、数学对人类文明的作用及数学对人的发展作用等; 第 2 章介绍了几个重要的数学方法和数学技术, 讨论了数学在文学艺术、语言学、政治学及史学研究中的应用; 第 3 章讨论了数学在自然科学中的作用; 第 4 章介绍了数学在工程技术中的作用等.

其次, 根据自然科学的发展理念, 把数学放在自然科学的大背景下, 研究科技教育与人文教育的关系, 揭示数学在其中的地位和作用. 例如, 第 3 章介绍了数学在科学革命中的作用, 数学在自然观中的作用, 科技教育与人文教育的关系等.

再次, 通过一些具体问题研究数学与其他学科的联系, 把数学知识、数学思想和数学方法渗透到理工学科及人文学科中去. 培养大学生的数学精神及应用数学知识、数学思想和数学方法研究理工学科及人文学科问题的能力; 使科技教育与人文教育协调发展; 提高大学生的整体素质. 例如, 第 4 章介绍了数学在高新技术中的应用; 第 5 章介绍了数学在经济学中的应用; 第 6 章介绍了数学对哲学的作用; 第 7 章介绍了数学在语言、文学、艺术及法学等中的作用.

最后, 讨论的问题内容丰富、信息量大、观点全面、说理透彻、适用面广. 本书内容不仅可供大学本科生使用, 亦可供其他人员学习和了解数学知识、数学思想和数学方法在其他学科中应用参考, 对提高国民整体素质有重要的意义.

本书由葛照强、王峰、王勇茂主编. 在编写过程中整体参阅了葛照强等编写的文献 [36]; 第 1 章主要参阅了文献 [37]—[39]; 第 2 章主要参阅了文献 [40]—[43]; 第 3 章主要参阅了文献 [44]—[55]; 第 4 章主要参阅了文献 [43], [56]—[63]; 第 5 章主要参阅了文献 [64]—[79]; 第 6 章主要参阅了文献 [80]—[84]; 第 7 章主要参考了文献 [20]. 马知恩、赵彬、陈十一教授, 冯德兴、张纪峰研究员及葛肖池博士曾参加过总体方案和部分内容的讨论, 提出了宝贵意见. 编者借此机会对他们表示衷心的感谢. 感谢科学出版社李静科副编审, 没有她的辛勤工作, 本书不可能这样快地与读者见面.

本书编写及出版得到国家自然科学基金数学天元基金 (11926402) 资助, 借此机会一并表示感谢.

由于编者水平有限, 书中难免有不足之处, 恳请读者和专家批评指正.

葛照强　王　峰　王勇茂

2020 年 3 月于西安交通大学

目　　录

前言
第 1 章　数学与人类文明 ………………………………………………… 1
　1.1　数学的内容、特点及精神 …………………………………………… 1
　　1.1.1　数学是什么 …………………………………………………… 1
　　1.1.2　数学的内容 …………………………………………………… 3
　　1.1.3　数学的特点 …………………………………………………… 4
　　1.1.4　数学技术的发展及其作用 …………………………………… 6
　　1.1.5　数学精神 ……………………………………………………… 10
　　1.1.6　数学的新用场 ………………………………………………… 11
　1.2　数学发展简史 ………………………………………………………… 15
　　1.2.1　数学发展的四个时期 ………………………………………… 15
　　1.2.2　悖论与数学的三次危机 ……………………………………… 20
　　1.2.3　中国古代数学简述 …………………………………………… 25
　1.3　数学对人类文明的作用 ……………………………………………… 30
　　1.3.1　数学是人类文明的重要力量 ………………………………… 30
　　1.3.2　数学与人类文明范例 ………………………………………… 39
　1.4　数学对人的素质的培养 ……………………………………………… 47
　　1.4.1　对勤奋与自强精神的培养 …………………………………… 47
　　1.4.2　对其他一些人文素质的培养 ………………………………… 48
　　1.4.3　对审美素质的培养 …………………………………………… 51
　　1.4.4　对分析与归纳能力的培养 …………………………………… 51
　　1.4.5　对直觉及想象能力的培养 …………………………………… 52
第 2 章　几个重要的数学方法与数学技术及应用 ……………………… 55
　2.1　混沌学方法 …………………………………………………………… 55
　　2.1.1　混沌的发现及定义 …………………………………………… 55
　　2.1.2　蝴蝶效应的描述 ……………………………………………… 56
　　2.1.3　线性与非线性过程 …………………………………………… 57
　　2.1.4　产生混沌的例子——人口模型 ……………………………… 58
　2.2　模糊数学方法 ………………………………………………………… 60
　　2.2.1　模糊数学概述 ………………………………………………… 60

　　　　2.2.2　模糊数学中的几个基本概念 ·················· 62

　2.3　模糊数学在研究文学艺术及语言学中的应用 ············· 63

　2.4　数学建模 ·································· 65

　2.5　数学在政治学中的应用——选票分配问题 ············· 67

　　　　2.5.1　选举悖论 ···························· 67

　　　　2.5.2　选票分配问题 ························· 68

　　　　2.5.3　亚拉巴马悖论 ························· 69

　2.6　数学在史学研究中的应用——考古问题 ············· 71

　　　　2.6.1　放射性年龄测定法 ······················ 71

　　　　2.6.2　马王堆一号墓年代的确定 ·················· 72

　2.7　最优化方法 ······························ 72

　　　　2.7.1　研究的对象和目的 ······················ 72

　　　　2.7.2　最优化方法的意义 ······················ 73

　　　　2.7.3　最优化方法发展简史 ···················· 73

　　　　2.7.4　工作步骤 ···························· 73

　　　　2.7.5　模型的基本要素 ······················· 74

　　　　2.7.6　最优化方法分类 ······················· 74

　　　　2.7.7　解析性质 ···························· 74

　　　　2.7.8　最优解的概念 ························· 75

　　　　2.7.9　最优化方法的应用 ······················ 75

　2.8　数学机械化方法 ···························· 76

　2.9　几个常用的现代数学技术 ····················· 77

　　　　2.9.1　计算技术 ···························· 77

　　　　2.9.2　编码技术 ···························· 78

　　　　2.9.3　统计技术 ···························· 79

第 3 章　数学与人类对自然界的认识 ··················· 81

　3.1　自然科学与科学革命 ························· 81

　　　　3.1.1　自然科学的内容及特点 ·················· 81

　　　　3.1.2　自然科学发展的第一个时期——古代自然科学发展时期 ····· 82

　　　　3.1.3　自然科学发展的第二个时期及前两次科学革命 ········· 82

　　　　3.1.4　自然科学发展的第三个时期及第三次科学革命 ········· 85

　3.2　数学在科学革命中的作用 ····················· 90

　　　　3.2.1　数学在近代科学革命中的作用 ··············· 90

　　　　3.2.2　数学在第三次科学革命中的作用 ··············· 96

　3.3　自然观及人类自然观演化简史 ··················· 96

3.3.1 古代自然观 ·············· 97
3.3.2 中世纪的科学与自然观 ·············· 98
3.3.3 近代机械论自然观的兴起 ··············98
3.3.4 对机械论自然观的突破——人类对自然界的辩证认识 ············· 99
3.3.5 20世纪的科学思想 ··············· 100
3.4 数学在自然观中的作用 ··············· 100
3.4.1 古希腊的数学自然观 ··············· 100
3.4.2 数学对唯物主义自然观的影响 ·············· 102
3.4.3 数学真理的发展及其对自然观演变的启示 ············· 108
3.5 自然科学方法论 ···············113
3.5.1 科研选题 ··············· 114
3.5.2 自然科学的基本方法 ··············· 114
3.5.3 自然科学发展的主要形式 ··············· 118
3.6 科技教育与人文教育的关系 ···············119
3.6.1 科技教育与人文教育的目标及性质 ···············119
3.6.2 科技教育与人文教育的联系与区别 ·············· 120
3.6.3 科技教育与人文教育融合的重要性 ·············· 120
3.7 数学在自然科学中的作用 ··············· 122
3.7.1 数学在物理学中的作用 ··············· 122
3.7.2 数学在化学中的作用 ·············· 125
3.7.3 数学在天文学中的作用 ·············· 129
3.7.4 数学在地理学中的作用 ·············· 132
3.7.5 数学在生物学中的作用 ·············· 133
3.7.6 数学在医学中的作用 ·············· 134
3.7.7 数学在系统科学和信息科学中的作用 ·············· 137
第4章 数学与工程技术 ··············· 140
4.1 工程技术与技术革命 ··············· 140
4.1.1 工程技术的内容特点 ··············· 140
4.1.2 工程技术发展简史 ·············· 142
4.2 数学在技术革命中的作用 ··············· 148
4.2.1 数学在第一次技术革命中的作用 ·············· 149
4.2.2 数学在第二次技术革命中的作用 ·············· 149
4.2.3 数学对第三次技术革命的作用 ·············· 149
4.2.4 数学对第四次技术革命的作用 ·············· 150
4.3 数学在高新技术中的作用 ··············· 150

4.3.1　数学在计算机技术中的应用 ·················· 150

4.3.2　数学在微电子技术中的作用 ·················· 158

4.3.3　数学在信息技术中的作用 ···················· 159

4.3.4　数学在数字化技术中的作用 ·················· 160

4.3.5　数学在预测技术中的作用 ···················· 162

4.3.6　数学在通信技术中的作用 ···················· 164

4.3.7　数学在决策技术中的作用 ···················· 166

4.3.8　数学在航天技术中的作用 ···················· 167

4.3.9　数学技术在语言学中的作用 ·················· 169

4.4　数学在工程技术中的应用 ························ 171

4.4.1　数学在自动制造系统中的应用 ················ 171

4.4.2　数学在石油业中的应用 ······················ 177

4.4.3　数学在人工智能中的应用 ···················· 178

4.4.4　数学在战争中的应用 ························ 182

4.4.5　数学在自动化中的应用 ······················ 183

4.4.6　数学在生命科学中的应用 ···················· 184

4.4.7　数学在系统模拟中的应用 ···················· 186

4.4.8　数学在保险业中的应用 ······················ 188

4.4.9　数学在农业中的应用 ························ 191

4.4.10　数学在汽车制造业中的应用 ·················· 195

第 5 章　数学与经济学 ································· 198

5.1　经济学概述 ···································· 198

5.1.1　什么是经济学 ······························ 198

5.1.2　经济学发展史 ······························ 199

5.1.3　经济学与数学的关系 ·························· 201

5.2　数理经济学 ···································· 203

5.2.1　数理经济学的起源和发展 ···················· 203

5.2.2　数理经济学与相关学科的关系 ················ 206

5.2.3　数理经济学的研究内容与方法 ················ 207

5.2.4　数理经济学模型举例 ·························· 208

5.3　数量经济学 ···································· 211

5.3.1　数量经济学的发展 ·························· 211

5.3.2　数量经济学的概念和特点 ···················· 213

5.3.3　数量经济学的研究内容 ······················ 214

5.3.4　数量经济学模型举例 ·························· 215

5.4　计量经济学 ·· 217
　　5.4.1　什么是计量经济学 ·· 217
　　5.4.2　计量经济学与数学的关系 ······································ 219
　　5.4.3　计量经济学的研究内容和方法 ·································· 220
　　5.4.4　计量经济学发展史 ·· 220
　　5.4.5　计量经济模型实例 ·· 222
5.5　数学与金融学 ·· 226
　　5.5.1　金融的起源与发展 ·· 226
　　5.5.2　金融学的研究内容 ·· 229
　　5.5.3　金融学理论和数学的联系 ······································ 230
　　5.5.4　金融学模型举例 ·· 232
5.6　数学与会计学 ·· 235
　　5.6.1　会计学的起源与发展 ·· 235
　　5.6.2　管理会计学的研究内容 ·· 237
　　5.6.3　数学与会计学的联系 ·· 239
　　5.6.4　会计学中的数学问题举例 ·· 241
5.7　诺贝尔经济学奖与数学 ·· 243
第 6 章　数学与哲学 ··· 247
6.1　数学与哲学的联系与区别 ·· 247
6.2　数学对哲学的作用 ·· 249
　　6.2.1　数学与形而上学的起源 ·· 249
　　6.2.2　数学对西方哲学的影响 ·· 251
　　6.2.3　数学科学的发展, 加深了对哲学基本规律的理解, 丰富了哲学内容 ···· 258
　　6.2.4　数学的发展带来哲学的重要进展 ································· 258
6.3　哲学对数学的作用 ·· 260
　　6.3.1　数学的哲学起源 ··· 260
　　6.3.2　辩证法在数学中的运用 ·· 268
　　6.3.3　哲学作为世界观, 为数学发展提供指导作用 ···················· 273
　　6.3.4　哲学作为方法论, 为数学提供伟大的认识工具和探索工具 ·········· 274
　　6.3.5　数学哲学 ··· 274
6.4　数学与美 ··· 277
　　6.4.1　数学美的几种常见类型 ·· 277
　　6.4.2　正整数与美 ··· 281
　　6.4.3　无理数与美 ··· 282
　　6.4.4　无限世界中的数学美 ·· 283

6.4.5 数学方法的优美性 ·· 286

第 7 章　数学与其他人文社会科学 ·· 290

7.1　**数学与语言** ·· 290

7.1.1 数学语言与一般语言的关系 ·· 290

7.1.2 应用数学方法研究语言 ·· 293

7.1.3 计算风格学及进一步的关联 ·· 296

7.2　**数学与文学** ·· 301

7.2.1 用数学概念及知识作比喻来说明某些深刻道理 ························· 301

7.2.2 在文学作品中巧妙地运用数学方法可起到意想不到的效果 ·············· 301

7.2.3 在文学作品中巧妙地运用数词可起到文学本身起不到的效果 ············ 302

7.3　**数学与艺术** ·· 303

7.3.1 数学与音乐的联系 ·· 303

7.3.2 数学与雕刻、建筑的联系 ·· 305

7.3.3 数学与绘画的联系 ·· 306

7.3.4 从艺术中诞生的科学 ·· 308

7.4　**数学与法学** ·· 309

7.4.1 数学方法在法学中的应用 ·· 309

7.4.2 高新技术对法学的影响 ·· 311

参考文献 ··· 313

第1章 数学与人类文明

对任何一门学科的理解, 单有这门学科的具体知识是不够的, 即使你对这门学科知识掌握得足够丰富, 还需要对这门学科的整体有正确的认识, 需要了解这门学科的本质. 本章的目的就是从历史的、哲学的和文化的角度给出关于数学本质的一般认识. 这一章简要讨论数学的内容与特点及精神、数学发展简史及数学与人类文明.

1.1 数学的内容、特点及精神[1]

数学是研究现实世界中的数量关系与空间形式的一门学科. 由于实际的需要, 数学在古代就产生了, 现在已发展成一个分支众多的庞大系统. 数学与其他科学一样, 反映了客观世界的规律, 并成为理解自然、改造自然的有力武器. 今从以下几个方面来谈数学的内容、特点及精神.

1.1.1 数学是什么

1. 数学的定义

给数学下定义是一件困难的事情. 对任何事物下定义都会遇到同样的困难. 因为很难在一个定义中把事物的一切重要属性都概括进去. 另外, 数学本身是一个历史的概念, 数学的内涵随着时代的变化而变化. 要给数学下一个一劳永逸的定义是不可能的. 考虑全面性与历史发展, 可给数学下两个定义.

(1) 数学是数和形的学问. 数学是一棵参天大树. 它的根深深地扎于现实世界. 它有两个主干, 一曰形——几何, 一曰数——代数.

几何: 空间形式的科学, 视觉思维占主导, 培养直觉能力, 培养洞察力;

代数: 数量关系的科学, 有序思维占主导, 培养逻辑推理能力.

几何与代数两者相辅相成. 没有直觉就没有发明, 没有逻辑就没有证明. 借助直觉发明的命题, 要借助逻辑加以证明. 著名数学家庞加莱说: "逻辑可以告诉我们走这条路或那条路保证不遇到任何障碍, 但是它不能告诉我们哪一条路能引导我们到达目的地. 为此必须从远处瞭望目标, 而数学教导我们, 瞭望的本领是直觉. " 英国数学家阿蒂亚说: "几何直觉乃是增进数学理解力的很有效的途径, 而且它可以使人增加勇气, 提高修养." 然而在通常的数学教学中只讲逻辑而很少讲直觉.

---

[1] 本小节主要参考了人民教育出版社网站上《数学文化及其应用》一文, 作者: 张顺燕, 作者单位: 北京大学数学科学学院.

如果只研究数与形, 那是静态的, 属于常量数学的范围. 所以只研究数与形是不够的, 必须研究大小与形状是如何改变的. 这就产生了微积分. 它的延伸是无穷级数、微分方程、微分几何等. 那么, 什么是数学呢? 19 世纪, 恩格斯给数学下了这样的定义:"数学是研究现实世界的量的关系与空间形式的科学."

恩格斯关于数学的定义是经典的, 概括了当时数学的发展, 即使在目前也概括了数学的绝大部分. 但是在 19 世纪末, 数理逻辑诞生了. 在数理逻辑中既没有数也没有形, 很难归入恩格斯的定义. 于是人们又考虑数学的新定义.

(2) 数学是关于模式和秩序的科学, 是对结构、模式以及模式的结构和谐性的研究, 其目的是要揭示人们从自然界和数学本身的抽象世界中所观察到的结构和对称性.

这一定义实际上是用"模式"代替了"数与形", 而所谓的"模式"有着极广泛的内涵, 包括了数的模式、形的模式、运动与变化的模式、推理与通信的模式、行为的模式 …… 这些模式可以是现实的, 也可以是想象的; 可以是定量的, 也可以是定性的. 我们生活在一个由诸多模式组成的世界中: 春有花开, 夏有惊雷, 秋收冬藏, 一年四季循环往复; 繁星夜夜周而复始地从天空中划过; 世界上没有两片完全相同的雪花, 但所有的雪花都是六角形的. 人类的心智和文化为模式的识别、分类和利用建立了一套规范化的思想体系, 它就是数学. 通过数学建立模式可以使知识条理化, 并揭示自然界的奥秘.

模式和秩序的科学都是数学吗? 物理学、力学似乎也符合这个定义, 所以需要作出某些界定.

物理学的基本元素: 具有波粒二象性的场; 生物学的基本元素: 细胞; 数学呢? 数、形、机会、算法与变化.

数学的处理对象分成三组: 数据、测量、观察资料; 推断、演绎、证明; 自然现象、人类行为、社会系统的各种模式.

数学提供了有特色的思考方式.

抽象化: 选出为许多不同的现象所共有的性质来进行专门研究.

符号化: 把自然语言扩充、深化, 而变为紧凑、简明的符号语言. 这是自然科学共有的思考方式, 以数学为最.

公理化: 从前提, 从数据, 从图形, 从不完全和不一致的原始资料进行推理. 归纳与演绎并用.

最优化: 考察所有的可能性, 从中寻求最优解.

建立模型: 对现实现象进行分析. 从中找出数量关系, 并化为数学问题.

应用这些思考方式的经验构成数学能力. 这是当今信息时代越来越重要的一种智力. 它使人们能批判地阅读, 辨别谬误, 摆脱偏见, 估计风险. 数学能使我们更好地了解人们生活于其中的充满信息的世界.

2. **名家论数学**

(1) 数和形的概念不是从其他任何地方, 而是从现实世界中得来的 (恩格斯).

(2) 因为数学可以使人们的思想纪律化, 能教会人们合理地去思维. 无怪乎人们说, 数学是锻炼思想的"体操"(加里宁).

(3) 如果欧几里得 (几何) 不能激起你年轻的热情, 那么你就不会成为一个科学思想家 (爱因斯坦).

(4) 在数学中, 最微小的误差也不能忽略 (牛顿).

(5) 读史使人明智, 读诗使人灵秀, 数学使人周密, 科学使人深刻, 伦理学使人庄重, 逻辑修辞之学使人善辩, 凡有所学, 皆成性格 (培根).

(6) 宇宙之大, 核子之微, 火箭之速, 日用之繁, 无处不用数学 (华罗庚).

(7) 现代科学技术不管哪一部门都离不开数学, 离不开数学科学的一门或几门学科 (钱学森).

(8) 数学的统一性及简单性都是极为重要的. 因为数学的目的, 就是用简单而基本的词汇去尽可能地解释世界. 归根结底, 数学仍然是人类的活动, 而不是计算机的程序 (M. F. Atiyah).

1.1.2　数学的内容

大致说来, 数学分为初等数学、高等数学与现代数学三大部分.

1. **初等数学**

初等数学主要包含两部分: 几何学与代数学. 几何学是研究空间形式的学科, 而代数学则是研究数量关系的学科.

初等数学基本上是常量的数学.

2. **高等数学**

高等数学含有非常丰富的内容, 以大学本科所学为限, 它主要包含:

解析几何: 用代数方法研究几何, 其中平面解析几何部分内容已放到中学.

线性代数: 研究如何解线性方程组及有关的问题.

高等代数: 研究方程式的求根问题.

微积分: 研究变速运动及曲边形的求积问题. 作为微积分的延伸, 还有常微分方程与偏微分方程.

概率论与数理统计: 研究随机现象, 依据数据进行推理.

所有这些学科构成高等数学的基础部分, 在此基础上建立了高等数学的宏伟大厦.

3. 现代数学

现代数学的内容非常丰富, 抽象代数、拓扑学、泛函分析是整个现代数学科学的主体部分. 它们是大学数学专业的课程, 非数学专业也要具备其中某些知识.

1.1.3　数学的特点

数学具有两重性, 即内部的发展和外部的发展. 数学本身的内部活力和对培育其发展的养分的需要, 数学本身就是智力训练的学科. 另外数学也是科学、工程、工业、管理和金融的基本工具和语言.

从内部的发展来看, 数学区分于其他学科的明显特点有三个: 第一是它的抽象性, 第二是它的精确性, 第三是它的理论与结果的优美性; 从外部的发展来看, 数学区别于其他学科的明显特点有两个: 第一是它的应用的极其广泛性, 第二是它的应用的前瞻性; 此外, 数学还有一个明显的特点, 就是数学的技术性. 下面分述.

1. 抽象性

在中学数学的学习过程中读者已经体会到数学的抽象性了. 数本身就是一个抽象概念, 几何中的直线也是一个抽象概念, 全部数学的概念都具有这一特征. 整数的概念、几何图形的概念都属于最原始的数学概念. 在原始概念的基础上又形成有理数、无理数、实数、复数、函数、微分、积分、n 维空间以至无穷维空间这样一些抽象程度更高的概念. 但是需要指出, 所有这些抽象度更高的概念, 都有非常现实的背景. 不过, 抽象不是数学独有的特性, 任何一门科学都具有这一特性. 例如, 物理学中的许多概念如力、质点、理想气体等都有相当程度的抽象; 又如 "人" 这个概念, 他已不是指张三、李四了, 也不是指男的、女的、老的、少的、胖的、瘦的人了, 而是一个抽象的概念. 因此, 单是数学概念的抽象性还不足以说尽数学抽象的特点. 数学抽象的特点在于:

(1) 在数学的抽象中只保留量的关系和空间形式而舍弃了其他一切. 数学的抽象似乎使数学离现实远了一些, 但从逻辑上看, 当有关的概念越抽象时, 它反映的对象越广. 因而, 正是这种高度的抽象导致了宽广的应用.

(2) 数学的抽象是一个历史过程, 是一级一级逐步提高的, 它们所达到的抽象程度大大超过了其他学科中的一般抽象, 例如人们对数的认识. 从中可以看出, 科学的抽象使我们更接近真理, 使认识更深刻、更精确.

(3) 数学本身几乎完全周旋于抽象概念和它们的相互关系的圈子之中. 如果自然科学家为了证明自己的论断常常求助于实验, 那么数学家证明定理只需用推理和计算. 这就是说, 不仅数学的概念是抽象的、思辨的, 而且数学的方法也是抽象的、思辨的.

2. **精确性**

数学的精确性表现在数学定义的准确性、推理的逻辑严格性和数学结论的确定无疑与无可争辩性. 这点读者从中学数学就已很好地懂得了. 当然, 数学的严格性不是绝对的、一成不变的, 而是相对的、发展着的, 这正体现了人类认识逐渐深化的过程. 数学为精确性而一直奋斗, 从而形成了今天这种世人看来最不易引起争议的精确、严谨的学科.

例如, 欧几里得几何, 从少的不能再少的几个命题出发演绎出全部欧几里得几何命题, 成为最为人们称道的欧几里得公理体系.

3. **理论与结果的优美性**

数学作为一种创造性活动, 还具有艺术的特征, 这就是对美的追求. 数学理论的高度概括性和数学结果与公式的简洁、和谐、对称、奇异的优美之例比比皆是. 可以说, 数学理论和结果都是按美学标准建起来的. 与其寻求一个数学美的严格定义 (很难办到), 不如我们去把握数学美的如下特征:

数学美在于发现一般的规律. 例如, 圆周率刻画了所有圆的周长与直径的比.

数学美在于和谐、雅致. 例如, 费马与笛卡儿创立的解析几何学.

数学美在于高度的抽象和统一. 例如, 阿拉伯数字.

数学美在于对称、简洁、有序.

一般说来, 能够被称为数学美的对象 (问题、理论和方法等) 应该是: 在极度复杂的事物中揭示出极度的简单性, 在极度离散或杂乱的事物中概括出的极度的统一性或和谐性.

数学的语言和符号是静怡典雅的音乐. 数学的模式是现实世界数形贡献优美的画卷. 数学的抽象思维是人类智慧奥妙的诗篇.

4. **应用的广泛性**

数学应用的极其广泛性也是它的特点之一. 凡是出现 "量" 的地方都少不了用数学, 研究量的关系、量的变化、量的变化关系、量的关系的变化等现象都少不了数学. 数学应用贯穿到一切科学领域的深处, 而且成为它们的得力助手与工具, 缺少了它就不能准确地刻画出客观事物的变化, 更不能由已知数据推出其他数据, 因而就减少了科学预见的可能性, 或减弱了科学预见的精确度.

数学的应用通常是在对现实生活中的物理学、生物学和商业等活动中碰到的事件或系统进行数学建模时所激发产生的. 一般通过建立数学模型来研究实际问题.

由于数学建模的重要性, 国家教育委员会 (现称为教育部) 从 1992 年起已在全国范围内组织大学生数学建模竞赛, 并将其纳入高等学校教学评估指标体系中.

5. 应用的前瞻性

前瞻性亦可说是超前性. 有许多的数学研究与问题并不直接起源于应用, 得到了有关原理之后, 许久还未与应用挂上钩, 隔了一些时间以后才被应用上了, 这就具有明显的超前性. 有些原理甚至还说不上是为谁做的准备, 可是后来在需要时却不期而遇了. 有些数学问题及相关原理究竟有多宽广的用途, 甚至有的至今还未看到有什么用途, 谁又能断然说不可能再出现"不期而遇"的情形呢?

诗人用想象去预见未来, 政治家用意志去预见未来, 慈善家用情感去预见未来, 数学家用理智、数学公式去预见未来.

6. 数学的技术性

数学在研究、运用和教与学的过程中, 借用工具, 采取适当的方法和技能, 形成了数学的技术性, 称其为数学技术. 数学技术中融合了数学的理论、思想和方法, 并将其以技术的形式表现出来, 以实现其运算和推理等功能, 展现其应用价值. 正如 J. Glimm 所说:"数学对经济竞争力至关重要, 数学是一种关键的、普遍使用的并授予人以能力的技术."

常见的数学技术包括: 计算技术、编码技术、统计技术、对策技术、滤波技术、控制技术、网络技术、分形技术等.

1.1.4 数学技术的发展及其作用

数学技术按其发展可分为传统数学技术和现代数学技术. 这里我们界定现代数学技术的主要内容. 探究数学技术对数学学科和其他学科的影响.

1. 数学技术的发展

数学是一门科学, 集严密性、逻辑性、精确性、创造性和想象力于一身, 被认为是一个严格的王国. 但数学中包含观察、发现、猜想等实践部分, 尝试、假设、度量和分类等是数学家常用的技巧. 数学技术也有其发展的历史.

1) 传统数学技术

传统数学中的记数技术、度量技术、作图技术、计算技术等数学技术在数学的发展和应用中扮演着重要的角色. 从远古的刻痕记数、结绳记数、手指记数、石子记数, 到后来的纸笔记数和现代的计算机记数, 记数技术在不断演进; 度量技术与生产生活实践密切相关, 被看作一项基本技能, 是古今中外数学教学的必然内容; 作图技术更是与工具和技巧息息相关, 在几何学的教学中, 作图技术非常严密, 并因而出现了许多创造和发明. 计算技术是数学技术中最重要的组成部分. 在数学教育上, 7 世纪初, 隋代开始在国子监中设立"算学", 并"置博士、助教、学生等员". 唐代不仅沿袭了"算学"制度, 而且还在科举考试中开设了数学科目"算明科", 考试及第者亦可做官. 由此, 在中国古代就整理出《九章算术》等 10 部算经. 至元代, 朱世杰的《四元玉鉴》给出了解多至 4 个未知元的任意多项式方程组的方法. 之所以限于 4 个未知元, 只是由于所使用的计算工具的限制. 实质上, 朱世杰解方程的思想和方法完全可以适用于任意多的未知元. 我国著名数学家吴文俊先生正是在这种思想和方法的启发下, 开始了其 "数学机械化" 的探索, 并取得了巨大的成功. 由此可见, 数学技术贯穿在整个数学发展之中, 对现代数学具有指导意义.

2) 现代数学技术

在数学、电子学和工程技术等发展和应用的基础上, 诞生了电子计算机. 在计算机环境下形成了一种普遍的、可以实现的关键技术, 称其为现代数学技术. 电子计算机诞生之初, 以其强大的计算功能著称. 传统的计算工具无法与之比拟. 随着计算机的发展, 其存储容量越来越大, 计算速度越来越快, 但电子计算机是数字化的, 其所用信息都以数据的形式出现, 其实质仍是数据处理. 计算机不是万能的, 数学模型的建立、程序的编制、软件的开发等, 也要靠一定的现代数学技术来完成, 计算机只是按人们编制的软件程序快速地进行数字计算和符号演算等. 所以说现代信息技术的核心是现代数学技术.

3) 现代数学技术的主要内容

现代数学技术正在发展, 就目前而言, 一般认为, 现代数学技术的内容除了上述常见的数学技术外, 还包括数据处理技术、数字加密技术、符号运算技术、图形图像技术、数学模拟技术、数学实验技术等. 现代数学技术还在不断地发展、壮大、充实和完善, 未来一片光明.

2. 现代数学技术对数学学科的影响

现代数学技术影响和促进着现代数学的发展, 改变着数学学科本身的特点和面貌, 从某种意义上讲, 是计算机的飞速发展把数学推上了从未曾有过的重要位置.

1) 新学科分支与方向的出现

现代数学技术不仅改变了数学研究方法和应用模式等, 更重要的是改变了数学的基本理论, 产生了一些新的数学分支, 如运筹优化、数理统计等. 由于现代数学技术的出现, 计算方法的研究空前兴盛, 最终形成了一门以原来分散在数学各分支的计算方法为基础的新的数学分支, 即计算数学. 计算数学不仅改进各种数值计算方法, 同时还研究与这些计算方法有关的误差分析、收敛性等问题, 奠定了它在其他学科中的应用基础.

2) 现代数学技术实验室的建立

科学实验室是推动科技发展和社会进步的重要动力. 如果在数学的教与学中能运用数学创造过程中本来使用的实验手段, 在实验中观察、分析、比较, 通过观察、猜想、验证来发现规律, 将是更好的选择. 运用现代数学技术在计算机上进行数学实验, 现在已经成为可能. 在现代数学技术实验室中, 配置多媒体环境和网络环境, 安装相关的数学软件和统计软件, 配合以相应的计算机语言, 便可以直接应用于数学技术的研究. 通过现代数学技术实验, 实现数学的再发现和再创造, 提高数学实践能力, 最终培养创新精神和提高创造能力.

3) 现代数学技术与学科教育的融合

现代数学技术丰富了数学学科的内容, 出现了新的研究方法和学科理论, 使现代数学技术与学科教育融为一体. 应用现代数学技术, 建立数学技术实验室, 在实验室中充分利用各种技术, 培养学生自主学习的能力和创新精神, 使学习者从已有的知识对象出发, 通过实践, 用自己的行动对现有的数学知识主动建构起自己的正确理解, 而不是被动地吸收课本或教师讲述的现成结论, 这符合数学的创造过程, 是一条达到预期的学习效果的有效途径. 毫无疑问, 现代数学技术在数学学科中的应用是最多的. 在数学的教学中, 应用现代数学技术, 在数学技术实验室中, 利用单机环境、多媒体环境, 进行启发性的教学和实验, 让学生积极参与进来, 在实验中观察, 在观察中探索, 在探索中发现, 在发现中讨论, 在讨论中分析, 在分析中比较, 在比较中猜想, 在猜想中验证, 在验证中归纳, 在归纳中抽象, 使得抽象易于理解、合乎情理和自然而然, 其学习效果可想而知.

3. 现代数学技术对其他学科的影响

现代数学技术对其他学科发展与教学的影响, 主要体现在研究内容的扩展、研究方法的改进、教育技术的变化和学习方法的多样化等方面.

1) 研究内容的扩展与研究方法的改进

现代数学技术产生了一系列计算性的分支学科, 如计算物理、计算化学、计算天文学、计算生物学等, 它们使相关学科的研究内容得到扩展, 并有可能导致更多科学技术的新突破. 应用现代数学技术中的数字模拟和数据处理技术, 使气象工作者利用现代数学技术分析、处理气象站和气象卫星汇集的气压、雨量、风速等数据资料, 以得到尽可能准确的天气预报. 生命科学中脱氧核糖核酸 (DNA) 的研究基本上依赖于现代数学技术. 经济学中无论是宏观经济还是微观经济的决策, 都是建立在对大量数据进行处理、分析和优化基础上的, 说明 "数学科学对经济竞争力生死攸关, 数学是关键的、普适的、培养能力的技术".

2) 教育技术和学习方法的变化

以现代数学技术为基础的计算机技术, 成为信息化教育的主流技术, 在教学中发挥无可替代的作用. 在现行的学校教育制度中, 个性化教育、终身教育和时代性很强的新学科内容的教育等问题很难实现, 运用现代教育技术和数字化学习方法, 可以有效解决相关问题. 传统的教学内容以线性方式组织和呈现, 这不符合人类大脑思维的特征, 故多年来有些教学难点很难有所突破. 而在现代数学技术支持下, 教学内容可以以非线性方式组织, 可以使文字、图形、动画、表格、影视等以网络结构的方式一步一步呈现. 在内容的包容上, 由于数据庞杂而不能手工处理的问题, 在现代数学技术条件下, 现在可以进入教材、进入课堂. 由于计算量大而不敢使用的问题实例, 现在可以在课堂上加以处理; 许多定性分析可以变成定量分析, 使结论更科学, 评价更准确; 许多尽其语言之能事而描述不清的问题、过程, 现在可以借助虚拟现实环境模拟; 许多不能或不能轻易进行的实验现在可以进行数字化实验; 等等. 不仅如此, 现代数学技术还被广泛地应用在社会学、文学、语言学、美学、考古等的研究和教学中, 使其数字化、"理性化". 相应地, 由于繁杂的数据处理、冗长的计算和庞大的模拟等问题的解决, 相应学科的教育技术也在改进, 使教学内容在选材上更现实化, 处理材料的手段更多样化. 传统上认为很"文科"的内容, 可以应用现代数学技术进行统计、分析和归纳等, 得出更令人信服的结论.

4. 高新技术本质上是一种数学技术

高新技术的概念源于美国, 是一个历史的、动态的、发展的概念. 目前, 国际上对高新技术比较权威的定义是: 建立在现代自然科学理论和最新的工艺技术基础上, 处于当代科学技术前沿, 能够为当代社会带来巨大经济、社会和环境效益的知识密集、技术密集技术.

自 20 世纪下半叶以来, 数学的技术品性越来越突显: 高新技术越来越依赖数学技术. 我们认为其原因主要有三点: 一是既然被称为高新技术, 说明技术中的科技含量较高, 而一般说来, 科技程度较高抽象度就随之提高, 其中应用数学解决问题的可能性越大; 二是随着现代应用数学的发展, 数学在解决人类和自然问题面前, 充分表现出强大的作用力和技术威力; 三是由于计算机的出现, 数学出现了其发展史上的第四次高峰——信息化数学. 信息时代的数学无处不在, 折射着数学是普遍适用的技术.

例如, 1979 年的诺贝尔生理学或医学奖授予美国的柯马克和英国的洪斯费尔德, 褒奖他们运用数学上的拉东变换原理设计了 CT 层析仪. 发明 CT 层析仪的基本过程是: 想要确定三维空间区域 D(以对大脑扫描为例) 中每一个点上 X 射线的吸收量, 但无法直接测得, 柯马克把这个问题看作是要求 D 上定义的三元函数 $F(x, y, z)$ 的值, 但是利用仪器可以测得 D 内任意线段 l 上 X 射线的平均吸收值 G. 因此, 当测得许多不同的 G 值后, 能不能据此完全确定 $F(x, y, z)$ 就成为关键问题. 依据数学中的拉东变换理论, $F(x, y, z)$ 可以被完全确定, 这样 CT 扫描技术在原理上就被发明出来了. 造福人类的人体层析摄影技术, 应归结为一种数学技术的实现.

再如, 进入千家万户的数字电视, 本质上归结于数学技术的实现, 因为支持电视数字化的是一种数学技术——小波技术. 它能将庞大的数据压缩到最低限度, 使得图像的数字传输成为可能. 无数事实证明了科学家的论断"高新技术的基础是应用科学, 应用科学的基础是数学""高新技术本质上是一种数学技术""现代化在某种意义上说, 就是数学化".

5. 存在的问题

现代数学技术的广泛应用, 对其本身也提出了许多问题和更高的要求, 暴露出发展中的一些问题. 存在的问题主要表现在:

(1) 数学模型应尽量丰富, 更加具有针对性, 使其"套用"方便;

(2) 现代数学技术的主要工具——数学软件的功能应充分强大, 操作要更加简单;

(3) 如何使各专业的教师和学生在教学与学习中自觉、随意、轻松地使用现代数学技术;

(4) 网络环境、远程教育中数学技术的进一步开发问题等.

数学与计算机关系非常密切, 计算机科学与技术涉及众多的数学分支, 其每个领域中具有划时代意义的成果几乎都同数学有关. 在应用中出现的问题和意见的反馈必然会促进现代数学技术的发展, 也会使现代数学技术与信息技术、教育技术结合得更加紧密, 为信息化教育发挥更大的作用.

1.1.5　数学精神

数学与其他科学一样, 也具有两种价值: 物质价值和精神价值. 许多具有远见卓识的数学家和数学教育家最为关心的正是数学的精神. 数学是一种精神, 是一种理性的精神. 正是这种精神, 激发、促进、鼓舞并驱使人类的思维得以运用到最完善的程度, 也正是这种精神, 试图决定性地影响人类的物质、社会生活和道德; 试图回答人类自身存在提出的问题; 努力去理解和控制自然; 尽力去探求和确立已经获得知识的最深刻和最完美的内涵. 因此, 充分认识数学精神, 确立科学与人文融合的价值观, 对全面实施数学素质教育有重要意义.

1. 数学精神的内涵和特性

所谓数学精神, 既指人类从事数学活动中的思维方式、行为规范、价值取向、理想追求等意向性心理的集中表征, 又指人类对数学经验、数学知识、数学方法、数学思想、数学意识、数学观念等不断概括和内化的产物. 意向性是精神的本质属性, 数学精神是数学的精神属性的体现, 有两个显著特性.

(1) 综合性. 数学精神是一个宽泛的综合性范畴, 不仅包含人在数学精神活动的主观性、目的性、内省性、选择性、价值性等, 而且还可以进一步拓宽范畴. 具体地说, 以概念、判断、推理等自觉的思维形式为特征的认识活动; 数学创造、数学解题、数学教学等自觉的精神生产活动; 数学思维的展开、设计、调控、决策等认知活动; 感觉、知觉、表象等低层次的心理活动都可以囊括在数学精神范畴之内.

(2) 层次性. ① 认识层次, 主要表现为数学认识的客观性、逻辑性和实践的可检验性, 它们直接体现了数学科学的本质特征, 并且内化为数学精神的科学成分; ② 气质层次, 美国科学社会学家默顿提出了六条公认的科学精神气质: 普遍主义、公有主义、无私利性、有条理的怀疑主义、个体主义、情感中立, 明确了科学工作者的行为规范和道德取向, 表现为数学精神的人文成分; ③ 价值层次, 数学不仅追求真, 还追求美、追求善. 求真、求美、求善是数学精神的科学成分和人文成分的融合与升华, 这是数学精神乃至科学精神的最高层次.

2. 数学精神的存在形态

(1) 主观形态和客观形态. 数学精神按存在形态可以分为主观精神和客观精神. 主观精神指存在于人脑中, 作为人脑机能和属性的感觉、知觉、表象、思维方法、思维规则、逻辑范畴以及情感、意志、兴趣, 等等. 客观精神是主观精神的外化和物化, 数学的客观精神形成了数学精神文化, 主要由两个部分组成: 一是主观精神的内容依附或储存在一定的物质材料上而物化为客观精神, 如存在于论文、论著、教材、书籍中的数学理论、数学知识以及数学思想方法, 等等; 二是呈现为主观精神的思维方式和心理状态等依附在一定的物质材料上而外化为客观精神, 如集中反映人类的数学思维方式和意向性心理的数学意识、数学观念、数学传统, 等等.

(2) 科学形态与人文形态. 人类精神通常可以分为科学精神和人文精神两大类. 正如钱学森所说, 科学与人文是一个硬币的两面. 数学精神是科学形态的数学精神和人文形态的数学精神相互渗透、有机融合的统一体. 如果科学形态的数学精神对思维活动取得成果具有深刻影响, 那么人文形态的数学精神则对思维活动起着激发、监控和指导作用.

1.1.6 数学的新用场

1992 年国际数学家联合会把 2000 年定为世界数学年. 其目的在于加强数学与社会的联系, 使更多人了解数学的作用.

通常人们把数学分为纯粹数学与应用数学. 纯粹数学研究数学本身提出的问题, 如费马大定理、哥德巴赫猜想、几何中的问题等. 这些问题与生活无关, 不用于技术, 不能改善人类的生活条件. 应用数学却不同, 它直接应用于技术. 这种看法在第二次世界大战前具有相当的普遍性. 第二次世界大战后, 情况发生很大变化.

英国著名数学家哈代说, 纯粹数学是一门 "无害而清白" 的职业, 而数论和相对论则是这种清白学问的范例: "真正的数学对战争毫无影响, 至今没有人能发现有什么火药味的东西是数论或相对论造成的，而且将来好多年也不会有人能够发现这类事情."但 1945 年原子弹的蘑菇云使人们，也使哈代本人在生前看到了相对论不可能与战争有关的预言不攻自破. 他最钟爱的数论也已成为能控制成千上万颗核导弹的密码系统的理论基础. 20 世纪 90 年代的海湾战争甚至被称为数学战争.

第二次世界大战后，数学的面貌呈现四大变化：首先，计算机的介入改变了数学研究的方法，大大扩展了数学研究的领域，加强了数学与社会多方面的联系. 例如，四色问题的解决、数学实验的诞生、生物进化的模拟、股票市场的模拟等. 其次，数学直接介入社会，数学模型的作用越来越大. 再次，离散数学获得重大发展. 人们可以在不懂微积分的情况下，对数学作出重大贡献. 最后，分形几何与混沌学的诞生是数学史上的重大事件. 下面我们具体谈谈数学在各个领域里的贡献.

1. 化学

在 1950 年前后，一个名叫 H. Hauptman 的数学家对晶体的结构这个谜产生了兴趣. 从 20 世纪初化学家就知道，当 X 射线穿过晶体时，射线碰到晶体中的原子而发生散射或衍射. 当他们把胶卷置于晶体之后，X 射线会使随原子位置而变动的衍射图案处的胶卷变黑. 化学家的迷惑是，他们不能准确地确定晶体中原子的位置. 这是因为 X 射线也可以看作是波，它们有振幅和相位. 这个衍射图只能探测 X 射线的振幅，但不能探测相位. 化学家们对此困惑了 40 多年. H. Hauptman 认识到，这件事能形成一个纯粹的数学问题，并有一个优美的解.

他借助傅里叶分析找出了确定相位的办法，并进一步确定了晶体的几何结构. 结晶学家只见过物理现象的影子，H. Hauptman 却利用 100 年前的古典数学从影子来再现实际的现象. 后来在一次谈话中，他回忆说，1950 年以前，人们认为他的工作是荒谬的，并把他看成一个大傻瓜. 事实上，他一生只上过一门化学课——大学一年级的化学. 但是，由于他用古典数学解了一个难倒现代化学家的谜，因而在 1985 年获得了诺贝尔化学奖.

2. 生物学

数学在生物学中的应用使生物学从经验科学上升为理论科学，由定性科学转变为定量科学. 它们的结合与相互促进必将产生许多奇妙的结果.

数学在生物学中的应用可以追溯到 11 世纪. 我国科学家沈括已观察到出生性别人数大致相等的规律，并建立出"胎育之理"的数学模型. 1866 年奥地利人孟德尔通过植物杂交实验提出了"遗传因子"的概念，并发现了生物遗传的分离定律和自由组合定律. 但这些都是简单的，个别而不普遍. 1899 年英国人皮尔逊创办《生物统计学》是数学大量进入生物学的序曲. 哈代和费希尔在 20 世纪 20 年代创立了《群体遗传学》, 成为生命科学中最活跃的定量分析方法和工具. 意大利数学家沃尔泰拉在第一次世界大战后不久创立了生物动力学. 而这几位都是当时的一流数学家.

数学对生物学最有影响的分支首先是生命科学. 目前拓扑学和形态发生学, 扭结理论和 DNA 重组机理受到很大重视. 美国数学家琼斯在扭结理论方面的工作使他获得 1990 年的菲尔兹奖. 生物学家很快地把这项成果用到了 DNA 上, 对弄清 DNA 结构产生重大影响. *Science* 发表文章称 "数学打开了双螺旋的凝结".

其次是生理学. 人们已建立了心脏、肾、胰腺、耳朵等许多器官的计算模型. 此外, 生命系统在不同层次上呈现出无序与有序的复杂行为, 如何描述它们的运作体制对数学和生物学都构成挑战.

最后是脑科学. 目前网络学的研究对神经网络极其重要.

为了让数学发挥作用, 最重要的是对现有生物学研究方法进行改革. 如果生物学仍满足于从某一实验中得出一个很局限的结论, 那么生物学就变成生命现象的记录, 失去了理性的光辉, 更无法去揭开自然之谜.

3. 地球科学

1967 年, 美籍法国数学家曼德尔布罗特 (Benoit Mandelbrot, 1924—2010) 发表了《不列颠的海岸线有多长, 统计自相似性和分数维》(*How long is the coast of Britain, statistical self similarity and fractional dimension*) 一文, 其中首先注意到更早的理查德森 (Richardson) 已经作出的研究: 当用无穷小的尺度去测量海岸线时, 会得出海岸线是无限长的令人困惑的结论. 曼德尔布罗特把这一结果与周期为无限的曲线结构联系起来. 此后, 他于 1977 年出版了《分形: 形状、机遇与维数》, 标志着分形理论的正式诞生. 这种探讨最初主要是纯粹数学意义上的, 然而大量事实表明, 分形在自然界中广泛存在着, 从目前发表的论文看, 所涉及的领域已遍及物理学、化学、天文学、地球科学、生命科学与医学以及许多技术领域, 还广泛渗透到人文与社会科学及艺术领域. 在地球科学方面, 十分引人注目的是分形地貌学的创立. 分形地貌学是一门用现代非线性科学中的分形方法及原理研究地球表面起伏形态及其发生、发展和分布规律的新兴科学. 以直线为基础的欧几里得几何无力描述大自然的真实面貌, 而让位于以描述客观自然 (如处处连续、处处不可微的曲线) 为己任的分形理论, 分形地貌学随之孕育而生. 在现阶段, 分形地貌学作为理论地貌学的一个新分支, 已在两方面展开工作: 一是凭借地学家和数学家的丰富想象, 用计算机创造出各种标准的 "地貌", 如山峰、湖泊、丘陵、沙漠等. 通过研究这些 "干净" "纯洁" 的地貌, 人们可以找到塑造某些特殊地貌的内在动力学机制. 二是分形地貌学必须直面现实, 对大自然中客观存在的各类地貌进行卓有成效的研究, 求出有关分维, 作出区域划分, 进行理论地貌学阐述. 目前这两方面的研究都已获得许多进展, 显示了分形理论在地球科学中的巨大应用价值. 数学在地球科学中的应用还产生了计量地理学、数学地质学、数值天气预报等一系列研究领域与方法, 并在地震预报、地球物理学、海洋学等方面发挥了巨大作用. 现代气象学中的数值天气预报是在数学家冯·诺依曼等的设计和支持下实验成功的. 20 世纪 50 年代中期, 美国已将数值预报用于日常天气预报业务, 以后逐渐扩展到世界各国. 此外, 现代气象事业中广泛采用了高速计算、高速通信、高速自动资料整理、数值模拟等高科技方法. 海洋中融化的冰山、油和水在储油地层中的流动及晶体的增长都是受偏微分方程支配的自由边界问题的例子, 许多实质性的进展依赖于有关的数学理论与方法的发展.

4. 体育运动

用现代数学方法研究体育运动是从 20 世纪 70 年代开始的. 1973 年, 美国的应用数学家 J. B. 开勒发表了赛跑的理论, 并用他的理论训练中长跑运动员, 取得了很好的成绩. 几乎同时, 美国的计算专家艾斯特运用数学、力学, 并借助计算机研究了当时铁饼投掷世界冠军的投掷技术, 从而提出了他自己的研究理论, 据此提出了改正投掷技术的训练措施, 从而使这位世界冠军在短期内将成绩提高了 4 米, 在一次奥运会的比赛中创造了连破三次世界纪录的辉煌成绩. 这些例子说明, 数学在体育训练中也在发挥着越来越明显的作用. 所用到的数学内容也相当深入. 主要的研究方面有赛跑理论、投掷技术、台球的击球方向、跳高的起跳点、足球场上的射门与守门、比赛程序的安排、博弈论与决策.

例如, 1982 年 11 月在印度举行的亚运会上, 曾经创造男子跳高世界纪录的我国著名跳高选手朱建华已经跳过 2.33 米的高度, 稳获冠军. 他开始向 2 米 37 的高度进军. 只见他几个碎步, 快速助跑, 有力的弹跳, 身体腾空而起, 他的头部越过了横杆, 上身越过了横杆, 臀部、大腿, 甚至小腿都越过了横杆. 可惜, 脚跟擦到了横杆, 横杆摇晃了几下, 掉了下来! 问题出在哪里? 出在起跳点上. 那么如何选取起跳点呢? 可以建立一个数学模型. 其中涉及起跳速度、助跑曲线与横杆的夹角、身体重心的运动方向与地面的夹角等诸多因素.

5. 数学与经济学的联姻

经济学在社会科学中占有举足轻重的地位. 一方面, 是它与人的生活密切相关, 它探讨的是资源如何在人群中进行有效分配的问题; 另一方面, 是因为经济学理论的清晰性、严密性和完整性使它成为社会科学中最"科学"的学科, 而这要归功于数学. 数学介入经济学使得经济学发生了深刻而巨大的变革. 目前看来至少推动了几门新的经济学分支学科的诞生和发展. 其中有数理经济学、计量经济学等. 从 1969—1990 年共有 27 位经济学家获得诺贝尔奖. 其中有 14 位是因为提出和应用数学方法于经济分析中才获此殊荣, 其他人也部分地应用了数学, 纯文字分析的几乎没有.

6. 自然界

大家都听到过蝉鸣, 即知了叫. 不管有多少蝉, 也不管有多少树, 它们的鸣声总是一致的. 这是什么原因呢? 谁在指挥它们? 自然界最壮观的景象之一发生在东南亚. 在那里, 一大批萤火虫同步闪光. 1935 年, 在《科学》杂志上发表了一篇题为《萤火虫的同步闪光》的论文. 在这篇论文中, 美国生物学家史密斯对这一现象作了生动的描述: 想象一下, 一棵 10—12 米高的树, 每一片树叶上都有一个萤火虫, 所有的萤火虫大约都以每 2 秒三次的频率同步闪光, 这棵树在两次闪光之间漆黑一片. 想象一下, 在 160 米的河岸两旁是不间断的芒果树, 每一片树叶上的萤火虫, 以及树列两端之间所有树上的萤火虫完全一致同步闪光. 那么, 如果一个人的想象力足够生动的话, 他会对这一惊人奇观形成某种概念.

这种闪光为什么会同步? 1990 年, 米洛罗和施特盖茨借助数学模型给了一个解释. 在这种模型中, 每个萤火虫都和其他萤火虫相互作用. 建模的主要思想是, 把诸多昆虫模拟成一群彼此靠视觉信号耦合的振荡器. 每个萤火虫用来产生闪光的化学循环被表示成一个振荡器, 萤火虫整体则表示成此种振荡器的网络——每个振荡器以完全相同的方式影响其他振荡器. 这些振荡器是脉冲式耦合, 即振荡器仅在产生闪光一瞬间对邻近振荡器施加影响. 米洛罗和施特盖茨证明了, 不管初始条件如何, 所有振荡器最终都会变得同步. 这个证明的基础是吸附概念. 吸附使两个不同的振荡器 "互锁", 并保持同相. 由于耦合完全对称, 一旦一群振荡器互锁, 就不能解锁.

1.2　数学发展简史

1.2.1　数学发展的四个时期

数学的发展经历了数学形成时期、常量数学时期、变量 (近代) 数学时期、现代数学四个时期. 在人类历史的长河中, 数学的发展经历了一条漫长的道路, 出现过三次危机, 迄今仍未完全消除. 数学作为一门基础学科, 其重要性毋庸置疑. 因此, 了解数学的发展历程 (数学史) 和规律, 对于人们认识数学是完全必要的.

1. 第一时期——数学的萌芽时期

从时间上来看, 这个时期大约是从远古到公元前 6 世纪. 根据目前考古学的成果, 可以追溯到几十万年以前. 这一时期可以分为两段, 一是史前时期, 从几十万年前到大约公元前 5000 年; 二是从公元前 5000 年到公元前 6 世纪. 数学萌芽时期的特点, 是人类在长期的生产实践中, 逐步形成了数的概念, 并初步掌握了数的运算方法, 积累了一些数学知识. 由于土地丈量和天文观测的需要, 几何知识初步兴起, 但是这些知识是片段和零碎的, 缺乏逻辑因素, 基本上看不到命题的证明, 这个时期对数学的发展还未形成演绎的科学. 这一时期对数学的发展作出贡献的主要是中国、埃及、巴比伦和印度. 古代中华民族勤劳的祖先就已经懂得数和形的概念了. 在漫长的萌芽时期中, 数学迈出了十分重要的一步, 形成了最初的数学概念, 如自然数、分数, 最简单的几何图形, 如正方形、矩形、三角形、圆形等. 一些简单的数学计算知识也开始产生了, 如数的符号、记数方法、计算方法等等. 中小学数学中关于算术和几何最简单的概念, 就是在这个时期的日常生活实践基础上形成的. 算数和几何还没有分开, 彼此紧密地交错在一起. 总之, 这一时期是最初的数学知识积累时期, 是数学发展过程中的渐变阶段.

2. 第二时期——初等数学时期, 即常量数学的时期

从时间上来看, 大约是从公元前 6 世纪开始直到公元 17 世纪, 通常称为常量数学或初等数学时期. 这一时期也可以分成两段, 一是初等数学的开始时代, 二是初等数学的交流和发展时期. 这个时期的特点是, 人们将零星的数学知识进行了积累、归纳、系统化, 采用逻辑演绎的方法形成了古典初等数学的体系. 数学萌芽时期, 人们认识的 "数" 和 "形", 只是零星的数学知识, 并未构成逻辑体系. 到了公元前 5 世纪, 埃及由于尼罗河长期泛滥, 冲毁了土地区域, 需要重新丈量, 积累了丰富的几何知识, 后来古埃及人把几何知识传播到古希腊, 由欧几里得把人们长期实践发现、积累的几何知识, 按照演绎的方法写成了《几何原本》. 同一时期, 人们为了解决实践中的一些实际应用问题, 如研究天文历法中的问题, 促使算术、代数的发展, 数学从原始自然数、分数发展扩充到正负数. 成书于东汉时期的《九章算术》, 就是人们在长期实践中, 用数学解决实际问题的经验总结. 公元前 3 世纪至公元前 2 世纪撰写成的《几何原本》和《九章算术》标志着古典的初等数学体系的形成. 《几何原本》全书共 13 卷. 全书主要以空间形式为研究对象, 以逻辑思维为主线, 从 5 条公设、23 个定义和 5 条公理推出了 467 条定理, 从而建立了公理化演绎体系. 《九章算术》则由 246 个数学问题、答案的术文组成. 全书主要的研究对象是数量关系. 该书以直觉思维为主线, 按算法分为方田、粟米、衰分、少广、商功、均输、盈不足、方程、勾股等九章, 构成了以题解为中心的机械化算法体系.

这个时期的基本的、最简单的成果构成现在中学数学的主要内容. 在这个时期逐渐形成了初等数学的主要分支: 算术、几何、代数、三角.

　　按照历史条件的不同, 可以把初等数学史分为三个不同时期: 古希腊时期、东方时期和欧洲文艺复兴时期.

　　(1) 古希腊时期: 古希腊时期正好与古希腊文化普遍繁荣的时代一致, 到公元前 3 世纪, 在最伟大的古代几何学家欧几里得、阿基米德、阿波罗尼奥斯的时代达到了顶峰, 而终止于公元 6 世纪. 当时最辉煌的著作是欧几里得的《几何原本》. 古希腊人不仅发展了初等几何, 并把它导向完整的体系, 还得到许多非常重要的结果. 例如, 他们研究了圆锥曲线: 椭圆、双曲线、抛物线; 以天文学的需要为指南建立了三角学的原理, 并计算出最初的正弦表, 确定了许多复杂图形的面积和体积. 古希腊人在几何方面的研究成果已接近 "高等数学". 阿基米德在计算面积和体积时已接近积分运算, 阿波罗尼奥斯关于圆锥曲线的研究接近于解析几何. 在算术和代数方面, 古希腊人奠定了数论的基础, 发现了无理数, 找到了求平方根、立方根的方法, 知道算术级数和几何级数的性质.

　　(2) 东方时期: 当时中国的算术和代数已达到很高的水平. 在公元前 2 世纪到 1 世纪已有了三元一次联立方程组的解法. 同时在历史上第一次利用负数, 并且叙述了对负数进行运算的规则, 也找到了求平方根与立方根的方法.

　　随着古希腊科学的终结, 在欧洲出现了科学萧条, 数学发展的中心移到了印度、中亚细亚和阿拉伯国家. 在这些地方从 6 世纪到 15 世纪的 1000 年间, 数学主要由于计算的需要, 特别是由于天文学的需要而得到发展. 印度人发明了现代记数法, 引进了负数. 他们开始像运用有理数一样运用无理数, 他们给出了表示各种代数运算包括求根运算的符号. 由于他们没有对有理数和无理数的区别感到困惑, 从而为代数打开了真正的发展道路.

　　中亚西亚的数学家们找到了求根和一系列方程的近似解的方法, 找到了牛顿二项式定理的普遍公式, 他们有力地推进了三角学, 建成一个系统, 并造出非常准确的正弦表. 这时中国科学的成就开始传入邻国. 约在公元 6 世纪我国已经会解简单的不定方程, 知道几何中的近似计算以及三次方程的近似解法.

　　到 16 世纪, 所缺少的主要是对数及虚数, 还缺乏字母符号系统. 建立字母符号系统的任务从古希腊时代就开始而直到 17 世纪才完成, 在笛卡儿和其他人的工作中最后形成现代字母符号系统.

　　(3) 欧洲文艺复兴时期: 在文艺复兴时期, 欧洲人向阿拉伯学习, 并且根据阿拉伯文的翻译熟悉了古希腊科学. 从阿拉伯沿袭过来的印度记数法逐渐在欧洲确定下来. 到了 16 世纪, 欧洲科学终于越过了先人的成就. 例如意大利数学家在一般形式上先解了三次方程, 然后解了四次方程. 在这个时期第一次开始运用虚数. 现代的代数符号也制造出来了, 也出现了表示已知数和未知数的字母符号; 这是韦达在 1591 年作出的.

　　后来, 英国的纳皮尔发明了供天文学作参考的对数, 并在 1614 年发表, 布利格算出第一批十进对数表是在 1624 年.

当时的欧洲也出现了组合论和牛顿二项式定理的普遍公式, 级数被发现得更早, 所以初等代数的建立是完成了, 以后则是向高等数学即变量数学的过渡. 但是初等数学仍在发展, 仍有很多新结果出现.

3. 第三时期——变量 (近代) 数学的时期

从时间上来看, 这个时期从公元 17 世纪到 19 世纪末, 通常称为变量学时期. 这个时期, 数学的研究对象已由常量进入变量, 由有限进入无限, 由确定性进入非确定性, 数学研究的基本方法也由传统的几何演绎方法转变为算术、代数的分析方法.

15 世纪末 16 世纪初, 欧洲封建制度开始消亡, 资本主义开始发展并兴盛起来. 在这一时期, 家庭手工业生产逐渐转变为工场手工业生产, 并进而转化为以使用机器为主的大工业生产, 因此, 对数学提出了新的要求. 这时, 对运动的研究变成了自然科学的中心问题. 实践的需要和各门科学本身的发展使自然科学转向对运动的研究, 对各种变化过程和各变化着的量之间的依赖关系的研究. 作为变化着的量的一般性质和其间依赖关系的反映, 在数学中产生了变量和函数的概念. 数学对象的这种根本扩展决定了数学向新的阶段, 即变量时期的过渡. 所以从 17 世纪开始的数学新时期称为变量数学时期.

17 世纪是数学发展史上一个具有开创性的世纪, 创立了一系列影响很大的新领域.

(1) 1637 年笛卡儿《几何学》问世. 这本书奠定了解析几何的基础, 它一出现, 变量就进入了数学从而运动进入了数学. 恩格斯指出: "数学中的转折点是笛卡儿的变数. 有了变数, 运动进入了数学, 有了变数, 辩证法进入了数学." 在这个转折之前, 数学中占统治地位的是常量, 而这之后, 数学转向研究变量了. 解析几何是变量数学建立的第一个决定性步骤, 在使用坐标法的同时, 用代数方法研究几何问题.

(2) 17 世纪后半叶牛顿和莱布尼茨建立了微积分, 这是变量数学发展的第二个决定性步骤. 微积分的起源主要来自两方面, 一是力学中的一些新问题 (速度问题和路程问题); 二是几何学中的古老问题 (切线问题和面积问题等). 这些问题以前其他一些数学家也研究过, 但是这两类问题之间的显著关系的发现, 解决这些问题的一般方法的形成, 要归功于牛顿和莱布尼茨. 微积分的发现在科学史上具有决定性的意义.

此外, 还产生了数论、射影几何、概率论等, 每一个领域都使希腊人的成就相形见绌. 这一世纪的数学还出现了代数化的趋势, 代数比几何占有重要的位置, 它进一步向符号代数转化, 几何问题常常反过来用代数方法解决. 随着数学新分支的创立, 新的概念层出不穷, 如无理数、虚数、函数、导数和积分等, 它们都不是经验事实的直接反映, 而是数学认识进一步抽象的结果.

(3) 18 世纪是数学蓬勃发展的时期: 以微积分为基础发展出一门宽广的数学领域——数学分析 (包括无穷级数论、微分方程、微分几何、变分法等学科), 它后来成为数学发展的一个主流. 数学方法也发生了完全的转变, 主要是欧拉、拉格朗日和拉普拉斯完成了从几何方法向解析方法的转变. 这个世纪数学发展的动力, 除了来自物质生产, 一个直接的动力是来自物理学, 特别是来自力学、天文学的需要.

(4) 19 世纪是数学发展史上一个伟大转折的世纪: 它突出地表现在两个方面. 一方面是近代数学的主体部分发展成熟了, 经过数学家们一个多世纪的努力, 它的三个组成部分取得了极为重要的成就: 微积分发展成为数学分析, 方程论发展成为高等代数, 解析几何发展成为高等几何, 这就为变量数学向现代数学转变准备了充分条件. 另一方面, 变量数学的基本思想和基本概念在这一时期中发生了根本的变化: 在数学分析中傅里叶 (J. Fourier, 1768—1830) 级数的产生和建立, 使得函数概念有了重大突破; 在代数学中伽罗瓦 (E. Galois, 1811—1832) 群论的产生, 使得代数运算的概念发生了重大突破; 在几何学中, 非欧几里得几何的诞生在空间概念方面发生了重大突破. 这三项突破促使变量数学迅速向现代数学转变. 19 世纪还有一个独特的贡献, 就是数学基础的研究形成了三个理论: 实数理论、集合论和数理逻辑, 这三个理论的建立为现代数学准备了更为坚实的理论基础.

4. 第四时期——现代数学

从时间上来看, 这个时期从公元 19 世纪末以后, 通常称为现代数学时期, 其中主要是 20 世纪. 这个时期是科学技术飞速发展的时期, 不断出现震撼世界的重大创造与发展. 在这个时期里数学发展的特点是, 由研究现实世界的一般抽象形式和关系, 进入研究更抽象、更一般的形式和关系, 数学各分支互相渗透融合, 抽象代数、拓扑学、泛函分析是整个现代数学科学的主体部分. 随着计算机的出现和日益普及, 数学越来越显示出科学和技术的双重品质. 20 世纪初, 涌现出了大量新的应用数学科目, 内容丰富, 名目繁多, 前所未有. 数学渗透到几乎所有的科学领域里去, 起到越来越大的作用. 今天, 在人类的一切智力活动中, 没有受到数学 (包括电子计算机) 影响的领域已经寥寥无几了. 从 19 世纪起, 数学分支越来越多, 到 20 世纪初, 可以数出上百个不同的分支. 另一方面, 这些学科又彼此融合、互相促进、错综复杂地交织在一起, 产生出许多边缘性和综合性学科. 因此, 数学发展的整体化趋势日益加强, 同时纯数学也不断向纵深发展.

从数学的发展简史可以看出: 任何一门学科 (数学也不例外) 的发展都要借助于社会的力量 (包括其他学科), 如果不是这样, 这门学科将处于孤立的境地, 虽然在短时期内还有可能光芒四射, 但这门学科及所取得的成果最多是昙花一现.

1.2.2　悖论与数学的三次危机

1. 悖论

什么是悖论? 笼统地说, 是指这样的推理过程: 它看上去是合理的, 但结果却得出了矛盾. 悖论在很多情况下表现为能得出不符合排中律的矛盾命题: 由它的真, 可以推出它为假; 由它的假, 则可以推出它为真. 悖论与通常的诡辩或谬论是不同的. 诡辩、谬论不仅从公认的理论明显看出是错误的, 而且通过已有的理论、逻辑可以论述其错误的原因. 悖论是一个涉及数理科学、哲学、逻辑学、语义学等非常广泛而艰深的论题. 悖论通常分为两类: 语义学悖论与逻辑悖论 (集合论悖论). 其著名之例分别是理发师悖论和罗素悖论 (见后).

理发师悖论: 一个理发师宣称, 他要给所有那些不给自己理发的人理发. 人们可问这个理发师: 你该不该给自己理发? 无论如何, 这个理发师总会使自己左右为难.

由于严格性被公认为是数学的一个主要特点, 因此如果数学中出现悖论会造成对数学可靠性的怀疑. 如果这一悖论涉及面十分广泛的话, 这种冲击波会更为强烈, 由此导致的怀疑还会引发人们认识上的普遍危机感. 在这种情况下, 悖论往往会直接导致 "数学危机" 的产生. 按照西方习惯的说法, 在数学发展史上迄今为止出现了三次这样的数学危机.

所谓悖论与一定的历史条件相联系, 与人们在相应的历史条件下的认识水平密切相关, 其实质在于悖论是相对于特定的理论体系而言的. 面对悖论, 人们也就努力去探索或建立新的理论, 使之既不损坏原有理论的精华, 又能消除悖论. 因此, 客观上, 悖论推动了理论的研究和发展. 数学中的悖论推动了数学的发展.

2. 希帕索斯悖论与第一次数学危机

希帕索斯悖论的提出与勾股定理的发现密切相关. 因此, 我们从勾股定理谈起. 勾股定理是欧氏几何中最著名的定理之一. 天文学家开普勒曾称为欧氏几何两颗璀璨的明珠之一. 它在数学与人类的实践活动中有着极其广泛的应用, 同时也是人类最早认识到的平面几何定理之一. 在我国, 最早的一部天文数学著作《周髀算经》中就已有了关于这一定理的初步认识. 不过, 在我国对于勾股定理的证明却是较迟的事情. 一直到三国时期的赵爽才用面积割补给出它的第一种证明.

在国外, 最早给出这一定理证明的是古希腊的毕达哥拉斯. 因而国外一般称为 "毕达哥拉斯定理". 并且据说毕达哥拉斯在完成这一定理证明后欣喜若狂, 杀牛百只以示庆贺. 因此这一定理又获得了一个带神秘色彩的称号 "百牛定理".

毕达哥拉斯是公元前 5 世纪古希腊的著名数学家与哲学家. 他曾创立了一个

合政治、学术、宗教三位一体的神秘主义派别——毕达哥拉斯学派. 由毕达哥拉斯提出的著名命题"万物皆数"是该学派的哲学基石. 而"一切数均可表成整数或整数之比"则是这一学派的数学信仰. 然而, 具有戏剧性的是由毕达哥拉斯建立的毕达哥拉斯定理却成了毕达哥拉斯学派数学信仰的"掘墓人". 毕达哥拉斯定理提出后, 其学派中的一个成员希帕索斯考虑了一个问题: 边长为 1 的正方形其对角线长度是多少呢? 他发现这一长度既不能用整数, 也不能用分数表示, 而只能用一个新数来表示. 希帕索斯的发现导致了数学史上第一个无理数 $\sqrt{2}$ 的诞生. 小小 $\sqrt{2}$ 的出现, 却在当时的数学界掀起了一场巨大风暴. 它直接动摇了毕达哥拉斯学派的数学信仰, 使毕达哥拉斯学派为之大为恐慌. 实际上, 这一伟大发现不但是对毕达哥拉斯学派的致命打击, 对于当时所有古希腊人的观念都是一个极大的冲击. 这一结论的悖论性表现在它与常识的冲突上: 任何量, 在任何精确度的范围内都可以表示成有理数. 这不但在当时古希腊是人们普遍接受的信仰, 就是在今天, 测量技术已经高度发展时, 这个断言也毫无例外是正确的! 可是为我们的经验所确信的, 完全符合常识的论断居然被小小的 $\sqrt{2}$ 的存在而推翻了! 这是多么违反常识, 多么荒谬的事! 它简直把以前所知道的事情根本推翻了. 更糟糕的是, 面对这一荒谬人们竟然毫无办法. 这就在当时直接导致了人们认识上的危机, 从而导致了西方数学史上一场大的风波, 史称"第一次数学危机".

二百年后, 大约在公元前 370 年, 才华横溢的欧多克索斯建立起一套完整的比例论. 他本人的著作已失传, 他的成果被保存在欧几里得《几何原本》一书第五篇中. 欧多克索斯的巧妙方法可以避开无理数这一"逻辑上的丑闻", 并保留住与之相关的一些结论, 从而解决了由无理数出现而引起的数学危机. 但欧多克索斯的解决方式, 是借助几何方法, 通过避免直接出现无理数而实现的. 这就生硬地把数和量肢解开来. 在这种解决方案下, 对无理数的使用只有在几何中是允许的、合法的, 在代数中就是非法的、不合逻辑的. 或者说无理数只被当作是附在几何量上的单纯符号, 而不被当作真正的数. 一直到 18 世纪, 当数学家证明了基本常数如圆周率是无理数时, 拥护无理数存在的人才多起来. 到 19 世纪下半叶, 现在意义上的实数理论建立起来后, 无理数本质被彻底搞清, 无理数在数学园地中才真正扎下了根. 无理数在数学中合法地位的确立: 一方面使人类对数的认识从有理数拓展到实数, 另一方面也真正彻底、圆满地解决了第一次数学危机.

3. 贝克莱悖论与第二次数学危机

第二次数学危机导源于微积分工具的使用. 伴随着人们科学理论与实践认识的提高, 17 世纪几乎在同一时期, 微积分这一锐利无比的数学工具为牛顿、莱布尼茨各自独立发现的. 这一工具一问世, 就显示出它的非凡威力. 许许多多疑难问题运用这一工具后变得易如反掌. 但是不管是牛顿, 还是莱布尼茨所创立的微积分理论都是不严格的. 两人的理论都建立在无穷小分析之上, 但他们对作为基本概念的无穷小量的理解与运用却是混乱的. 因而, 从微积分诞生时就遭到了一些人的反对与攻击. 其中攻击最猛烈的是英国大主教贝克莱.

1734 年, 贝克莱以"渺小的哲学家"之名出版了一本标题很长的书《分析学家或一篇致一位不信神数学家的论文, 其中审查一下近代分析学的对象、原则及论断是不是比宗教的神秘、信仰的要点有更清晰的表达, 或更明显的推理》. 在这本书中, 贝克莱对牛顿的理论进行了攻击. 例如他指责牛顿, 为计算比如说 x^2 的导数, 先将 x 取一个不为 0 的增量 Δx, 由 $(x + \Delta x)^2 - x^2$, 得到 $2x\Delta x + (\Delta x)^2$ 后再被 Δx 除, 得到 $2x + \Delta x$, 最后突然令 $\Delta x = 0$, 求得导数为 $2x$. 这是"依靠双重错误得到了不科学却正确的结果". 因为无穷小量在牛顿的理论中一会说是零, 一会又说不是零. 因此, 贝克莱嘲笑无穷小量是"已死量的幽灵". 贝克莱的攻击虽说出自维护神学的目的, 但却真正抓住了牛顿理论中的缺陷, 是切中要害的.

数学史上把贝克莱的问题称为"贝克莱悖论". 笼统地说, 贝克莱悖论可以表述为"无穷小量究竟是否为 0"的问题: 就无穷小量在当时实际应用而言, 它必须既是 0, 又不是 0. 但从形式逻辑而言, 这无疑是一个矛盾. 这一问题的提出在当时的数学界引起了一定的混乱, 由此导致了第二次数学危机的产生.

针对贝克莱的攻击, 牛顿与莱布尼茨都曾试图通过完善自己的理论来解决, 但都没有获得完全成功. 这使数学家们陷入了尴尬境地. 一方面微积分在应用中大获成功, 另一方面其自身却存在着逻辑矛盾, 即贝克莱悖论. 这种情况下对微积分的取舍上到底何去何从呢?

"向前进, 向前进, 你就会获得信念! "达朗贝尔吹起奋勇向前的号角, 在此号角的鼓舞下, 18 世纪的数学家们开始不顾基础的不严格, 论证的不严密, 而是更多依赖于直观去开创新的数学领地. 于是一套套新方法、新理论以及新分支纷纷涌现出来. 经过一个多世纪的漫漫征程, 几代数学家, 包括达朗贝尔、拉格朗日、伯努利家族、拉普拉斯以及集众家之大成的欧拉等的努力, 数量惊人前所未有的处女地被开垦出来, 微积分理论获得了空前丰富. 18 世纪有时甚至被称为"分析的世纪". 然而, 与此同时 18 世纪粗糙的、不严密的工作也导致谬误越来越多的局面, 不谐和音的刺耳开始震动了数学家们的神经. 下面仅举一无穷级数为例.

无穷级数 $S = 1 - 1 + 1 - 1 + \cdots$ 到底等于什么?

当时人们认为一方面 $S = (1-1) + (1-1) + \cdots = 0$; 另一方面, $S = 1 + (1-1) + (1-1) + \cdots = 1$, 那么岂非 $0 = 1$? 这一矛盾竟使傅里叶那样的数学家困惑不解, 甚至连被后人称为数学家之英雄的欧拉在此也犯下难以饶恕的错误. 他在得到 $1 + x + x^2 + x^3 + \cdots = 1/(1-x)$ 后, 令 $x = -1$, 得出

$$S = 1 - 1 + 1 - 1 + \cdots = 1/2!$$

由此例, 不难看出当时数学中出现的混乱局面了. 问题的严重性在于当时分析中任何一个比较细致的问题, 如级数、积分的收敛性、微分积分的换序、高阶微分的使用以及微分方程解的存在性 …… 都几乎无人过问. 尤其到 19 世纪初, 傅里叶理论直接导致了数学逻辑基础问题的彻底暴露. 这样, 消除不谐和音, 把分析重新建立在逻辑基础之上就成为数学家们迫在眉睫的任务. 到 19 世纪, 批判、系统化和严密论证的必要时期降临了.

使分析基础严密化的工作由法国著名数学家柯西迈出了第一大步. 柯西于 1821 年开始出版了几本具有划时代意义的书并发表了几篇论文. 其中给出了分析学一系列基本概念的严格定义. 如他开始用不等式来刻画极限, 使无穷的运算化为一系列不等式的推导. 这就是极限概念的"算术化". 后来, 德国数学家魏尔斯特拉斯给出更为完善的我们目前所使用的"ε-δ"方法. 另外, 在柯西的努力下, 连续、导数、微分、积分、无穷级数的和等概念也建立在了较坚实的基础上. 不过, 在当时情况下, 由于实数的严格理论未建立起来, 所以柯西的极限理论还不是很完善.

柯西之后, 魏尔斯特拉斯、戴德金、康托尔各自经过自己独立深入的研究, 都将分析基础归结为实数理论, 并于 19 世纪 70 年代各自建立了自己完整的实数体系. 魏尔斯特拉斯的理论可归结为递增有界数列极限存在原理; 戴德金建立了有名的戴德金分割; 康托尔提出用有理"基本序列"来定义无理数. 1892 年, 另一位数学家创建"区间套原理"来建立实数理论. 由此, 沿柯西开辟的道路, 建立起来的严谨的极限理论与实数理论, 完成了分析学的逻辑奠基工作. 数学分析的无矛盾性问题归纳为实数论的无矛盾性, 从而使微积分学这座人类数学史上空前雄伟的大厦建在了牢固可靠的基础之上. 重建微积分学基础, 这项重要而困难的工作就这样经过许多杰出学者的努力而胜利完成了. 微积分学坚实牢固基础的建立, 结束了数学中暂时的混乱局面, 同时也宣布了第二次数学危机的彻底解决.

4. 罗素悖论与第三次数学危机

19 世纪下半叶, 康托尔创立了著名的集合论, 在集合论刚产生时, 曾遭到许多人的猛烈攻击. 但不久这一开创性成果就被广大数学家所接受了, 并且获得广泛而高度的赞誉. 数学家们发现, 从自然数与康托尔集合论出发可建立起整个数学大厦. 因而集合论成为现代数学的基石. "一切数学成果可建立在集合论基础上"这一发现使数学家们为之陶醉. 1900 年, 国际数学家大会上, 法国著名数学家庞加莱就曾兴高采烈地宣称:"…… 借助集合论概念, 我们可以建造整个数学大厦 …… 今天, 我们可以说绝对的严格性已经达到了 ……"

可是, 好景不长. 1903 年, 一个震惊数学界的消息传出: 集合论是有漏洞的! 这就是英国数学家罗素提出的著名的罗素悖论.

　　罗素构造了一个集合 S: S 由一切不是自身元素的集合所组成. 然后罗素问: S 是否属于 S 呢? 根据排中律, 一个元素或者属于某个集合, 或者不属于某个集合. 因此, 对于一个给定的集合, 问是否属于它自己是有意义的. 但对这个看似合理的问题的回答却会陷入两难境地. 如果 S 属于 S, 根据 S 的定义, S 就不属于 S; 反之, 如果 S 不属于 S, 同样根据定义, S 就属于 S. 无论如何都是矛盾的.

　　其实, 在罗素之前集合论中就已经发现了悖论. 如 1897 年, 布拉利和福尔蒂提出了最大序数悖论. 1899 年, 康托尔自己发现了最大基数悖论. 但是, 由于这两个悖论都涉及集合中的许多复杂理论, 所以只是在数学界激起了一点小涟漪, 未能引起大的注意. 罗素悖论则不同. 它非常浅显易懂, 而且所涉及的只是集合论中最基本的东西. 所以, 罗素悖论一提出就在当时的数学界与逻辑学界内引起了极大轰动. 如 G. 弗雷格在收到罗素介绍这一悖论的信后伤心地说:"一个科学家所遇到的最不合心意的事莫过于是在他的工作即将结束时, 其基础崩溃了. 罗素先生的一封信正好把我置于这个境地." 戴德金也因此推迟了他的《什么是数的本质和作用》一文的再版. 可以说, 这一悖论就像在平静的数学水面上投下了一块巨石, 而它所引起的巨大反响则导致了第三次数学危机.

　　危机产生后, 数学家纷纷提出自己的解决方案. 人们希望能够通过对康托尔的集合论进行改造, 通过对集合定义加以限制来排除悖论, 这就需要建立新的原则. "这些原则必须足够狭窄, 以保证排除一切矛盾; 另一方面又必须充分广阔, 使康托尔集合论中一切有价值的内容得以保存下来." 1908 年, 策梅洛在自己这一原则基础上提出第一个公理化集合论体系, 后来经其他数学家改进, 称为 ZF 系统. 这一公理化集合系统很大程度上弥补了康托尔朴素集合论的缺陷. 除 ZF 系统外, 集合论的公理系统还有多种, 如冯·诺依曼等提出的 NBG 系统等. 公理化集合系统的建立, 成功排除了集合论中出现的悖论, 从而比较圆满地解决了第三次数学危机. 但在另一方面, 罗素悖论对数学而言有着更为深刻的影响. 它使得数学基础问题第一次以最迫切的需要的姿态摆到数学家面前, 导致了数学家对数学基础的研究. 而这方面的进一步发展又极其深刻地影响了整个数学. 如围绕着数学基础之争, 形成了现代数学史上著名的三大数学流派, 而各流派的工作又都促进了数学的大发展等等.

　　以上简单介绍了数学史上由于数学悖论而导致的三次数学危机与渡过, 从中我们不难看到数学悖论在推动数学发展中的巨大作用. 有人说:"提出问题就是解决问题的一半,"而数学悖论提出的正是让数学家无法回避的问题. 它对数学家说:"解决我, 不然我将吞掉你的体系!" 正如希尔伯特在《论无限》一文中所指出的那样, 必须承认, 在这些悖论面前, 我们目前所处的情况是不能长期忍受下去的. 人们试想: 在数学这个号称可靠性和真理性的模范里, 每一个人所学的、教的和应用的那些概念结构和推理方法竟会导致不合理的结果. 如果甚至于数学思考也失灵的话,那么应该到哪里去寻找可靠性和真理性呢? 悖论的出现逼迫数学家投入最大的热情去解决它. 而在解决悖论的过程中, 各种理论应运而生了: 第一次数学危机促使了公理几何与逻辑的诞生; 第二次数学危机促使了分析基础理论的完善与集合论的创立; 第三次数学危机促使了数理逻辑的发展与一批现代数学的产生. 数学由此获得了蓬勃发展, 这或许就是数学悖论重要意义之所在吧.

1.2.3 中国古代数学简述

1. 中国古代数学成就

中国在公元 14 世纪以前是世界数学强国. 从公元前 20 世纪到 14 世纪, 中国在数学科学上取得了很多重要成果, 为世界科学文化作出杰出贡献. 著名的数学经典就有 11 部:《周髀算经》《九章算术》《海岛算经》《孙子算经》《张邱建算经》《五曹算经》《五经算术》《缉古算经》《数术记遗》《夏侯阳算经》《数书九章》, 其中《九章算术》以计算为主, 如正负术、开方术、勾股定理等; 它是世界上最早系统叙述了分数运算的著作; 它是世界数学史上首次阐述了负数及其加减运算法则等; 它是世界数学发展史上的宝贵遗产; 它是中国古代数学发展史上的重要里程碑; 它在中国数学发展史上的地位可以和欧几里得《几何原本》在西方数学发展史上的地位相媲美; 它对中国古代数学发展的影响之大是任何其他数学书籍不能相比的; 它几乎成了中国古代数学的代名词. 中国历代数学家从中汲取着丰富的营养, 不断地将中国数学推向前进.

有不少出于中国古代数学家之手的里程碑式的成就, 例如: 商高定理 (勾股定理); 刘徽与祖冲之 "割圆术"; 祖暅原理; 秦九韶的 "大衍求一术" (中国剩余定理); 杨辉三角、朱世杰的四元术等. 其中三国时期魏国数学家刘徽为求圆周率 π 所发明的 "割圆术", 战国时期惠施的名言 "一尺之棰, 日取其半, 万世不竭",《九章算术》中的名题 "女子善织, 日自倍" 及祖暅原理 "幂势既同, 则积不容异" (这里 "幂" 是截面积, "势" 是立体的高. 意思是两个同高的立体, 如在等高处的截面积相等, 则体积相等. 更详细点说就是, 介于两个平行平面之间的两个立体, 被任一平行于这两个平面的平面所截, 如果两个截面的面积相等, 则这两个立体的体积相等. 上述原理在中国被称为祖暅原理)[38] 所隐含的数学成就已到达了微积分的大门口, 距离进入微积分的科学殿堂仅一步之遥.

2. 中国古代数学思想特点

1) 实用性

《九章算术》收集的每个问题都是与生产实践有联系的应用题, 以解决问题为目的. 从《九章算术》开始, 中国古典数学著作的内容, 几乎都与当时社会生活的实际需要有着密切的联系. 这不仅表现在中国的算学经典基本上都遵从问题集解的体例编纂而成, 而且它所涉及的内容反映了当时社会政治、经济、军事、文化等方面的某些实际情况和需要, 以致史学家们常常把古代数学典籍作为研究中国古代社会经济生活、典章制度 (特别是度量衡制度), 以及工程技术 (例如土木建筑、地图测绘) 等方面的珍贵史料. 而明代中期以后兴起的珠算著作, 所论则更是直接应用于商业等方面的计算技术. 中国古代数学典籍具有浓厚的应用数学色彩, 在中国古代数学发展的漫长历史中, 应用始终是数学的主题, 而且中国古代数学的应用领域十分广泛, 著名的十大算经清楚地表明了这一点, 同时也表明 "实用性" 又是中国古代数学合理性的衡量标准. 这与古希腊数学追求纯粹 "理性" 形成强烈的对照. 其实, 中国古代数学一开始就同天文历法结下了不解之缘. 中算史上许多具有世界意义的杰出成就就来自历法推算. 例如, 举世闻名的 "大衍求一术" (一次同余式组解法) 产于历法上元积年的推算, 由于推算日、月、五星行度的需要中算家创立了 "招差术" (高次内插法); 而由于调整历法数据的要求, 历算家发展了分数近似法. 所以, 实用性是中国传统数学的特点之一.

2) 算法程序化

中国传统数学的实用性, 决定了他以解决实际问题和提高计算技术为其主要目标. 不管是解决问题的方式还是具体的算法, 中国数学都具有程序性的特点. 中国古代的计算工具是算筹, 筹算是以算筹为计算工具来记数, 列式和进行各种演算的方法. 有人曾经将中国传统数学与今天的计算技术对比, 认为算筹相应于电子计算机可以看作 "硬件", 那么中国古代的 "算术" 可以比作电子计算机计算的程序设计, 是一种软件的思想. 这种看法是很有道理的. 中国的筹算不用运算符号, 无须保留运算的中间过程, 只要求通过筹式的逐步变换而最终获得问题的解答. 因此, 中国古代数学著作中的 "术", 都是用一套一套的 "程序语言" 所描写的程序化算法. 各种不同的筹法都有其基本的变换法则和固定的演算程序. 中算家善于运用演算的对称性、循环性等特点, 将演算程序设计得十分简捷而巧妙. 如果说古希腊的数学家以发现数学的定理为目标, 那么中算家则以创造精致的算法为己任. 这种设计等式、算法之风气在中算史上长盛不衰, 清代李锐所设计的 "调日法术" 和 "求强弱术" 等都可以说是我国古代传统的遗风. 古代数学大体可以分为两种不同的类型: 一种是长于逻辑推理, 另一种是发展计算方法. 这也大致代表了西方数学和东方数学的不同特色. 虽然以算为主的某些特点也为东方的古代印度数学和中世纪的阿拉伯数学所具有, 但是, 中国传统数学在这方面更具有典型性. 中算对算具的依赖性和形成一整套程序化的特点尤为突出. 例如, 印度和阿拉伯在历史上虽然也使用过土盘等算具, 但都是辅助性的, 主要还是使用笔算, 与中国长期使用的算筹和珠算的情形大不相同, 自然也没有形成像中国这样一贯的与 "硬件" 相对应的整套 "软件".

3) 模型化

"数学模型" 是针对或参照某种事物系统的特征或数量关系, 采用形式化数学语言, 概括、近似地表达出来的一种数学结构. 古代的数学模型当然没有这样严格, 但如果不要求"形式化的数学语言", 对"数学结构"也作简单化的解释, 则仍然可以应用这个定义. 按此定义, 数学模型与现实世界的事物有着不可分割的关系, 与之有关的现实事物叫作现实原型, 是为解释原型的问题才建立应用数学模型的.《九章算术》中大多数问题都具有一般性解法, 是一类问题的模型, 同类问题可以按同种方法解出. 其实, 以问题为中心、以算法为基础, 主要依靠归纳思维建立数学模型, 强调基本法则及其推广, 是中国传统数学思想的精髓之一. 中国传统数学的实用性, 要求数学研究的结果能对各种实际问题进行分类, 对每类问题给出统一的解法; 以归纳为主的思维方式和以问题为中心的研究方式, 倾向于建立基本问题的结构与解题模式, 一般问题则被化归、分解为基本问题解决. 由于中国传统数学未能建立起一套抽象的数学符号系统, 对一般原理、法则的叙述一方面是借助文辞, 另一方面是通过具体问题的解题过程加以演示, 使具体问题成为相应的数学模型. 这种模型虽然和现代的数学模型有一定的区别, 但二者在本质上是一样的.

4) 寓理于算

中国传统数学由于注重解决实际问题, 所以不关心数学理论的形式化, 但这并不意味着中国传统数学仅停留在经验层次上而无理论建树. 其实中国数学的算法中蕴涵着建立这些算法的理论基础, 中国数学家习惯把数学概念与方法建立在少数几个不证自明、形象直观的数学原理之上, 如曲面体理论中的"截面原理"(或称祖暅原理) 等.

3. 中国古代数学由兴转衰的原因分析

据有关资料证实, 到 14 世纪初中国古代数学达到了世界数学的最高水平, 那时中国是世界上数学第一强国. 从 14 世纪开始, 中国数学走向低谷. 从 14 世纪到 19 世纪, 中国的数学一直处于抱残守缺的状态. 而 17 世纪以来, 西方数学进入了微积分的辉煌时代. 一个值得思考的重要问题是:

中国古代数学为什么没有发展成为变量数学? 中国数学为什么会走向低谷?

这个问题不仅与中国古代数学的特点有关, 而且与中国古代的传统文化和社会形态有关.

1) 从中国古代数学的特点来看

(1) 中国古代数学注重应用, 轻视理论. 注重应用是优点, 轻视理论是缺点. 数学是一门理论性极高的科学, 数学注重应用, 轻视理论局面必然造成数学发展中的许多理论问题无法得到解决, 从而影响甚至阻碍数学的发展.

(2) 中国古代数学精于计算, 重视程序, 轻视逻辑. 这一点从中国古代的典籍中能找到最准确的说明.《周髀算经》中虽然给出了勾股定理, 但却没给出证明.《九章算术》同样只在给出题目的同时, 给出一个结果和计算的程式, 对其中的逻辑思维却没有给出说明. 中国古代数学这种只注重计算形式 (即古代数学家所谓的 "术")
与过程, 不注重逻辑思维的做法, 在很长一段时间里禁锢了中国古代数学发展. 这
种情况的出现当然也有其原因, 中国古代传统数学主要是在算筹的基础上发展起来
的, 后来发展到以算盘为工具的计算时代, 但是这些工具的使用在另一方面为中国
人提供了一种程式化的求解方法, 而忽视了其中的逻辑思维过程. 此外, 中国传统
数学讲究 "寓理于算". 即使高度发达的宋元数学也是如此. 数学书是由一系列的
数学问题组成的. 你也可以称它们为 "习题解集". 数学理论以 "术" 的形式出现.
早期的 "术" 只有一个过程, 后人就纷纷为它们作注, 而这些注释也很简约. 实际上
就是举例 "说明", 至于说明了什么, 条件变一下怎么办, 就要读者自己去总结了,
从来不会给你一套系统的理论. 这是一种相对原始的做法. 但随着数学的发展, 这
种做法的局限性就表现出来了, 它极不利于知识的总结. 如果只有很少一点数学知
识, 那么, 问题还不严重, 但随着数学知识的增长, 每个知识点都用一个题目来包装,
而不把它们总结出来就难以从整体上去把握这些知识. 这无论对学习数学还是研
究, 发展数学都是不利的.

(3) 故步自封, 墨守成规, 拒绝数学符号. 中国古代数学是以汉语描述的, 长期
流行 "文辞数学", 历来不重视汉字以外的数学符号, 没有意识到数学符号对数学
发展的重要性. 印度人发明的阿拉伯数字在公元 8 世纪左右随着佛学东渐也曾传
入过中国, 但并未被当时的中文书写系统所接纳. 在公元 13—14 世纪, 阿拉伯数字
"卷土重来", 由伊斯兰教徒带入中国, 不过, 同样又以 "销声匿迹" 而告终. 直到
19 世纪, 清代数学家李善兰翻译微积分时把不定积分表达式仍然用汉语形式表达,
这给逻辑思维带来很大的困难, 使中国数学长期不能形成演绎推理的传统, 严重影
响了中国数学的发展.

2) 从中国古代的传统文化和社会形态来看

(1) 儒家思想极大地束缚了数学的发展. 中国古代的数学家深受儒家思想的影
响, 主张 "寓理于算". 儒家提出 "学有所止", 以道德理性限制认知理性的无限膨
胀, 主张做学问的中庸之道和不求甚解的作风. 这与数学科学的严密性格格不入,
从而极大地束缚了数学的发展.

(2) 科举考试制度严重地阻碍了数学的发展. 科举考试是通过八股考试向封建
统治者招揽人才, 而数学不在八股考试之列, 这种考试制度的错误导向使数学发展
失去了应有的群众基础, 从而严重地阻碍了数学的发展.

(3) 对外交流严重不足, 是阻碍数学发展的重要因素. 中国数学家梅冲直言, 学
习外国数学是 "不遵守成法", 公开反对学习国外的先进数学理论; 李约瑟指出: 中
国早先几乎与世隔绝, 存在排外的社会因素, 从中国传出去的东西比传入的东西多
得多. 例如《九章算术》等很早就传入亚洲的朝鲜、日本等国. 这种对外交流严重
不足, 是阻碍数学发展的重要因素.

(4) 中国的社会形态阻碍了数学的发展. 中国长期处于封建社会, 也是导致中国古代数学发展停顿的直接原因. 从整体上看, 数学是与所处的社会生产力相适应的. 中国社会长期处于封闭的小农经济环境, 生产力低下, 不仅没有工业, 商业也不发达. 整个社会对数学没有太高的要求, 自然研究数学的人也就少了. 恩格斯说, 天文学和力学是推动数学发展的动力, 而在当时的中国这种动力已趋近枯竭.

4. 中国古代数学对世界数学的影响

数学活动有两项基本工作证明与计算, 前者是由于接受了公理化 (演绎化) 数学文化传统, 后者是由于接受了机械化 (算法化) 数学文化传统. 在世界数学文化传统中, 以欧几里得《几何原本》为代表的古希腊数学, 无疑是西方演绎数学传统的基础, 而以《九章算术》为代表的中国数学无疑是东方算法化数学传统的基础, 它们东西辉映, 共同促进了世界数学文化的发展. 中国数学通过丝绸之路传播到印度、阿拉伯地区, 后来经阿拉伯人传入西方而且在汉字文化圈内, 一直影响着日本、朝鲜半岛、越南等亚洲国家的数学发展.

5. 中国古代数学向西方数学的过渡

从 1304 年 (朱世杰《四元玉鉴》问世的第二年) 到 1936 年 (华罗庚去剑桥大学做访问学者) 称为中国古代数学向西方数学的过渡时期.

从 1304 年到 16 世纪末, 除珠算外, 中国古代数学几乎毫无建树.

16 世纪末到 1840 年, 西方初等数学陆续传入中国, 1607 年《几何原本》中文版正式出版, 使中国数学研究出现一个中西相互融合的局面.

从 1840 年以后到 1880 年, 大量西方近代数学开始传入中国, 包括中译本:《解析几何与微积分原理》、《代数学》、概率论著作《决疑数学》等. 中国数学便转入一个以学习西方数学为主的时期. 这一时期, 中国数学家开始吸收西方数学内容. 但数学发展成效并不显著.

从 1881 年到 1936 年, 在帝国主义列强的坚船利炮面前, 清政府显得无能为力, 中国的有识之士意识到发展科学技术、改革教育及富国强兵的必要性和重要性. 1911 年, 辛亥革命推翻帝制, 1912 年, 北京大学成立"数学门" (1919 年改称数学系), 并向国外派遣留学生. 1927 年, 清华大学创建数学系. 这一时期, 创办数学系的大学还有南开大学、东南大学、浙江大学、厦门大学、中山大学、四川大学、武汉大学、复旦大学、东北大学、西安交通大学、西北大学、山东大学、河南大学、安徽大学等.

1931 年, 陈建功和苏步青在浙江大学创建办了中国第一个讨论班.

1935 年, 中国数学会成立; 1936 年, 创办《中国数学学报》.

1936 年, 访问清华大学的美国数学家维纳推荐华罗庚去剑桥大学做访问学者,

华罗庚在解析数论等方面取得了举世瞩目的成果. 从此中国数学告别了向西方数学
过渡的历史时期进入了现代数学的新阶段.

1.3 数学对人类文明的作用

　　整个人类文明的历史就像长江的波浪一样, 一浪高过一浪, 滚滚向前. 科学巨
人们站在时代的潮头, 以他们的勇气、智慧和勤奋把人类的文明从一个高潮推向
另一个高潮. 一般认为, 整个人类文明可以分为三个鲜明的层次: 以锄头为代表的
农耕文明; 以大机器流水线作业为代表的工业文明; 以计算机为代表的信息文明.
数学在这三个文明中都是深层次的动力. 其作用一次比一次明显. 这里仅做初步
的讨论, 从后面章节的内容中我们可以对数学在人类文明中的作用有比较全面的
认识.

1.3.1 数学是人类文明的重要力量

　　数学在人类文明中一直是一种主要的文化力量. 它不仅在科学推理中具有重
要的价值, 在科学研究中起着核心的作用, 在工程设计中必不可少, 而且, 数学决定
了大部分哲学思想的内容和研究方法, 摧毁和构建了诸多宗教教义, 为政治学和经
济学提供了依据, 塑造了众多流派的绘画、音乐、建筑和文学风格, 创立了逻辑学.
数学为回答人与宇宙的根本关系的问题提供了最好的答案. 作为理性的化身, 数学
已经渗透到以前由权威、习惯、风俗所统治的领域, 并取而代之, 成为其思想和行
动的指南.

　　还需指出, 数学文化包含两个方面. 一是作为人类文化子系统的数学, 它自身
的发生、发展的规律, 以及它自身的结构; 二是它与其他文化的关系, 与整个人类文
明的关系. 在这里我们希望兼顾两个方面, 但重点放在第二个方面.

　　应当说, 数学对人类文化的影响有这样一些特点: 由小到大、由弱到强、由少
到多、由隐到显、由自然科学到社会科学.

　　简而言之, 今天我们要唱一曲数学的赞歌, 赞美数学思想的博大精深, 赞美由
数学文化引出的理性精神, 以及在理性精神的指导下, 人类文明的蓬勃发展.

　　1. 数学是打开科学大门的钥匙

　　在 17 世纪工业革命时代, 弗兰西斯·培根曾经指出: 数学是打开科学大门的
钥匙 …… 轻视数学必将造成对一切知识的损害, 因为轻视数学的人不可能掌握
其他科学和理解万物.

　　回顾科学发展的历史, 一些划时代的科学理论成就的出现, 无一不借助于数学
的力量. 例如, 牛顿理论、相对论、量子力学等, 现代的高新技术被认为本质上是数

学技术.

从哲学的层面上来理解, 其实就是说, 任何事物都是量和质的统一体, 都有自身的量的方面的规律, 不掌握量的方面的规律, 就不可能对各种事物的质获得明确清晰的认识. 而数学正是一门研究量的科学, 它不断地在总结和积累各种量的规律性, 因而必然成为认识世界的有力工具.

马克思明确认为:"一门科学只有在成功地运用数学时, 才算达到真正完善的地步." 这是对数学的作用的深刻理解, 也是对科学的数学化趋势的深刻预见. 数学的应用现在不仅扩展到生物、经济等领域, 而且一些过去被认为与数学无缘的学科, 如考古学、语言学、心理学等现在都成为数学大显身手的领域.

2. 数学是科学的语言

科学中量与量之间的关系都是用数学公式表达的. 德国数学家与哲学家莱布尼茨曾指出, 数学之所以如此有成效, 之所以发展如此迅速, 就是因为数学有特制的符号语言.

在科学研究中运用数学语言的优点是十分明显的. 首先, 数学语言的精确性可以摆脱自然用语的多义性, 保持推理过程的严密性. 其次, 数学语言的简明性便于人们进行量的比较, 对所研究问题能作出比较清晰的数量分析, 建立研究对象的数学模型, 并借此来研究实际问题, 可取得多、快、好、省的效果.

3. 数学是思维的工具

数学是人们分析问题和解决问题的思维工具, 这是因为如下两方面.

(1) 数学具有运用抽象思维去把握实在的能力. 数学概念及数学结论是以极度抽象的形式出现的, 但其所得出的规律性的东西, 最终还是现实的摹写. 罗巴切夫斯基坚信: "任何一门数学分支, 不管它如何抽象, 总有一天在现实世界的现象中找到应用." 正是黎曼几何为爱因斯坦的广义相对论提供了最恰当的数学描述. 数学应用于实际问题的研究, 其关键在于建立一个较好的数学模型 (也就是既能反映问题的本质又是相当简单的模型), 这是一个科学抽象的过程. 通过数学模型的研究, 以形成对实际问题的认识、判断和预测. 这就是用抽象思维去把握现实的力量所在.

(2) 数学赋予科学知识以逻辑的严密性和结论的可靠性, 是使认识从感性阶段发展到理性阶段, 并使理性认识进一步深化的重要手段.

数学的精确性使得运用数学方法所得出的结论具有逻辑上的确定性和可靠性. 正像爱因斯坦所说, 为什么数学比其他一切科学受到特殊的尊重, 一个理由是它的命题是绝对可靠的和无可争辩的. 数学之所以有高声誉, 还有另一个理由, 那就是数学给予精密自然科学以某种程度的可靠性, 没有数学, 这些科学是达不到这种可靠性的.

数学的逻辑严密性还表现在它的公理方法. 一个认识领域的公理化系统的产生本身就体现了从感性认识到理性认识的飞跃, 以及从理性认识的初期阶段发展到更高级的水平. 这就需要借助于数学的公理方法, 找出最本质的概念、命题, 作为逻辑的出发点, 运用演绎推理得出各种命题. 在理性认识的深化过程中, 数学是使理论知识更加系统化、逻辑化的重要力量.

4. 数学是理性的艺术

美国数学家 P. R. Halmos 说: 数学是创造性的艺术, 因为数学家创造了美好的新概念; 数学是创造性的艺术, 因为数学家像艺术家一样生活、一样工作、一样思索; 数学是创造性的艺术, 因为数学家这样对待它.

数学家与文学家、艺术家在思维方法上有共同之处, 都需要抽象、幻想. 数学理论虽以逻辑的严密性为特征, 但新概念的提出, 新理论的创立则需要借助于直觉、想象和幻想. 数学史上的众多成就都证实了这种规律性.

数学研究的成果, 是对客观规律的描述, 也是创造性的艺术, 并且是富有理性美的艺术品. 例如, 微积分被视为人类精神创造的花朵, 傅里叶级数被形容为数学的诗. 数学美主要表现为简单、和谐. 数学能陶冶人的美感, 提高理性的审美能力. 一个人数学造诣越深, 越是拥有一种直觉力. 这种直觉力实际上就是理性的洞察力, 还常常是由美感所驱动的选择力. 正是这种能力更有助于数学成为人们探索宇宙奥秘和揭示规律的重要力量. 正像两位法国数学家 E. Pisot 和 M. Zamansky 在他们的著作《普通数学》的序言中所说, 数学是艺术, 又是科学, 它也是一种智力游戏, 然而它又是描绘现实世界的一种方式和创造现实世界的一种力量.

5. 数学对人工智能的作用

人工智能是研究、开发用于模拟、延伸和扩展人的智能的理论、方法、技术及应用系统的一门新的技术科学. 人工智能、空间技术和原子能技术被称为 20 世纪的三大科学技术成就, 人工智能的研究开展是智能机器人技术、信息技术、自动化技术以及探索人类自身智能奥秘的需要. 科学界有一个共识, 即智能化是管理、自动化、计算机以及通信等技术领域的新方法、新技术、新产品的重要发展方向. 人工智能是由数学、哲学、心理学、神经生理学、语言学、信息论、控制论、计算机科学等多学科相互渗透而发展起来的综合性新学科. 数学使人工智能成为一门规范的科学, 是人工智能发展必不可少的基础, 在人工智能的各个发展阶段都起着关键的作用. 下面以人工智能发展的三个阶段——萌芽期、诞生期、发展期为视角, 介绍人工智能的数学基础发展史, 并对其数学基础的发展趋势进行展望.

1) 人工智能萌芽期的数学基础

1956 年以前被称为人工智能的萌芽期, 在这期间, 布尔逻辑、概率论、可计算理论取得了长足的发展. 布尔逻辑是英国数学家 George Boole (布尔) 于 19 世纪中叶提出, 典型的一元算符叫作逻辑非 (NOT), 基本的二元算符叫作逻辑或 (OR) 和逻辑与 (AND), 衍生的二元算符叫作逻辑异或 (XOR). 在布尔逻辑的基础上, Frege 发展出了一阶逻辑, 研究了命题及由这些命题和量词、连接词组成的更复杂的命题之间的推理关系与推理规则, 从而出现了谓词演算. 这就奠定了人工智能抽取合理结论的形式化规则——命题逻辑和一阶谓词逻辑. 人工智能要解决各种不确定问题, 如天气预测、经济形势预测、自然语言理解等, 这需要数学为其提供不确定性推理的基础, 概率理论则是实现不确定性推理的数学基础. 概率理论源于 17 世纪, 有数百年的发展历史. 瑞士数学家 Jacob Bernoulli (雅各布·伯努利) 证明了伯努利大数定律, 从理论上支持了频率的稳定性; P. S. Laplace (拉普拉斯) 和 J. W. Lindeberg (林德伯格) 证明了中心极限定理; 20 世纪初, 数学家 A. N. Kolmogorov (柯尔莫哥洛夫) 逐步建立了概率的公理化体系; K. Pearson (皮尔逊) 将标准差、正态曲线、平均变差、均方根误差等统计学方法用于生物统计研究, 为概率论在自然科学中的应用作出了卓越的贡献; R. Brown (布朗) 发现了布朗运动, 维纳提出了布朗运动的数学模型, 奠定了随机过程的基础; A. K. Erlang 提出了泊松过程, 成为排队论的开创者. 概率论、随机过程、数理统计构成了概率理论, 为人工智能处理各种不确定问题奠定了基础.

支持向量机是人工智能的主要分类方法之一, 其数学基础为核函数. 1909 年, 英国学者 James Mercer 用 Mercer 定理证明了核函数的存在. 可计算理论是人工智能的重要理论基础和工具, 建立于 20 世纪 30 年代. 为了回答是否存在不可判定的问题, 数理逻辑学家提出了关于算法的定义 (把一般数学推理形式化为逻辑演绎). 可以被计算, 就是要找到一个解决问题的算法. 1900 年, David Hilbert(希尔伯特) 提出了著名的 "23 个问题", 其最后一个问题: 是否存在一个算法可以判定任何涉及自然数的逻辑命题的真实性. 1931 年, Kurt Gödel (哥德尔) 证明了这一问题, 确实存在真实的局限——整数的某些函数无法用算法表示, 即不可计算. 在不可计算性以外, 如果解决一个问题需要的计算时间随着实例规模呈指数级增长, 则该问题被称为不可操作的, 对这个问题的研究产生了计算复杂性. 计算复杂性是讨论 P = NP 的问题, 这个问题到现在都是计算机科学中未解决的难题之一. 关于 P 问题与 NP 问题有很多定义, 较为典型的一种定义是在确定图灵机 (人工智能之父——英国数学家图灵 1937 年提出的一种机器计算模型, 包括存储器、表示语言、扫描、计算意向和执行下一步计算) 上能用多项式求解的问题是 P 问题, 在非确定图灵机上能用多项式求解的问题是 NP 问题. 可计算性和计算复杂性为人工智能判断问题求解可能性奠定了数学基础.

2) 人工智能诞生期的数学基础

1956 年, 麦卡锡、明斯基、香农和罗切斯特等学者召开了达特莫斯会议, 该会议集聚了数学、心理学、神经生理学、信息论和电脑科学等研究领域的年轻精英. 该会议历时两个月, 学者们在充分讨论的基础上, 首次将人工智能作为一门新学科提出来. 1956—1961 年被称为人工智能的诞生期. 混沌是人工智能不确定性推理的新的数学理论基础, 最早来源于物理学科的研究. 学术界认为, 第一位发现混沌现象的学者是法国数学家、物理学家庞加莱, 他发现了天体动力学方程的某些解的不可预见性, 即动力学混沌现象. 以柯尔莫哥洛夫、阿诺德和莫泽三个人命名的 KAM 定理被认为是创建混沌理论的标志. 在概率论的基础上, 条件概率及贝叶斯定理的创立, 奠定了大多数人工智能系统中不确定性推理的现代方法基础.

3) 人工智能发展期的数学基础

1961 年之后, 被称为是人工智能的发展期. 在这期间, 人工智能在机器证明、专家系统、第五代计算机、模式识别、人脑复制、人脑与电脑连接以及生物智能等领域取得了很多理论和实践成果. 所有的成果都离不开数学知识的支撑, 人工智能的数学基础在这个时期也取得了长足的发展.

混沌与分形为人工智能的不确定性推理打开了新的思路, 在人工智能的发展期, 混沌与分形完成了理论的发展和应用研究的开展. 1963 年, 美国气象学家洛伦茨 (E. N. Lorenz) 在研究耗散系统时首先发现了混沌运动, 在他当年发表的论文 "确定性非周期流" 中解释了混沌运动的基本特征, 介绍了洛伦茨吸引子和计算机数值模拟研究混沌的方法; 1971 年, 法国的 D. Ruelle 和荷兰的 F. Takens 首次用混沌研究湍流, 发现了一类特别复杂的新型混沌吸引子; 1975 年, 华人学者李天岩和导师 J. Yorke 对混沌的数学特征进行了研究, 标志着混沌理论的基本形成; 1979 年, E. N. Lorenz 在美国科学促进会的一次演讲中提出了著名的 "蝴蝶效应", 使得混沌学令人着迷、令人激动, 激励着越来越多的学者参与到混沌学的理论和应用研究中来.

混沌理论在复杂问题优化、联想记忆和图像处理、模式识别、网络通信等诸多领域都有成功的运用. T. Yamada 将混沌神经网络用于 TSP 问题优化中, 混沌神经网络表现出强大的优化性能. 混沌理论在联想记忆的应用上显示出优越的性能, 可应用于信息存储、信息检索、联想记忆、图像识别等方面. 模式识别是人工智能的主要研究问题之一, 混沌学在此领域也有成功的应用, Kyung Ryeu 将混沌回归神经网络应用于朝鲜口语数字和单音节语音识别, 与常规的回归神经网络相比, 新方法的效果更佳. 李绪等将混沌神经网络模型应用于手写体数字识别和简单图像识别, 实验显示, 混沌神经网络对手写体识别正确率和可靠度高达 90% 以上.

1967 年, 美籍法国数学家 B. Mandelbrot 提出的分形学的里程碑问题——不列颠的海岸线有多长? 成为人类研究分形几何的开端, 分形理论是对欧氏几何相关理论的拓展和延伸. 1968 年, Mandelbrot 和 Ness 提出了分形布朗运动, 并给出了离散分形布朗随机场的定义. S. Peleg 于 1984 年提出了双毯覆盖模型, 这是对 Mandelbrot 在估计英国海岸线长度时的一种推广. 基于分形的理论和思想, 人们抽象出一种方法论——分形方法论, 该理论在人工智能领域的典型应用是用于网络流量分析. 1993 年以来, 陆续有许多这方面的研究成果出现. 通过对局域网高分辨率的测量分析, Leland 发现以太网流量表现出自相似的分形性质. 进一步深入研究发现, 在较小的时间尺度上, 网络流量体现出更复杂的变化规律, 由此出现了多重分形的概念. 分形理论用于实现网络流量智能分析, 已经有很多成功的案例, 如 TCP 流量的拥塞控制、Internet 流量建模. 陆锦军等还提出了网络行为的概念, 用于研究大规模网络上观测到的尺度行为.

扎德对不确定性就是随机性这一长期以来的观点提出了挑战, 认为有一类不确定性问题无法用概率论解决. 1965 年他创立了模糊集合论. 除了传统的属于或不属于一个集合之外, 模糊集认为集合之间还有某种程度隶属的关系, 属于的程度用 [0, 1] 内的数值表示, 该数值称为隶属度. 隶属函数的确定方法大致有 6 种形态, 包括正态 (钟形) 隶属函数、岭形隶属函数、柯西隶属函数、凸凹型隶属函数、Γ 隶属函数以及线性隶属函数. 1978 年, 在模糊集的基础上, 扎德提出了可能性理论, 将不确定性理解为与概率不同的"可能性", 与之对应的可能性测度也是一种集合赋值方法. 聚类在人工智能领域有大量应用, 是模糊集研究的较早的一个方向. 模糊集理论在人工智能领域的典型应用还有数据选择、属性范化、数据总结等.

离开了隶属函数的先验信息, 模糊集合运算难以进行, 粗糙集理论研究了用不确定本身提供的信息来研究不确定性. 20 世纪 80 年代初, 粗糙集的奠基人波兰科学家 Pawlak 基于边界区域的思想提出了粗糙集的概念并给出了相应的定义. 粗糙集从知识分类入手, 研究在保持分类能力不变的情况下, 经过知识约简, 推出概念的分类规则, 最后获得规则知识. 粗糙集隶属函数的定义有多种形式, 典型的是 Y. Y. Yao 在 1998 年用三值逻辑进行的定义. 粗糙集理论的核心基础是从近似空间导出上下近似算子, 典型的构造方法是公理化方法. 1994 年, T. Y. Lin 最早提出用公理化方法研究粗糙集, 之后不少学者对公理化方法进行了完善和改进. 粗糙集在人工智能领域的应用主要体现在知识获取、知识的不确定性度量和智能化数据挖掘等方面.

传统的模糊数学存在隶属度、可能测度与概率区分不是绝对分明的问题, 目前, 已经无法满足很多领域对不确定性推理的需要. 在发现状态空间理论及云与语言原子模型后, 1993 年, 李德毅院士在其文献《隶属云和语言原子模型》中首次提出了云的概念, 并逐步建立了云模型. 云模型通过 3 个数字特征, 即期望 Ex、熵 En 和超熵 He 实现定性概念到定量数据间的转化, 并以云图的方式表现出来, 比传统的模糊概念更直观具体. 1995 年, 李德毅等在其文献隶属云发生器中系统化地提出了云的概念. 1998 年, 该课题组在一维云的基础上进一步地提出了二维云的数学模型和二维云发生器的构成方法. 2001 年, 杜鹃提出了基于云模型的概念划分方法——云变换. 2003 年, 李德毅课题组提出了逆向云算法. 2004—2007 年, 该课题组进一步完善了云模型的数学基础和数学性质, 将云模型抽象到更深层次的普适性空间. 云模型在人工智能的多个领域都有成功的应用, 包括定性知识推理与控制、数据挖掘和模式识别. 如 1999 年, 李德毅将云模型用于倒立摆的控制; 2002 年, 张光卫建立了基于云模型的对等网信任模型; 2001 年, 岳训等将云模型用于 Web 数据挖掘; 2003 年, 田永青等基于云模型提出了新的决策树生成方法; 2009 年, 牟峰等将云模型用于遗传算法的改进.

贝叶斯网络起源于条件概率, 是一种描述变量间不确定因果关系的图形网络模型, 为目前人工智能的研究提供了有力的数学工具. 最初的贝叶斯网络时间复杂度很大, 限制了其在实际工程中的应用. 1986 年, J. F. Pearl 提出的消息传递算法为贝叶斯网提供了一个有效算法, 为其进入实用领域奠定了数学基础. 1992 年, 丹麦 Aalborg 大学基于贝叶斯网开发了第一个商业软件 (HUGIN), 可实现贝叶斯网的推理, 使贝叶斯网真正进入实用阶段. 1997 年, D. Koller 和 A. Pfeffer 将面向对象的思想引入贝叶斯网, 用于解决大型复杂系统的建模问题. 将时间量引入贝叶斯网则形成了动态贝叶斯网, 其提供了随时间变化的建模和推理工具. 贝叶斯网络节点兼容离散变量和连续变量则形成了混合贝叶斯网. 混合贝叶斯网在海量数据的挖掘和推理上有较大优势. 贝叶斯网在人工智能领域的应用主要包括故障诊断、系统可靠性分析、航空交通管理、车辆类型分类等.

人工智能科学想要解决的问题是让电脑也具有听、说、读、写、思考、学习、适应环境变化以及解决各种实际问题的能力. 布尔逻辑、概率论以及可信计算理论为人工智能的诞生奠定了数学基础, 这些数学理论经历了上百年的发展, 已经比较成熟. 混沌与分形、模糊集与粗糙集、云模型等人工智能的数学理论是近 30 年发展起来的, 为不确定性人工智能奠定了数学基础, 但还存在很多问题需要解决. 就混沌与分形来说, 其理论体系还不成熟, 其应用在复杂问题的优化、联想、记忆等方面将更有生命力; 对于粗糙集来说, 其理论研究可以从粗糙集的扩展方面进行, 并在相关模型下进行应用研究; 就云模型来说, 如何揭示其理论上的优势以及和其他相关模型的联系与区别, 以及如何实现数值域和符号域共同表达的云模型都是值得研究的问题. 贝叶斯网是人工智能领域目前最有效的推理工具, 将来的研究应集中在概率繁殖算法的改进、混合贝叶斯网以及动态贝叶斯网的扩展研究等方面.

关于数学与人工智能的关系在 4.4.3 节还要继续讨论.

6. 数学与数据科学

"大数据" 的核心是将数学算法运用到海量数据上, 预测事情发生的可能性.

人们普遍认识到研究大数据的基础是: 数学、计算机科学和统计科学.

人们利用观察和试验手段获取数据, 利用数据分析方法探索科学规律. 数理统计学是一门研究如何有效地收集、分析数据的学科, 它以概率论等数学理论为基础, 是 "定量分析" 的关键学科, 其理论与方法是当今自然科学、工程技术和人文社会科学等领域研究的重要手段之一.

为了处理网络上的大量数据, 挖掘、提取有用的知识, 需要发展 "数据科学". 近年来大家都从媒体上知道掌握 "大数据" 的重要性. 美国启动了 "大数据研究与发展计划", 欧盟实施了 "开放数据战略", 举办了 "欧盟数据论坛和大数据论坛". 大数据事实上已成为信息主权的一种表现形式, 将成为继边防、海防、空防之后大国博弈的另一个空间. 此外, 大数据创业将成就新的经济增长点 (电子商务——产品和个性化服务的大量定制成为可能, 疾病诊断、推荐治疗措施、识别潜在罪犯等). 所以 "大数据" 已经成为各国政府管理人员、科技界和媒体十分关注的一个关键词.

7. 数学与解放思想

从历史上看, 数学促进人类思想解放大约有两个阶段.

(1) 第一个阶段从数学开始成为一门科学直到以牛顿为最高峰的第一次科学技术革命. 在这个时期中, 数学帮助人类从宗教和迷信的束缚下解放出来, 从物质上、精神上进入了现代世界. 这一阶段开始于人类文化开始萌芽的时期. 在那时, 尽管不少民族都有了一定的数学知识的积累, 数学还没有形成一门科学. 数学的作用主要是为解决人类的物质生活的具体问题服务的. 人类刚从蒙昧中觉醒. 迷信、原始宗教还控制着人类的精神世界. 在远古的一些民族中, 数学对人类的精神生活的影响还只表现在卜卦、占星上, 成为 "神" 与人之间沟通的工具. 一直到了古希腊文化的出现, 开始有了人们现在所理解的数学科学, 其突出的成就是欧几里得几何学. 它的意义是: 在当时的哲学理论的影响与推动下, 第一次提出了认识宇宙的数学设计图的使命, 也第一次提出了人的理性思维应该遵循的典范. 由于当时世界各部分相对比较隔绝, 数学文化影响所及大抵还只是地中海沿岸. 希腊衰落, 罗马人取而代之, 这个文化的影响也逐渐转向东罗马和阿拉伯人的地区. 欧洲逐渐进入黑暗的中世纪. 到新的生产关系开始出现, 人类需要一种新文化以与当时占统治地位的天主教相对抗, 希腊文化又被复活了起来, 形成所谓 "文艺复兴" (这当然不会是原来的希腊文化). 数学直接继承了希腊的数学成就, 终于成了当时科学技术革命的旗帜. 它的主题仍然是 "认识宇宙, 也认识人类自己". 到了牛顿时代, 当时的科学技术革命达到了顶峰. 牛顿的自然神论离彻底的无神论只有一步之遥. 人的地位上升了. 他凭借着理性旗帜要求成为大自然的统治者. 当时的技术革命, 其科学基础是牛顿力学, 而从文化思想上说, 其实是机械师和工匠的革命. 人对大自然的 "统治", 也只是一个工匠认识了一部大机器, 开动了这一部大机器, 并且局部地模仿与复制这部大机器. 但是这个工匠仍时而打着上帝的旗号. 人尽管要求以自己的理性来重新安排人类自己的生活, 但人们对自己的看法, 以拉美特利 (法国机械唯物论哲学家, 1709—1751) 的口号为标志也就是 "人是机器". 机械唯物论的决定论, 是当时的科学技术革命的指导思想, 而数学是它的最主要的武器. 当时数学的发展以微积分的出现为其最高峰, 在这个时期确实取得了极其辉煌的胜利. 明末, 中国的徐光启开始翻译欧几里得的《几何原本》. 康熙皇帝亲自敕编过堪称中国的《几何原本》的《数理精蕴》. 总之, 这是一次伟大的思想解放运动. 从当时世界范围来看, 人类逐渐从宗教的统治下解放出来. 从中国来看, 尽管由于历史的、社会的原因, 宗教的思想统治不如当时欧洲之烈, 但到了 17 世纪, 资本主义萌芽已经在中国出现, 中国人也要求一种新的生产关系及其文化. 特别是鸦片战争以后, 中国人更要求反抗帝国主义的侵略, 这样, 自然也要求新的文化. 17 世纪以后, 现代数学传入了中国, 开始为中国人所接受, 成为中国人求解放求富强的思想武器, 正是这个历史潮流的反映.

(2) 第二阶段从 18 世纪末算起. 到了那时, 数学化的物理学、力学、天文学已经取得了惊人的进展. 可是人们越来越要求从完全的决定论下解放出来. 这里面有社会、政治的原因, 也有文艺、哲学上的反映, 暂且不论. 但是有一点很明显, 数学的重要性已经不如前一个阶段. 当时科学发展的最重大的问题是要求用一个发展的观点, 把世界看作一个发展的、进化的、各部分相互联系的整体. 黑格尔哲学提出唯心主义的辩证法, 以一种扭曲的形式回答了这个问题. 他认为 "绝对观念" 是宇宙的本质, "绝对观念" 在发展过程中 "外化" 为物质, 并且按照由低级到高级的方向, 由无机物发展到有机体, 有了生命, 然后从低级生物发展到高级生物, 然后成为人. 最后, "绝对观念" 又在人的意识的发展中复归为自身. 黑格尔的自然哲学是他的哲学体系中最薄弱的一环, 其原因之一是受当时自然科学的发展提供的基础所限. 马克思、恩格斯的功绩就是在唯物主义的基础上改造了辩证法, 成了辩证唯物主义. 这一个发展除了社会的、历史的背景以外, 还有自然科学的基础. 能量的守恒与转化 (与热机、热力学的发展相关)、细胞的发现, 特别是达尔文的进化论, 就是最突出的几件大事. 这样, 数学自然从人们的视野中后退. 数学家倒没有因此而失望, 因为他们仍然继续在为人类作出重大的贡献, 而其意义甚至是他们自己也未曾预料到的. 数学家这个时期的工作, 一方面是继续扩展已有的成就, 另一方面是向深处进军. 这里最突出的事例一是非欧几何的发现, 二是关于无限的研究. 前者根本改变了我们对空间的本性的认识. 后者是由微积分的基础研究开始的, 也说明古希腊时代的芝诺悖论 (《庄子·天下篇》中讲的惠施十辩中的 "飞鸟之景, 未尝动也" 和芝诺悖论几乎是完全一样. 可惜的是, 这些思想一直停留在抽象的思辨上而没有具体展开. 这当然与数学没有在中国很好发展有关) 所揭示的有限与无限的矛盾是何等深刻. 特别是非欧几何的出现是人类思想一次大革命. 它仍然是一种思想解放: 这一次是从人自己的定见下解放出来. 数学的对象越来越多的是 "人类悟性的自由创造物". 这件事引起了很多人对数学的误解和指责, 这实际上是人类的一大进步. 人在自己的成长中发现, 单纯凭着直接的经验去认识宇宙是多么不够. 人既然在物质上创造出了自然界中本来没有的东西——一切工具、仪器等——来认识和创造世界, 为什么不能在思维中创造出种种超越直接经验的数学结构来表现自然界的本来面目呢? 数学的这一进步在当时并没有超出牛顿力学的决定论世界观, 但非欧几何的确从根本上动摇了牛顿的时空观, 为相对论的出现开辟了道路. 对数学本身更有深远意义的是, 这两件大事 (非欧几何的出现和关于无限的研究) 促使人类对数学基础的研究, 使人类第一次十分具体而严格地提出了理性思维能力的界限何在的问题.

现在是否又到了一个新的阶段? 暂时不必去回答. 但是十分明显的是, 数学的发展确实给人类的生活开辟了新天地. 这不但是指思想文化上, 而且也是指物质上. 相对论的意义大概谁也不能低估了, 如果再加上量子物理 (同样, 没有第二阶段的数学的发展以及伴之而来的种种人类悟性的自由创造物, 就不可能有量子物理), 则现代的物理科学构成当代各种新技术的科学基础, 这是谁也不能否认的事. 人们都说 21 世纪是计算机的世纪, 其特征是它能够或多或少地模仿或复制人的思维. 可是也只是因为数学发展到今天的高度, 计算机实现才可能成为现实.

以计算机的运用为标志的信息时代, 也是数学大发展的时代, 科学的数学化和社会的数学化都在加速, 数学作为一种人类文化将继续促进人类的思想解放.

1.3.2 数学与人类文明范例

1. 古希腊的数学

古希腊人最了不起的贡献是, 他们认识到, 数学在人类文明中的基础作用. 这可以用毕达哥拉斯学派的一句话来概括: 自然数是万物之母.

毕达哥拉斯学派研究数学的目的是企图通过揭示数的奥秘来探索宇宙的永恒真理. 他们对周围世界作了周密的观察, 发现了数与几何图形的关系, 数与音乐的和谐, 他们还发现数与天体的运行都有密切关系. 他们把整个学习过程分成四大部分: 其一, 数的绝对理论——算术; 其二, 静止的量——几何; 其三, 运动的量——天文; 其四, 数的应用——音乐. 合起来称为四艺.

他们认为, 宇宙中的一切现象都以某种方式依赖于整数. 从第一次数学危机的产生与解除对数学的发展都具有重要的意义. 第一次数学危机表明, 当时古希腊的数学已经发展到这样的阶段: 证明进入了数学, 数学已由经验科学变为演绎科学.

中国、埃及、巴比伦、印度等国的数学没有经历这样的危机, 因而一直停留在实验科学, 即算术的阶段. 古希腊则走上了完全不同的道路, 形成了欧几里得的《几何原本》与亚里士多德的逻辑体系, 而成为现代科学的始祖.

2. 欧几里得的《几何原本》

欧几里得的《几何原本》的出现是数学史上的一个伟大的里程碑. 从它刚问世起就受到人们的高度重视. 在西方世界除了《圣经》以外没有其他著作的作用、研究、印行之广泛能与《几何原本》相比. 自 1482 年第一个印刷本出版以后, 至今已有 1000 多种版本. 在我国, 明朝时期意大利传教士利玛窦与我国的徐光启合译前 6 卷, 于 1607 年出版. 中译本书名为《几何原本》. 徐光启曾对这部著作给予高度评价. 他说:"此书有四不必: 不必疑, 不必揣, 不必试, 不必改. 有四不可得: 欲脱之不可得, 欲驳之不可得, 欲减之不可得, 欲前后更置之不可得. 有三至三能: 似至晦, 实至明, 故能以其明明他物之至晦; 似至繁, 实至简, 故能以其简简他物之至繁; 似至难, 实至易, 故能以其易易他物之至难. 易生于简, 简生于明, 综其妙在明而已."《几何原本》的传入对我国数学界影响颇大.

欧几里得的《几何原本》被称为数学家的 "圣经", 在数学史, 乃至人类科学史上具有无与伦比的崇高地位. 它在数学上的主要贡献是什么呢?

(1) 成功地将零散的数学理论编为一个从基本假定到最复杂结论的整体结构.

(2) 对命题作了公理化演绎. 从定义、公理、公设出发建立了几何学的逻辑体系, 成为其后所有数学的范本.

(3) 几个世纪以来, 已成为训练逻辑推理的最有力的教育手段.

(4) 演绎的思考首先出现在几何学中, 而不是在代数学中, 使几何具有更加重要的地位. 这种状态一直保持到笛卡儿解析几何的诞生.

还应当注意到, 它的影响远远地超出了数学以外, 而给整个人类文明都带来了巨大影响. 它对人类的贡献不仅在于产生了一些有用的、美妙的定理, 更重要的是它孕育了一种理性精神. 人类的任何其他创造都不可能像欧几里得的几百条证明那样, 显示出这么多的知识都仅仅是靠几条公理推导出来的. 这些大量深奥的演绎结果使得希腊人和以后的文明了解到理性的力量, 从而增强了他们利用这种才能获得成功的信心. 受到这一成就的鼓舞, 人们把理性运用于其他领域. 神学家、逻辑学家、哲学家、政治家和所有真理的追求者都纷纷仿效欧几里得的模式, 来建立他们自己的理论.

此外欧氏几何的重要性还表现在它的美学价值. 随着几何学美妙结构和精确推理的发展, 数学变成了一门艺术.

3. 说明欧氏几何重大影响的几个典型的例子

阿基米德不是通过用重物作实验, 而是按欧几里得的方式, 从 "相等的重物在离支点相等距离处处于平衡" 这一公设出发证明了杠杆定律.

牛顿称著名的三定律为 "公理或运动定律". 从三定律和万有引力定律出发, 建立了他的力学体系. 他的《自然哲学的数学原理》具有欧几里得式的结构.

在马尔萨斯 1789 年的"人口论"中, 还可以找到另一个例子. 马尔萨斯接受了欧几里得的演绎模型. 他把下面两个公设作为他的人口学的出发点: 人需要食品; 人需要繁衍后代. 他接着从对人口增长和食品供求增长的分析中建立了他的数学模型. 这个模型简洁、有说服力, 对各国的人口政策有巨大影响.

令人惊奇的是, 欧几里得的模式还推广到了政治学. 美国的《独立宣言》是一个著名的例子. 《独立宣言》是为了证明反抗大英帝国的完全合理性而撰写的. 美国第三任总统杰斐逊 (1743—1826) 是这个宣言的主要起草人. 他试图借助欧几里得的模型使人们对宣言的公正性和合理性深信不疑. "我们认为这些真理是不证自明的 ……" 不仅所有的直角都相等, 而且"所有的人生来都平等". 这些自明的真理包括, 如果任何一届政府不服从这些先决条件, 那么"人民就有权更换或废除它". 宣言主要部分的开头讲, 英国国王乔治的政府没有满足上述条件. "因此 …… 我们宣布, 这些联合起来的殖民地是, 而且按正当权力应该是, 自由的和独立的国家," 顺便指出, 杰斐逊爱好文学、数学、自然科学和建筑艺术.

狭义相对论的诞生是另一个典型的例子. 狭义相对论的公理只有两条 (在物理学中称为两条基本假设): 其一, 相对性原理, 一切惯性系都可以表示为相同的数学形式; 其二, 光速不变原理, 对于一切惯性系, 光在真空中都以确定的速度传播. 爱因斯坦就是在这两条公理的基础上建立了他的相对论.

关于建立一个理论体系, 爱因斯坦认为科学家的工作可以分为两步. 第一步是发现公理, 第二步是从公理推出结论. 哪一步更难呢? 他认为, 如果研究人员在学校里已经得到很好的基本理论、推理和数学的训练, 那么他在第二步时, 只要"相当勤奋和聪明, 就一定能成功". 至于第一步, 即找出所需要的公理, 则具有完全不同的性质, 这里没有一般的方法. 爱因斯坦说: "科学家必须在庞杂的经验事实中抓住某些可用精密公式来表示的普遍特性, 由此探求自然界的普遍原理."

4. 古希腊文化小结

古希腊文化大约从公元前 600 年延续到公元前 300 年. 古希腊数学家强调严密的推理以及由此得出的结论. 他们所关心的并不是这些成果的实用性, 而是教育人们去进行抽象推理, 激发人们对理想与美的追求. 因此, 这个时代产生了后世很难超越的优美文学、极其理性化的哲学, 以及理想化的建筑与雕刻. 那位断臂美人——米洛的维纳斯 (公元前 4 世纪) 是那个时代最好的代表, 是至善至美的象征. 正是数学文化的发展, 使得古希腊社会具有现代社会的一切胚胎.

古希腊文化给人类文明留下了什么样的珍贵遗产呢? 它留给后人四件宝.

(1) 留给我们一个坚强的信念: 自然数是万物之母, 即宇宙规律的核心是数学. 这个信念鼓舞人们将宇宙间一切现象的终极原因找出来, 并将它数量化.

(2) 孕育了一种理性精神, 这种精神现在已经渗透到人类知识的一切领域.

(3) 给出一个样板——欧几里得几何. 这个样板的光辉照亮了人类文化的每个角落.

(4) 研究了圆锥曲线, 为日后天文学的研究奠定了基础.

但是, 令人痛惜的是, 罗马士兵一刀杀死了阿基米德这个科学巨人. 这就宣布了一个光辉时代的结束. 怀特海对此评论道: "阿基米德死于罗马士兵之手是世界巨变的象征. 务实的罗马人取代了爱好理论的古希腊人, 领导了欧洲. …… 罗马人是一个伟大的民族. 但是受到了这样的批评: 讲求实效, 而无建树. 他们没有改进祖先的知识, 他们的进步只限于工程上的技术细节. 他们没有梦想, 得不出新观点, 因而不能对自然的力量得到新的控制." 此后是千余年的停滞.

5. 伽利略的规划

历史上向前一步的进展, 往往伴随着向后一步的推本溯源. 欧洲在千余年的沉寂后, 迎来了伟大的文艺复兴. 这是一个需要巨人, 而且也产生了巨人的时代. 1564 年, 伽利略诞生了, 同年莎士比亚也诞生了. 文艺复兴运动为人们带来了古希腊的理性精神. 伽利略是第一个举起理性旗帜的科学家. 他的工作成了现代科学的新起点.

近代科学成功的秘诀在何处呢? 在于科学活动选择了一个新目标. 这个目标是伽利略提出的. 古希腊科学家曾致力于解释现象发生的原因, 例如亚里士多德曾花费大量时间去解释为什么空中的物体会落到地上. 伽利略是第一个认识到关于事物原因与结果的幻想不能增进科学知识, 无助于人们找出揭示和控制自然的办法. 伽利略提出了一个科学规划. 这个规划包含三个主要内容: 第一, 找出物理现象的定量描述, 即联系它们的数学公式; 第二, 找出最基本的物理量, 这些就是公式中的变量; 第三, 在此基础上建立演绎科学.

规划的核心就是寻求描述自然现象的数学公式. 在这个思想的指导下, 伽利略找出了自由落体下落的公式, 还找出了力学第一定律. 所有这些和其他成果, 伽利略都总结在《关于两门新科学的谈话和数学证明》一书中, 此书耗费了他 30 多年的心血. 在这部著作中, 伽利略开启了物理科学数学化的进程, 设计和树立了近代科学思维模式. 现在方向已经指明, 航道已经开通, 科学将呈现一种加速发展的趋势. 但是, 要前进必须有新的数学工具.

6. 解析几何

解析几何的诞生是数学史上的另一个伟大的里程碑. 他的创始人是笛卡儿和费马. 他们都对欧氏几何的局限性表示不满: 古代的几何过于抽象, 过多地依赖于图形. 他们对代数也提出了批评, 因为代数过于受法则和公式的约束, 成为一种阻碍思想的技艺, 而不是有益于发展思想的艺术. 同时, 他们都认识到几何学提供了有关真实世界的知识和真理, 而代数学能用来对抽象的未知量进行推理, 是一门潜在的方法科学. 因此, 把代数学和几何学中一切精华的东西结合起来, 可以取长补短. 这样一来, 一门新的科学诞生了. 笛卡儿的理论以两个概念为基础: 坐标概念和利用坐标方法把两个未知数的任意代数方程看成平面上的一条曲线的概念. 因此, 解析几何是这样一个数学学科, 它在采用坐标法的同时, 运用代数方法来研究几何对象.

解析几何的伟大意义表现在什么地方呢?

① 数学的研究方向发生了一次重大转折: 古代以几何为主导的数学转变为以代数和分析为主导的数学; ② 以常量为主导的数学转变为以变量为主导的数学, 为微积分的诞生奠定了基础; ③ 使代数和几何融合为一体, 实现了几何图形的数字化, 是数字化时代的先声; ④ 代数几何的发祥地, 高次曲线的研究成为可能; ⑤ 代数的几何化和几何的代数化, 使人们摆脱了现实的束缚. 它带来了人们认识新空间的需要, 帮助人们从现实空间进入虚拟空间, 从三维空间进入更高维的空间.

解析几何中的代数语言具有意想不到的作用, 因为它不需要从几何考虑也可以研究几何问题. 例如, 方程 $x^2 + y^2 = 25$. 我们知道, 它是一个圆. 圆的完美形状、对称性、无终点等都存在在哪里呢? 在方程之中! 例如, (x, y) 与 $(x, -y)$ 对称, 等等. 代数取代了几何, 思想取代了眼睛! 在这个代数方程的性质中, 我们能够找出几何中圆的所有性质. 这个事实使得数学家们通过几何图形的代数表示, 能够探索出更深层次的概念. 那就是四维几何. 我们为什么不能考虑下述方程呢? $x^2 + y^2 + z^2 + w^2 = 25$, 以及形如 $x_1^2 + x_2^2 + \cdots + x_n^2 = 25$ 的方程呢? 这是一个伟大的进步. 仅仅靠类比, 就从三维空间进入高维空间, 从有形进入无形, 从现实世界走向虚拟世界. 这是何等奇妙的事情啊! 用宋代著名哲学家程颢的诗句《秋日》可以准确地描述这一过程: 道通天地有形外, 思入风云变态中.

7. 微积分

微积分诞生之前, 人类基本上还处在农耕文明时期. 解析几何的诞生是新时代到来的序曲, 但还不是新时代的开端. 它对旧数学作了总结, 使代数和几何融为一体, 并引出变量的概念. 变量, 这是一个全新的概念, 它为研究运动提供了基础. 恩格斯说: "数学中的转折点是笛卡儿的变数. 有了变数, 运动进入了数学; 有了变数, 辩证法进入了数学; 有了变数, 微分和积分也就立刻成为必要的了."

推导出大量的宇宙定律必须等待这样的时代的到来, 准备好这方面的思想, 产生像牛顿、莱布尼茨、拉普拉斯这样一批能够开创未来, 为科学活动提供方法, 指出方向的领袖. 但也必须等待创立一个必不可少的工具——微积分, 没有微积分, 推导宇宙定律是不可能的. 在 17 世纪的天才们开发的所有知识宝库中, 这一领域是最丰富的. 微积分为创立许多新的学科提供了源泉.

微积分是人类智力的伟大结晶. 它给出一整套的科学方法, 开创了科学的新纪元, 并因此加强与加深了数学的作用. 恩格斯说: "在一切理论成就中, 未必再有什么像 17 世纪下半叶微积分的发现那样被看作人类精神的最高胜利了. 如果在某个地方我们看到人类精神的纯粹的和唯一的功绩, 那就正是在这里." 有了微积分, 人类才有能力把握运动和过程. 有了微积分, 就有了工业革命, 有了大工业生产, 也就有了现代化的社会. 航天飞机、宇宙飞船等现代化交通工具都是微积分的直接后果. 数学一下子走到了前台. 数学在人类社会的第二次浪潮中的作用比第一次浪潮要明显得多.

1642 年 1 月 8 日, 伽利略辞世. 牛顿接过伽利略的事业继续前进. 当初伽利略用数学化的语言描述自然界时, 总是将运动限制在地球表面或附近. 他的同时代人开普勒得到了关于天体运动的三个数学定律. 但是, 科学的这两个分支似乎是独立的. 找出它们之间的联系是对当时最伟大的科学家的挑战. 在微积分的帮助下, 万有引力定律被发现了, 牛顿用同一个公式来描述太阳对行星的作用, 以及地球对它附近物体的作用. 这就是说, 伽利略和牛顿建立的这些定律描述了从最小的尘埃到最遥远的天体的运动行为. 宇宙中没有哪一个角落不在这些定律所包含的范围内. 这是人类认识史上的一次空前飞跃, 不仅具有伟大的科学意义, 而且具有深远的社会影响. 它强有力地证明了宇宙的数学设计, 摧毁了笼罩在天体上的神秘主义、迷信和神学.

在伽利略规划的指导下, 借助微积分的工具在寻求自然规律方面所取得的成功远远超出了天文学的领域. 人们把声音当作空气分子的运动而进行研究, 获得了著名的数学定律. 胡克研究了物体的振动. 玻意耳、马略特、伽利略、托里拆利和帕斯卡测出了液体、气体的压力和密度. 范·海尔蒙特利用天平测量物质, 迈出了近代化学中重要的一步. 黑尔斯开始用定量的方法研究生理学. 哈维利用定量的方法证明了, 流出心脏的血液在回到心脏前将在全身周流. 定量研究也推广到了植物学. 所有这些仅仅是一场空前巨大的、席卷近代世界的科学运动的开端.

到 18 世纪中叶, 伽利略和牛顿研究自然的定量方法的无限优越性, 已经完全确立了. 著名哲学家康德说, 自然科学的发展取决于其方法与内容和数学结合的程度, 数学成为打开知识大门的金钥匙, 成为科学的皇后.

数学与自然科学的联合所显示出的惊人成果, 使人们认识到:

(1) 理性精神是获取真理的最高源泉;

(2) 数学推理是一切思维中最纯粹、最深刻、最有效的手段;

(3) 每一个领域都应该探求相应的自然和数学规律. 特别是哲学、宗教、政治、经济、伦理和美学中的概念和结论都要重新定义, 否则它们将与那个领域里的规律不相符.

8. 新几何新世界

1) 欧氏几何与非欧几何的比较

众所周知, 欧几里得几何以五条公设为基础, 它们是: ① 连接任何两点可以作一直线段. ② 一直线段可以沿两个方向无限延长而成为直线. ③ 以任意点为中心, 通过任意给定的另一点可以作一圆. ④ 凡直角都相等. ⑤ 如果在同一平面内, 任一直线与另两直线相交, 同一侧的两内角之和小于两直角, 则这两直线无限延长必在这一侧相交. 其中⑤等价于 "过一直线外的已知点只能作一条直线平行于已知直线".

这些公设的真理性不证自明, 没有一位 "神智健全" 的人胆敢对此表示怀疑. 从如此坚实的基础出发, 经过完美、严密的逻辑推理, 产生出更多的定理, 并为大家所接受. 笛卡儿、牛顿的成功使这些定理的地位愈加巩固, 在 2000 多年的应用中达到了光辉的顶点. 人们毫不迟疑地得到这样的结论: 欧氏几何是真理; 真理就是欧氏几何.

但是, 从欧氏几何诞生起就有少数人对它忐忑不安, 其中包括欧几里得本人. 他们主要怀疑的是第五公设. 因为只有第五公设涉及无限, 这是人们经验之外的东西. 第五公设的研究在 19 世纪导致对数学发展极其重要的一些结果. 19 世纪上半叶, 数学史上有两个很重要的转折, 一个是 1829 年左右发现的非欧几何, 另一个是 1843 年发现的非交换代数. 非欧几何的发现是人类思想史上的一个重大事件. 著名数学家凯塞说, 欧几里得的第五公设, "也许是科学史上最重要的一句话".

非欧几何的发现过程, 可以在有关的数学史的著作中查到, 这里不再论述.

由于平行公设的不同而带来了欧氏几何与非欧几何的一些本质不同, 都有哪些不同我们稍作介绍.

例如, 如果把平行公设改为 "过平面上直线外一点可以作无数条直线与该直线不相交", 则可得罗巴切夫斯基几何. 在该几何中三角形的内角和总小于 180°. 半径无限大的圆周的极限不是直线, 而是一种曲线, 叫作极限圆. 通过不在一条非欧直线上的三点, 并不总能作一个非欧圆, 而能作的或者是非欧圆, 或者是极限圆, 或者是等距线 (即与一条非欧直线等距离的点组成的线). 不存在面积任意大的非欧三角形. 两个非欧三角形相似就全同. 毕达哥拉斯定理不成立等等.

如果把平行公设改为 "过平面上直线外一点与该直线不相交的直线一条也作不出", 则可得黎曼几何. 在黎曼几何中三角形的内角和总大于 180°. 两个三角形, 面积较大者具有较大的内角和. 一条直线的所有垂线相交于一点.

黎曼几何具有真实的意义吗? 答案是肯定的. 如果将公理中的直线解释为球面上的大圆, 黎曼几何的公理恰恰适用于球面上. 球面上没有平行线, 因为任何两个大圆都相交. 事实上, 它们不是相交一次, 而是相交两次. 另一个定理也容易推导出来: 一条直线的所有垂线相交于一点.

应该指出, 黎曼几何的每一条定理都能在球面上得到令人满意的解释. 换言之, 自然界的几何或实用的几何, 对于一般经验意义上来说, 就是黎曼几何. 几千年来, 这种几何一直就在我们的脚下. 但是, 连最伟大的数学家也没有想过通过检验球的几何性质来攻击平行线公理. 我们生活在非欧平面上, 却把它当成一个怪物, 真是咄咄怪事!

非欧几何诞生的重要性与哥白尼的日心说、牛顿的万有引力定律、达尔文的进化论一样, 对科学、哲学、宗教都产生了革命性的影响. 遗憾的是, 在一般思想史中没有受到应有的重视.

2) 非欧几何的重要影响

① 非欧几何的创立使人们开始认识到: 几何的公设对数学家来说仅仅是假定, 其物理上的真与假不用考虑; 在彼此相容的前提下, 数学家可以随心所欲地选择公设, 使人造几何成为可能. 从而说明数学空间与物理空间之间有着本质的区别. 但最初人们认为这两者是相同的. 这种区别对理解 1880 年以来的数学和科学的发展至关重要. ② 非欧几何的创立扫荡了整个真理王国. 在古代社会, 数学在西方思想中居于神圣不可侵犯的地位. 数学殿堂中汇集了所有真理, 欧几里得是殿堂中最高的神父. 但是通过鲍耶、罗巴切夫斯基、黎曼等的工作, 这种信仰彻底被摧毁了. 非欧几何诞生之前, 每个时代都坚信存在着绝对真理, 数学就是一个典范. 现在希望破灭了! 欧氏几何统治的终结就是所有绝对真理的终结; 真理性的丧失, 解决了关于数学自身本质这一古老问题. 数学是像高山、大海一样独立于人类思想而存在, 还是人类思想的创造物呢? 答案是, 数学确实是人类思想产物, 而不是独立于人类思想的永恒世界的东西; 真理性的丧失, 使数学获得了自由. 数学家能够而且应该探索任何可能的问题, 探索任何可能的公理体系, 只要这种研究具有一定的意义. ③ 非欧几何在思想史上是十分重要的. 它使逻辑思维发展到了新的层次. 为数学提供了一个不受实用性左右, 只受抽象思想和逻辑思维支配的范例, 提供了一个理性的智慧摒弃感觉经验的范例. ④ 非欧几何为理论物理学和宇宙学研究提供了重要数学工具. 爱因斯坦正是应用黎曼几何这一数学工具建立了广义相对论.

最后, 需要指出, 数学与人类文明的联系和应用是多方面、多层次的. 这里只涉及其中的一部分. 数学与其他自然科学、工程技术、经济学、哲学、语言、文学、艺术、法学、保险学、政治学等也都有深刻的联系, 这些将在后面的章节中讨论. 计算机诞生后, 数学与其他文化的联系更加深入和广泛. 可以毫不夸张地说, 信息时代就是数学时代. 联合国教育、科学及文化组织在 1992 年发表了《里约热内卢宣言》, 将 2000 年定为数学年, 并指出, "纯粹数学与应用数学是理解世界及其发展的一把主要钥匙". 未来不管你将从事自然科学还是社会科学, 请记住这句话. 并用你的胆力、智慧和勤奋把人类文明推向新的高峰.

1.4　数学对人的素质的培养

学习和研究数学不仅可以提高人的数学素养, 而且可以优化智能结构、健全心理素质、增强审美意识, 完善人格品质. 下面从几个侧面说明数学对人的发展的重要作用.

1.4.1　对勤奋与自强精神的培养

在数学的学习和研究中, 证明和求解数学问题是磨炼意志. 当人们在证明和求解那些对他们来说并不太容易的数学问题时, 就学会了败而不馁, 学会了赞赏微小的进展, 学会了等待灵感的到来, 学会了当灵感到来后的全力以赴. 如果在数学的学习与研究中有机会尝尽为证明和求解而奋斗的喜怒哀乐, 那么我们就会积累很多成功的经验. 这些成功经验能够培养我们对事业锲而不舍的追求.

例如, 人们都把牛顿视为有史以来最伟大的数学家. 牛顿在 1663 年, 即他 20 岁时, 学习了三角学、欧几里得的《几何原本》、笛卡儿的《哲学原理》等. 1664 年, 牛顿又学了笛卡儿的《几何学》、沃利斯的《无限算术》等. 后来还读了韦达、奥特雷德的《数学入门》及惠更斯的著作. 由此了解了一批数学家的贡献, 并为他后来的研究工作奠定了一定的基础.

牛顿反复研读经典, 异常刻苦、勤奋, 他曾追忆说, 笛卡儿的《几何学》很难懂, 只读了大约 10 页, 就不得不停下来, 然后再开始, 比第一次稍进步一点, 又停下来, 再从头开始, 直至真正掌握全书的内容. 至此, 牛顿对笛卡儿几何学的理解比对欧氏几何的理解要深刻些, 他又开始重读欧氏几何, 接着又第二次研读笛卡儿的几何学. 后来他还悉心研读他的老师巴罗所编的《原本》和《数据》两书. 1676 年, 牛顿在给胡克的一封信中写道, 如果我看得更远一些, 那是由于我站在巨人们的肩上. 此时的牛顿已是成绩卓著, 他就是这样研读经典, 推陈出新.

比伯巴赫猜想的证明是一个十分艰辛的过程. 它说的是单位圆上单叶函数 $f(z)$ 的幂级数 $z+a_2z^2+\cdots+a_nz^n+\cdots$, 其所有的系数满足不等式: $|a_k| \leqslant k, k = 2, 3, \cdots$. 这一猜想是比伯巴赫于 1916 年提出来的. 他只证明了 $|a_2| \leqslant 2$.

1923 年, 一位德国数学家证明了 $|a_3| \leqslant 3$. 后来, 斯坦福的两位数学家证明了 $|a_4| \leqslant 4$; 1968 年证明了 $|a_6| \leqslant 6$; 1978 年证明了 $|a_5| \leqslant 5$. 这离最终的结论还十分遥远, 而且, 以这样的方法下去无法达到最终的目标. 于是另辟蹊径, 设法先证明 $|a_k| \leqslant Ck, k = 2, 3, \cdots$, 然后, 逐渐减小 C 的值, 直到 $C = 1$. 人们一步一步地这样艰辛探索, 取得了如下的成果:

$$|a_k| \leqslant ek, \quad e = 2.71828\cdots, \quad k = 2, 3, \cdots; \quad |a_k| \leqslant 1.24k, \quad k = 2, 3, \cdots;$$

$$|a_k| \leqslant 1.08k, \quad k = 2, 3, \cdots; \quad |a_k| \leqslant 1.07k, \quad k = 2, 3, \cdots.$$

1983 年, 由美国数学家路易斯·德·布朗吉斯证明了 $|a_k| \leqslant k, k = 2, 3, \cdots$.

从问题的提出到问题的最终解决, 经历了 20 世纪中 67 年的努力, 是几代人奋斗的结果. 其中还有一个十分重要的插曲.

美国数学家布朗吉斯曾用了很长时间研究比伯巴赫猜想, 在 20 世纪 50 年代, 他发表了最初关于这一问题的研究结果, 后来他失败了, 他的证明是错误的. 由于这件事情, 他被数学界冷落了 30 余年, 在这个艰辛的历程中, 他不仅得不到资助, 而且还受到严重打击, 在他继续努力的时候, 常有人对他说, 别再浪费你的时间了, 然而布朗吉斯毫不动摇, 终于在 1983 年获得成功. 但是, 在他成功之时, 美国数学界很不信任他, 他把最新的证明文稿至少寄给了 12 位数学家, 但没有一个人愿意评审它. 最后, 他在苏联找到了支持者. 他的证明文稿长达 350 多页, 数学家米林曾 5 次听他报告, 每次 4 小时, 经过仔细推敲, 确认其正确. 后来, 一位美国数学家也终于出来说, 布朗吉斯的这项工作比任何数学家起初所能预料的都要好, 这是一项伟大的成果.

关于平行公理的探讨, 虽然波尔约的父亲提醒波尔约说这是可以吞噬掉好几个牛顿的深渊, 但是波尔约仍要闯龙潭. 如果把在这个问题上进行探索的人们串起来, 那可是一个绵延 2000 多年的探险队. 许多人确实是冒着一辈子一事无成的巨大风险锲而不舍的追求真理.

1.4.2   对其他一些人文素质的培养

1. 敬业与责任

数学的精确性有利于培养人的敬业与责任素质. 数学的精确性表现在数学定义的准确性、推理的逻辑严密性和数学结论的确定无疑与无可争辩性. 这种精确性的训练不仅能够培养我们热爱数学, 还能够培养我们的耐心、毅力及对事业的执着精神. 数学的精确性蕴涵的人文精神能使我们养成缜密、有条理的思维方式, 有助于培养我们一丝不苟的工作态度、敬业精神和强烈的责任感.

2. 理智与自律

数学的规则有助于培养我们理智与自律素质. 数学中的很多结论是在概念的定义和作为推理基础的公设的约束下形成的逻辑结果, 而不是情感世界的宣泄; 每个数学问题的解决都必须遵守数学规则. 这种对规则的敬重能够迁移到人和事物上, 使人们形成一种对社会公德、秩序、法律等的内在自我约束力.

3. 求实与诚信

数学的论证有利于培养求实与诚信素质. 数学的许多理论是建立在公理体系之上的, 研究起来有法可依, 公理本身是人们对有关现象进行大量考察、探索, 以实事求是的科学态度建立的. 我们学习研究这些理论首先是建立在对公理深信不疑的基础上. 在学习研究过程中, 需要对这些内容进行推理论证, 来不得半点虚假, 这种求真务实的学风会直接影响和迁移到我们的日常生活中, 对建立诚信社会能起到促进作用.

公理化方法不仅在数学中而且在其他学科中有着广泛的应用. 现在, 算术、几何、微积分、泛函分析、拓扑学、集合论、概率论、线性代数等均已建立在公理化基础之上. 而且物理学中的力学、量子力学、热力学和统计力学等许多分支利用了公理化方法. 特别值得关注的是康德、黑格尔等在哲学、伦理学等人文科学中也利用公理化的思想方法.

公理化方法起源于数学, 数学的公理化思想方法产生广泛影响经历了一个过程, 数学本身的公理化程度和水平也经历了三个不同的发展阶段. 第一阶段是实质公理化时期, 如欧氏几何的出现, 它的原始概念和原始命题 (公理) 基本上是对已有的不证自明的事实的高度概括, 带有明显依赖于经验或感性直观的特征. 牛顿的力学体系也使用了公理化方法, 他的三大定律作为公理, 也具有实质公理化特征. 第二阶段是形式公理化时期, 它是伴随着非欧几何的产生而出现的. 此时, 公理的起点进一步被形式化、符号化. 按照这种思想, 希尔伯特把欧氏几何也改造得更加形式化. 他甚至指出, 几何公理中的点、线、面这样一些术语只具有形式的意义, 它们也可以改说为桌子、椅子、啤酒杯. 第三阶段是元数学时期, 以希尔伯特为代表的数学家在进一步推动公理化的过程中, 加强了数学基础研究, 使公理化进入了元数学时期. 此时, 概念成了符号, 命题成了公式, 推理成了公式的变形, 形式系统成了研究对象. 数学成了更加抽象、更加形式化的系统.

形式公理化方法和元数学, 对于数学的发展是必要的. 但对于普通大学生来说, 实质公理化方法就足够了, 也是必要的. 之所以是必要的, 是由于公理化方法不仅使数学本身的内在统一性、和谐性得到充分的体现, 而且有利于我们更清楚地从微观到宏观看到数学世界的本质; 公理化方法不仅使人更易认识世界, 而且为数学发展提供必要的启示和工具; 公理化方法不仅对人自身逻辑思维的发展起极为积极的推动作用, 而且在一定的程度上使思维经济有效. 例如, 算术公理, 它由如下五条构成: ① 1 属于非空集 N(这里 1 仅是一个符号); ② N 的每个元素 a 有后继数 a'; ③ 1 不是 N 中任何元素的后继数; ④ 若 $a' = b'$, 则 $a = b$; ⑤ 设 $M \subset N$, 若 $1 \in M$, 又当 $a \in M$ 时, 必有 $a' \in M$, 则 $M = N$. 这 5 条公理中涉及的原始概念仅有 1 和后继数. 也就是说, 整个算术的逻辑起点只有这两个术语以及 5 个基本命题, 其余的全部算术概念和命题都是建立在这样一个简单的基础之上. 这充分体现了公理化方法的高度概括性.

在哲学中, 物质的定义是这样的: 物质是独立存在于人的意识之外的客观存在. 从逻辑的意义上讲, 它使用了意识、客观、存在这些概念, 那么这些概念就应当是已知的. 但是, 存在的定义是这样的: 存在是不依人的意志为转移的客观世界, 即物质, 这样就用物质的概念定义了存在, 而前面是用存在的概念定义了物质. 这就是目前某些人文社会科学中存在的明显的逻辑问题. 学了公理化思想, 显然可以帮助我们理解这一点. 当然, 也有利于这些学科的科学化.

4. 合作与民主

数学的研究有利于培养人们的合作与民主精神. 数学中许多内容起初的研究都与其他学科相伴而生. 例如, 19 世纪的数学家起先都关心自然界的研究, 因而物理学成为当时数学研究的主要启示, 一些高度复杂的数学理论, 正是为了处理这些物理问题而创建起来的; 现在数学的应用更是无处不在. 数学应用的广泛性, 体现了数学是多元复合体, 也体现了数学研究的合作与民主. 由此而折射出的民主与合作精神是当代高科技精神的突出特点. 对人们民主与合作精神的培养有十分重要的意义.

例如, 傅里叶的研究工作. 19 世纪数学发展的第一个大步, 并且是真正极为重要的一步, 是由傅里叶迈出的. 傅里叶年轻时是一个很出色的数学学者, 但他专注于当一个军官. 因他是一个裁缝的儿子而被拒绝任命, 他便转谋教士职位. 后来, 当他曾经就读过的军事学校委之以教授职位时他接受了, 同时数学就变成了他终生的爱好. 像他同时代的其他科学家一样, 傅里叶从事热流动的研究, 且兴趣盎然. 作为实际问题, 在工业上是为了处理金属; 作为科学问题, 是企图确定地球内部的温度, 温度随时间的变化, 以及其他这类问题. 1807 年, 他向巴黎科学院呈递了一篇关于热传导的基本论文, 这篇论文经拉格朗日、拉普拉斯和勒让德评审后被拒绝了. 但巴黎科学院的确想鼓励傅里叶发展他的思想, 所以把热传导问题定为将于 1812 年授予高额奖金的课题. 傅里叶在 1811 年呈递了修改过的论文, 受到上述诸人和另外一些人的评审, 得到了奖金, 但因受到缺乏严密性的批评而未发表在当时的科学院的《报告》里, 傅里叶对他所受到的待遇感到愤恨. 他继续对热传导的课题进行研究, 在 1822 年发表了数学的经典文献之一——《热的解析理论》, 编入了他实际上未作改动的 1811 年论文的第一部分. 此书是傅里叶的思想的主要出处. 两年以后, 他成为巴黎科学院的秘书, 并把他在 1811 年的论文原封不动地发表在《报告》里. 傅里叶的思想最初是勉强地得到承认, 即任意函数可以展开成为三角函数, 但最后赢得了赞许.

又如现在的人口理论、社会保障系统理论等的研究, 就集中了数学工作者、人文科学工作者、控制理论工作者于一体的研究团队, 开展学术研究. 作为学术民主与合作的必然结果, 这些队伍的人数剧增, 越来越庞大. 相关的国际会议也层出不穷. 显示出数学研究对培养民主与合作精神的重要性.

1.4.3 对审美素质的培养

数学美自古以来就吸引着人们的注意力, 它不同于自然美和艺术美. 数学美是一种理性的美, 没有一定数学素养的人, 很难感受数学美, 更难发现数学美.

数学以其简洁性、对称性、和谐性、奇异性等为特征表现美. 一些表面上看来复杂得令人眼花缭乱的对象, 一经数学的分析, 便显得井然有序, 从而唤起理性上的美感. 例如 $1, i, e, \pi$ 这些看上去互不相干的数, 居然以 $e^{i\pi} + 1 = 0$ 这样简单的形式和谐地统一在一起, 它被认为是充分揭示数学内在美的一个公式.

对称美是数学美的重要组成部分, 数学图形及数学表达式的对称, 不仅给人视觉上的愉悦, 也常给人们理解和记忆上的不少便利.

由此可以看出, 一方面, 数学美给人以精神享受, 从而激发起人们学习和研究的兴趣; 另一方面, 对于数学美的追求, 又会给数学的发展带来积极的影响. 数学中的审美原则在数学发现中占有重要地位. M. 克莱因曾经指出:"进行数学创造的最主要的驱策力是对美的追求." 研究表明, 美感与直觉紧密相关, 审美能力越强, 则数学直觉能力越强, 从而数学发现和发明的能力也就越强. 可见数学中充满美, 而绚丽多姿又深邃含蓄的数学美需要人们去发现, 只有发现才能欣赏和享受, 在数学美的挖掘和欣赏过程中, 要把对这种美的感受和欣赏提高到文化层面上, 达到激发我们热爱生活、丰富想象、愉悦情调、涵养道德的目的; 就数学的应用而言, 数学是现代科技的语言和思想工具, 现代科技由于应用了数学而得到意想不到的发展, 这种完美结合, 体现了客观世界的和谐统一. 我们要注意从中提高自己的审美素质.

例如, 数论中有许多动人的定律, 美感引出人们的兴趣, 甚至引导人们去发现. 高斯也研究数论, 他发现了数论中的二次互反定律, 即如果 p 与 q 是不相等的两奇素数, 则 $(p/q)(q/p) = (-1)^{(p-1)(q-1)/4}$, 其中 (p/q) 等于 1 或 -1, 当 p 是 q 的二次剩余时等于 1, 否则便等于 -1. 高斯从发现到证明这一定律都是与他对这一定律的美感分不开的. 高斯称它是一颗宝石, 并且不断地对这颗宝石进行精雕细琢, 高斯先后五次用完全不同的方法证明了这一定律, 还向复数领域推广它. 高斯之后, 这一定律的美妙又唤起许多数学家的兴趣, 数学家们对它又给出了数十种不同的证明方式. 著名数学家希尔伯特还将这一优美的定律推广到代数数论.

1.4.4 对分析与归纳能力的培养

数学的抽象有利于培养我们分析与归纳的思维能力. 数学中的许多基本概念都是人们根据各种自然和社会现象所反映的各种具体属性, 为了用统一的方法去描述这些属性而产生的. 在概念的形成过程中, 要经过对现象进行分析整理、归纳加工、抽象概括等一系列思维活动. 例如, 函数、导数、定积分等概念的形成. 这种活动的经验和方法会自觉或不自觉地被移植到以后的工作、生活中, 有助于我们分析与归纳能力的提高.

数学中的抽象分为弱抽象与强抽象两种相对的情形. 以如下的简单例子来说明这两个概念. 按照下面的顺序发展是一个弱抽象过程:

$$等腰直角三角形 \longrightarrow 直角三角形 \longrightarrow 任意三角形;$$

反过来则是强抽象过程. 人们一般对弱抽象有更强的抽象感.

数学要求的归纳是完全性归纳, 即要求包含多个对象的命题对其中的所有对象都应成立. 这一要求, 其意义不仅对所有的自然科学是重要的, 而且对人文社会科学也是重要的. 例如, 在人文社会科学的论证方式中, 常见一种以例代证的作法, 举一两个例子或两三个例子, 便作出一个对包含诸多对象的命题的最终判断, 这样, 其科学性就有疑问. 因此, 借鉴数学完全归纳的思维方式, 可以极大地提高人文社会科学学科的科学性.

1.4.5　对直觉及想象能力的培养

数学中的许多重要发展对培养人们的直觉与想象能力有重要意义. 美国数学史专家 M. 克莱因曾经指出: "数学与科学中的巨大发展, 几乎总是建立在几百年中作出一点一滴贡献的许多人的工作之上的. 需要有一个人来走那最后和最高的一步, 这个人要能够敏锐地从猜测和说明中清理出前人的有价值的想法, 有足够想象力地把这些碎片重新组织起来, 并且足够大胆地制订出一个宏伟的计划. 在微积分中, 这个人就是牛顿." 在数学的发展中, 许多新理论的创立都需要借助于直觉、想象和幻想. 数学直觉是对数学对象或问题等的直接领悟或觉察. 下面我们来看一个直觉的具体例子.

笛卡儿是一个著名的数学家, 1617 年, 笛卡儿在军营服役时, 就经常思考并且成功地解决过一些数学问题. 当时笛卡儿认为代数理论比较杂乱, 是用来阻碍思想的艺术, 不像一门改进思想的科学. 同时, 他又觉得几何学理论过于抽象, 而且又过多地依赖于图形. 因此, 笛卡儿经常甚至是终日沉迷于代数与几何问题的思考. 1619 年 11 月 10 日, 他带着一系列思索入睡了, 一连作了几个梦, 这天晚上他感到自己发现了一种不可思议的科学基础. 笛卡儿后来说, 第二天, 他开始懂得这惊人发现的基本原理. 这就是数学史上著名的代数与几何的一次伟大汇合. 笛卡儿开创了数学发展的新篇章, 创立了解析几何学. 显然, 直觉起了先导作用.

著名数学家希尔伯特, 十分重视直觉和想象在数学创造中的作用. 他说在算术中, 也像在几何学中一样, 我们通常都不会循着推理的链条去追溯最初的公理. 相反地, 特别是在解决一个问题时, 我们往往凭借对算术符号的性质的某种算术直觉, 迅速地、不自觉地去应用并不绝对可靠的公理组合, 这种算术直觉在算术中是不可缺少的, 就像在几何学中不能没有几何想象一样.

1. 为了增强我们的直觉能力, 先说明一下数学直觉的特点

(1) 非逻辑性. 直觉本身是相对于逻辑而言的, 因此这一特性是不言自明的. 也许在某个特定的过程中可以看到逻辑的影子, 但直觉判断的发生主要不是逻辑的, 不是由推理和逻辑判断而出现的结果.

(2) 易逝性. 正是由直觉的非逻辑性而导致了它的易逝性. 由于直觉产生的概念和判断并未锁定在一个逻辑的链条之中, 所以它可以像一粒散落的珍珠容易丢失. 富有经验的人特别留意自己的思想火花, 而不轻易让它遗失, 紧紧地抓住它, 并反复地思索和锤炼它.

(3) 偶然性、自发性. 直觉常以顿悟、灵感的形式出现, 其出现的时间、地点常出乎意料. 但是要特别注意, 灵感并不光顾懒汉, 灵感是属于那些勤于耕耘、勤于思索的人. 但又不是只要勤奋就能产生灵感. 它与思维方式等因素也密切相关.

(4) 情感性. 直觉与审美能力有关, 与审美情感有关. 对数学有巨大热情的人, 对数学一往情深的人, 更容易产生数学直觉. 反过来, 从数学获得直觉的结果会使人产生更浓烈的感情、喜悦以至于迷恋其中.

2. 从数学直觉的以上 4 个特点, 可以得到如下几点启示

(1) 当你持久的思索仍找不到答案的时候, 不妨搁置一下, 去做做别的事情, 这种转换期间获得直觉的可能性是存在的. 大脑中这一兴奋中心的抑制常常意味着另一兴奋中心的开始. 这对获得灵感是十分有利的.

(2) 当你百思不得其解时, 暂时忘却它, 可能还会增加产生其他联想的机会, 不仅在不同的工作之间, 而且在工作与休闲之间转换, 有利于产生灵感.

(3) 有意识地进行各种形式的学术交流, 阅读同一学科不同观点的论文, 阅读一些不同学科的论著, 尤其是进行面对面的学术交流或思想碰撞, 对产生直觉是十分重要的.

例如, 当代英国数学家阿蒂亚从事代数几何方面的研究工作, 有一次沃德做有关物理的几何问题报告, 因为领域似乎不同, 阿蒂亚曾犹豫是否去听, 最后还是去了, 并且听懂了沃德所讲的内容. 经过整整 3 天的思索, 阿蒂亚突然发现这些内容能与代数几何挂上钩, 这使他关于瞬时子的工作取得进展. 事后阿蒂亚回想, 若是那次报告以为与己无关而未去听, 可能那个问题还是老样子.

又如, 1982 年秋天, 在加拿大召开的一次学术会议期间, 桑迪亚实验室的应用数学部主任辛蒙斯偶然与另一位数学家和工程师瓦洛克一起喝啤酒, 谈起因子分解. 来自克雷计算机公司的瓦洛克提到克雷计算机与普通计算机有所不同, 其内部运行可能适用于因子分解. 回家后, 辛蒙斯和同事们运用克雷计算机进行了一系列计算, 终于获得 58 位、60 位、63 位、67 位数的因子分解, 并通过进一步努力, 终于分解了一个 300 年未分解成功的 69 位数.

(4) 别忘了特殊的时间、特殊的地点、特殊的场合会有特殊的效果.

例如, 1843 年 10 月 16 日黄昏, 哈密顿和妻子沿着都柏林皇家运河散步, 清凉的晚风驱散了一天的疲劳, 思维的海洋十分平静, 没有一丝波澜, 然而谁知哈密顿大脑皮层深处的脑细胞仍在默默地活动着. 突然, 他脑海里激起了波涛, 顿然领悟到三维空间内的几何运算所要叙述的不是三元, 而是四元. 后来他追述道, 当时我感到思想的电路接通了, 而从中落下的火花就是 i,j,k 之间的基本方程. 它们恰恰就是我以后使用的那个样子. 我当场抽出笔记本, 就将这些做了记录, 这一直觉发生在都柏林的布洛翰桥上, 带有明显的偶然性. 显然, 哈密顿清楚这种直觉是稍纵即逝的, 所以及时做了记录. 但是, 这也是千虑一得, 是哈密顿经过长达 15 个春秋的思索之后才以偶然形式出现的.

(5) 偶然迸发出的思想火花应及时记录下来, 并进行深层的思索, 因为直觉的可靠性还需要接受再检验.

(6) 直觉出现的非逻辑性、易逝性及偶然性等, 并不能说明偶然性在支配一切. 务必记住, 勤于思索是最重要的基础, 没有这一基础, 一切机遇都难以抓住.

第2章 几个重要的数学方法与数学技术及应用

数学方法和数学技术的内容十分丰富, 应用也十分广泛. 本章只能对其中的一部分做一介绍. 首先给出几种重要的数学方法, 包括混沌学、模糊数学、数学建模等, 并利用这些结果讨论数学在文学艺术、语言学、政治学、史学研究中的应用. 然后给出几个常用的现代数学技术及应用简介, 包括计算技术、编码技术、统计技术等.

2.1 混沌学方法

混沌学 (scientific chaos) 与相对论、量子力学被誉为 20 世纪人类的三大发现; 事实上相对论、量子力学与混沌学是 20 世纪三次重大的科学革命, 成为正确的宇宙观和自然哲学的里程碑. 正如美国著名科学家詹姆斯•格莱克所说, "混沌学排除了拉普拉斯决定论的可预测性的狂想", 伟大的科学家拉普拉斯在 1812 年曾有传世名言:"如果有一位智慧之神, 在给定时刻能够识别出赋予大自然以生机的全部的力和组成万物的个别位置, 而且他有足够深邃的睿智能够分析这些数据, 那么他将把宇宙中最微小的原子和庞大的天体的运动都包括在一个公式之中, 对他来说, 没有什么东西是不确定的, 未来就如同过去那样是完全确定无疑的. "后来, 爱因斯坦也表态说:"我无论如何深信上帝不是在掷骰子. "看来, 哪怕是再天才的科学家, 如拉普拉斯、爱因斯坦, 由于受所处时代科学发展水平和个人科学经验的局限, 仍然可能对科学发表失当的言论. 事实上, 在这里将介绍许多在确定的简单规律作用下, 形成的极端复杂的不可预测的现象.

2.1.1 混沌的发现及定义

1. 混沌的发现

法国数学家庞加莱在 19 世纪至 20 世纪之交研究天体力学, 特别是研究三体问题时发现了混沌. 但当时的数学家和物理学家都不理解, 也不欣赏庞加莱的工作. 主要原因是牛顿力学在科学中占有统治地位. 从牛顿到庞加莱的二百年间的数学主要研究局部性、连续性、光滑性及有序性. 这些经典理论用一层厚实而不易察觉的帷幕把混沌这块富饶的宝地给隔开了. 庞加莱第一次在这道帷幕上撕了一条缝, 暴露出后面有一大片未开垦的处女地.

2. 混沌的定义

英国皇家学会于 1986 年在伦敦召开的一次有影响的关于混沌的国际会议上, 给出了下述定义: 数学上指在确定性系统中出现的随机状态.

在这个定义中又出现了两个玄妙的词: 随机性与确定性. 随机性指的是无定律、无规则, 而确定性指的是受精确的、固定不变的定律的支配. 这两个词连在一起不是一种悖论吗? 诚然如此. 通过后面的例子, 我们就会知道, 混沌完全是由定律支配的无规则状态, 混沌无处不在的. 世界是混沌的, 混沌遍世界. 研究混沌运动, 探索复杂现象中的有序中的无序和无序中的有序, 就是新兴混沌学的任务.

2.1.2　蝴蝶效应的描述

第二次世界大战期间, 美国数学家爱德华·洛伦茨 (E. Lorenz) 成了一名空军气象预报飞行员, 这使他迷上了天气预报. 20 世纪 60 年代, 他开始用计算机模拟天气情况. 在对气象预报的研究中, 他发现了天气变化的非周期性和不可预报之间的联系. 在天气模型中他看到了比随机性更多的东西, 看到了一种细致的几何结构, 发现了天气演变对初值的敏感依赖性. 洛伦茨用计算机求解仿真地球大气的 13 个方程式. 为了更细致地考察结果, 他把一个中间解取出, 提高精度再送回. 而当他喝了杯咖啡以后回来再看时竟大吃一惊, 本来很小的差异, 结果却偏离了十万八千里! 计算机没有毛病, 于是, 他认定, 他发现了新的现象: 对初始值的极端不稳定性. 1979 年 12 月, 洛伦茨在华盛顿的美国科学促进会的一次讲演中给了一个形象的比喻: "巴西境内的一只蝴蝶煽动几下翅膀, 可能引起三个月后美国得克萨斯州的一场龙卷风. "他的演讲和结论给人们留下了极其深刻的印象. 这被称为蝴蝶效应. 从此以后, 所谓 "蝴蝶效应" 之说就不胫而走, 名声远扬了. 用混沌学的术语来表述就是, 系统的长期行为对初值的敏感依赖性.

混沌理论认为在混沌系统中, 初始条件的十分微小的变化经过不断放大, 对其未来状态会造成极其巨大的差别. 中国的成语 "差之毫厘, 谬以千里" "千里之堤, 毁于蚁穴" 说的都是这个意思. 这种对初值的敏感性的例子在日常生活中并不少见. 一个考生晚了一分钟离开家门, 误了一趟班车, 因迟到而考砸了一门课, 致使高考落榜. 对 "紧要处" 的敏感依赖, 对个人而言, 可导致截然不同的人生结局; 对于国家, 可导致兴盛或灭亡. 可以用在西方流传的一首民谣对此作形象的说明. "丢失一个钉子, 坏了一只蹄铁; 坏了一只蹄铁, 折了一匹战马; 折了一匹战马, 伤了一位骑士; 伤了一位骑士, 输了一场战斗; 输了一场战斗, 亡了一个帝国. "

这就是说事件经过逐级放大会导致严重后果. 马蹄铁上的一个钉子是否会丢失, 本是初始条件的十分微小的变化, 但其 "长期" 效应却是一个帝国存亡的根本差别. 这就是军事和政治领域中的所谓 "蝴蝶效应".

为了观测这种现象, 你不妨自己做一个实验. 把一片树叶放入潺潺流动的小溪中, 然后再把另一片树叶精确地放入与前一片树叶相同的地方. 刚开始, 两片树叶的运动可能会一样, 但不久它们所表现出来的运动形式会截然不同. 原因之一就是你把第二片树叶放入小溪的地方不可能与第一片树叶完全相同. 这点微小的差异会逐渐放大, 最终表现出完全不同的行为.

"蝴蝶效应"之所以令人着迷、令人激动、发人深省, 不但在于其大胆的想象力和迷人的美学色彩, 更在于其深刻的科学内涵和内在的哲学魅力.

2.1.3 线性与非线性过程

线性过程, 例如量与量之间按比例、呈直线的关系及在空间和时间上的直线运动都是线性过程; 我们最熟悉的线性过程就是购物. 例如买菜, 一块钱买一斤, 十块钱就买十斤.

在数学上, 线性过程用一次方程来描述. 如 $v = kt, y = ax + b$, 其中 k, a, b 是常数. 由于一次方程在平面上的图形是直线, 所以用一次方程表示的过程就是线性过程.

非线性过程, 例如两个变量之间不按比例、不呈直线的关系及在空间和时间上的非直线运动都是非线性过程. 如问: 两个眼睛的视敏度是一个眼睛的几倍? 很容易想到的是两倍, 可实际却是 6~10 倍! 这就是非线性: $1 + 1$ 不等于 2.

激光的生成就是非线性的. 当外加电压较小时, 激光器犹如普通电灯, 光向四面八方传播; 而当外加电压达到某一定值时, 会突然出现一种全新现象: 受激原子好像听到"向右看齐"的命令, 发射出相位和方向都一致的单色光, 就是激光.

非线性的特点是: 横断各个专业, 渗透各个领域, 几乎可以说是: "无处不在时时有". 如: 天体运动存在混沌; 电、光与声波的振荡, 会突陷混沌; 地磁场在 400 万年间, 方向突变 16 次, 也是由于混沌. 甚至人类自己, 原来都是非线性的: 与传统的想法相反, 健康人的脑电图和心脏跳动并不是规则的, 而是混沌的, 混沌正是生命力的表现, 混沌系统对外界的刺激反应, 比非混沌系统快.

由此可见, 非线性就在我们身边, 躲也躲不掉了. 下面的方程是非线性方程的例子: $w = \sin x, F = x^3$. 研究非线性问题的理论模型称作非线性系统, 通常用非线性方程来描述. 线性过程之所以重要有两方面的原因: 第一, 许多实际现象在所限制的时间内和限制的变量范围内近视可以看成是线性的, 所以通常的线性过程模式能够模拟它们的行为. 第二, 线性方程可以用许多方法处理, 而这些方法对于非线性方程却是无能为力的.

丰富多彩的大千世界是非线性的. 一般来说, 一个和尚挑一担水, 三个和尚挑三担水的理想情况是不会出现的. 常常出现的情况是: "一个和尚挑水吃, 两个和尚抬水吃, 三个和尚没水吃. " 长期以来人们主要研究线性问题是出于无奈, 因为非线性问题太困难了, 缺乏处理它的手段. 近几十年来情况发生了很大的变化, 特别是计算机的发展, 使研究非线性问题有了更得力的工具.

线性过程不会产生混沌. 任何混沌系统必然是非线性的. 但应当指出, 非线性并不保证有混沌.

2.1.4　产生混沌的例子——人口模型

1. 人口模型

迭代的起源之一是人口问题, 因此我们从人口模型谈起. 假定在开始时刻某地的人口总数是 x_0, n 年后的人口总数是 x_n, 那么第 $n+1$ 年的人口增长率是 $r = \dfrac{x_{n+1} - x_n}{x_n}$. 如果该地人口的增长率是常数, 即 r 为常数, 则上面的方程将对所有的 n 都成立. 改写成线性方程 $x_{n+1} = (1+r)x_n = f(x_n); f(x) = (1+r)x$. 于是 $x_n = (1+r)x_{n-1} = f(x_{n-1}) = (1+r)^2 x_{n-2} = \cdots = (1+r)^n x_0$, 即 $x_n = (1+r)^n x_0$. 这就是说人口的增长是指数增长. 这是一个典型的非线性动力系统的模型. 这就是说在一定的时间间隔中人口是按指数增长. 但是当时间间隔太长时, 这个模型将不符合实际情况. 因为人口的无限增长是不可能的. 荷兰的数学生物学家 Verhulst 于 1837 年指出, 在一段时间之后人口的增长将达到极限 X. 当人口总量接近极限 X 时, 人口增长率将从 r 降到 0. 在数学上处理的办法是, 令 $p_n = \dfrac{x_n}{X}$, 从而 $0 \leqslant p_n \leqslant 1$. 动态方程代之以 $p_{n+1} = kp_n(1 - p_n)$. 它是二次函数 $y = f(x) = kx(1-x)$ 迭代的结果. 由 $f(x)$ 所实现的映射称为 Logistic 映射.

从数学上看, Logistic 映射是简单的, 但它却是产生混沌的一个范例, 这个简单的方程孕育着数学中可能有的最复杂、最优美的性态. 它告诉我们简单的系统可能产生复杂的行为. 也就是说, 激烈的变化不一定有激烈的原因. 研究这个简单系统是帮助我们理解复杂系统, 如天气预报、股票涨落、法学现象等的钥匙.

2. $p_{n+1} = kp_n(1 - p_n)$ 对初值的敏感依赖性和内在随机性

考虑 $k = 4$ 的情况, 三个相差仅有亿分之一的初值, 迭代结果如下:

p_0	0.1	0.10000001	0.10000002
p_1	0.36	0.3600000032	0.3600000064
p_2	0.9216	0.921600358	0.9216000717

p_3	0.28901376	0.2890136391	0.2890135182
...	...	...	...
p_{10}	0.1478365599	0.1478244449	0.1478123304
...	...	...	...
p_{50}	0.2775690810	0.4350573997	0.0550053776
p_{51}	0.8020943862	0.9831298346	0.2079191442
p_{52}	0.6349559274	0.0663422515	0.6587550946
...	...	...	...

由此可以看出, 当 n 超过 50 之后, 迭代的结果对初值的关系已经十分敏感, 呈现出长期不可预测的内在随机性表现.

3. Logistic 映射的性质

研究 Logistic 映射的性质, 必须考虑它的长期形态, 即多次反复迭代的结果. 参数 k 起着重要的作用. 随着 k 在不同的区间取值, Logistic 映射呈现出不同的性态: 定态区间、周期性态和混沌性态.

(1) 定态区间. 当 $k \in [0,3]$ 时, 对于任意的 $p_0 \in [0,1]$ 都可经过适当次数的迭代之后, 迭代停止在 0.5, 这时我们就说在 $x = 0.5$ 处有一个吸引子. 这是一个稳定的状态, 称其为定态.

(2) 周期性态. 当 $k > 3$ 时, 若 $k = 3.2$, 这时 $f(x) = 3.2x(1-x)$. 取 $p_0 = 0.5$, 反复迭代, 得如下结果 (取 4 位小数): $p_1 = 0.8, p_2 = 0.512, p_3 = 0.7995, p_4 = 0.5130, p_5 = 0.7995, p_6 = 0.5130, p_7 = 0.7995, p_8 = 0.5130, \cdots$. 从 p_3 以后出现循环, p_i 交替地取 0.7995 和 0.5130 两个值. 这是一个周期为 2 的循环. 当 p_0 取 $[0,1]$ 上的其他值时, 同样也得到周期为 2 的循环; 当 $k = 3.5$ 时, $f(x) = 3.5x(1-x)$. 取 $p_0 = 0.5$, 反复迭代, 得如下结果 (取 4 位小数):

$$0.5, 0.875, 0.3828, 0.8270, 0.5007, 0.875, 0.3828, 0.8270, 0.5007, \cdots.$$

出现了周期为 4 的循环. 取 $[0,1]$ 上的其他值时, 同样也得到周期为 4 的循环; 当 $k = 3.56$ 时, 对 $f(x) = 3.56x(1-x)$ 作迭代, 将得到周期为 8 的循环.

(3) 混沌性态. 当把 k 的值增加到 3.5 时, 周期 2 吸引子失稳, 出现周期为 4 的循环; 当 k 增大到 $k = 3.56$ 时, 将得到周期为 8 的循环; 当 k 增大到 $k = 3.567$ 时, 将得到周期为 16 的循环. 此后周期迅速加倍: $32, 64, 128, \cdots$. 当 k 增大到 $k = 3.58$ 左右时, Logistic 映射变成混沌. 取 k 为横坐标, x 为纵坐标. 对每个 k 找出 k 所对应的周期点. 当 $k < 3$ 时, 仅有一个周期点; 当 $k = 3$ 时一条曲线分成两条, 因而这里出现一个分岔. 随着 k 的增加, 分岔加倍, 再加倍 $\cdots\cdots$ 你会看到一个美丽的树

状结构, 称其为无花果树 (图 2.1). 在 $k = 3.58$ 附近, 无花果树终于分成无穷多个分支. 无花果树的分支扩展为混沌周期点带. 分岔图上布满了无规则点. 但细致分析会发现图形有一定的自相似性.

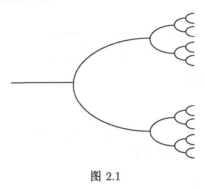

图 2.1

2.2　模糊数学方法

2.2.1　模糊数学概述

　　模糊数学是运用数学方法研究和处理模糊性现象的一门数学新分支. 它以"模糊集合论"为基础. 模糊数学提供了一种处理不肯定性和不精确性问题的新方法, 是描述人脑思维处理模糊信息的有力工具.

　　模糊数学由美国控制论专家 L. A. 扎德 (L. A. Zadeh, 1921—2017) 教授所创立. 他于 1965 年在《信息与控制》期刊上发表了题为《模糊集合论》(*Fuzzy sets theory*) 的论文, 从而宣告模糊数学的诞生. L. A. 扎德教授多年来致力于"计算机"与"大系统"的矛盾研究, 集中思考了计算机为什么不能像人脑那样进行灵活的思维与判断问题. 尽管计算机记忆超人, 计算神速, 然而当其面对外延不分明的模糊状态时, 却"一筹莫展". 可是, 人脑的思维, 在其感知、辨识、推理、决策以及抽象的过程中, 对于接受、储存、处理模糊信息却完全可能. 计算机为什么不能像人脑思维那样处理模糊信息呢? 其原因在于传统的数学, 例如, 康托尔集合论 (Cantor's set), 不能描述"亦此亦彼"现象. 集合是描述人脑思维对整体性客观事物的识别和分类的数学方法. 康托尔集合论要求其分类必须遵从形式逻辑的排中律, 论域 (即所考虑的对象的全体) 中的任一元素要么属于集合 A, 要么不属于集合 A, 两者必居其一, 且仅居其一. 这样, 康托尔集合就只能描述外延分明的"分明概念", 只能表现"非此即彼", 而对于外延不分明的"模糊概念"则不能反映. 这就是目前计算机不能像人脑思维那样灵活、敏捷地处理模糊信息的重要原因. 为克服这一障碍, L. A. 扎德教授提出了"模糊集合论". 在此基础上, 现在已形成一个模糊数学体系.

所谓模糊现象, 是指客观事物之间难以用分明的界限加以区分的状态, 它产生于人们对客观事物的识别和分类之时, 并反映在概念之中. 外延分明的概念, 称为分明概念, 它反映分明现象. 外延不分明的概念, 称为模糊概念, 它反映模糊现象. 模糊现象是普遍存在的. 在人类一般语言以及科学技术语言中, 都大量地存在着模糊概念. 例如, 高与短、美与丑、清洁与污染、有矿与无矿, 甚至像人与猿、脊椎动物与无脊椎动物、生物与非生物等这样一些概念之间, 都没有绝对分明的界限. 一般说来, 分明概念是扬弃了概念的模糊性而抽象出来的, 是把思维绝对化而达到的概念的精确和严格. 然而模糊集合不是简单地扬弃概念的模糊性, 而是尽量如实地反映人们使用模糊概念时的本来含义. 这是模糊数学与普通数学在方法论上的根本区别.

模糊数学产生的直接动力, 与系统科学的发展有着密切的关系. 在多变量、非线性、时变的大系统中, 复杂性与精确性形成了尖锐的矛盾. L. A. 扎德教授从实践中总结出这样一条互克性原理: "当系统的复杂性日趋增长时, 我们做出系统特性的精确然而有意义的描述的能力将相应降低, 直至达到这样一个阈值, 一旦超过它, 精确性和有意义性将变成两个几乎互相排斥的特性. " 这就是说, 复杂程度越高, 有意义的精确化能力便越低. 复杂性意味着因素众多, 时变性大, 其中某些因素及其变化是人们难以精确掌握的, 而且人们又常常不可能对全部因素和过程都进行精确的考察, 而只能抓住其中主要部分, 忽略掉次要部分. 这样, 在事实上就给系统的描述带来了模糊性. "常规数学方法的应用对于本质上是模糊系统的分析来说是不协调的, 它将引起理论和实际之间的很大差距. " 因此, 必须寻找到一套研究和处理模糊性的数学方法. 这就是模糊数学产生的历史必然性. 模糊数学用精确的数学语言去描述模糊性现象, "它代表了一种与基于概率论方法处理不确定性和不精确性的传统不同的思想 …… 不同于传统的新的方法论". 它能够更好地反映客观存在的模糊性现象. 因此, 它给描述模糊系统提供了有力的工具.

L. A. 扎德教授于 1975 年所发表的长篇连载论著《语言变量的概念及其在近似推理中的应用》(*The Concept of a Linguistic Variable & Its Application to Approximate Reasoning*), 提出了语言变量的概念并探索了它的含义. 模糊语言的概念是模糊集合理论中最重要的发展之一, 语言变量的概念是模糊语言理论的重要方面. 语言概率及其计算、模糊逻辑及近似推理则可以当作语言变量的应用来处理. 人类语言表达主客观模糊性的能力特别引人注目, 或许从研究模糊语言入手就能把握住主客观的模糊性、找出处理这些模糊性的方法. 有人预言, 这一理论和方法将对控制理论、人工智能等作出重要贡献.

模糊数学诞生至今已有 50 余年历史, 它发展迅速、应用广泛, 涉及纯粹数学、应用数学、人文科学和管理科学等方面, 在图像识别、人工智能、自动控制、信息处理、经济学、心理学、社会学、生态学、语言学、管理科学、医疗诊断、哲学研究等领域中, 都得到了广泛应用. 把模糊数学理论应用于决策研究, 形成了模糊决策技术. 只要经过仔细深入研究就会发现, 在多数情况下, 决策目标与约束条件均带有一定的模糊性, 对复杂大系统的决策过程尤其是如此. 在这种情况下, 运用模糊决策技术, 会显得更加自然, 也将会获得更加良好的效果.

我国学者对模糊数学的研究始于 20 世纪 70 年代中期, 其发展甚速, 已有了一支较强的研究队伍, 成立了中国模糊集与系统学会, 出版了《模糊数学》期刊和许多颇有价值的论著, 例如, 汪培庄教授所著《模糊集与随机集落影》《模糊集合论及其应用》、张文修教授编著的《模糊数学基础》, 等等. 我国学者把模糊数学理论应用于气象预报, 提高了预报质量, 在 1980 年召开的国际气象学术讨论会上, 我国所提交的论文得到会议的好评. 在中医医疗诊断方面, 还制成了《关幼波教授治疗肝病计算机诊断程序》. 实践表明, 该计算机的医疗效果良好, 为继承、发扬我国医学作出了贡献. 这一经验也被推广应用于治疗急腹症等方面. 我国学者应用模糊数学理论, 在地质探矿、生态环境、企业管理、生物学、心理学等领域, 也都分别取得了较好的应用成果.

2.2.2　模糊数学中的几个基本概念

1. 模糊子集及隶属函数

首先, 在康托尔集合论中, 我们已经建立了集合 $A \subset X$ 的特征函数概念: $f_A(x) = \begin{cases} 1, & x \in A, \\ 0, & x \notin A, \end{cases}$ 其中 $f_A(x)$ 是定义在 X 上的函数, 它刻画了集合 A 本身, 所以称它为集合 A 的特征函数.

在模糊数学中, 扎德引进了模糊子集的概念, 推广了以上的特征函数概念, 引进了隶属函数的概念, 使函数可取从 0 到 1 的一切实数值, 用隶属度的概念来描述 x 属于模糊集 A 的可能性的大小. 具体作法如下:

定义　集合 X 的一个模糊子集 A, 就是 X 中的每个元素 x 对这个模糊子集 A 有一个刻画其隶属程度 (隶属度) 的数 $f_A(x) \in [0,1]$. 称定义在 X 上, 取值于 $[0,1]$ 上的这个函数 $f_A(x)$ 为模糊子集 A 的隶属函数.

显然, 模糊子集 A 与其隶属函数 $f_A(x)$ 是一一对应的. 模糊子集的概念是普通子集概念的推广, 而隶属函数的概念是特征函数概念的推广. 如果 $f_A(x)$ 的值域是 $\{0,1\}$, 则模糊子集 A 就是普通子集, 而隶属函数 $f_A(x)$ 就是特征函数. 因此, 普通集合成为模糊集合的特例.

一般地, 把模糊子集 A 表示为 $A = \bigcup_{x \in X} \{f_A(x)/x\}$ 或 $A = \{(f_A(x), x) : x \in X, f_A(x) \in [0,1]\}$.

对于一个模糊事物用模糊子集去描述时, 它的隶属函数的选取方法是关键. 这往往要根据实际经验和数学方法结合起来, 逐步改进, 从而得到较为合适的隶属函数.

例如, X 表示 100 种参加评比的产品构成的集合, 模糊子集 A 表示 "优秀产品". 现在我们通过民意测验来确定某一产品 $x \in X$, 它属于 A 的隶属度, 如果总票数为 n, 选 x 为优秀产品的票数为 $k(k \leqslant n)$, 那么规定 $f_A(x) = \dfrac{k}{n}$.

2. 模糊子集的精确化方法

模糊数学研究的目标是尽可能使模糊的对象变得比较明确起来, 或者说使模糊向精确转化. 一个常用的方法是运用 "截割思想", 即给定了一个模糊子集 A, 按隶属度的大小 (即隶属函数值的大小), 选定一个确定的数作为阈值进行截割, 例如, 确定阈值为 λ, 当 $f_A(x) \geqslant \lambda$ 时, 就认为 $x \in A$; 当 $f_A(x) < \lambda$ 时, 就认为 $x \notin A$. 这样, 就通过阈值使元素是否属于集合变得明确起来, 使模糊子集不太模糊了. 当然阈值往往要根据实际经验和数学方法结合起来, 逐步改进.

2.3 模糊数学在研究文学艺术及语言学中的应用

例如, 杜甫的《月夜忆舍弟》: 露从今夜白, 月是故乡明, 以及殷益的《看牡丹》: 发从今日白, 花是去年红. 这两连句的句式结构完全相同, 而且时间概念也十分明确, 无模糊之处. 然而, 实际上是有差别的. "白露" 是一个固定的节气, 在 "白露" 之日说 "露从今夜白" 有确切的含义. 但 "发从今日白" 就不一样了, 人的头发变白是一个渐变的过程, 有快慢之分, 一般不会在一日之间变白, 所以殷益诗句的含义有所不同.

杜甫也有关于白发的诗句 (春望): 白头搔更短, 浑欲不胜簪. 由于杜甫所处的社会正经历着安史之乱, 国破家亡, 民不聊生, 诗人忧心如焚, 感时恨别, 竟至于看花溅泪, 听鸟惊心. 头发不禁一天天变白, 一天天变得稀疏短少, 连发簪也别不住了. "白头搔更短" 的一个 "更" 字, 写出了头发变短变白的过程.

以上的分析比较并无苛求诗句含义的精确性之意, 因为这种苛求本身是不合理的. 例如, 杜甫的 "月是故乡明", 殷益的 "花是去年红", 说的并非真情实景, 而是另一番 "情", 另一番 "景", 对故乡的 "情", 对往事的 "情", 表达诗人的意境, 表达另一种 "景". 文学艺术的遣词用句与自然科学一般是有区别的, 它并不采用是就是是, 不是就是不是的标准.

"发从今日白" 所表达的是诗人的一种感情、感受, 他把本无那样确切的事实加以明确. 在这一点上模糊数学就是这样做的.

又如, 早在古希腊时代, 语言中的模糊现象就引起了人们的注意. 古希腊哲学家就提出过如下著名的 "连锁推理" 悖论: "一粒麦子肯定不能成为一堆. 对于任何一个正整数 n 来说, 如果 n 粒麦子不成堆的话, 即使再加一粒麦子, $n + 1$ 粒麦子也不构成一堆. 因此. 根据数学归纳法原理, 任意多的麦粒也不构成堆. "

上面的推理似乎是正确的, 可是结论却不对. 是什么原因导致了这个悖论呢? 这就源于 "堆" 这个概念的模糊性. 是否存在那样一个 n, n 粒麦子不成堆, 而 $n+1$ 粒麦子就成堆了? 并没有这样明确的界限, 也就是并没有怎样才算一堆、怎样就不算一堆的明确判断.

法国数学家博雷尔也曾在他的一部著作中讨论过这个问题, 他写道: 一粒麦子肯定不叫一堆, 两粒麦子也不是, 三粒麦子也不是 ……. 另一方面, 所有的人都会同意, 一亿粒麦子肯定叫一堆. 那么, 适当的界限在哪里呢? 我们能不能说, 325647 粒麦子不叫一堆, 而 325648 粒麦子就构成一堆了呢? 最后, 博雷尔对这一问题作出回答 "n 粒麦子是否叫一堆" 这一问题, 如果答案是 "叫一堆", 对这个答案只能判断其正确的程度, 这应该理解为 "n 粒麦子叫一堆" 这一事件 A 的概率 $P\{n \in A\}$. 实际上, 这里的 A 已经是模糊集合了. 因此, 这一思想实质上已经是模糊数学思想的萌芽.

有了隶属函数的概念, 就不只可以研究普通集合, 而且可以研究模糊集合了. 例如, "老年人" 是一个集合, 但它是一个模糊集合; 又例如 "胖人" 也是一个模糊集合; …… 如何描述呢?

试讨论 "老年人" 是一个集合. 70 岁算不算老年人呢? 60 岁算不算老年人呢? 一般地说, 人的年龄不超过 150 岁, 因此定义域 X 可取为 $\{0, 1, 2, \cdots, 150\}$. 有人经过研究作了如下描述:

$$f_A(x) = \begin{cases} 0, & x \leqslant 50 \\ \left[1 + \left(\dfrac{x-50}{5} \right)^{-2} \right]^{-1}, & x > 50 \end{cases}$$

其中 A 代表 "老年人" 集合. 现在把 55 岁、60 岁、65 岁分别代如上述公式, 即得 $f_A(55) = 0.5$; $f_A(60) = 0.8$; $f_A(65) = 0.9$. 这表明, 采用这一隶属函数, 55 岁的人属于 "老年人" 范畴的可能性大小 (或程度) 为 0.5, 60 岁则为 0.8, 65 岁则为 0.9, 70 岁则达到 0.97 以上了.

还是以 "老年人" 集合及上述描述这一集合的隶属函数为例, 若取阈值 $\lambda = 0.85$, 那么, 55 岁、60 岁的人肯定不属于 "老年人" 集合, 而 70 岁的人则肯定算老年人了.

然而, 这里还有两个更基本的问题: 上面那个隶属函数确定的是否合理? 那个阈值 $\lambda = 0.85$ 确定的是否合理? 对此之回答往往不是仅靠数学家能做出的. 例如, 也有人把隶属函数定义为: $f_A(0) = 0$ 当 $0 \leqslant x \leqslant 50$ 时, $f_A(x) = \dfrac{x-50}{20}$ 当 $50 < x < 70$ 时, $f_A(x) = 1$ 当 $x \geqslant 70$ 时.

在 "发从今日白, 花是去年红" 的诗句中, "白发" 与 "红花" 所描述的集合也是模糊集合. 由于颜色构成一个连续统, 因此颜色有深有浅. 对于这些深浅不同的颜色, 我们就拿不准是否把它们称为红色. 这不是因为不知道 "颜色" 这个词的意义, 而是这个词的适用范围在本质上是不确定的. 这自然也是对人变成秃子这个古老之谜的回答. 秃头是一个模糊概念, 有一些人肯定是秃子, 有一些人肯定不是秃子, 而处于两者之间的一些人, 说他们必定要么是秃子, 要么不是, 这是不对的. 排中律用于精确符号是对的, 但是当符号是模糊的时候, 排中律就不合适了, 事实上, 所有的描述感觉性的词, 都具有 "红色" 这个词所具有的同样的模糊性.

这一段论述改换成对 "白发" 的论述是完全合适的, "秃子" 说的是头发一根根脱落的结果, "白发" 说的是头发一根根变白的结果, "秃子" 和 "白发" 都是模糊概念.

"红色的" 对象构成一个模糊子集, 现代科学已为 "红色" 确定了一个合理的隶属度和阈值. 现代物理学把颜色定义为视角的基本特征, 是不同波长的可见光引起的视觉器官的不同感觉, 并且根据可见光的不同波长明确地划分了红、橙、黄、绿、青、蓝、紫的界限. 红色的波长范围是 0.77 微米至 0.622 微米之间. 光的波长在这个范围内就属红色, 否则就不属于红色.

能否给 "白发" 定义一个隶属函数或一个阈值呢? 据统计, 人的头发不超过 20 万根. 一个可行的简单方法是, 定义 "白发" 的隶属函数为

$$f_A(n) = \begin{cases} 0, & n \leqslant 2 \times 10^4 \\ \dfrac{n}{2 \times 10^5}, & 2 \times 10^4 < n < 10^5 \\ 1, & n \geqslant 10^5 \end{cases}$$

其中 n 表示一个人白发的根数. 给 $f_A(x)$ 规定一个阈值, 例如, 规定 $\lambda = 0.35$, 即当 $f_A(x) \geqslant 0.35$ 时, 就认为这个人是 "白发" 翁; 当 $f_A(x) < 0.35$ 时, 就不叫 "白发" 翁. 这样, 就的确有可能有那么一天, 由于那天的某一根头发变白而使得 $f_A(x) \geqslant 0.35$, 从而他就成了 "白发" 翁. "发从今日白" 这个诗句就有了更确切的含义.

2.4　数 学 建 模

Renyi 曾说过: 甚至一个粗糙的数学模型也能帮助我们更好地理解一个实际的情况, 因为我们在试图建立数学模型时被迫考虑了各种逻辑可能性, 不含混地定义了所有的概念, 并且区分了重要的和次要的因素. 一个数学模型即使导出了与事实不符合的结果, 它也还可能是有价值的, 因为一个模型的失败可以帮助我们去寻找更好的模型.

数学建模属于应用数学, 它涉及数学与其他学科的相互作用. 数学建模方法分为以下五个阶段:

第一, 科学地识别与剖析实际问题;

第二, 建立数学模型;

第三, 求解数学问题;

第四, 研究算法, 并尽量使用计算机;

第五, 回到实际问题中去, 解释结果.

如果模型的结果与实际情况相符, 则可应用它对实际问题作进一步的分析讨论; 否则, 再次分析实际问题, 抓主要矛盾, 作必要的修正, 重复建模过程, 直到结果与实际情况相符为止.

数学家在第一阶段起不到明显的作用, 起作用的通常是研究这类问题的科学家、工程师、医生、企业家. 正是这些人认识到了问题的重要性和与数学方法的可结合性. 由于近年来数学的应用已引起广泛的关注, 所以常常是这样, 在提出系统的理论以前, 有关数据的收集, 经验性的结论已完成. 所缺少的是数学家的介入, 数学家的介入将会使问题发生质的变化.

第二阶段是整个建模过程中最困难、最关键的部分. 它最富有创造性, 常由具有数学知识的科学家参加, 或由数学家与科学家共同参与. 模型的建立由仔细地理解问题、区分主次和选取合适的数学结构所组成. 模型有两个方面, 一是数学结构, 二是实际概念与数学结构间的对应. 在建模过程中, 必须保持原问题的本质特征, 但要尽可能简化. 注意, 简化是基于所涉及的各门科学而不仅仅是数学. 简化是必需的, 以便所得到的数学模型是容易处理的. 但又不能过分, 以防数学结论不能提供实际情形的有效预测. 决定什么是重要的, 什么是不重要的; 哪些简化是合理的, 哪些简化是不合理的, 需要经验和技巧. 需要科学家和数学家共同来完成.

基于对同一问题的观察和研究, 提出的数学模型可能有几种不同数学结构. 不同数学结构可能反映的是实际问题的不同侧面. 例如, 在 20 世纪以前, 光的物理模型有两个, 一是波动说, 二是粒子说. 它们都在一定条件下有用.

第三阶段是求解数学问题. 这个阶段的研究在表面上与数学的研究没有区别, 只是动机不同. 但是这里的数学问题与实际问题密切相关, 记住这一点十分重要. 一旦所提问题由于数学自身的原因需要修改时, 必须仔细分析修改后的问题与实际问题之间的关系.

看来简单的问题引出来的数学问题未必简单, 有可能引出极其复杂的数学问题. 常常是这样, 实际问题的研究为数学打开了一个全新的领域, 导致创立新的数学分支. 有时某些问题能自然地融进我们熟悉的数学课题中, 这自然很令人满意. 下面讨论的模型都属于这种情形. 但切勿错误地理解为数学模型都是这样, 恰恰相反, 更多的情形不是这样.

第四阶段的计算是另一个重要的阶段. 为了获得对原问题的理解, 计算的结果是不可少的. 由于实际问题的复杂性, 大部分结果是不能借助手工来完成的, 所以算法的研究以及使用计算机是必需的.

第五阶段是依照原问题去解释和评价所得结果. 这时可能出现各种情况, 需要做仔细分析, 推动我们去进一步完善模型.

关于数学建模的研究已成为应用数学的一大分支, 目前正处于蓬勃发展的时期. 它的本意就是将各种各样的实际问题化为数学问题.

下面通过几个典型的颇具启发性的实例, 以说明数学在人文社会科学中的应用情况, 它们分别来自政治学、史学研究等.

2.5 数学在政治学中的应用——选票分配问题

选举问题是政治学研究的中心问题之一. 其中包括民意测验、选票分配等重要问题. 下面先从著名的选举悖论讲起.

2.5.1 选举悖论

假定有张、王、李三个学生竞选学生会主席. 民意测验表明, 两两比较, 选举中有 2/3 愿意选张不愿意选王, 有 2/3 愿意选王不愿意选李. 问关于张和李, 我们能得出什么结论呢? 是不是愿意选张而不愿意选李的人多呢?

答案是: 不一定! 如果选举人按照表 2.1 那样对候选人进行排序, 就会引起一个惊人的悖论.

表 2.1

	1	2	3
1/3	张	王	李
1/3	王	李	张
1/3	李	张	王

现在我们对他们进行两两比较.

张和王的民意测验情况是: 张有两次排在王的前面, 而王只有一次排在张的前面, 因而张可以说, 选举人中有 2/3 的人喜欢我. 王和李的民意测验情况是: 王有两次排在李的前面, 而李只有一次排在王的前面, 因而王可以说, 选举人中有 2/3 的人喜欢我. 李和张的民意测验情况是: 李有两次排在张的前面, 而张只有一次排在李的前面, 因而李可以说, 选举人中有 2/3 人喜欢我.

这就出现了一个令人惊讶的悖论: 多数选举人选张优于王, 多数选举人选王优于李, 还是多数选举人选李优于张.

在日常生活中, 许多关系都是可以传递的. 例如, 大小关系、上下关系、前后关系、左右关系等. 所有这些关系都具有传递性. 这就使人们以为 "好恶" 关系也是可以传递的. 但实际上 "好恶" 关系是不可传递的.

这个悖论可追溯到 18 世纪, 它是一个非传递关系的典型, 这种关系在人们做两两对比选择时可能产生. 这个悖论有时称为阿罗悖论, 它也可以在找对象和产品检验等中出现.

这个悖论从诞生之日起, 就一直吸引着众多政治家和数学家去研究. 这里要特别提出的是, 1952 年数学家肯尼思·阿罗曾根据这个悖论和其他逻辑理由证明了一个令人吃惊的定理——阿罗不可能定理, 即不可能找到一个公平合理的选举系统. 这是一个非常深刻的结论, 但更加有悖于常理: 天下竟然无公! 这个结论告诉我们, 只有更合理, 没有最合理, 原来世上无"公". 阿罗不可能定理是数学应用于社会科学的一个里程碑.

阿罗不可能定理不仅是一项数学成果, 也是十分重要的经济成果. 因此, 作为一名数学家, 阿罗于 1972 年获得了诺贝尔经济学奖. 选举问题吸引经济学家的因素主要有两个方面: 策略与公平性. 而策略的研究又引出了博弈论.

2.5.2　选票分配问题

选票分配问题是数学在人类政治活动中的一个应用. 追溯起源, 它就是西方所谓的民主政治问题. 美国宪法第一条第二款指出:"众议院议员名额 …… 将根据各州的人口比例分配 ……"这段冠冕堂皇的文字可以说是"选票分配问题"的缘起. 美国宪法从 1789 年生效以来, 200 多年中, 关于"公正合理"地实现宪法中所规定的分配原则, 美国的政治家和科学家展开了激烈的争论. 虽然设计了多种方法, 但没有一种方法能够得到普遍的赞同. 选票分配是否合理是选民最关心的热点问题之一. 这一问题早就引起西方的政治家和科学家的关注, 并进行了大量深入的研究. 这项研究大量地使用了数学方法, 下面以学生会改选为例, 对这项研究做一初步介绍.

大家知道, 每个高等院校都有学生会, 学生会一般一年改选一次. 在每届学生会改选时, 都需要给出各系的委员分配名额. 那么名额怎样分配才算合理呢? 按照学生会章程规定, 各系的委员数按学生人数比例分配.

假定某大学的学生会由 n 名委员组成, 再设该大学有 s 个系, 各系的学生数是 $p_i, i = 1, 2, \cdots, s$. 全校的学生数是 $p = p_1 + p_2 + \cdots + p_s$. 现在的问题是, 找出一组相应的整数 $n_1, n_2, \cdots, n_s$, 使得 $n_1 + n_2 + \cdots + n_s = n$, 其中 n_i 是第 i 个系获得的委员数.

按照学生会章程, 一个简单而公平的分配委员名额的办法是按人数比例分配. 记 $q_i = \dfrac{p_i}{p} \cdot n$, 称它为分配的份额. 自然有 $q_1 + q_2 + \cdots + q_s = n$. 如果 q_i 都是整数, 分配不会出现问题. 但是更经常发生的情况是, q_i 不是整数, 而名额分配又必须是整数, 怎么办? 一个自然想到的办法是四舍五入法. 四舍五入的结果可能会出现名额多余, 或名额不够的情况. 下面举例来说明这种情况. 假定某学院有三个系, 总人数是 200, 表 2.2—表 2.4 说明了三种不同情况: 按四舍五入法, 表 2.2 正好产生了 20 个委员; 表 2.3 产生了 19 个委员; 表 2.4 产生了 21 个委员.

表 2.2

系别	学生数	所占比例/%	按比例分配名额	最终分配名额
甲	107	53.5	10.7	11
乙	59	29.5	5.9	6
丙	34	17	3.4	3
总和	200	100	20	20

表 2.3

系别	学生数	所占比例/%	按比例分配名额	最终分配名额
甲	104	52	10.4	10
乙	62	31	6.2	6
丙	34	17	3.4	3
总和	200	100	20	19

表 2.4

系别	学生数	所占比例/%	按比例分配名额	最终分配名额
甲	105	52.5	10.5	11
乙	60	30	6	6
丙	35	17.5	3.5	4
总和	200	100	20	21

三个表表明三种情况. 一般说来, 用四舍五入法很难得到各系所需要的委员数. 这说明四舍五入法有缺陷, 需要改进, 以找出更合理的分配方法.

2.5.3 亚拉巴马悖论

正因为四舍五入法有这一缺陷, 美国乔治·华盛顿时代的财政部长亚历山大·哈密顿于 1790 年提出了一种解决名额分配的办法, 并于 1792 年为美国国会所通过. 美国国会的议员是按州分配. 哈密顿方法的具体操作如下:

(1) 取各州份额的整数部分 $[q_i]$, 先按第 i 州拥有 $[q_i]$ 个议员;

(2) 然后考虑各个 q_i 的小数部分 $q_i - [q_i]$, 按从大到小的顺序将余下的名额分配给相应的州, 直到名额分配完为止.

表 2.5 是按哈密顿的方法进行分配的.

表 2.5

系别	学生数	所占比例/%	按比例分配名额	最终分配名额
甲	103	51.5	10.3	10
乙	63	31.5	6.3	6
丙	34	17	3.4	4
总和	200	100	20	20

哈密顿方法看起来十分合理, 但是仍存在问题. 例如, 在表 2.4 中出现了甲和丙的小数部分相同的情况. 如果甲系和丙系各增加一个名额就会出现超出预定名额的情况; 如果两系都不增加, 就会出现名额不满的情况. 当然在选民众多的情况下, 出现小数部分相等的情况是十分罕见的, 换言之, 概率很小. 但是下面提到的亚拉巴马悖论, 却是必须严肃对待的情况.

从 1880 年起, 美国国会就哈密顿方法的公正合理性展开了争论. 原因是 1880 年美国人口普查后, 亚拉巴马州发现哈密顿方法触犯了该州的利益, 其后 1890 年和 1900 年人口普查后缅因州和科罗拉多州也极力反对哈密顿方法. 按照常规, 假如各州的人口比例不变, 议员的名额总数由于某种原因而增加的话, 那么各州的议员名额数或者不变, 或者增加, 至少不应该减少. 可是哈密顿方法却不能满足这一常规. 这里仍以校学生会为例. 由于考虑到 20 个名额的成员在表决提案时可能会出现 10:10 的结果, 所以校学生会决定下届增加一个名额. 按照哈密顿方法分配名额得到表 2.6.

表 2.6

系别	学生数	所占比例/%	按比例分配名额	最终分配名额
甲	103	51.5	10.815	11
乙	63	31.5	6.615	7
丙	34	17	3.570	3
总和	200	100	21	21

计算结果表明, 总名额增加一个, 丙系反而减少一个名额, 这当然侵犯了丙系的利益. 亚拉巴马州当年就面临这种情况. 所以通常把哈密顿方法所产生的这一矛盾叫作亚拉巴马悖论.

这个悖论是出乎意料的, 它是在实践过程中出现的, 不是逻辑的产物.

因此, 必须进一步改进哈密顿方法, 使之更加合理. 新的方法不久就提出来了, 并消除了亚拉巴马悖论. 因方法较繁杂, 这里不再做详细介绍. 但是新方法又引出新问题, 新问题又需要消除, 于是需要更新方法, 更加公正合理的方法又出现了, 这更新的方法也还有问题. 于是出现了这样的问题: 是否存在一种公正合理的方法呢?

这个问题从诞生之日起, 就一直吸引着众多政治家和数学家去研究. 这里需要特别提到的是巴林斯基 (M. L. Balinsky) 和杨 (H. P. Young) 两位学者, 他们在名额分配问题的研究中引进了公理化方法, 并于 1982 年证明了关于名额分配的一个不可能定理, 即包括"不产生人口悖论""不违反'公平分配'原则"等在内的五条十分合理的公理不相容. 换言之, 满足这五条公理的名额分配方法是不存在的. 从而为这一争论画上了句号. 这五条公理的具体内容如下:

公理 1 (人口单调性) 一个州的人口增加不会导致它失去一个名额.

公理 2 (无偏性) 在整个时间上平均, 每个州应接收到它自己应分摊的份额.

公理 3 (名额单调性) 总名额的增加不会使得某州的名额减少.

公理 4 (公平分摊性) 任何州的名额都不会偏离其比例的份额数.

公理 5 (接近份额性) 没有从一个州到另一个州的名额转让会使得这两个州都接近于它们应得的份额.

2.6 数学在史学研究中的应用——考古问题

数学方法的应用为历史研究开辟了许多过去不为人重视, 或不曾很好利用的历史资料的新领域, 并且极大地影响着历史学家运用文献资料的方法, 影响着他们对原始资料的收集和整理, 以及分析这些资料的方向、内容和着眼点. 另外, 数学方法正在影响历史学家观察问题的角度和思考问题的方式, 从而有可能解决使用习惯的、传统的历史研究方法所无法解决的某些难题. 数学方法的应用使历史学趋于严谨和精确, 而且对研究结果的检验也有重要意义. 下面以考古问题为例, 说明数学方法在史学研究中的应用.

2.6.1 放射性年龄测定法

测定考古发掘物年龄的最精确的方法之一是 1949 年 W. 利贝 (Libby) 发明的 ^{14}C 年龄测定法. 这个方法的依据十分简单. 地球周围的大气层不断受到宇宙射线的轰击. 这些宇宙射线使地球中的大气产生中子, 这些中子同氮发生作用而产生 ^{14}C. 根据原子物理理论: ^{14}C 会发生放射性衰变, 而且 ^{14}C 在 t 时刻的衰变速率与 t 时刻 ^{14}C 的含量成正比. 这种放射性碳又结合到二氧化碳中在大气中飘动而被植物吸收. 动物通过吃植物又把放射性碳带入它们的组织中. 在活的组织中, 新陈代谢不断地摄取 ^{14}C, 使得活的组织中的 ^{14}C 与空气中 ^{14}C 的百分含量相等. 但是, 当组织死亡以后, 它就停止摄取 ^{14}C, 而且尸体中的 ^{14}C 开始衰变使尸体中的 ^{14}C 的百分含量减少. 空气中 ^{14}C 的百分含量不变, 这是一个基本的物理假定. 这就意味着, 由此可以建立起尸体中的 ^{14}C 的含量随时间 t 的变化规律, 并确定出死亡时间.

首先, 建立微分方程及定解条件. 设 $N(t)$ 表示 t 时刻尸体内 ^{14}C 的含量, 假定活的组织死亡时尸体中的 ^{14}C 的含量为 $N(0) = N_0$, 则 $\dfrac{dN}{dt}$ 表示 t 时刻 ^{14}C 的衰变速率, 由假设有: $\dfrac{dN}{dt} = -\lambda N$, $N(0) = N_0$. 其中 λ 是一个正常数, 称为该物质的衰变常数. 自然 λ 越大, 物质衰变得越快.

其次, 求解方程. 不难得 $N = N_0 e^{-\lambda t}$.

最后, 死亡时间的确定. 设 ^{14}C 的半衰期 (定义为给定数量的放射性原子衰减一半所需的时间; ^{14}C 的半衰期是 5568 年) 为 T, 即 $T = \dfrac{1}{2} N_0$. 将它代入 $N = N_0 e^{-\lambda t}$ 中, 有 $\lambda = \dfrac{\ln 2}{T}$. 由 $N = N_0 e^{-\lambda t}$ 可得 $N'(t) = -\lambda N(t) = -\lambda N_0 e^{-\lambda t}$. 而 $N'(0) = -\lambda N_0$. 因此 $\dfrac{N'(t)}{N'(0)} = e^{-\lambda t}$. 从而 $t = \dfrac{1}{\lambda} \ln \dfrac{N'(0)}{N'(t)} = \dfrac{T}{\ln 2} \ln \dfrac{N'(0)}{N'(t)}$.

考古学家和地质学家就是利用上式来估算古迹文物或化石的年代. 事实上, 如果测出木炭样品中 ^{14}C 目前的衰变速率 $N'(t)$, 并注意到 $N'(0)$ 应等于相当数量的活树木中 ^{14}C 的衰变速率, 那么, 就能算出木炭样品的年代.

2.6.2 马王堆一号墓年代的确定

长沙马王堆一号墓于 1972 年 8 月出土, 当时曾引起国内外的轰动. 下面使用 ^{14}C 年代测定法来测算它的大致年代.

开墓时测得木炭中 ^{14}C 的平均原子衰变数是 29.78 次/分, 即 $N'(t) = 29.78$; 新木炭的平均原子衰变数是 38.37 次/分, 即 $N'(0) = 38.37$; 又 $T = 5568$. 把这些数据代入上式, 有 $t = \dfrac{5568}{\ln 2} \ln \dfrac{38.37}{29.78} = 2036(年)$. 这样就估算出马王堆一号墓大致是 2000 年前的汉墓.

此外, 在文物古迹、古代名画等的真假鉴定中都使用放射性年龄测定法.

2.7 最优化方法

最优化方法, 是指解决最优化问题的方法. 所谓最优化问题, 指在某些约束条件下, 决定某些可选择的变量应该取何值, 使所选定的目标函数达到最优的问题, 即运用最新科技手段和处理方法, 使系统达到总体最优, 从而为系统提出设计、施工、管理、运行的最优方案. 由于实际的需要和计算技术的进步, 最优化方法的研究发展迅速.

2.7.1 研究的对象和目的

最优化方法的主要研究对象是各种有组织系统的管理问题及其生产经营活动. 最优化方法的目的在于针对所研究的系统, 求得一个合理运用人力、物力和财力的最佳方案, 发挥系统的效能和提高系统的效益, 最终实现系统的最优目标. 实践表明, 随着科学技术的日益进步和生产经营的日益发展, 最优化方法已成为现代管理科学的重要理论基础和不可缺少的方法, 被人们广泛地应用到公共管理、经济管理、工程建设、国防等各个领域, 发挥着越来越重要的作用.

2.7.2 最优化方法的意义

从数学意义上说, 最优化方法是一种求极值的方法, 即在一组约束为等式或不等式的条件下, 使系统的目标函数取到极值, 即最大值或最小值. 从经济意义上说, 是在一定的人力、物力和财力等资源条件下, 使经济效果达到最大 (如产值、利润), 或者在完成规定的生产或经济任务下, 使投入的人力、物力和财力等资源为最少.

2.7.3 最优化方法发展简史

公元前 500 年古希腊在讨论建筑美学中就已发现了长方形长与宽的最佳比例为 0.618, 称为黄金分割比. 其倒数至今在优选法中仍得到广泛应用. 在微积分出现以前, 已有许多学者开始研究用数学方法解决最优化问题. 例如阿基米德证明: 给定周长, 圆所包围的面积为最大. 这就是欧洲古代城堡几乎都建成圆形的原因. 但是最优化方法真正形成科学方法则在 17 世纪以后. 17 世纪, 牛顿和莱布尼茨在他们所创建的微积分中, 提出求解具有多个自变量的实值函数的最大值和最小值的方法. 以后又进一步讨论具有未知函数的函数极值, 从而形成变分法. 这一时期的最优化方法可以称为古典最优化方法. 第二次世界大战前后, 由于军事上的需要及科学技术和生产的迅速发展, 许多实际的最优化问题已经无法用古典方法来解决, 这就促进了近代最优化方法的产生.

近代最优化方法的形成和发展过程中最重要的事件有: 以苏联康托罗维奇和美国丹齐格为代表的线性规划; 以美国库恩和塔克为代表的非线性规划; 以美国贝尔曼为代表的动态规划; 以苏联庞特里亚金为代表的极大值原理等. 这些方法后来都形成体系, 成为近代很活跃的学科, 对促进运筹学、管理科学、控制论和系统工程等学科的发展起了重要作用.

2.7.4 工作步骤

用最优化方法解决实际问题, 一般可经过下列步骤:

(1) 提出最优化问题, 收集有关数据和资料;

(2) 建立最优化问题的数学模型, 确定变量, 列出目标函数和约束条件;

(3) 分析模型, 选择合适的最优化方法;

(4) 求解, 一般通过编制程序, 用计算机求最优解;

(5) 最优解的检验和实施.

上述 5 个步骤中的工作相互支持和相互制约, 在实践中常常是反复交叉进行.

2.7.5　模型的基本要素

最优化模型一般包括变量、约束条件和目标函数三要素:

(1) 变量指最优化问题中待确定的某些量.

(2) 约束条件指在求最优解时对变量的某些限制, 包括技术上的约束、资源上的约束和时间上的约束等. 列出的约束条件越接近实际系统, 所求得的系统最优解也就越接近实际最优解.

(3) 目标函数: 最优化有一定的评价标准, 目标函数就是这种标准的数学描述. 目标函数可以是系统功能的函数或费用的函数, 它必须在满足规定的约束条件下达到要求的最大或最小.

2.7.6　最优化方法分类

不同类型的最优化问题可以有不同的最优化方法, 即使同一类型的问题也可有多种最优化方法. 反之, 某些最优化方法可适用于不同类型的模型. 最优化问题的求解方法一般可以分成解析法、直接法、数值计算法和其他方法.

(1) 解析法: 只适用于目标函数和约束条件有明显的解析表达式的情况. 求解方法是: 先求出最优的必要条件, 得到一组方程或不等式, 再求解这组方程或不等式, 一般是用求导数的方法或变分法求出必要条件, 通过必要条件将问题简化, 因此也称间接法.

(2) 直接法: 当目标函数较为复杂或者不能用变量显函数描述时, 无法用解析法求必要条件. 此时可采用直接搜索的方法经过若干次迭代搜索到最优点. 这种方法常常根据经验或通过试验得到所需结果. 对于一维搜索 (单变量极值问题), 主要用消去法或多项式插值法; 对于多维搜索问题 (多变量极值问题) 主要应用爬山法.

(3) 数值计算法, 也是一种直接法. 它以梯度法为基础, 所以是一种解析与数值计算相结合的方法.

(4) 其他方法, 如网络最优化方法等.

2.7.7　解析性质

根据函数的解析性质, 还可以对各种方法作进一步分类. 例如, 如果目标函数和约束条件都是线性的, 就形成线性规划. 线性规划有专门的解法, 诸如单纯形法、解乘数法、椭球法和卡马卡法等. 当目标或约束中有一非线性函数时, 就形成非线性规划. 当目标是二次的, 而约束是线性时, 称为二次规划. 二次规划的理论和方法都较成熟. 如果目标函数具有一些函数的平方和的形式, 则有专门求解平方问题的优化方法. 目标函数具有多项式形式时, 可形成一类几何规划.

2.7.8 最优解的概念

最优化问题的解一般称为最优解. 如果只考察约束集合中某一局部范围内的优劣情况, 则解称为局部最优解. 如果是考察整个约束集合中的情况, 则解称为总体最优解. 对于不同优化问题, 最优解有不同的含义, 因而还有专用的名称. 例如, 在对策论和数理经济模型中称为平衡解; 在控制问题中称为最优控制或极值控制; 在多目标决策问题中称为非劣解 (又称帕雷托最优解或有效解). 在解决实际问题时情况错综复杂, 有时这种理想的最优解不易求得, 或者需要付出较大的代价, 因而对解只要求能满足一定限度范围内的条件, 不一定过分强调最优. 20 世纪 50 年代初, 在运筹学发展的早期就有人提出次优化的概念及其相应的次优解. 提出这些概念的背景是: 最优化模型的建立本身就只是一种近似, 因为实际问题中存在的某些因素, 尤其是一些非定量因素很难在一个模型中全部加以考虑. 另一方面, 还缺乏一些求解较为复杂模型的有效方法. 1961 年西蒙进一步提出满意解的概念, 即只要决策者对解满意即可.

2.7.9 最优化方法的应用

最优化一般可以分为最优设计、最优计划、最优管理和最优控制等四个方面.

1. 最优设计

世界各国工程技术界, 尤其是飞机、造船、机械、建筑等部门都已广泛应用最优化方法于设计中, 从各种设计参数的优选到最佳结构形状的选取等, 结合有限元方法已使许多设计优化问题得到解决. 一个新的发展动向是最优设计和计算机辅助设计相结合. 电子线路的最优设计是另一个应用最优化方法的重要领域. 配方配比的优选方面在化工、橡胶、塑料等工业部门都得到成功的应用, 并向计算机辅助搜索最佳配方、配比方向发展.

2. 最优计划

现代国民经济或部门经济的计划, 直至企业的发展规划和年度生产计划, 尤其是农业规划、种植计划、能源规划和其他资源、环境和生态规划的制订, 都已开始应用最优化方法. 一个重要的发展趋势是帮助领导部门进行各种优化决策.

3. 最优管理

一般在日常生产计划的制订、调度和运行中都可应用最优化方法. 随着管理信息系统和决策支持系统的建立和使用, 使最优管理得到迅速的发展.

4. 最优控制

主要用于对各种控制系统的优化. 例如, 导弹系统的最优控制, 能保证用最少燃料完成飞行任务, 用最短时间达到目标; 再如飞机、船舶、电力系统等的最优控制, 化工、冶金等工厂的最佳工况的控制. 计算机接口装置不断完善和优化方法的进一步发展, 还为计算机在线生产控制创造了有利条件. 最优控制的对象也将从对机械、电气、化工等硬系统的控制转向对生态、环境以至于社会经济系统的控制.

2.8　数学机械化方法

数学问题的机械化, 就是要求在运算或证明过程中, 每前进一步之后, 都有一个确定的、必须选择的下一步, 这样沿着一条有规律的、刻板的道路, 一直达到结论, 即所谓的机械化就是刻板化和规格化. 这一导源于中国古代传统数学, 由于计算机的出现而呈现旺盛生命力的数学机械化思想在数学研究上已经发挥出它的巨大威力, 并且对当今数学及数学教学产生了巨大的影响.

在当今计算机广泛应用的情况下, 数学机械化含义有两层: 一是利用计算机从事数学研究; 二是把数学的理论成果, 通过计算机这一媒介, 转变成工程技术和其他学科可以直接应用的结果. 显然, 数学中的计算问题容易做到机械化. 一般说来有

计算: 易、繁、刻板、枯燥.

证明: 难、简、灵活、美妙.

把巧而难的证明问题转变成虽繁却易的计算问题, 是定理机器证明最为关键的一步. 这一证明机械化的思想, 早在 17 世纪的莱布尼茨就具有. 中国古代数学通过筹算而引入相当于变元的概念并采用消元的方法, 在宋元时期已出现. 因此, 如果真能做到将证明问题转化为计算问题, 即做到寓理于算, 问题即得到解决. 几何定理证明关键是找到一条正确而有效的寓理于算的途径. 有两条道路: 一是逻辑方法; 二是代数方法. 莱布尼茨采用的是逻辑的方法. 笛卡儿从一开始就赋予了更多的使命. 他没想到一切问题都可以转变成数学问题; 一切数学问题都可以转变成解方程的问题; 一切解方程的问题都可以转变成代数方程组的求解问题; 最后又能转变为求解一个变元的代数方程问题. 他创立的解析几何在空间形式和数量关系之间架起了一座划时代的桥梁.

1959 年, 王浩设计了一个机械化方法, 并用计算机证明了罗素的《数学原理》中的几百条定理, 仅用了几分钟. 这说明用计算机进行定理证明的可能性. 他还提出了 "走向数学的机械化". 这是逻辑的方法.

用代数学方法机械化的成功例子是 1976 年由美国的哈肯等宣布的, 他们借助电子计算机, 花了 1200 小时, 证明了 100 多年来未证明的世界难题——四色定理. 这一成果轰动了科学界. 这证明存在一种算法, 可以证明相当的一类数学定理.

与此同时, 我国的吴文俊也从事定理机器证明的研究工作. 他对中国古代数学

很有研究. 他采用代数方法, 引进坐标, 将几何定理的叙述用代数方程的形式重新表达, 进而对代数方程组求解, 提出了一套完整的符号解法. 几何问题的代数化并无实质困难. 但代数化过程、坐标点的选取和方程引进的次序都可能影响到以后的证明结果, 即影响到证明的速度, 甚至由于技术条件的限制影响到证明是否可能完成. 吴文俊借用了有些学者的工作, 将中国古代数学的思想融于自己的工作中, 发展了一套数学机械化研究的代数方程组的求解方法. 吴文俊方法是机械化证明的重大突破.

吴文俊方法主要有两种, 一是几何问题的代数化; 二是代数方程的消元解法.

吴文俊用他自己设计的计算机程序, 成功地完成了从开普勒定律推导牛顿定律的自动推导工作. 此方法还可以用于机器人学和非线性规划的问题的计算方法, 并且于 1989 年解决了一个取自化学平衡的困难的非线性规划问题. 随后, 他又成功地将其方法用于机器人学设计中逆运动方程求解问题, 并给出了普导马型机器人的逆运动方程的解.

在几何定理证明方面, 出现了例证法和数值并行法的工作. 在吴方法用于数学研究中; 出现了因式分解新方法、微分方程定性理论分析、多项式判别式系统和根的分离等工作. 在其他应用方面, 出现了线性控制系统的极点配置、斯图尔特平台问题、机器视觉和曲线与曲面表达形式的相互转化等工作.

吴文俊的开创性工作, 使我国在数学机械化方法的研究方面走在世界前列.

2.9 几个常用的现代数学技术

2.9.1 计算技术

科学的计算有两个环节: 一是硬件, 即计算机硬件装备; 二是软的环节, 主要是指计算方法及其软件, 这就是计算技术.

20 世纪初, 有位气象学家提出用数值计算来研究气象过程, 并进行预报. 他建议以现时的气象动力参数作初始值, 用数值方法逐步地解算气流运动微分方程来定出气象动力参数的演变. 在当时, 这种建议是不现实的. 按当时的条件, 每作一算术运算要 1 分钟以上. 如果要算一个 24 小时的气象预报, 其运算量要以百万计, 即组织一个不小的计算队伍也要算上好几个星期. 他期望计算技术要超过天气变化. 1950 年冯·诺依曼等才提出实现这种气象预报. 他们作了第一次尝试, 虽结果不甚理想, 但证明计算技术是可行的. 这当然与电子计算机出现有关. 1946 年研制成功了第一台电子计算机 ENIAC, 天气数值预报就在这台计算机上作了首次尝试, 并在 12 小时内算完了 24 小时天气预报. 这台计算机每秒进行 300—500 个算术运算, 且程序控制是全自动的; 其计算速度提高了 4 个量级.

20 世纪 80 年代初, 美国数学家们向美国政府提交了一份报告, 提出了科学计算的重要性, 认为科学计算是科学、工程、高技术的关键部分. 计算机的出现以及不断进步, 把计算技术推向人类科学活动、生产活动的前沿. 计算技术正成为一种数学技术. 在现代自然科学、经济科学、社会科学、工程技术中, 涉及的数学模型绝大多数是非线性的微分差分方程. 求精确解几乎是不可能的, 但借助计算机, 用数值方法, 原则上都是可行的. 如一类非线性色散波方程具有一种粒子结构性态的解——孤立子, 它能经历交互作用而保持其形状、速度不变. 这是科学家用数值方法解算典型非线性色散波方程时, 借助计算机的动画电影显示看到的两个孤粒子"碰撞". 又如有限元方法, 是解偏微分方程的一种通用的计算方法. 它基于变分原理与格网分割的有机结合, 后又成为解椭圆方程的主导方法, 并开辟了方法研究与应用研究的新方向. 有限元方法的指导思想是化整为零、裁弯取直、以简取繁、图难于易, 因此具有几何上灵活的突出优点, 特别适合解决复杂度大的问题. 这个方法, 是中国著名数学家冯康创立的. 再如, 快速傅里叶变换, 这是一种计算离散傅里叶变换的递推性快速算法. 该法将 N 点变换计算从传统的 $O(N^2)$ 降至 $O(N/\ln N)$, 这对实际工作中大数值的 N 来说, 工作效率可提高几个数量级. 同时它还克服了"时间域""频率域"转换的计算障碍, 为调和分析方法在谱分析、全息、信号与图像处理等许多科技、工程领域广泛应用计算机开辟了道路. 还有, 线性规划射影算法 (1984 年由美国数学家 Karmarkar 提出) 使计算量由 $O(N^6)$ 降至 $O(N^{4.5})$, 而且非常实用, 大大推进了线性规划最优化的计算. 地震勘探的数据反演是当前地下油气资源勘探主要采用的人工地震方法, 即在地表某点放炮, 使被激发的地震波在地下空间传播, 然后在地表收取散射 (包括发射、折射和衍射) 回来的反向信号, 反推出可能会有油气构造的部位. 由于地震波的传播满足某种波动方程, 地下的物质结构决定方程的系数, 地表为区域的边界, 在地表取得的反响则是边界上的解. 若知方程的解反过来可求方程的系数, 这称为逆问题.

20 世纪 50 年代到 70 年代末, 计算机硬件提高了 5 个量级, 与此同时, 计算技术提高了 8 个量级. 这是 20 世纪发展起来的最有力的数学技术. 它是数学技术的最核心的技术之一.

2.9.2　编码技术

编码技术是在符号集合与数字系统之间建立对应关系, 它是信息处理的一项基本的数学技术. 通常人们用符号集合来表达信息. 而以计算机为基础的信息处理系统则是利用元件不同状态的组合来存储和处理信息. 元件不同状态的组合能代表数字系统的数字, 因此编码就是将符号转换为计算机可以接受的数字, 成为数字代码. 例如, 数码管有 10 个状态, 分别从 0 到 9 的 10 个数字, 可以构成一个十进制来编码: A = 01, B = 02, $\cdots$, Z = 26, 符号集含有 26 个元素, 而两位十进制数字系统由

100 个元素, 其中 74 个元素没有使用. 双稳态元可以构成二进制数字系统, 既经济效率又高, 便于用集成电路实现, 为计算机所采用.

编码的方式很多, 但都应满足下述要求: 符号之间的某种对应关系应当在相应的编码中有所反映. 例如, 字母表中有个顺序关系: A 在 B 之前, B 在 C 之前等, 可对应编码的对应关系: 01 < 02 < 03 等; 作用于符号的操作和对应的作用数的操作能产生相应的效果; 表达方式应当是高效的, 能够缩小数字系统的体积, 减少浪费.

十进制符号共有 10 个, 可表示为二进制数码, 例如, $D = b_4 b_3 b_2 b_1$ 是十进制某个 1 位数, $b_i(i = 1, 2, 3, 4)$ 是 0 或 1, 可规定 4 个数 V_1, V_2, V_3, V_4 同 b_1, b_2, b_3, b_4 对应, 于是对应规律为

$$D = b_4 V_4 + b_3 V_3 + b_2 V_2 + b_1 V_1$$

1980 年中国国家标准总局发布《信息交换用汉字编码字符集》, 于 1981 年 5 月 1 日开始实施.

目前分解一个整数 n 的因子仍停留在近似硬试的阶段中, 若已知 n 为 50 位的数, 则分解 n 要除 10^{25} 次, 以每秒 10^6 次的计算机计算速度, 则要工作 10^{11} 年. 密码的价值是众所周知的. 商业信息是商家获利的重要资源. 某一信息转瞬间可获利数亿甚至更多. 例如, 2000 年 4 月 14 日, 道琼斯指数下跌 617.78 点, 日跌幅达 5.66%; 纳斯达克指数下挫 355.48 点, 日跌幅达 9.67%, 其中英特尔下跌 8.77%, 损失 377 亿美元, 微软下跌 6%, 损失 240 亿美元. 因此, 如何获得或保持商业机密, 是商家一直努力的目标. 自然, 商家更希望得到重要的编码技术的支撑.

2.9.3 统计技术

研究怎样去有效地收集、整理和分析带有随机性的数据, 以对所考察问题作出推断和预测, 直至为采取一定决策和行动提供依据和建议, 这就是统计技术要解决的问题. 数据看成是来自具有一定概率分布的总体, 所研究的对象是这个总体而不能局限于数据本身. 用统计技术解决问题一般有以下步骤: 建立数学模型, 收集整理数据, 进行统计推断、预测和决策. 这些步骤可以交互进行.

模型的选择和建立是对总体分布规定的类型. 如线性回归模型, 在回归函数是线性时适用. 又如, 在分析测量误差时, 有理由选择正态分布模型. 在电子元件的老化作用可以忽略不计时段内, 有理由认为元件寿命服从指数分布等.

抽样是指从一些有形的个体组成的总体中抽取一部分, 测定其有关的指标值. 安排特定实验以收集数据, 是通过实验去"造出"总体中的个体. 在一定的生产条件下, 所能生产的某种产品的质量指标的总体是属于"造出"的. 实验需要有计划地安排, 各种工艺因素有温度、压力、时间等, 因素又有几个不同水平, 这是实验设

计的技术. 根据总体模型以及由总体中抽出的样本, 需作出某种推断. 如 1 万件产品中随机抽出 200 件, 作质量检测, 残次品为 4 件, 推断 1 万件的残次品为 2 %. 随机变量在未来某个时刻所取的值, 是统计预测. 如武汉曾根据 100 年的水位资料, 预测 2001 年最高水位是多少米. 统计推断和统计预测有相似之处: 一是要依据一定的统计模型和观察数据. 二是都要超出自己观察的事物范围. 但也有不同: 统计推断是总体中一些方面, 而统计预测对象是未知的、随机的. 根据统计推断或统计预测, 并考虑行动后果, 再来制订行动方案.

　　统计技术是各个领域应用最广泛的数学技术之一. 统计技术最先是从农业田间试验中发展起来的. 如种子品种、施肥的种类和数量以及耕作方法的选定, 都需制订试验方案, 对有效性要进行统计分析. 又如在遗传力的计算上, 用了很复杂的回归模型和方差分量分析法. 工业应用同样十分广泛, 诸如试制新产品、改进老产品、改革工艺流程、使用代用原材料和寻求适当配方等都需使用正交设计、回归设计与回归分析、方差分析、多元分析等统计技术. 医学上的应用也极为广泛. 如防治一种疾病, 需要找出导致这种疾病的种种因素. 又如要研究肺病的发生与吸烟的关系, 大量统计资料表明, 具有正相关关系, 且相关系数较大. 计算机的广泛使用, 使得统计技术发挥越来越重要的作用. 现在许多统计模型都可以直接使用软件包或通用的统计软件包.

　　常见的数学技术还有对策技术、网络技术、滤波技术、控制技术等, 这里不再一一介绍. 有兴趣的读者, 可参阅文献 [43].

第3章　数学与人类对自然界的认识

人类对自然界的认识是一个发展过程, 自然科学是对这种认识的知识总结, 自然观是对这种认识的哲学概括, 当然也在不断地演化和发展. 历史上各种自然观的出现都有其认识根源和经济根源. 随着自然科学和人类认识的不断发展, 自然界的辩证性质越来越被人们所认识, 辩证法的思想方法也越来越渗透到科学和自然观之中. 当然这是一个曲折的发展过程, 数学在其中起着重要的作用. 这一章主要讨论数学在自然科学与自然观中的作用.

3.1　自然科学与科学革命

科学是一个历史的发展的概念, 要给一个全面的、确切的规定是十分困难的. 就一般而论, 科学有广义和狭义之分. 广义地说, 科学包括自然科学、人文科学、社会科学和思维科学. 狭义地说, 科学仅指自然科学. 本章所讲的科学主要指自然科学. 这一节简单讨论自然科学的内容及特点, 自然科学发展的三个时期及三次科学革命.

3.1.1　自然科学的内容及特点

要讲自然科学首先得知道什么是自然界. 自然界有广义和狭义之分, 广义的自然界就是宇宙的总和, 包括人和社会; 狭义的自然界, 即自然环境的同义语.

自然科学和科学一样是一个历史的发展的概念, 要给一个全面的、确切的规定是十分困难的. 就一般而论, 它是研究自然界不同事物的运动、变化和发展规律的科学. 它同其他科学相比, 具有以下三个主要特点.

1. 知识形态的生产力

自然科学活动产生自然科学知识, 自然科学知识与其他知识不同, 可以用于社会物质生产并不断提高物质生产力水平. 自然科学在未与物质生产结合之前表现为以知识形态存在的一般生产力. 自然科学一旦应用于物质生产, 就可以通过技术转化为直接生产力.

2. 通用性和共享性

自然科学不属于上层建筑, 其内容不受社会政治因素决定; 科学无国界, 是人类共同的财富.

3. 自然科学具有重复验证性

自然科学所依据的事实和得出的结论, 都可以进行重复验证.

3.1.2　自然科学发展的第一个时期——古代自然科学发展时期

自然科学的发展经历了古代、近代和现代三个时期. 了解自然科学的发展历史, 对于学习和掌握自然科学的思想方法是十分重要的.

从时间上来看, 自然科学发展的第一时期大约是从远古到 15 世纪. 根据考古学的成果, 人们在长期的实践活动中, 逐步了解认识自然界, 到公元前 6 世纪已积累了不少的数学、天文学和医药知识, 自然科学知识已开始萌发. 例如, 在数学方面, 已有十进制的记数法, 算术运算已趋成熟; 在天文学方面, 季节变化与农牧业生产和人们生活的关系密切, 人们早就注意到季节的变化与日月星辰的运行相关, 于是根据观测天象制定历法, 确定一年为十二个月, 一月为 29 天或 30 天大小相间, 7 天为一个星期等. 可以说, 这一时期关于自然界的知识中天文学走在最前面; 在医药方面, 已有多种疾病的名称和药物的记载. 从公元前 5 世纪到 15 世纪, 人们把自然界当作一个整体, 从总的方面来把握自然界的发展变化、描绘自然界的总面目. 基于这种认识, 产生了力求囊括自然界一切事物的自然哲学. 虽然那时已出现了天文学、数学、物理学、化学、医学、生物学、地理学等专门化知识, 但都包含在统一的自然哲学中. 这种原始综合的趋势在当时一直处于主导地位. 这一阶段, 在数学方面, 已有了欧几里得的《几何原本》; 在天文学方面, 已有了托勒密的宇宙模型, 认为地球是宇宙的中心, 当时这一模型已与实际观察符合得相当好, 因而在西方被奉行了 1000 多年; 在物理学方面, 已出现了亚里士多德的《物理学》. 他的工作给后人许多启发, 但他所得的结论有很多是错的. 例如, 受外力作用运动的物体, 当外力停止作用时, 物体的运动也就立即停止. 又如, 较重的物体下落较快, 较轻的物体下落较慢等. 亚里士多德的这些错误结论纯粹是他的直观想象和逻辑推理, 并无任何实验依据, 那时人们也还没有 "科学实验" 的思想. 在医学方面, 已有了盖伦的 "三灵气说". 盖伦被认为是实验生理学的奠基人, 他的人体生理模型的主要观点是肝心说, 认为左右心室相通等. 这一理论在西方曾长期占据统治地位, 它没有血液循环的概念并且带有许多臆测成分, 与实际相差甚远, 直到 16 世纪才被人们所抛弃.

3.1.3　自然科学发展的第二个时期及前两次科学革命

1. 自然科学发展的第二个时期——近代自然科学发展时期

从时间上来看, 这个时期大约是从 16 世纪到 19 世纪. 随着欧洲文艺复兴运动和资本主义社会的发展, 需要有探索自然物体的物理特性和自然力的活动方式的科学, 从各个细节上分门别类地研究大自然的奥秘, 于是数学、物理、化学、天文、地学、生物等专门学科逐渐从自然哲学中分离出来, 形成了一门门独立的学科, 使近代自然科学得到了迅速的发展. 这一时期, 数学上, 微积分和非欧几何已经建立; 物理上, 牛顿理论和麦克斯韦电磁理论已经建立; 化学上, 创立了科学的原子论; 天文学上, 提出了日心说; 地学上, 提出了地质演化说; 生物上, 建立了细胞学说和生物进化论; 等等. 近代自然科学的发展在天文学上首先突破, 随后物理学又成为带头学科.

2. 第一次科学革命

1) 科学革命的含义

科学革命是指人类对客观世界规律性的认识发生具有划时代意义的飞跃, 从而引起科学观念、科学研究模式以及科学研究活动方式的根本变革. 科学革命的实质, 是指由科学事实、科学理论、科学观念三个基本要素组成的科学知识结构体系的根本变革, 其中作为体系硬核的科学观念居于最高层次, 它代表着一个时代科学思想的精华, 为科学理论活动和实践活动提供基本准则和框架. 从科学发展史来看, 科学革命的发生往往从个别学科首先突破, 产生新的、能更全面、更正确地说明自然界规律性的、反传统的科学观念. 它一旦成立, 便迅速向其他科学知识体系全面渗透, 使旧的知识体系被逐步改造而向新的知识体系过渡, 最后在科学共同体中得到确认. 因此, 具有崭新科学观念的理论的提出并被科学共同体所容纳是科学革命发生的标志.

2) 第一次科学革命概述

在人类历史的长河中, 曾发生过多次科学技术变革. 但古代的科学尚处在萌芽状态, 比较原始和零散, 还未形成相对完备的理论体系. 只是到了近代, 科学才真正达到系统而全面的发展. 因此, 第一次科学革命是指从哥白尼天文学革命开始, 以牛顿、伽利略为代表的经典力学体系的建立为标志的科学革命.

1543 年, 哥白尼发表了巨著《天体运行论》, 提出太阳中心说. 与此同时, A. 维萨留斯及其同学 M. 塞尔维特提出了以心脏为中心的血液循环理论. 它们真实地反映了客观世界运动规律, 无论在内容上还是在方法上都与中世纪的科学有着本质的区别. 在内容上建立了"日心说""心心说", 否定了"地心说""肝心说"; 在方法上用重视观测实验的方法代替了单纯思辨、推理演绎的方法, 把科学建立在实验、观测的基础上. 这是第一次科学革命的开始.

1543 年, 近代解剖学奠基人、比利时医生维萨留斯出版了重要科学著作《人体的构造》. 维萨留斯精通医书, 但不拘泥于书本. 他打破学者不执刀解剖、因循守旧的风气, 亲自执刀解剖, 讲解人体的构造. 这种别开生面的教学引起了众人的兴趣. 他在校译盖伦的著作时, 指出盖伦书中有 200 多处错误. 例如, 他纠正了盖伦关于左、右心室相通的说法; 通过解剖, 他发现男人和女人的肋骨一样多, 否定了上帝用男人肋骨创造女人的说法; 等等. 但维萨留斯并没有找到血液是怎样从右心室流向左心室的途径. 发现这条血液通道的是西班牙医生塞尔维特. 1553 年, 他匿名出版了《基督教的复兴》一书, 提出了血液在心室之间的小循环学说. 塞尔维特正确地解释了肺循环, 把盖伦的两个独立的血流系统 (动脉系统和静脉系统) 统一了起来, 这就为发现全身的血液循环铺平了道路. 正当他的著作刚刚发表并继续进行探索时, 不幸被教会逮捕, 并于当年 10 月 23 日被处火刑. 近代解剖学和生理学就是在这种与宗教神学的殊死斗争中奠定基础和继续前进的.

天文学革命之后, 近代自然科学迅速发展起来, 在伽利略、牛顿等一大批科学家的不懈努力下, 终于确立了经典力学. 伽利略用实验事实和严密的逻辑论证推翻了亚里士多德的"力学理论"中的某些错误观念: 如"物体愈重, 落得愈快""推一个物体的力不再推它时, 物体便归于静止", 为力学的发展作出了重要贡献. 牛顿科学创造的顶峰是《自然哲学的数学原理》. 牛顿对科学的另一重大贡献是万有引力定律. 这一定律把地上和天上的物体运动规律统一了起来, 形成了一个完整的力学体系.

这次科学革命, 开头是自然科学为争取生存权利而反对宗教的斗争, 而后在天文学、力学、数学、解剖学、生理学等学科领域, 以力学为带头学科, 实现了第一次科学革命. 这两方面的相互联系、相互促进, 构成了这次科学革命的基本内容, 从而标志着以实验为基础的近代科学的真正诞生.

3. 第二次科学革命

18 世纪下半叶至 19 世纪初, 在第一次科学革命的基础上发生了第一次技术革命, 它是从纺织机、蒸汽机的发明和应用开始的. 蒸汽机的广泛应用, 改变了整个工业的面貌. 反之, 生产技术的变革又推动了近代科学的全面发展, 引发了 19 世纪中叶的第二次科学革命. 这次科学革命以电磁理论、化学原子论和生物进化论的提出为主要内容, 以热力学、电磁学、化学、生物学等一组学科为带头学科, 推动了近代化学、生物学、地质学、数学、电磁学、热力学、光学、生理学、地理学、人类学和物理学等学科的诞生或发展. 现今许多学科领域的重要成果和思想渊源都可以从 19 世纪的科学历史中找到依据. 所以, 人们曾把 19 世纪称为"科学的世纪".

1755 年康德的《宇宙发展史概论》, 阐明了太阳系是由原始星云演化而来的观点.

由于工矿业的发展, 地质学的研究空前繁荣. 1830—1833 年英国地质学家莱伊尔发表了重要著作《地质学原理》. 他用大量事实阐述了地质进化论, 批判居维叶的灾变论, 并提出了"现在是认识过去的钥匙"这种"将今论古"的地质学研究方法. 恩格斯高度评价莱伊尔: "第一次把理性带进地质学中, 因为他以地球的缓慢的变化这样一种渐进作用, 代替了由于造物主的一时兴发所引起的突然变论."

19 世纪在物理学领域中出现了两个统一的理论: 能量守恒与转化定律和电磁理论. 它们都是从解释局部现象进一步扩展来解释更为广泛的自然发展过程.

1803 年道尔顿提出原子论. 在此基础上, 1811 年阿伏伽德罗又提出分子论, 后来合称为原子分子论. 这使整个化学有了坚实的理论基础. 从此化学成为一门有着严密系统的科学.

德国植物学家施莱登在 1838 年发表了《植物发生论》一文, 提出细胞是一切植物结构的基本单位, 是一切植物赖以发展的基本实体. 德国解剖学家施万受施莱登的启发, 在 1839 年发表《关于动植物的结构和生长的一致性的显微研究》, 把施莱登的见解扩大到动物界, 认为细胞也是一切动物结构的基本单位和一切动物赖以发展的基本实体. 细胞学说揭示了生物有机体的构造和发育的统一性, 填平了动植物间不可逾越的鸿沟, 推动了生物学许多新分支的形成, 并为物种进化论的形成打下了基础.

生物进化论的最早著作是 1809 年法国拉马克所写的《动物的哲学》一书. 书中虽有不少错误, 但已具有进化论的基本观点. 1859 年 11 月, 达尔文的《物种起源》一书出版. 达尔文在莱伊尔的地质进化论思想影响下, 总结了细胞学、比较自然地理学、比较解剖学、比较胚胎学、地质古生物学等方面的成就, 经过 20 多年的实地考察, 并应用多种研究方法 (其中最主要的是历史方法和归纳方法), 在系统研究基础上提出了自己的理论. 达尔文进化论的核心思想是自然选择学说, 认为生物普遍存在生存斗争和变异现象, 在不同自然条件下能保存和积累器官、性状的微小变异, 使后代性状偏离祖先愈来愈远, 通过性状分歧和中间类型的绝灭而逐渐形成新的物种. 自然选择经常在生物与环境的相互关系中改造生物体.《物种起源》一书的出版, 不仅开创了生物科学的新时代, 而且对整个科学和哲学都有深远影响. 它从自然界物质自身来说明生物物种发生、发展的历史, 从而给神创论和形而上学的物种不变论以沉重打击, 为辩证唯物主义自然观的产生奠定了重要的科学基础.

19 世纪科学革命的结果, 使科学由落后于技术与生产的局面一跃而处于领先地位, 并对技术和生产起着重要的指导作用. 改变了过去科学与经验技术相脱节的现象, 使它们之间发生紧密的连锁反应, 即科学起到了指导和推动生产和技术的作用, 如麦克斯韦电磁理论对电磁波的预言, 导致了 50 年后无线电报和无线电话的发明. 反过来生产和技术也向科学提出问题, 从而进一步推动科学的发展.

3.1.4 自然科学发展的第三个时期及第三次科学革命

1. 自然科学发展的第三个时期——现代自然科学发展时期

从时间上来看, 这个时期大约是从 19 世纪末以后. 从 19 世纪末期, 人们对于自然界的认识逐步深入微观领域和宇观领域, 发现了许多前所未有的物质形态和运动形式, 出现了许多分支学科、边缘学科、横断学科和综合学科. 人们认识到自然现象和自然规律既有层次性又有完整性, 既有相互联系、相互渗透的统一性, 又有特殊矛盾规定的多样性. 现代自然科学逐渐成为对自然界本质及规律的有条理的、比较完整的、系统化的理论体系.

现代自然科学包括基础科学、技术科学和应用科学三大部分.

基础科学以自然界某种特定的物质形态及其运动形式为研究对象, 目的在于探索和揭示自然界物质运动形式的基本规律. 它的任务是探索新领域, 发现新原理, 并为技术科学、应用科学和社会生产提供理论指导和开拓美好的前景. 基础科学是整个自然科学的基石, 是现代科学发展的前沿, 也是技术发明的"思想发动机". 数学、物理学、化学、天文学、地球与空间科学和生物学等属于基础科学.

技术科学以基础科学的理论为指导, 研究同类技术中共同性的理论问题, 目的在于揭示同类技术的一般规律. 它是直接指导工程技术研究的理论基础. 技术科学的研究都有明确的应用目的, 是基础科学转化为直接生产力的桥梁, 也是基础科学和应用科学的主要生长点. 因此, 技术科学在经济发展中占有重要的地位, 是现代科学中最活跃、最富有生命力的研究领域之一. 如在第二次世界大战后, 原子能科学、计算机科学、能源科学、航天科学等一系列新兴技术科学的迅猛发展, 已成为世界第三次技术革命的重要标志.

应用科学是综合运用技术科学的理论成果, 创造性地解决具体工程、生产中的技术问题, 创造新技术、新工艺和新生产模型的科学. 如农业工程学、水利工程学、生物医药工程学等. 应用科学是自然科学体系中的应用理论和应用方法. 它直接作用于生产, 针对性强, 讲究经济效益, 与技术科学在某些方面无严格界限, 所包括的学科门类最多, 社会对其投入的人力、物力、财力也最多. 应用科学按照不同的应用领域可划分为工程技术科学、农业技术科学、交通技术科学等. 现代自然科学的这三大部分各有研究的对象和目的, 既是自然科学体系中的不同组成部分, 又是三个密切联系的不同层次, 互相影响, 相互促进.

2. 第三次科学革命——现代科学革命

1) 现代科学革命的内容

始于 19 世纪末 20 世纪初的现代科学革命, 是以相对论和量子力学的诞生为主要标志, 以现代宇宙学、分子生物学、系统科学、软科学的产生为重要内容, 以自然科学、社会科学和思维科学相互渗透形成交叉学科为特征的一次新的科学革命.

A. 物理学革命的扩展

现代物理学革命在产生了研究高速 (接近光速) 物理现象的相对论和研究微观现象的量子力学两大基础理论之后, 迅速向宇观、宏观和微观的更深层次扩展, 并向着大统一的方向推进. 天体物理学、原子核物理学、粒子物理学、凝聚态物理学和统一场论都是现代物理学中十分活跃的学科. 现代物理学的每一个重大突破和发展都广泛而深远地影响其他学科的发展, 极大地推动着生产和技术革命, 使人类进入能源、信息、材料、生物工程等高新技术的时代.

B. 现代宇宙学的发展.

现代宇宙学的任务是探索比星系更高的宇宙层次, 研究目前观测所及的大尺度宇宙的时空特性、物质及其运动规律. 现代宇宙学是一门方兴未艾的学科, 正处于百家争鸣的时期, 提出的模型很多, 有的已被否定, 有的已得到一定程度的支持, 但都还有待进一步的检验与发展.

C. 生命科学的革命.

20 世纪, 由于物理学和化学的渗透, 各种强有力的研究手段的运用, 生命科学的发展更为深入和迅速. 一方面在微观领域的分子水平上产生的分子生物学, 进一步证实生物界的统一和联系, 实现了生物学上的又一次大综合; 另一方面, 在宏观、群体和综合研究的基础上产生了生态系统的概念, 为环境保护、生物资源和土壤资源的合理利用等提供了理论基础. 与此同时, 生命科学还向人类自身的大脑进军, 使脑科学获得迅速发展.

首先是分子生物学的诞生. 分子生物学是在分子水平上研究生命现象的物质基础的科学, 主要研究蛋白质和核酸等生物大分子的结构与功能, 其中包括对各种生命过程, 如光合作用、肌肉收缩、神经兴奋和遗传特征传递等的研究, 并深入分子水平对它们进行物理、化学分析. 目前, 分子生物学已成为现代生物学发展的主流, 它所取得的成果, 已在实际工作中获得某些重要的应用, 为工农业及医药事业开辟了前所未有的广阔前景.

其次是脑科学的进展. 近年来, 脑科学的研究取得了一系列新进展. 主要有:

(1) 发现与某种思维活动相应的大脑区域, 利用正电子层析摄影手段发现, 人们辨别音符时用左脑, 而在记住乐曲时多半用右脑;

(2) 脑电波与思维活动有一定的对应关系, 可以从电波分析思维的内容;

(3) 发现大脑内影响思维的生化物质——促肾上腺皮质激素和促黑素细胞激素能对思维产生重要影响;

对裂脑人的研究, 发现大脑两个半球的分工, 左半球主要从事逻辑思维, 右半球主要从事形象思维、空间定位、图像识别、色彩欣赏等. 裂脑科学的这些成就, 从理论上提出了一些新观点, 如思维的大脑神经回路说、思维互补说等. 这些新成就和新观点对人工智能的研究有着重要意义.

D. 20 世纪地质学的进展.

20 世纪以来, 地质科学活动的规模空前扩大, 探测手段不断更新, 人们认识到了许多新的地质现象, 地质学的理论性更强, 在实践中的应用更大. 1912—1915 年,德国气象学家和地球物理学家魏格纳 (A. L. Wegener, 1880—1930) 提出了"大陆漂移说", 但不能解释大陆漂移机制的问题; 1960 年美国地质学家赫斯 (H. H. Hess, 1906—1969) 提出了"海底扩张说", 表明海底扩张必然引起大陆的运动, 大陆漂移的机制得到了说明. 1968—1969 年, 美国的摩根 (W. J. Morgan, 1935—), 勒比雄 X. Le Pichon 和英国的麦肯齐 (D. P. McKanzie, 1942—) 等地质学家差不多同时形成了大陆板块运动的想法, 共同提出了"板块构造说", 表明是板块的运动造成了大陆的漂移. 板块构造说能说明许多地质现象, 但仍有不少疑问. 例如, 板块运动的机制是否能被证实等. 尽管许多研究仍在进行, 但大陆可以漂移, 海底在不断更新的观念已成定局. 地质界认为这是地球科学史上的一次革命.

E. 系统科学的产生和发展

系统科学是在第二次世界大战前后兴起的. 它是以系统及其机理为对象, 研究系统的类型、一般性质和运动规律的科学, 包括系统论、信息论、控制论等基础理论, 系统工程等应用学科以及近年来发展起来的自组织理论. 它具有横断科学的性质, 与以往的结构科学 (以研究"事物"为中心)、演化科学 (以研究"过程"为中心) 不同. 它涉及许多学科研究对象中的某些共同方面. 系统论、信息论、控制论就是把不同对象的共同方面, 如系统、组织、信息、控制、调节、反馈等性质和机理抽取出来, 用统一的、精确的科学概念和方法来描述, 并力求用现代的数学工具来处理. 所以, 系统科学是现代科学向系统的多样化、复杂化发展的必然产物. 它在现代科学技术和哲学、社会科学的发展中具有十分重要的意义, 为人们认识世界和改造世界提供了富有成效的、现代化的"新工具".

20 世纪 50 年代以后, 形成了一股研究现代系统理论的热潮, 相继出现了各种新的系统理论, 如普里高津的耗散结构理论等.

耗散结构理论是比利时理论生物学家普里高津于 1969 年在"理论物理与生物学"国际会议上首次提出来的. 1850 年德国物理学家克劳修斯提出的热力学第二定律, 无法解释生物系统从无序到有序、从简单到复杂、从低级到高级的进化过程. 这引起了普里高津的广义热力学派的兴趣. 从 1946 年到 1967 年, 普里高津学派把物理系统或生物系统的有序结构形成的条件当作一个新方向展开理论探索, 并把重点放在新结构的产生是否与平衡中心的距离有关这一问题上. 1969 年, 他们终于发现: 一个开放系统在从平衡态到近平衡态再到远离平衡态的非线性区时, 系统内某个参量的变化达到一定阈值, 通过涨落, 系统就可能发生突变, 由原来的无序状态变为在时间上、空间上或功能上的有序状态, 形成一种动态稳定的有序结构. 这种新的有序状态必须不断地与外界进行物质、能量和信息的交换, 才能维持一定的稳定性, 而且不因外界微小的扰动而被破坏, 因而称为耗散结构. 这种耗散结构能够产生自组织现象, 所以耗散结构理论也称为"非平衡系统的自组织理论". 它解决了开放系统如何从无序转化为有序的问题, 对于处理可逆与不可逆、有序与无序、平衡与非平衡、整体与局部、决定论与随机性等关系提出了良好的思考方法, 从而把一般系统论向前推进了一大步.

2) 现代科学革命的特点与趋势

科学是社会历史的产物、人类智慧的结晶, 在社会历史和人类认识发展的不同阶段上都表现出自己时代的特征. 贯穿于 20 世纪的现代科学革命, 它的特点与趋势主要表现在科学体系结构的整体化和专业化, 科学发展的加速化和数学化, 科学、技术、生产的一体化等方面.

(1) 科学体系结构的整体化和专业化.

科学作为一种知识体系, 是由各种不同学科形成的一个有机整体. 科学的发展总是存在着不断分化和不断综合, 使人类对自然界的总体认识更深一步, 为进一步的科学分化提供新出发点和指导原则. 现代科学越是精深地研究, 人们越是接近整体地、综合地把握各领域所获得的成果. 现代科学与近代科学相比较, 发生了很大变化, 主要表现在: 第一, 统一的自然科学已分化为基础理论科学、技术基础科学和工程应用科学三大层次, 而每一层次又分成多种不同的门类. 第二, 科学与技术、自然科学与社会科学以及各门自然科学之间的相互渗透和整体的趋势明显加快. 不仅各门传统的基础科学的分支学科 (一级学科、二级学科等) 按树枝型不断成长, 逐渐形成新的基础科学门类, 如人体科学、思维科学等; 而且各基础学科之间、各分支学科之间的边缘学科、交叉学科、横断学科, 如环境科学、仿生学等也在蓬勃发展. 第三, 当代人类社会生活的各个方面都受到了科学技术的深刻影响, 科学、技术、经济、社会之间的协调发展日益成为历史的潮流.

(2) 科学活动的社会化和国际化.

科学活动的社会化和国际化, 是指科学劳动的组织形式发展到了国家规模, 甚至国际合作, 科学技术已成为整个社会整体的有机构成. 科学活动的社会化和国际化意味着现代科学革命从一开始就是具有世界规模的复杂多态的过程, 在不同的地区、不同的社会制度下都进行着, 它也标志着人类进入了所谓 "大科学" 的时代.

(3) 科学发展的加速化和数学化.

科学发展的加速化主要是指科学发展的速度和科学理论物化的速度呈现不断加快的趋势.

美国著名科学专家 D. 普赖斯在他的《巴比伦以来的科学》一书中以科学杂志和学术论文作为知识量的重要指标, 描述科学是按指数增长的规律.

自然科学理论物化的速度加快, 是指从提出自然科学理论到生产过程中加以应用所间隔的时间越来越短. 据有关资料介绍, 在 1885—1919 年, 一种发明到在工业上应用的 "成熟期", 平均是 30 年, 从生产到投入市场平均是 7 年; 在 1920—1944 年, 这些时间相应地变为 16 年和 8 年, 而在 1945—1964 年, 则分别缩短为 9 年和 5 年.

现代科学技术发展的另一重要趋势是, 它不仅要进行定性的研究, 而且还要进行定量的研究, 形成具有数量意义的概念, 运用这种要领对研究客体进行数量分析, 提出一定的数学关系式和数学模型来描述研究客体的运动和规律. 这是现代科学革命的一个必然趋势. 尤其是电子计算机、人工智能的出现, 它已可以协助和配合人脑从事计算、判断、推理、决策、翻译、情报资料检索等各种活动. 这就要求在研究模型编制成形式化的信息符号系统输入电子计算机时, 使之依照一定的程序代替人脑进行思维活动.

(4) 科学、技术、生产的一体化.

20 世纪以来, 自然科学革命引起了技术和生产的革命变革; 而技术和生产变革的成果, 反过来变成现代科学革命的强大基础, 促进并加速着科学革命的进程. 这是现代科学革命与技术革命相互关系的一个重要特点. 这一特点使科学革命与技术革命在更高的基础上融合成统一的过程. 因此, 苏联学者凯德洛夫根据现代科学革命和技术革命合流的趋势, 主张把这两个革命合称为"现代科学技术革命". 在以前"生产 → 技术 → 科学"的过程基础上, 出现了"科学 → 技术 → 生产"逆向过程. 比如, 先有了量子理论, 而后运用量子力学研究固体中电子运动过程, 建立了半导体能带模型理论, 使半导体技术和电子技术蓬勃发展起来, 并促进了电子计算机的发展; 运用相对论及原子核裂变原理形成和发展了核技术, 促进了原子能在军事、航运、发电等方面的应用; 运用分子生物学、生物化学、微生物学和遗传学等新成就, 发展起生物技术, 广泛地应用于工业、农业、医药卫生和食品工业等方面; 等等. 这些都突出地表现了生产、技术、科学三者的真正的辩证结合, 形成了"生产技术科学"的完整体系.

3.2 数学在科学革命中的作用

3.2.1 数学在近代科学革命中的作用

近代科学革命的发生有其社会文化等方面的复杂原因, 其中数学发挥的作用至关重要: 通过文艺复兴, 欧洲学术界继承了古希腊理性主义重视数学的传统; 古希腊化文明时期数学作为研究自然的工具在数理天文学、力学方面获得成功, 其做法为近代所采用, 尤其是文艺复兴之后产生的数学, 为近代自然科学研究提供了强有力的工具; 至 17 世纪, 数学已成为自然科学范式的核心部分.

数学与科学是两个不同的学科概念, 两者有着不同的研究对象和研究方法, 尽管从古代希腊文明开始, 两者一直联系在一起. 近代科学革命时期, 倡导研究科学的基本方法是从物理现象中抽象出规律并用数学公式加以表述, 数学被广泛地应用于天文学和物理学. 数学在近代科学革命中发挥着重要的作用.

1. 古希腊理性主义数学精神在近代欧洲的复兴

足够的闲暇、自由和好奇心, 让古希腊人偏重哲学思考, 他们认为只有通过考虑抽象的事物才能获得一般性, 而这比研究具体的事物困难得多. 泰勒斯 (Thales, 约公元前 624—约前 546) 提出 "万物源于水" 之说, 认为感官不可靠, 也排除超自然因素的干预, 开启了对事物进行理性思考的先河. 其后继者又分别提出各种元素说或原子论, 毕达哥拉斯 (Pythagoras, 约公元前 580—约前 500) 学派更主张 "数" 是万物的本原. 这些朴素的原子论, 说明世界的终极组成由具体可见的物质过渡到抽象的东西, 并认为只有上升到抽象的高度才能得出可靠的知识. 阿那克萨戈拉 (Anaxagoras, 约公元前 500—约前 428) 所言 "理性统治着世界" 表达了这种主张理性观点的精髓. 在古希腊人看来, 只有奴隶和低贱的人才去从事体力劳动, 这种传统被雅典的哲学家所发扬. 柏拉图 (Plato, 约公元前 427—约前 347) 说: "算术应该应用于知识. 而非贸易, 对于一个自由人来说, 从事商业贸易是一种堕落, 希望将商业贸易职业作为一种犯罪行为予以惩罚. " 亚里士多德 (Aristotle, 公元前 384—前 322) 也宣称, 在一个完美的国度里, 公民不应该从事手工操作技艺.

古希腊哲学家关注的核心问题是抽象概念与最具普遍性的问题, 认为它们只有通过理性 (超经验) 才能获得, 从确定性的公理通过逻辑演绎得出的结论是确定的, 是真理, 因此作为理论抽象化的数学尤其是演绎证明和几何学, 得到了重视理性精神的古希腊人的偏爱. 毕达哥拉斯学派认识到数学中的数和图形是抽象的, 由此提出 "万物皆数" 的哲学观念. 菲洛劳斯 (Philolaus, 约公元前 470—约前 385) 说: "如果没有数和数的性质, 世界上任何事物本身或其与别的事物的关系都不能为人所清楚了解 …… 你不仅可以在鬼神的事务上, 而且在人间的一切行动和思想上乃至在一切行业和音乐上看到数的力量. " 毕达哥拉斯主义被柏拉图所继承, 他指出, 数学实质上是物质世界的客观存在, 宇宙存在规律和秩序, 数学是达到这种有序的关键, 而且人类理性则可以洞察这个设计并揭示数学结构.

罗马人轻视抽象的数学知识, 注重实用, 忽视对理性的重视, 数学是与占星术联系在一起的. 基督教的兴起使得《圣经》占据了统治地位, 主张并不需要太多的数学知识, 仅仅需要对心灵、灵魂有用的数学就足够了. 从 12 世纪到 15 世纪中叶, 教会中的经院哲学派把亚里士多德、克罗狄斯·托勒玫 (Claudius Ptolemaeus, 约 90—约 168) 的一些学术著作奉为绝对正确的教条, 妄图用这种新的权威主义来继续束缚人们的思想. 对于理性的忽视使得人们陷于愚昧和无知之中, 科学沦为神学的婢女. 直至中世纪末期, 理性精神才开始受到重视, 例如罗杰·培根 (Roger Bacon, 约 1214—约 1293), 亦作罗吉尔·培根认为 "危险莫大于愚昧", 极力强调理性应该对意志起主导作用, 称: "理性正是正当意志的领导者, 他使意志得救. " 在其《哲学研究纲要》中, 他还指出: "托马斯的体系看起来是个庞然大物, 但这座神学大厦缺少真正的哲学应有的两块基石：数学和自然科学.”他确信数学是最理想的科学, 其他科学的可靠性皆以数学为基础, 科学原理的真实性取决于是否以数学形式来表达, 我们对其他科学的认识唯一地依赖于数学. 他甚至断言,“数学是一切其他科学的门径和钥匙……不懂数学人们就不能了解这个世界的任何其他科学和事物”. 罗杰·培根深受阿拉伯文化以及由阿拉伯人传播的古希腊哲学的影响, 为促进理性精神的觉醒和数学精神的复兴进行了不遗余力的反抗, 并用毕生智慧在精神上架起了一座从阿拉伯文化到文艺复兴时代的科学桥梁. 伯特兰·罗素 (Bertrand Russell, 1872—1970) 在《西方哲学史》中曾这样描绘罗杰·培根:“与其说他是个狭义的哲学家, 不如说他更多的是个酷爱数学和科学的大博学家.”

文艺复兴时期, 人们从阿拉伯人传入的书籍中重新获得古希腊文化的优秀遗产, 尤其是包含在这些古籍中的自由探讨的理性精神使人们恢复了对理性的信赖, 从而把视角转向回归自然, 用数学这把理性的金钥匙去重建知识. 数学在认识自然和探索真理方面的意义被文艺复兴时期的代表人物高度强调, 促使科学数学化的趋势走向繁荣. 达·芬奇 (Leonardo da Vinci, 1452—1519) 就这样说过:“一个人若怀疑数学的极其可靠性就是陷入混乱, 他永远不能平息诡辩科学中只会导致不断空谈的争辩……因为人们的探讨不能称为科学的, 除非通过数学上的说明和论证.”弗朗西斯·培根也意识到数学的作用, 他在《科学研究的方法论》中曾提到对数学作用的看法:“当物理学由数学来限定时, 对自然界的研究就能很好地进行.”唯理主义哲学家笛卡儿更是认为自然界是量和可用量来刻画的几何图形的世界, 一切自然现象均可用数学来完全描述和解释. 他说:“由于数学推理确定无疑、明了清晰, 我特别喜爱数学……我为它的基础如此稳固坚实而惊奇, 在知识结构中, 数学应该是最高的.”伽利略则认为,“宇宙这本书是用数学的语言写成的”. 到 17 世纪, 数学的发展与科学的革新紧密地结合在一起, 促进了古希腊理性主义数学精神的复兴.

2. 数学为近代自然科学研究提供了工具

亚历山大时期, 纯理论的数学和实际应用的界限不再那么明显, 人们也不再鄙视数学的实际应用, 哲学家和数学家开始注重观察和实验. 阿基米德通过实验注重技术, 并运用数学分析中的“穷竭法”求面积和体积, 总结了杠杆原理和浮力定律, 从而奠定了静力学的基础, 对数学和物理学的发展产生了深远影响. 科学史学家丹皮尔 (W. C. Dampier, 1867—1952) 在《科学史》中给出如下评价:“他的工作比任何别的希腊人的工作都更具有把数学和实验研究结合起来的真正现代精神.”阿利斯塔克 (Aristarchus, 约公元前 310—约前 230) 和埃拉托色尼 (Eratosthenes, 约公元前 276—约前 194) 利用毕达哥拉斯定理和三角学分别计算出日地与月地的距离之比和地球的周长. 依巴谷 (Hipparcos, 约前 190—约前 125, 亦作 Hipparchus, 译作喜帕恰斯) 发明了一种 "屈光仪" 来测量太阳和月亮的视直径, 还可能发明了星盘. 在中世纪和文艺复兴时期, 星盘普遍用于天文观测和计算. 托勒密利用数学模型构造了偏心圆模型、偏心匀速点模型和本轮——均轮模型, 又利用依巴谷创造的数值与几何分析使行星天文学达到了难以企及的数学水平. 作为一个致力于用数学手段来 "拯救现象" 的研究天界的数学家, 托勒玫影响了中世纪和文艺复兴时期. 而阿波罗尼奥斯 (Apollonius, 约前 262—约前 190) 关于圆锥截面的著作为近代天文学研究提供了新的数学工具.

中世纪早期, 虽然西方的数学几乎处于停滞状态, 但同时期的东方数学却取得了长足的进展. 阿拉伯人萨比特·伊本·古尔雷 (Thabitibn Qurra, 826—901) 翻译了欧几里得、阿基米德、阿波罗尼奥斯和托勒密的著作, 继承、吸收了希腊文化的精髓并进行了创新. 另一方面, 阿拉伯人也继承了东方的代数学传统, 使古代东西方数学文化在阿拉伯人那里得到了融会贯通. 后来, 随着基督徒攻陷西班牙和收复意大利的西西里, 许多热心的学者一旦知道阿拉伯人已经把他们所占有的希腊名著翻译出来之后, 就立即设法把它们弄到手, 并且翻译成拉丁文, 如穆萨·花剌子米 (Muhammad ibn Musa al-Khowarizmi, 约 783—约 850) 的《代数学》, 图西 (Nasir al-Din al-Tusi, 1201—1274) 的三角学著作《论四边形》, 卡希 (Jamshīd A1-Kāshī, 约 1380—约 1429) 的《圆周论》等, 这些兼具东西方数学文化的数学知识, 为文艺复兴时期数学新工具的产生奠定了基础.

中世纪末期最伟大的数学家斐波那契 (Leonardo Fibonacci, 1175—1250) 的《计算之书》继承了阿拉伯数学的传统, 为西方数学复兴的嚆矢. 他介绍了印度的记数制度、阿拉伯数字、整数、分数和一次同余式等, 并且用字母表示数字也是由他首开先河. 斯蒂文 (Simon Stevin, 1548—1620) 创造了十进制小数, 使得计算更为方便. 纳皮尔 (John Napier, 1550—1617) 发明了对数, 不到一个世纪对数就传遍世界, 成为不可缺少的计算工具. 伽利略对此说道: "给我空间、时间和对数, 我即可创造一个宇宙!"

16 世纪中期, 韦达 (Francois Viète, 1540—1603) 开始系统地使用字母代数, 后来笛卡儿对其符号代数做了进一步的改进. 代数不仅能用来对抽象的未知量进行推理, 而且使数学研究走上代数分析的道路, 也使数学研究对象具有一般化与普遍性. 笛卡儿和费马 (Pierre de Fermat, 1601—1665) 都主张将代数和几何中的一切精华结合起来, 进而促进了解析几何的诞生, 为近代数学的发展提供了宽广的舞台. 另外, 在无穷小分析方面, 开普勒求旋转体体积、卡瓦列里 (Bonaventura Cavalieri, 1598—1647) 的不可分量原理、费马求极值的虚拟等式法以及巴罗 (Isaac Barrow, 1630—1677) 的微分三角形方法等, 都为微积分的诞生奠定了基础. 牛顿和莱布尼茨利用解析几何工具成功地创造出了微积分, 微积分成为牛顿经典力学分析的最基本数学工具, 并且也是近代天文学与物理学研究的最重要的数学工具.

3. 数学成为近代自然科学范式的核心部分

范式 (paradigm) 概念与理论是由库恩 (Thomas Samuel Kuhn, 1922—1996) 提出的, 他认为科学知识蕴涵在理论和规则中. 在《科学革命的结构》一书中他指出, 范式作为一种理论框架指导科学共同体成员的行为和研究, 是由一些具有普遍性的理论假设和定律以及应用方法构成的, 而这些理论假设、定律和应用方法都是某个特定的科学共同体成员所接受的. 常规科学所赖以运作的理论基础和实践规范, 是从事某一科学的研究者群体所共同遵从的世界观和行为方式. 这里强调的范式特指一种探索自然的方法论.

近代科学的范式是从清楚可证实的现象出发构造定律, 这些定律用数学的精确语言描述大自然的运作, 应用数学推理, 进而从这些定律中推导出新的定律. 它有四个基本特征: 第一, 将物理现象进行量化描述并用数学公式来表达; 第二, 将现象中最基本的性质 (公式中的变量) 分离出来度量; 第三, 在基本物理原理的基础上演绎地建立科学理论; 第四, 理想化. 但是, 到 17 世纪初, 数学依然未能普遍应用于物理学. 科学革命的范式直到伽利略才真正出现并得到了科学共同体的认可和采用.

新柏拉图主义包含着毕达哥拉斯成分, 强调在自然界中寻找数学关系, 且关系越简单越好, 从此方面来看也就越接近自然. 哥白尼天文学就受到了新柏拉图主义的影响. 他发现每个行星都有三种共同的周期运动即一日一周、一年一周和相当于岁差的周期运动, 进而认为如果把这三种运动都归到静止不动的太阳上, 就可消除不必要的复杂性, 毕竟"自然界能通过少数东西起作用时, 就不会通过许许多多的东西来起作用". 在这一假设的前提下他进行了严谨的数学分析, 发现如果将太阳改为宇宙的中心, 可以将圆周数从 77 个减为 34 个. 由于信奉"自然界爱好简单性, 不偏好繁文缛节", 他认为自己找到了对于天体运动的一种更简单的数学描述——太阳位于宇宙的中心, 水星、金星、地球带着月亮、火星、木星和土星依次绕太阳运行, 最外围是静止的恒星天层. 开普勒也认为宇宙是按照一个事先建立好的数学方案安排的, 他对哥白尼体系的简洁性深有感触, 并且努力寻找简单、和谐的数学关系, 其三大定律即为最有力的证明. 尽管对于反对日心说的人提出的很多合理的反对意见没能给出满意的回答, 但哥白尼和开普勒坚持认为, 通过数学方法得出定量的知识才称得上是确定的知识. 直到伽利略将望远镜对准天空, 实际的物证才支持了数学的理论. 由此也看出数学在建立天文学新理论方面发挥的巨大作用.

伽利略在研究自由落体运动时采用实验——数学方法, 通过观察做出假说后通过数学分析推出自由落体定律. 他采用不同倾斜度的斜面, 用"水钟"作为计时器, 在相等的时间间隔内测量小球滚下的距离; 用重量不同的球在不同倾角的斜面上重复了几百次, 最后证明小球走过的距离与时间的平方成正比. 在教堂的无意发现使他认识到摆的周期与摆的轻重和振幅无关, 只与摆长有关, 通过一系列的数学推导证明, 摆的周期与摆长的平方根成正比. 他还利用实验与数学推理发现匀速直线运动的惯性定律. 爱因斯坦对此曾评价说惯性定律标志着物理学的第一个大进步, 事实上是物理学的真正开端. 伽利略在研究抛体运动时指出: "仅用数学便得出如此严格的证明, 这使我心中充满了又惊又喜的感觉." 他将所有的成果在《关于两门新科学的谈话和数学证明》中进行了详细阐述, 与哥白尼天文学根据数学的简单性这一"先验"原则建立不同, 他运用实验和数学相结合的方法, 在科学方法论方面为近代自然科学开创了一个新时期. 爱因斯坦在《物理学的进化》中曾经说: "从亚里士多德的思想方法转变到伽利略的思想方法, 已经成为奠定科学基础的最重要的一块基石, 这个转机一旦实现, 以后发展的路线就很清楚了." 伽利略是近代科学方法论的奠基人, 他在物理学中特别强调演绎数学部分比实验部分的作用还大, 实际上伽利略所做的大部分实验都是思想实验, 他根据日常经验和数学推理去想象实验中得到的结果应该是符合数学公式的. 对此牛顿在《自然哲学的数学原理》末尾部分评价道: "但是我们的目的是要从现象中寻找出这个力的数量和性质, 并且把我们在简单情形下发现的东西作为原理. 通过数学方法, 我们可以估计这些原理在较为复杂情形下的效果 …… 我们说通过数学方法, 是为了避免关于这个力的本性或质的一切问题, 这个质是我们用任何假设都不会确定出来的."

伽利略使现代物理科学驶向了数学的航道, 奠定了现代力学的基础, 并为所有现代科学思想树立了典范. 正如沃尔夫 (Abraham Wolf, 1877—1948) 在《16—17 世纪科学、技术和哲学史》中说的: "伽利略对于落体定律、摆和抛射体运动的研究, 提供了科学地把定量实验与数学论证相结合的典范, 它至今仍是精密科学的理想方法."

牛顿继承了伽利略的方法论, 展示了其无与伦比的有效性. 他将实验—数学方法做了进一步的完善: 首先通过实验对观察现象进行化简; 其次是借助微积分对实验化简后的现象进行阐述; 最后进行严格的实验来证实最终的结论. 他将引力问题转化成数学问题, 在没有确定引力的物理本性的前提下, 仅用数学关系就解决了问题, 这种自信体现在《自然哲学的数学原理》的序言中: "从这些力出发, 再通过其他一些数学命题, 我推导出了行星、彗星、月球和大海的运动. 我希望能够通过同样的推理从力学原理出发推导出其他的自然现象."

利用万有引力定律, 牛顿计算出太阳的质量以及具有可观测卫星的行星的质量, 对于彗星的出现日期也做了准确的预言. 海王星的发现也是万有引力定律运用在天文学上的典型事例. 天王星运动的反常现象促使人们思考, 这可能是由于另一未知行星的影响所引起的. 天文学家亚当斯 (John Couch Adams, 1819—1892) 和勒威耶 (Urbain Le Verrier, 1811—1877) 利用天文学理论和观察到的不规则性, 通过数学方法计算出了想象中存在的行星的轨道, 观察者们通过他们演算的行星的时间和位置, 发现了这颗行星的实际存在. 假设海王星存在纯粹是通过万有引力定律做出的推测, 但是通过数学的定量方法成功地确定了它的位置.

英国物理学家麦克斯韦于 1865 年根据库仑定律、电磁感应定律等经验规律, 运用矢量分析的数学手段, 提出了真空中的电磁场方程. 以后, 麦克斯韦又推导出电磁场的波动方程, 还从波动方程中推出电磁波的传播速度等于光速, 并预言光也是一种电磁波. 这就把电、磁、光统一起来, 这是继牛顿力学以后又一次对自然规律的理论性概括和综合.

4. 结论

科学革命的进程可以说是自然数学化的过程, 戴克斯特尔黑斯 (Eduard Jan Dijksterhuis, 1892—1965) 把"自然的数学化"理解为用数学语言来描述物理实在, 他说:"那时必须达成一种对待自然的全新观点: 探究事物真正本性的实体性 (substantial) 思维, 不得不替换成试图确定事物行为相互依赖性的函数性 (functional) 思维; 对自然现象的语词处理必须被抛弃, 取而代之的则是对其经验关系的数学表述. "此时, 古典时期的数学实在论转变成数学表征论, 即数学不过是表征物理实在之间的关系或结构的语言或句法, 正如笛卡儿在《哲学原理》中所言:"用这种方式就可以解释一切自然现象. ""它比人类流传下来的其他获取知识的工具更有力量, 是其他工具的源泉. "巴特菲尔德 (Herbert Butterfield, 1900—1979) 在其《近代科学的起源》一书中曾这样感叹道:"······ 科学也给人以这样深刻的印象, 即它们正在迫使数学站到整个时代的前沿. 正如我们所知, 没有数学家的种种成就, 科学革命是绝不可能的. "作为一门精确的、推理的、描述物体之间函数关系的语言, 数学这种表征工具逐渐成为科学研究的范式.

3.2.2　数学在第三次科学革命中的作用

19 世纪末到 20 世纪初, X 射线、电子、天然放射性、DNA 双螺旋结构等的发现, 使人类对物质结构的认识由宏观进入微观, 相对论和量子力学的诞生使物理学理论和整个自然科学体系以及自然观 (见 3.3 节)、世界观都发生了重大变革, 成为第三次科学革命. 在这次革命中, 数学起了很大作用. 建立相对论需要黎曼几何, 爱因斯坦本人就承认, 是几何学家走到前头去了, 他不过学了几何学家的东西, 才发明了相对论. 在量子力学中用到的概率、算子、特征值、群论等基本概念和结论都是数学上预先准备好了的, 所以数学对第三次科学革命起到了很大的推动作用.

3.3　自然观及人类自然观演化简史

自然观是关于自然界以及人与自然关系的总看法、总观点, 是世界观的不可分割的部分. 自然界是人类认识活动的第一个对象, 人类的认识开始于对自然界的观察, 并逐渐形成了对自然界的看法, 确立了人类的自然观, 经历了一个漫长的发展过程.

3.3.1　古代自然观

1. 古代神话自然观

在原始社会, 先民还不能正确地解释自然现象, 更不能对自然现象进行控制. 在自然界面前, 人类无能为力, 只是听天由命. 在这种背景下, 人们把自然界当作神来崇拜, 认为自然界与超自然界同时存在; 自然界存在着秩序, 而这种秩序是超自然"实体"干预的结果; 人能够凭借精神的力量去调节和控制自然力. 这就是古代神话自然观.

到了农业社会, 人们直接参与了农作物的生长过程, 对农作物的生长过程有了长期、直接的认识. 那时还没有出现自然科学学科群, 还没有把自然界分割为各个独立的领域, 人们从总体上来认识自然界, 这就出现了古代朴素的自然观.

2. 古希腊的朴素自然观

古希腊的自然观 (自然哲学) 着重探讨世界的本原问题. 其特点为:

(1) 直观性. 人们从某种有形体的、直观的东西去寻求自然现象多样性的统一. 他们坚信, 在自然现象的多样性和不变性的背后, 隐藏着某种不变的和永恒的东西. 例如, 泰勒斯认为, 世界上的万事万物都是从水里产生出来的, 最后又复归于水, 水是世界上万物的本原; 亚里士多德提出了"四元素说", 认为气、水、火、土构成万物; 毕达哥拉斯认为, 宇宙是一种几何结构, 我们的经验世界的可理解性就是作为其基础的数学的可理解性.

(2) 辩证性. 把自然界看成一幅由种种联系和过程相互交织起来的画面. 例如, 赫拉克利特 (Heraclitus, 约公元前 540—前 475): 是古希腊的著名唯物论哲学家. 他认为万物的本原既不是水, 也不是气, 而是比水和气更加生动、更善于变化的火, 在一定的条件下燃烧, 在一定的条件下熄灭.

(3) 思变性. 用猜测和想象去说明自然现象. 例如, 亚里士多德物理学中的一些观点.

3. 中国科学思维

我国的《周易》一书, 充满了古代朴素的辩证法. 它讲的是变易之道, 告诉人们, 自然界的演化是从单一到多样化的过程, 多样性中蕴涵着永恒的和谐和统一性, 两个性质上相反的事物可以结合为一个新事物.

4. 小结

(1) 古代自然观是从日常生活经验出发所做的想象和猜测. 有的可以说是天才的想象和猜测. 其中, 我们可以找到以后许多观点的胚胎和萌芽. 古代自然观为人们描绘了一幅自然界相互联系、不断变化的图景, 但缺少对细节的分析和证明, 缺少科学的根据.

(2) 古代自然观显示了人类认识自然的能力. 古希腊的自然哲学家们在极其困难的条件下, 使用极简单的工具, 居然做出了不少发现. 比如亚里士多德的物理学、阿基米德的力学、毕达哥拉斯和欧几里得的数学、托勒密的天文学和盖伦的医学等.

(3) 古代自然观是一种农业文化, 同农业生产有密切关系.

3.3.2　中世纪的科学与自然观

欧洲的封建社会从 5 世纪到 17 世纪延续了 1000 多年. 其间, 从 5 世纪到 15 世纪通常被称为 "中世纪". 此时, 基督教逐渐成为统治一切的力量. 在欧洲, 进入封建社会, 从社会形态来看固然是一个进步, 但科学的发展基本停滞, 而且在自然观方面也出现倒退.

1. 中世纪的科学

在中世纪, 欧洲除了数学、医学略有进展外, 几乎没有什么可以称道的科学成就.

2. 中世纪的神学自然观

欧洲中世纪占统治地位的自然观是宗教神学自然观. 把《圣经》看作是全部知识的来源, 从根本上否定研究自然的必要性. 它利用哲学来为神学服务, 即利用亚里士多德的哲学来为基督教教义和教条作论证, 宣扬宗教神话、上帝创世, 使基督教变成一个完整的神学体系.

3.3.3　近代机械论自然观的兴起

中世纪沿袭下来的曾处于文化主流的宗教神学自然观, 由于文化观念和历史惯性及宗教裁判所代表的社会政治势力的庇护, 具有极大的稳定性和保守性. 但 16 世纪初以后, 这种状态开始有了变化. 究其原因: 其一, 人们开始发现了一些与这种自然观相悖的经验事实; 其二, 近代科学的长足进步, 从根本上改变了人们对自然界的看法.

1. 文艺复兴

欧洲的 14—16 世纪, 被称为文艺复兴时期. 这场运动是以意大利为中心展开的, 是西欧与中欧许多国家文化与思想发展中的一个重要时期. 它对宗教神学的黑暗统治来说, 是一场革命. 在某种意义上讲, 近代科学就是文艺复兴的产物. 文艺复兴运动推动了科学的发展, 出现了第一次科学革命. 自然科学中的新发现、新进展, 证明了宗教神话、上帝创世等学说的不合理性, 宗教神学的唯心论和烦琐哲学, 不能给人们提供科学的知识, 只有依靠经验, 依靠科学实验, 才能认识真理. 例如, 达·芬奇, 是意大利著名人文主义者, 画家、雕刻家、音乐家、工程师、建筑师、物理学家、生物学家、哲学家 …… 在每一个领域里, 都取得了很高的成就.

在欧洲文明兴起的这场伟大历史变革中, 中国古代发明的指南针、造纸、火药和活字印刷等起了举足轻重的作用.

2. 机械论自然观

历史进入 15 世纪下半叶以后, 欧洲的封建社会逐渐解体. 资本主义的兴起, 促进了近代自然科学的产生和发展. 由于可供观察的范围大大扩展, 变革自然的手段也由于工业技术提供的新的实验工具而大大改善, 人类对于自然的认识走进了真正科学的领域, 并取得了巨大的成就. 其中研究机械运动的力学甚至达到了比较完善的程度, 因而人们往往用机械运动的观点去说明一切自然现象. 他们把自然界分解为各个部分, 暂时割断各个部分的联系, 使其暂时静止下来, 分门别类地进行研究. 这种思维使人们对自然界的认识形成了关于"自然界绝对不变"的观点和孤立、静止、片面、绝对地看问题的方法. 例如, 认为: 宇宙空间像是一个空房子, 它是绝对静止的——绝对空间; 时间永远以等速流逝, 与物体运动无关——绝对时间; 机械运动规律是宇宙间一切事物所固有的、唯一的运动规律, 这些规律由上帝创造; 自然秩序的过去状态能完全决定现在, 而现在的状态能完全决定未来等.

3. 小结

(1) 机械论自然观的意义与局限: 机械论自然观是一种工业文化, 是自然观发展中的一次进步, 是自然科学发展到一定阶段的必然产物, 并成为相当时间中绝大多数科学家所持的自然观; 其局限在于用孤立、静止、片面、绝对的观点来看问题, 最终不得不回归神学的上帝.

(2) 近代自然观所描绘的自然图景带有"机械认识"的烙印: 欲求"细节的逼真", 而"总画面"却往往被拼错了. 这是只强调科学实验, 而轻视理论思维的必然结果. 因而对自然界的认识还远非是科学的.

3.3.4 对机械论自然观的突破——人类对自然界的辩证认识

18 世纪后半叶以来, 近代自然科学由于得到工业革命的推动, 带来了一系列新发现和新成就, 引发了第二次科学革命, 推动了自然科学的重大发现和巨大进步, 使得人们不仅能够指出自然界中各个领域内的过程之间的联系, 而且也能指出各个领域之间的联系. 这些成果说明自然界不是绝对不变的, 而是在普遍联系中运动着、发展着, 即自然界是辩证发展的. 于是, 近代自然科学走进了理论的领域, 从对事物的静止的考察进入了对于过程的研究; 从孤立的分析进入了辩证的综合. 整个近代科学由经验科学上升为理论科学. 马克思和恩格斯研究了人类历史的发展情况, 批判地继承了已有自然观的合理成分, 提出了辩证唯物主义的自然观. 认为, 自然界是物质的, 物质有多种表现形态. 自然界的一切物质系统都处于无休止的运动之中. 任何具体的物质系统都有其产生、发展和成熟、衰亡的阶段, 即都有其演化的过程.

3.3.5   20 世纪的科学思想

20 世纪的自然科学全面创新、全面突破, 提出了许多崭新的科学思想. 现代科学思想的主要特征是: 确立了物质、能量、信息及时间、空间大统一的观念. 在这个基础上, 把微观、宏观和宇观世界统一起来. 用系统论的观点研究问题, 从研究简单性到研究复杂性; 从确定性到不确定性; 从稳定性到不稳定性; 从线性到非线性; 等等. 现代自然科学提出了许多需要深入研究的哲学问题, 提供了大量的新素材, 有待自然科学科学家和哲学家共同努力研究, 丰富和发展辩证的自然观, 推动科学事业向前发展.

3.4   数学在自然观中的作用

3.4.1   古希腊的数学自然观

古希腊文明是西方文明的源头之一. 雅典在公元前 5, 6 世纪是一个经济高度繁荣, 生产力高度发达, 民主制度臻于完善的城邦国家. 在这个基础上产生了光辉灿烂的古希腊文化. 可以毫不夸张地说, 现代的很多文学、艺术、哲学及数学思想都可以从古希腊那里找到萌芽.

1. 古希腊数学自然观形成的历史背景

古希腊时期出现了很多对后世影响深远的哲学家兼数学家. 如泰勒斯、毕达哥拉斯、芝诺 (Zeno, 约公元前 490—前 425)、苏格拉底 (Socrates, 约公元前 469— 约前 399)、柏拉图、亚里士多德等. 从这些哲人的思想中我们可以看到西方理性传统的起源. 他们认为: 世界是一个有序、可认识、可理解、可预言的世界, 事物按其本性在其中运作, 要认识事物的运作规律只有借助于理性; 真正的知识是理性的知识, 真理只有借助于理性才能获得. 柏拉图认定数学认识是理智, 坚信宇宙是按数学规律设计的. 柏拉图还认为, 只有通过心智活动所认识到的数学规律才能够成功地说明自然现象, 他在《斐里布篇》中指出, 每门科学只有当它含有数学时才称其为科学. 柏拉图数学化的宇宙观正是近代和现代科学数学化思想的重要渊源. 与此相对照的是, 在早于古希腊的古代文明中, 自然界被认为是混乱、神秘、变化无常和不可认识和理解的. 从这一简要的比较中, 我们可以看到古希腊的先哲们对自然界的认识形成了如下共识: 自然界是可认识和理解的, 自然界是按数学规律设计的. 我们把古希腊人对自然界的这种认识称为古希腊的数学自然观.

2. 古希腊的数学自然观概述

古希腊的先哲们对宇宙间各种各样, 千奇百怪的现象产生了好奇心, 于是他们设立各种题目, 对之溯本求源, 不断地进行深入研究, 哲学和数学因而得到了迅猛发展. 通过研究我们发现, 古希腊人的数学自然观包括以下几个方面:

(1) 以大自然为研究对象. 古希腊有很多天才的哲学家, 他们对了解自然界有一种迫切而不可遏制的愿望. 宇宙是有规律、有秩序的, 还是其行为仅仅是偶然的, 杂乱无章的? 地球是圆的还是平的? 地球和其他行星是围绕太阳运行, 还是地球是宇宙的中心? 富有思想的古希腊人对这些问题的答案的寻求, 甚于其他任何问题. 据说一次泰勒斯在夜晚散步时, 由于全神贯注地观察星星, 不小心跌到沟中成了落汤鸡, 随行的一位妇女大惊失色: "您连脚下的东西都看不清, 又怎么能够知道天上发生的事情呢?" 然而, 泰勒斯在他的一生中的确取得了卓越的成就, 他不仅奠定了古希腊数学的基础, 观察过星星, 与志趣相投者探究自然界, 而且创立了古希腊哲学, 提出了重要的宇宙起源理论. 泰勒斯创立的爱奥尼亚 (Ionian) 学派对古希腊数学自然观的形成有重要影响.

(2) 认为大自然是合乎理性的, 相信大自然是能被人们所认识和理解的. 在古希腊以前的古代文明中, 自然界被认为是由天神所操纵的, 人的生命和命运也是由天神操纵的, 自然界是不能被人所认识和理解的. 然而古希腊的知识分子对自然界采取一种完全新的态度: 他们相信自然界是有秩序的并始终按照一定的方案运行; 相信人的智力是强有力的甚至是至高无上的; 相信人不仅可以认识自然界而且还能预测自然现象. 爱奥尼亚学派是最早断定自然界实质的人. 泰勒斯和他的弟子们都认定在千变万化的现象之中有一种始终不变的东西, 所有的物质形态都可以用它来解释. 他们坚持从物质实体和客观现象来解释宇宙的结构和设计布局, 敢于凭理智而不肯依赖于鬼神认识自然界; 认为大自然是合乎理性的, 是可以被人们认识和理解的.

(3) 相信大自然是按数学规律设计的. 丢弃了古老的神话, 把对自然作用力的神秘、玄想和随意性去掉, 并把似乎混乱的自然现象归结为一种井然有序的可以理解的格局, 走向这方面的有决定意义的是数学的应用. 第一批提出这种合理化数学自然观的人是毕达哥拉斯学派. 这一派人生活朴素, 潜心研究哲学、科学和数学. 他们发现有些现象虽然在性质上完全不同但却有相同的数学性质, 这使他们确信数学性质必定是这些现象的本质所在. 毕达哥拉斯学派的信条是: "万物皆数也. " 数是他们解释自然的第一原则. 举例说, 毕达哥拉斯学派之所以把音乐归结为数与数之间的简单关系在于他们发现了这样两个事实: 弦发出的声音取决于弦的长度; 绷得一样紧的弦若其长度成整数比就会发出谐音. 毕达哥拉斯学派把行星运动也归结为数的关系. 所有这些研究推动他们创造和看重数学, 数学是古希腊的先哲们对自然界进行研究的本身工作之一, 是了解宇宙的钥匙. 古希腊的先哲们把人们引向用数学研究自然的道路. 柏拉图是仅次于毕达哥拉斯本人的最杰出的毕达哥拉斯学派学者, 他是传播数学自然观最有影响的一个人. 柏拉图认为永恒不变的数学定律才是现实世界的真髓, 世界是按照数学规律来设计的, 是毫无疑问的. 柏拉图认为感性知识是不可靠的, 只有通过理性才能获得可靠的知识, 而利用数学知识对现实世界进行抽象, 获得数学定理就可获得确定的知识. 受此影响, 卡文迪许实验室有句名言: 当你发现现象后一定要把它用数学公式表达出来. 伽利略主张用实验方法研究自然, 用数学方法描述自然, 这或许是近代西方科学之所以发达的原因. 柏拉图甚至比毕达哥拉斯学派走得更远, 他不仅想通过数学来了解自然, 而且想要用数学来取代自然本身. 这从他对天文学的态度可以看出, 他认为仅仅对天体的运动作些观察和解释不是真正的天文学, 真正的天文学是研究数学天空里真星的运动, 那里的问题是赏心悦目的、完美的、为心智所理解的, 但不能为肉眼所察觉. 数学所解释的自然是抽象的、完美的、确定的、可理解和为人所认识的.

3. 古希腊的数学自然观对人类文明的贡献

抽象、完美、获取确定性的知识成了古希腊的执着追求. 古希腊的数学自然观对人类认识理解自然, 对西方近代科学产生了广泛而深远的影响. 正如美国数学史大家克莱因在 "西方文化中的数学" 中所阐述的: 数学在西方一直是一种主要的文化力量. 数学不仅在科学推理中有重要价值, 而且决定了大部分哲学思想的内容和研究方法, 塑造了众多流派的绘画、音乐、建筑和文学风格, 创立了逻辑学, 为我们必须回答的人和宇宙的基本问题提供了最好的答案. 数学作为理性精神的化身, 已经渗透到以前由权威、习惯、风俗所统治的领域, 而且取代它们成为行动的指南. 更为重要的是作为一种宝贵的, 无可比拟的人类成就, 数学在使人赏心悦目和提供审美价值方面至少能与其他任何一种文化门类相媲美.

3.4.2　数学对唯物主义自然观的影响[1]

众所周知, 自然科学的发展对人类唯物主义自然观的演变曾起过重要的作用. 对此, 恩格斯有过著名的论断 "随着自然科学领域中每一个划时代的发现, 唯物主义也必然要改变自己的形式. " 不过, 恩格斯在对自然科学进行分类时并没有把数学包括在内. 其实, 数学作为一门历史最悠久的学科, 作为 "辩证的辅助工具和

---

[1] 本小节参考了文献 [46].

表现形式",对唯物主义自然观的影响同样是不容忽视的. 因此,恩格斯也曾强调指出:"要确立辩证的同时又是唯物主义的自然观,需要具备数学和自然科学的知识. "

数学是如何对唯物主义自然观产生影响的呢? 考察不同历史阶段数学与唯物主义自然观的关系可以发现,这种影响大体可概括为两条途径.

第一,作为工具和方法,数学是以自然科学为中介影响人类自然观的. 数学方法运用于自然科学各领域,具有探索、发现和表述自然规律的作用. 数学与自然科学的结合,加深了人类对自然界各种现象及其本质的了解.

第二,作为一种严密的逻辑体系,数学表现出内在的规律性,完美而和谐. 这种数学美与数学和谐的思想可以直接影响人们对整个自然图景的构想和认识. 在这种情况下,数学对自然观的影响是一种观念的影响.

值得注意的是,数学影响自然观的两条途径并不是绝对分明的. 特别是近代以来,由于某些数学哲学思想被作为科学家从事科学活动的动力和方法论准则,与数学方法的运用有机地结合在一起,从而使两条途径呈现汇合趋势. 到了现代,这种趋势就更加明显了.

本小节将按历史发展的顺序,简要分析数学对古代朴素唯物主义自然观、对机械唯物主义自然观以及对辩证唯物主义自然观的影响.

1. 数学对古代朴素唯物主义自然观的影响

数学对古代朴素唯物主义自然观的影响主要表现在以下两方面:

(1) 数学运用于生产实践和萌芽状态的自然科学,使人类逐步积累有关自然的知识,形成对自然界的朴素认识.

在古代,数学知识已被应用于土地测量、兴修水利、制定历法以及简单的力学、光学和天文学研究等项活动. 几何知识和经验的算术方法在古代人认识自然的过程中发挥了应有的功效. 数学与天文学相结合,建立说明天体运动现象的模型,可谓古代数学运用于自然科学的最高成就了. 由于天地观在古代朴素唯物主义的自然观中占据很重要的地位,因此,一种天体运动模型无论它是否正确,都对古代人的自然观有着不可低估的影响.

然而,古代生产水平的低下,科研手段的简陋,使得人类不可能对自然界进行精细的解剖分析. 人类对自然界的认识在很大程度上依靠大胆的思索、巧妙的猜测和天才的自然哲学的直觉. 自然界也就只能被当作一个整体而从总的方面进行考察. 尽管与古代其他自然科学相比,数学已有了较高程度的发展,但是,由于其他自然科学 (天文学除外) 尚处于萌芽状态,对于数学尚无迫切需要,因此,数学也就不能很好地发挥其方法的功能. 在这种情况下,数学通过数学哲学思想对人类自然观产生作用是很自然的,是与古代人认识世界的方式相一致的. 这就是数学影响古代朴素自然观的另一途径.

(2) 数学哲学思想从世界本原和世界模式等方面影响古代朴素唯物主义自然观.

古希腊数学哲学中关于数学研究对象的实在性问题的讨论, 与古希腊自然哲学中关于世界本原问题的讨论有着直接的联系. 例如, 古希腊哲学家柏拉图认为, 数学的对象是他所说的"理念世界"中的真实存在. 亚里士多德的见解与此截然相反. 他认为, 不能把数学对象看作独立于感性事物的真实存在. 数学对象事实上只是一种抽象的存在, 即是人类抽象思维的结果.

古希腊数学哲学还赋予古代自然观以朴素辩证法的思想. 突出表现在对世界模式的构想方面. 例如, 毕达哥拉斯认为: 数是万物的本质, 宇宙的组织在其规定中通常是数及其关系的和谐的体系. 自然哲学家依照毕达哥拉斯的观点构想宇宙的模式: 天体的运行必定服从数学和谐, 天体必定是球形的, 天体运行轨道必定是正圆, 等等. 对于毕达哥拉斯的这一观点, 恩格斯的评价是: "数服从于一定的规律, 同样, 宇宙也是如此. 于是宇宙的规律性第一次被说出来了. "

2. 数学对机械唯物主义自然观的影响

漫长的中世纪之后, 文艺复兴运动使得自然科学起死回生, 也使得数学得以重新振兴. 一方面, 古希腊的某些数学哲学思想重新引起人们的重视; 另一方面, 数学理论自身获得了迅速发展, 并与自然科学研究日益紧密地结合起来.

从文艺复兴开始到 18 世纪, 数学主要从以下两方面影响着机械唯物主义自然观的产生和确立:

(1) 数学作为方法运用于自然科学, 不断加深人们对自然界各个细节的了解, 特别是对力学规律的把握, 进而形成对自然界的总体认识.

(2) 作为对世界模式固有的信念, 毕达哥拉斯主义倾向在近代自然科学家构想自然图景的过程中起一定作用.

对这两方面的影响, 我们进行综合分析.

首先, 我们要说明, 什么是"毕达哥拉斯主义倾向". 约翰·洛西在《科学哲学历史导论》一书中的解释是: 毕达哥拉斯主义倾向就是观察自然界的一种方式, 产生于公元前 6 世纪, 在科学史中有很大影响. 有这种倾向的科学家认为, "实在的东西"是自然界中存在的数学和谐. 忠诚的毕达哥拉斯主义者深信, 这种数学和谐的知识是洞察宇宙的基本结构的知识.

按照美国数学史专家 M. 克莱因教授的说法, 近代科学的奠基者哥白尼、开普勒、伽利略、笛卡儿和牛顿都是毕达哥拉斯主义者. 然而, 毕达哥拉斯主义倾向和对数学方法的运用在他们身上却有不同的表现. 总的说来, 在近代早期, 毕达哥拉斯主义倾向在科学家构想世界模式的活动中作用较为明显. 越到后来, 由于自然科学的迅速发展, 毕达哥拉斯主义倾向中神秘主义的成分逐渐被驱逐, 试图把必然的数学结构强加到对自然的理解中的先验论观点逐渐削弱. 毕达哥拉斯主义倾向主要是作为坚信宇宙中的规律都可以用数学表示的信念, 成为鼓舞自然科学家运用数学工具去揭示宇宙奥秘的动力. 于是, 毕达哥拉斯主义倾向和数学方法的运用在自然科学研究这一环节上呈现出汇合的趋势. 对前述具有毕达哥拉斯主义倾向的科学家所从事的工作进行分析和比较, 可以使这趋势展现出比较清晰的脉络.

哥白尼以《天体运行论》宣布了近代自然科学从神学中的解放. 哥白尼日心说作为近代科学革命的先声, 作为对中世纪宗教神学自然观的第一次冲击, 它的产生与哥白尼坚信宇宙中存在数学和谐的思想有着直接的联系. 哥白尼建立太阳中心说的目的之一, 就是追求各种自然现象中数上的简单与和谐: 行星应有怎样的运动, 才会产生最简单而又最和谐的天体几何学.

寻求所谓"天球的音乐"曾是开普勒研究天体力学的主要动力. 他认为这种音乐反映了行星运动所具有的数学上的和谐, 是行星运动的真实的、可以发现的原因. 正是基于这种信念, 开普勒坚持不懈地寻找太阳系中的数学规律性, 终于成功地发现了行星运动三定律并提出其数学表述模型.

如果说数学和谐的思想在很大程度上曾作为一种先验的原则, 影响哥白尼和开普勒的自然观并约束他们研究工作的话, 伽利略则将这种数学和谐原则更多地和数学方法的运用结合起来. 他是一个毕达哥拉斯主义者, 他毕生信奉只有圆周运动适合于天体的学说, 但是, 他也是近代实验—数学方法的奠基人. 伽利略深信自然界是用数学语言设计的, 因此, 数学知识是洞察宇宙基本结构的知识. 他把实验方法和数学方法相结合, 使近代自然科学进入定量研究阶段. 他还把数学作为逻辑推理的工具用来预言新的事实. 他用他的实验—数学方法建立了地面力学体系, 使人们在认识自然界本来面目的道路上跃进了一大步.

笛卡儿在数学方法的创新方面有突出贡献. 他创立了解析几何学, 使变数进入了数学, 使运动和辩证法进入了数学, 引起了数学本身的深刻革命. 尽管笛卡儿也具有毕达哥拉斯主义倾向, 但是他已觉察到, 在 17 世纪, 数学的地位已发生了深刻的变化——不再是事物的一种先天性的决定因素, 而是研究事物性质的一种中立的工具. 他说:"我坚信它 (数学) 是迄今为止人类智慧赋予我们的最有力的认识工具, 它是万物之源. "笛卡儿提出了建立数学模型的一般程序, 这是运用数学方法解决实际问题的关键步骤. 他创立了以数学为基础, 以演绎法为核心的方法论.

牛顿和莱布尼茨分别独立创立了微积分理论, 至此, 近代最重要的数学方法基本上被确立了. 牛顿也相信宇宙是由简单的数学定律调节的, 但是, 这种信念不是作为先入之见的模式限制他的研究, 而是作为他寻求数学-力学定律的一种动力和运用数学方法的一种依据. 伽利略关于放弃物理的机械解释而改用数学描写的大胆设想为牛顿所接受. 对于万有引力概念, 他不考虑它们的物理原因和根底, 只给出一个简明而有用的数学公式表明引力是怎样起作用的. 正是依靠对从经验事实中得出的规律和尚缺乏物理了解的事实作出数学的描述, 牛顿才综合开普勒的天体力学体系和伽利略的地面力学体系, 建立起经典力学的理论大厦, 为近代人描绘出一幅数学–力学的自然图景.

从哥白尼到牛顿, 尽管这些自然科学家在历史观方面可能不是唯物主义者, 然而, 正是他们借助于数学而对科学作出的贡献, 使人们逐步了解自然, 使宗教神学自然观失去统治地位, 并为近代唯物主义自然观的创立奠定了基石. 同时, 他们又使自然界摒弃了数学–力学性质之外的一切东西, 把自然界变成仅凭几条简单的力学和数学原理就可以精确描述和计算的对象. 这样, 本来生气勃勃的世界就变成了一幅机械论的、死气沉沉的画面. 这正是近代自然科学为机械唯物主义自然观提供的自然图景.

3. 数学对辩证唯物主义自然观的影响

19 世纪被数学家称为数学活动爆炸性扩张的世纪, 数学工作者人数急剧增长, 重大成果层出不穷. 群论、非欧几何、复变函数论、解析数论等都诞生在这一世纪. 到了 20 世纪, 各数学分支专业化倾向更为明显, 成果更为卓著, 数学与其他自然科学的结合也更为紧密. 在数学理论获得长足进展的同时, 数学哲学经过 19 世纪末、20 世纪初关于数学基础问题大讨论的推动, 在数学的本体论、认识论、方法论以及数学中的辩证法等方面形成了许多新的认识. 数学和数学哲学以自己的新方法、新思想影响着辩证唯物主义自然观的确立和发展. 我们将这种作用归结为以下三个方面.

(1) 数学方法被广泛而有效地用于各门自然科学, 提高了人类对自然界的认识能力, 加深了人类对自然界的局部和整体、普遍联系和辩证发展过程的了解, 不仅证实了, 而且丰富和发展了马克思、恩格斯所创立的辩证唯物主义自然观.

恩格斯曾对 19 世纪数学在自然科学中应用的状况作过总结. 和 19 世纪相比, 数学在 20 世纪真可以说是"无孔不入"了, 科学已呈现出数学化的趋势. 物理学的数学化程度最高, 几乎与数学融为一体. 由于向理论科学转变的需要, 生物学也更多地求助于数学. 20 世纪 20 年代, 数学生物学已宣告问世. 到 40 年代分子生物学出现之后, 生物学数学化的程度更是日益提高. 马克思曾断言, 一门科学只有当它达到了能够成功地运用数学时, 才算真正达到完善的地步.

除了应用范围日益广泛以外, 以数学自身理论水平的提高为前提, 数学在各门科学中应用的方式也从初级方式向高级方式过渡. 一般说来, 数学在科学中的运用有三种方式. 第一种方式是, 对科学在经验水平上获得的实际材料进行量的研究, 这被称为经验算术化. 运用数学的这种方式是初级的、原始的阶段. 第二种方式是, 建立研究对象的数学模型, 并根据模型探讨对象的性质. 在这一过程中, 数学本质上是作为表述经验规律的必要手段. 第三种方式是与数学方法在被数学化的学科中发挥其方法论功能联系在一起的. 人们往往构造与具体学科相适应的记号——符号系统, 以数学的逻辑结论作出科学预言, 或运用公理化方法建立新的理论体系等.

　　数学以自然科学为中介, 对辩证唯物主义自然观的丰富和发展表现在多方面. 概括地说, 促使辩证唯物主义物质观、运动观、时空观、生命观发生变革的现代自然科学无一不以数学方法作为重要研究手段: 量子力学运用了群论和希尔伯特函数空间理论, 相对论力学运用了黎曼几何和张量分析方法, 基本粒子物理的发展和纤维丛理论有很密切的关系, 现代生物学不仅用到微分方程和数理统计理论, 还用到抽象代数和拓扑学等理论. 总之, 离开数学方法的运用, 自然科学就不可能从经验科学转化为较高级的理论科学形态, 对自然界的认识就不可能产生飞跃.

　　(2) 数学可以通过自身的辩证内容影响人类自然观.

　　古代, 数学中的连续概念和不可公度量曾引起哲人的重视. 近代数学中的无穷小和无穷大也曾使人们思考它们在现实世界中的原型. 现代数学以其更加丰富的辩证内容提出一系列概念和范畴给人以启示: 精确与模糊、必然与偶然、有限与无限、线性与非线性 …… 数学中的对立统一, 在现实世界中表现如何呢? 诚然, 数学作为研究现实世界空间形式、数量关系以及各种结构的科学, 它的理论源于经验, 反映了现实世界的辩证法. 但是, 一门数学分支成长到一定阶段, 其发展可以具有相对的独立性. 因此, 包含在数学理论中的辩证内容并不都直接来自现实世界. 正因为如此, 它才能深入悟性思维暂时不能达到的自然内部中去, 启发人类从新的角度, 以新的观点对自然界进行思考和研究.

　　(3) 对"数学美"的信任、欣赏和追求是科学家从事科学研究的一种动力. 而且,"数学美"越来越多地成为一种方法论准则, 在科学家揭示自然规律的过程中起着重要作用.

　　数学美的概念是一个随历史发展而变化的概念. 但总的说来, 数学美主要表现为事物或理论的对称性、逻辑简单性与统一性. 在古代和近代前期, 自然科学家对数学美的信任、欣赏和追求基本上是作为宇宙和谐的信念融在毕达哥拉斯主义的传统中了. 从 10 世纪到 19 世纪, 数学美的思想与数学方法的运用逐渐合为一体. 到了 20 世纪, 数学美对于自然科学研究的动力作用和方法论意义就变得更突出了.

　　庞加莱曾论述过数学美. 他以自己的切身体会说明, 数学美是他作出数学发现的一种动力. 对数学美始终不渝的追求也是爱因斯坦获得成功的一种因素. 他把数学美和简单性原理统一起来. 他的简单性原理中很重要的一个方面, 就是把数学简单性作为研究方法简单性的一条原则. 薛定谔深信描述自然界基本规律的方程必定有显著的数学美. 他创立波动力学和从事统一场论的研究都与他对数学美的追求有关. 狄拉克在物理学研究中将数学美奉为圭臬. 他甚至认为"使一个方程具有美感比使它去符合实验更重要", 他遵循从数学美的角度发现方程, 然后再去寻找方程背后的物理思想这一方法论原则, 得到了关于反物质的理论. 杨振宁剖析了美与理论物理学的关系, 指出: 物理学——当然包括理论物学——中的许多美是与数学中的美的观念紧密相关的.

应当如何看待数学美的方法论意义呢? 一方面, 美学上的考虑与数学真理的追求往往是一致的, 追求理论的数学美可以作为一条方法论原则. 这是因为, 就数学美的三种含义 (对称性、逻辑简单性和统一性) 而言, 统一性是最重要的. 由于物质世界是统一的, 数学理论作为物质世界数量和结构关系的反映, 在本质上也就是统一的. 因而, 人们对于数学统一性的追求实质上就是对于数学真理性的追求. 但是, 另一方面, 我们也应该承认, 美的鉴赏具有一定主观性. 因此, 把美的考虑与对真理的追求完全等同起来是不妥当的. 如果过分夸大数学美的作用, 把真理的审美标准看得高于一切, 就会轻视实践, 走向极端. 我们很欣赏杨振宁教授对美的最终标准的一些看法: 在数学中, 最终标准必定是美是否与数学的其他部分有关. 而在自然科学中, 最终的判断是, 它是否可用于自然界.

毫无疑问, 数学与唯物主义自然观之间的关系是一种相互作用的关系: 数学对唯物主义自然观有影响, 唯物主自然观对数学也有作用. 而且, 由于数学本身的一些特点, 数学也很容易被唯心主义所利用. 因此, 数学与唯心主义自然观之间也存在相互作用. 但是, 尽管数学与自然观之间的关系错综复杂, 数学与唯物主义自然观之间的相互作用应该是这种复杂关系的主线.

3.4.3 数学真理的发展及其对自然观演变的启示[2]

数学真理可作狭义和广义两种理解. 狭义的理解仅局限于数学理论体系内部, 指人们的认识正确反映了作为思想事物纯粹的量的形式和关系及其规律; 广义的理解还包括数学理论的实际应用, 指人们建立的数学模型正确反映了客观物质形态的量的形式和关系及其规律. 检验数学认识是否具有真理性的唯一的标准, 是数学实践. 狭义的数学真理要用纯粹数学研究中的实践来检验; 广义的数学真理要用数学应用中的实践来检验.

19 世纪下半叶以来, 数学与自然科学各自的发展及其相互关系呈现出许多新的特点. 特别是 20 世纪以来诞生的各种数学新理论, 正在逐步地改变着数学真理的传统观念. 数学真理与自然法则的关系变得日益复杂和深化了. 数学新的真理性质对自然观的变革产生了深远的影响.

1. 数学: 作为自然法则的解读者

追溯人类科学文化的发展史, 关于数学真理及其对自然运作的阐释机制问题, 首先是同人类早期文化占统治地位的神话、占卜、占星等文化形式交织融合在一起

---

² 本小节参考了文献 [47].

的. 占星术、数术学、数字秘义学、数字神秘主义等都曾是虚假数学真理观念及其对自然理解的方式. 在西方中世纪, 随着宗教神学的世界观念和自然观念开始支配人的思想, 数学与科学真理曾被视为异端而遭到排斥. 文艺复兴和近代科学以来, 神学一元化的观念开始有限度地兼容包括数学真理在内的科学真理观念. 柏拉图主义的数学哲学观念、上帝是一个数学家、上帝所创造的自然界遵循数学法则的信念开始融合并逐步形成占主导作用的数学真理观. 数学真理由于与神学真理的同质性而获得来自宗教社会的认可.

数学在近代科学的诞生过程中的重要作用首先是通过天文学、力学和物理学等自然科学的数学化体现的. 哥白尼的《天体运行论》是近代科学诞生的宣言书. 《天体运行论》是一本用数学语言写成的天文学著作. 在《天体运行论》中, 哥白尼坚持观察与计算相结合的科学方法, 提出著名的"日心说". 在哥白尼对"日心说"的论证中, 数学起到了决定性的作用, 因为导致哥白尼抛弃托勒密的"地心说"而转向"日心说"的理由之一是后者在数学上是比较简单和统一的. 这种对理论体系进行数学化处理应该符合简单性原则和统一性原则的信念在后来的科学革命同样起到了关键的作用. 无论是牛顿力学、麦克斯韦的电磁理论, 还是爱因斯坦相对论或量子力学, 无一例外地从数学中找到了准确描绘其理论框架的语言. 这就充分表明了数学语言对于自然科学的有效性绝不是偶然的, 而是因为数学的各种模式、模型与自然现象和自然法则之间有一种内在的、逻辑的和必然的联系. 伽利略在 1610 年说过一段十分著名的话"哲学 (自然) 是写在那本永远在我们眼前的伟大书本里的——我指的是宇宙——但是, 我们如果不先学会书里所用的语言, 掌握书里的符号, 就不能了解它. 这书是用数学语言写出的, 符号是三角形、圆形和别的几何图形. 没有它们的帮助, 人是连一个字也不会认识的; 没有它们, 人就在一个黑暗的迷宫里劳而无功地游荡着". 正是因为像笛卡儿、伽利略、牛顿这样的科学家坚信数学在解读自然法则时所起的重要作用, 才开创了近代科学这一新的科学发展阶段. 数学化的自然科学图景才得以建立起来.

在牛顿成功地给出自然哲学的数学原理之后, 法国数学家傅里叶、拉普拉斯等对自然现象进行了更深入细致的数学探索, 取得了丰硕的理论成果. 与牛顿时代的数学观不同的是, 这一阶段的数学观发生了一些深刻的变化. 随着宗教改革、启蒙运动和席卷整个欧洲的社会文化生活的科学化进程, 神学在数学真理观念中的浓厚色彩逐渐褪去. 牛顿、莱布尼茨时代被广为传诵的人在数学活动中的作用仅仅是发现上帝所设计的数学原理的观念被逐步抛弃. 取而代之的是"自然规律是为数不多的数学法则的永恒推论"这样的新观念. 当时的科学家的共识是, 数学真理的本质就是自然真理, 自然真理可用数学真理来表述. 这种由数学真理表征的自然科学一元性观念占据了整个 18 世纪后半叶到 19 世纪前半叶的西方文化中关于数学真理的中心地位.

2. 数学: 对自然真理性的深化与超越

在一切科学研究中, 随着认识的深化, 数学作为一种工具和语言都是不可缺少的. 这样我们就可以理解为什么数学化成为现代科学发展的最突出特点和基本趋势. 所谓数学化本质上就是模型化、定量化、理想化和虚拟化. 理论物理学是最早从这种数学化的世界观念中获益的学科. 被称为 20 世纪物理学革命并彻底改变了人们关于世界的看法的相对论和量子力学, 正是这种数学化思想的典型产物. 爱因斯坦曾深刻地洞察到现代科学发展的这一特点. 爱因斯坦写道: "按照牛顿的体系, 物理实在是由空间、时间、质点和力 (质点的相互作用) 等概念来表征的 …… 麦克斯韦之后, 他们则认为, 物理实在是由连续的场来代表的, 它服从偏微分方程, 不能对它作机械论的解释. 实在概念的这一变革, 是物理学上自牛顿以来的一次最深刻和最富有成效的变革 …… 基础的科学理论原理具有完全的虚构性. " 克莱因这样评论道: "现代科学采用的是像场和电子这样的虚构的、理想的概念, 对于这些概念, 我们仅仅了解其数学定律. 经过一长串的数学推导后, 科学与感性知觉之间只存在着那么一点但却至关重要的联系. 科学是合理化的虚构, 而正是数学使之合理化. " 罗素在谈到其类型论概念时明确表示 "所有那些类、类的类等都是虚构的" . 因此, 对于现代科学来说, 这种虚拟化和模型化已经是一个日益显著的特征.

数学作为描述物理世界的有效工具和语言, 其真理性未必一定是隶属于物理真理的, 换句话说, 数学实在对物理实在有一种能动作用. 这就如伊东俊太郎在《小平邦彦访谈录》中谈到的那样: "不能说物理的实在就一定比数学的实在更可靠, 例如说量子力学, 物理实在的意义常常是由数学给出的 …… 毋宁说数学在深层次上规定了物理的实在并赋予其意义. " 但这并不是说只有数学化才是通向物理真理的唯一方法. 例如著名物理学家玻尔就对在物理学研究中采用数学方法持十分谨慎的态度. 在当代物理学的前沿探索中, 有所谓实验学派和数学学派之分. 众所周知, 爱因斯坦曾获得诺贝尔物理学奖, 但值得注意的是, 爱因斯坦却并未因其最重要的贡献——创立了狭义和广义相对论而获奖, 缘由何在? 英国的迈克尔·怀特和约翰·格里宾在解释斯蒂芬·霍金未获诺贝尔奖时写道: "霍金未能入选的更重要原因是瑞典皇家科学院有一个原则: 如果一项发明可以得到可验证的实验证据或可观察的证据的支持, 这样的候选人才能被考虑获奖. 然而, 霍金的工作当然是未被证明的. 尽管霍金理论的数学内容被认为是完美的, 但科学甚至仍然无法证明黑洞的存在, 更不用说去验证霍金辐射或他的任何其他理论了. " 所以, 不仅是数学实在, 而且是由数学实在赋予意义的物理实在, 都不能与自然实在划等号. 各种各样的数学化、虚拟化、模型化, 作为理论的推测和推导, 其客观真理性都有待于实践的检验.

当这种虚拟化、理想化、模型化的理论构造方法是建立在某种经验的、观察的事实基础之上的时候, 就是循法自然的. 数学的量化特征作为对世间万物及万物之间数量关系的一种概括, 可以为自然现象提供极其精确的描述. 数学的理论构造可以给出自然形态的极其生动的简化模型. 鉴于现代数学发展的新特点, 有必要发展一种符号解释学理论, 以便在数学对象 (数学客体) 与物质客体 (包含自然、人化自然和人工自然) 之间建立一种对应关系 (无论是直接的还是间接的). 这种符号解释学能够阐明并打通理论与现实的关系. 数学的理论建构不仅是对其现实模型的抽象化, 而且对于数学的结构分析也具有重要的作用. 著名数学家贝尔奈斯在给王浩的一封信中论述道 "我宁愿把数学客体及其关系的世界比作颜色及其关系的世界, 比作乐音及其关系的世界. 在所有这些场合中我们都有某种客观性, 但是要跟物理实在中的那种客观性区分开来. " 这样, 数学的客观性便获得了一种超越 "客观性" 这一概念原本含义的新的实在性和客观性. 正是在这个意义上, 数学已经超越了其自然真理性, 而被赋予了更为丰富的性质.

因此, 理论的、形式化的、符号性质的、抽象的数学概念除了能为解释不同的自然现象提供有效的模型和工具外, 其自身发展的需要也构成了数学理论建构不可忽视的重要因素. 而这种理论的推广和构造可以显示出其对于数学整体结构令人惊叹的统摄效果和预期效应. 著名美籍华裔数学家丘成桐精辟地指出 "我记得, 仅仅是 20 年或 30 年前还有人问我, 既然人类见到的只有 2 维或 3 维空间, 数学家为什么还要研究高维空间. 事实上高维流形对于理解低维空间很重要. 同时对任意维数的空间分类所引起的数学工具在 21 世纪的数学中起着很重要的功用." 在我们看来, 数学真理以其与物理学真理和自然真理既密切相连又有某种距离的复杂关系为自己的真理性质和价值判断定位. 数学真理不是自然真理, 却有助于揭示解释自然真理. 数学真理是理论真理, 它与自然真理之间存在一种同态而非同构的关系. 数学真理同时具有现实与超现实、自然与文化两种品质. 因此, 我们认为数学真理正在从这种新的实在中生长出一个新的维度, 这就是数学创造和理论构造的相对自由度.

3. 数学的范式革命对自然观变革的启迪

19 世纪中叶以来一系列数学变革和革命的结果, 必然导致柏拉图主义数学理念的破灭. 从科学观和自然观的角度看, 数学变革与科学观、自然观的变革紧紧相随. 在很多情况下, 数学观念和知识的变革常常是科学观和自然观变革的前奏曲.

近代科学诞生之初形成的自然观念, 得益于柏拉图主义数学理念与机械论哲学之间形成的必要张力和两者之间的有机结合. "柏拉图–毕达哥拉斯传统以几何关系来看待自然界, 确信宇宙是按照数学秩序原理建构的; 机械论哲学则确信自然是一架巨大的机器, 并寻求解释现象后面隐藏着的机制." 柏拉图–毕达哥拉斯的数学观认为数学的确定性、绝对性和永恒性存在于万物之间, 是事物的本质所在. 这就与机械论所相信的物质运动具有的必然因果关系和内在规律性相呼应. 牛顿力学体系的建立正是这一美妙结合的典范. 微积分理论对于描述具有必然性规律的物质运动是绝妙的、不可或缺的工具. 整个 18 世纪, 物理学和力学的研究都是在这种科学数学化的氛围中不断发展和进步的. 而到了拉普拉斯那里, 这种对借助数学获得完全确定的宇宙运行规律的信念达到了其顶峰. 如第 2 章所述, 拉普拉斯曾自信地宣称: 世界是确定的, 未来同过去一样都是完全确定无疑的.

世界真的像拉普拉斯所宣称那样是机械决定论的吗? 20 世纪以来, 科学的发展, 特别是数学和物理学的一系列革命, 尤其是相对论和量子力学的产生和发展, 不断地颠覆着机械论的、决定论的自然观. 而相对论和量子力学都是采用更为精致的数学语言得到阐述的. 在经典物理中, 存在一个外在的 (独立于人的观察和人的存在) 客观世界, 其中时间和空间是各自独立的, 并且以一种决定性的方式演化着, 其演化方式可用精确的数学方程加以刻画. 然而, 相对论和量子力学的产生逐步消解了经典的物理学宇宙观. 在微观水平上, 随机性开始大行其道, "确定性" 让位于 "不确定性", 概率论和统计学代替了经典的微分方程式. 彭罗斯在评价著名物理学家玻尔的物理观时写道 "以中心人物尼尔斯·玻尔为代表的许多物理学家说根本就没有客观的图像. 在量子水平上, '外界' 没有什么东西. 实在多多少少只是在和 '测量' 结果的关系上才呈现. 按照这种观点, 量子理论仅仅提供了计算步骤, 而不想对世界的实际进行描述. " 尽管彭罗斯不太赞成玻尔上述过于悲观的看法, 他提出用 "量子态" 的概念赋予量子以客观的物理实在, 但彭罗斯承认, 量子理论的确改变了人们经典的物理实在观点. 物理学家逐步认识到, 宇宙在宏观尺度上与微观尺度上服从着不同的定律.

必须看到的是, 数学不仅在这一系列科学革命中扮演着范式转化的语言角色, 而且更重要的是数学自身新的理论建构对传统自然观的解构作用以及对建立一种新的自然观念极为重要的启迪. 如果说 17、18 世纪的数学理论 (特别是微积分) 奠定了机械论自然观的数学基础的话, 那么 20 世纪以来的数学发展则充分地突破了并变革了传统的自然观念, 使人类从微观和宏观两个层面上对自然的认识达到了新的高度.

当代数学发展的一个趋势是从传统的致力于用简化的方法对易于认识的客观对象的研究转移到更多地采用更高深的理论对复杂系统的研究. P. A. Griffiths 论述道, "尽管有关世界的定律是简明和有序的, 但是世界本身并不如此 …… 因为世界是复杂的, 就需要较为复杂的模型". 这就为建立新的自然观提供了令人信服的科学证据.

在复杂性理论的研究中, 非线性动力系统 (通俗称为 "混沌理论") 就是这样一个足以颠覆经典自然观的崭新的数学理论. 混沌告诉我们, 许多系统具有一种 "对初始条件的敏感性" 的现象. 随着 "混沌理论" 的诞生, 科学家逐步认识到, 拉普拉斯完全确定论的一个错误就在于人们无法精确地测量系统的初始状态. 当人们做出初始测量 (不可能无限精确, 亦即有一定的误差) 后, 相继的预测会不断地放大误差, 最终使得预测变得毫无可能. 伊恩·斯图尔特写道:"混沌正在颠覆我们关于世界如何运作的舒适假定. 一方面, 混沌告诉我们, 宇宙远比我们想的要怪异. 混沌使许多传统的科学方法受到怀疑, 仅仅知道自然界的定律不再足够了. 另一方面, 混沌还告诉我们, 我们过去认为是无规则的某些事物实际上可能是简单规律的结果. 自然之混沌也受规律约束. 过去, 科学家往往忽视貌似无规则的事件或现象, 理由是, 既然它们根本没有任何明显的模式, 所以不受简单规律的支配. 事实并非如此. "混沌正逐步揭开有序与无序之间关系的面纱, 其理论影响十分广泛. 可以期待的是, 随着混沌理论等新的数学理论的发展, 人们对自然观的认识将会发生本质的变化.

概括起来, 我们可以清楚地看到数学理论的发展与认识水平对自然观念的变革的重要性. 首先, 数学的各种理论常常为物理学等学科的理论突破提供绝佳的语言工具, 例如, 微积分之于牛顿力学; 偏微分方程之于麦克斯韦的电磁理论; 黎曼几何之于爱因斯坦的广义相对论; 随机数学之于量子力学等. 其次, 数学自身的理论发展直接作用于对自然观的变革. 例如维纳的控制论, 扎德的模糊数学, 托姆的突变理论、分形几何学、超弦理论和非线性动力系统等.

随着自然观的变革和人类认识自然能力的提高, 一幅新的人与自然的关系图景将展现出来. 自然与文化、科学主义和人文主义是有其内在冲突的, 其根源是长期以来关于人与自然关系的对立观念. 近代科学产生之初诞生的主客二分的自然观以及相应的工业革命发展模式, 经过几个世纪的实践, 已经证明其构成了对于人与自然和谐关系的严重损害. 21 世纪的社会发展和经济增长, 必须考虑到维护人与自然的和谐性和统一性. 马克思就精辟地论述道:"社会是人同自然界的完成了的本质的统一, 是自然界的真正的复活, 是人的实现了的自然主义和自然界的实现了的人道主义. "在马克思那里, 人文思想、人文精神与科学进步不是对立的, 而是相互协调的. 从 19 世纪后半叶和整个 20 世纪数学与科学的发展看, 马克思的科学与人类进步观确实指明了时代与文明发展的方向.

在当代, 随着生态价值观的兴起和"可持续发展"战略的提出, 要求建立一种新型的人与自然的关系, 马克思关于人与自然本质统一的设想正逐步成为现实. 从物质文明的角度看, 当代数学观念融自然、人、社会于一体, 致力于消除人与自然的对立, 并用其高、精、尖的数学技术引领高新技术的浪潮, 在信息时代创造高效率、低能耗的新型生产力范式, 为实现可持续发展战略提供必要的理论和技术支援.

3.5 自然科学方法论

从哲学上看, 方法论就是关于方法的规律性的知识体系. 自然科学方法论: 是关于自然科学研究中常用的一般方法的理论, 是关于自然科学研究一般方法的性质、特点、内在联系和变化发展的理论体系.

3.5.1 科研选题

科研选题即科学研究的对象, 它是任何一项研究工作的起点, 是整个研究工作具有决定意义的一步.

1. 科研选题的一般步骤

文献调研和实际考察, 提出选题, 初步论证, 评议和确定课题 (但实际上, 选题过程是一个不断反馈的过程, 经常需要反复调研和多次论证).

2. 科研选题的基本原则

(1) 需要性: 社会需要、学科发展需要;

(2) 创造性: 科研是探索性工作, 本质是要创新, 其生命也在于创新, 要立足于追求新成果;

(3) 科学性: 指要有一定的理论根据和事实依据, 将选题置于当时背景条件下, 并使之成为在科学上可以成立和可以探讨的问题;

(4) 可行性: 指与主客观条件适应.

3.5.2 自然科学的基本方法

1. 观察法

观察法是人们通过视觉器官或借助于科学仪器, 有目的、有计划地对科学对象进行观看或考察, 从而获得关于科学对象的感觉经验的方法.

(1) 观察: 是指人们通过感觉器官, 感受研究对象所提供的信息的过程. 观察的重要特点, 是在自然发生的条件下对自然现象进行研究. 所谓自然发生的条件, 就是说在观察时人们不干预自然现象, 使其保持本来面目, 按照固有的状况运动和变化.

(2) 观察的意义和作用: ① 取得某种事实材料, 用以加强或反驳某一假说. ② 通过观察收集一系列的事实材料, 最终在这些材料的基础上概括和总结出某种理论.

(3) 观察的类型: ① 直接观察, 凭借人的感觉器官直接从外界获取感性材料; ② 间接观察, 借助科学仪器和其他技术手段间接地从外界获取感性材料; ③ 定性的观察, 又称质的观察; ④ 定量的观察, 有时又称测量.

(4) 观察的易谬性和困难: 观察是易谬的. 这点在日常生活中就已经有充分的体现. "眼见为实"并不足以作为可靠的科学证据. 这说明, 要准确、可靠地进行科学观察是非常困难的. 因此, 对科学观察还要有特殊的要求.

(5) 对科学观察的要求：① 既要有充分的准备，提出一定预想，又要避免先入之见；② 在观察中坚持全面性、系统性的原则；③ 常常需反复进行，要有翔实记录.

2. 实验法

实验法是指人们根据一定的研究目的，利用科学仪器、设备，人为地控制或模拟自然现象，使自然过程或生产过程以纯粹、典型的形式表现出来，以便在有利的条件下进行观察研究的一种方法.

(1) 实验的基本要求：实验的最基本要求是可重复性，即在严格规定并加以控制的相同的实验条件下，其结果会同样再现，而不会因人、因时、因地而异. 科学界对重要实验的结果，常常需要反复验证才会相信和认可.

(2) 实验的特点：① 纯化和简化自然现象；② 强化和再现自然现象；③ 延缓和加速自然过程；④ 模拟作用，可分为物理模拟和数学模拟；⑤ 经济可靠，可以对自然进行变革.

(3) 观察和实验中的机遇：在科学研究中有许多由于意外事件导致科学上的新发现的例子. 记住巴斯德的名言："在观察的领域里，机遇只偏爱那种有准备的头脑."

(4) 理论在观察实验中的作用：

(i) 理论思维对观察和实验的指导作用，观察、实验和理论是相辅相成，不可偏废的. 要重视其间联系，而不可片面地只强调一方. 观察和实验必须要在某种思想或理论的指导下才可能进行，否则就将是盲目的；对观察和实验结果的分析、综合、说明、解释，也需要理论思维.

(ii) "观察渗透理论"，这是当代西方科学哲学研究的新观点，是对观察与理论的关系的进一步深入的认识. 以往，在涉及观察实验对科学发展之重要意义认识的朴素归纳主义者们那里，假定了科学始于观察，而且基于观察所得到的知识，可以作为可靠的科学依据. 但进一步的研究发现，虽然观察者视网膜上的映像的性质相对独立于他们的文化，但观察者"看"到了什么，或者说，观察者在观看时得到的视觉经验，也部分地依赖于其过去的经验、部分地依赖于其知识和期望. 其一，人们的视觉经验不仅仅决定于视网膜上的映像；其二，理论是观察陈述的前提，在所有的观察陈述之前，必然预先已有某种理论. 观察陈述总是由某种理论的语言构成的，观察陈述利用的理论或概念的框架有多精确，观察陈述也就有多精确，精确的、阐述清楚的理论是精确地观察陈述的先决条件，在这种意义上，理论先于观察. 此外，对观察陈述的检验越严格，要求的理论就越多，而且永远达不到绝对的确实无疑. 但理论是变化发展的. 因此，与理论密不可分的观察陈述也与作为其前提的理论一样是易谬的；

(iii) 观察与理论的关系涉及重要的哲学问题. 在传统认识中，观察是中性的；理论依赖观察, 而观察不受理论制约. 现在人们发现, 观察渗透理论. 观察不仅是接受信息的过程, 而且是加工信息的过程. 观察陈述通过语言、符号表达, 渗透了理论概念.

3. 科学抽象

科学抽象是在思维中对同类事物去除其现象的、次要的方面, 抽取其共同的、主要的方面, 从而做到从个别中把握一般, 从现象中把握本质的认知过程和思维方法.

4. 科学思维

科学思维包括逻辑思维和非逻辑思维, 其中, 逻辑思维是在感性认识的基础上, 运用概念、判断、推理等形式对客观世界的间接的、概括的反映过程, 是科学思维的一种最普遍、最基本的类型. 它被研究得较多, 像分析、综合、归纳、演绎、类比等方法, 是运用逻辑思维最重要的、最常见的一些科学方法. 非逻辑思维是指不遵循一般逻辑规则的特殊思维方法, 包括形象思维、直觉思维、科学灵感等.

1) 科学思维的逻辑方法

(1) 分析与综合.

分析是把客观对象的整体分解为一定部分、单元、环节、要素并加以认识的思维方法. 还原主义, 以分析为主, 在近代科学诞生以来一直在科学的发展中起着重要的作用. 其局限是, 只见树木, 不见森林.

综合是将已有的关于研究对象各个部分、各个方面、各种因素和各种层次的认识联系起来, 形成的对研究对象整体性认识的思维方法. 综合以分析为基础, 其基本特点是探索研究对象的各个部分、各个方面、各种因素以及各种层次之间的相互联系的方式, 即结构的机理与功能, 由此形成一种新的整体性认识.

分析离不开综合, 综合也离不开分析.

(2) 归纳与演绎.

归纳是从个别或特殊的事物概括出共同本质或一般原理的逻辑思维方法. 归纳目的在于通过现象达到本质, 通过特殊揭示一般. 最简单的归纳法有求同法和差异法. 归纳的作用: 其一, 它是从经验事实中找出普遍特征的认识方法; 其二, 它对科学实验有指导意义. 归纳的局限在于: 其一, 归纳是以直观的感性经验为基础, 因而, 它不能揭露事物的深刻的本质和规律; 其二, 归纳的结果不是必然的, 属于或然性推论. 一般而言归纳所要求的条件是, 其一, 形成归纳概括基础的观察陈述的数目必须很大; 其二, 观察必须在已遇到各种条件下重复; 其三, 没有同由归纳推导出的普遍性定律发生冲突 (此条在特殊情况下可突破). 这里要指出的是, 归纳所依据的事实或现象永远是有范围有条件的, 因而用这种方法所能得到的结论也必然存在 "先天的" 局限. 如果在运用由归纳法所得结论时忽视其适用范围, 就会出现教条主义、思想僵化之类的问题. 任何公式、定律 ······ 包括那些 "普遍适用" 的实际上都有一定的适用范围. 如果超越这个范围, 就必须加以修正、发展.

演绎是与归纳相反的一种逻辑思维方法, 是从一般到个别的推理方法. 常用三段论: 如凡人皆有死, 苏格拉底是人, 所以苏格拉底是会死的. 主要作用: 其一, 演绎推论揭示了前提和条件之间的逻辑联系, 把某个领域的知识系统地结合成一个严密的体系, 从而构成了科学的解释性基础; 其二, 演绎推论不但是科学解释的基础, 而且是做出科学预见的手段.

归纳与演绎, 作为科学认识的不同环节, 其区别主要在于: 前者属于经验层次, 而后者属于理论层次; 前者是或然推论, 而后者是必然推论. 但它们之间又是相互联系、相互补充的.

演绎方法派生出来的另一个重要的方法, 是公理化方法. 它的一般程序为: 首先, 选择只作公设的概念为基本概念; 选择一类自明的陈述作为公理, 无须证明而置入系统; 其次, 制定推理 (推导) 规则; 再次, 依据规则从原始概念推导出新的概念, 从公理演绎出新的陈述; 最后, 遵循同样规则和步骤, 从导出的陈述和公理中进一步推导出其他陈述. 公理化方法有它的局限性, 要求系统本身应该具有一致性、无矛盾性. 哥德尔的 "不完全性定理" 已经证明数学公理系统的无矛盾性和完全性是相斥的.

2) 科学思维的非逻辑方法

(1) 形象思维是在形象地反映客体的具体形态的感性认识的基础上, 通过意象、联想和想象来揭示对象的本质及其规律的思维形式. 所谓意象是对同类事物形象的一般特征的反映.

逻辑思维的 "细胞" 是抽象的概念, 而形象思维的 "细胞" 则是形象的意象; 形象思维的一般过程是运用意象进行联想和想象, 而逻辑思维则是运用概念进行判断和推理.

(2) 直觉思维是指不受某种固定的逻辑规则约束而直接领悟事物本质的一种思维形式. 它具有非逻辑性和自发性.

在科学研究中, 对机遇能迅速捕捉, 并能对其蕴涵的科学价值做出准确的判断, 就是科学直觉能力的表现.

(3) 科学灵感是指探索某个问题时虽经反复探索但尚未解决; 因某种偶然因素的激发, 得到突发性的顿悟, 思想豁然开朗、一通百通, 使问题得到解决的思维过程. 从灵感的发生看, 它是一种突发性的创造活动; 从灵感的过程看, 它是一种飞跃性的创造活动; 从灵感的成果看, 它是一种突破性的创造活动.

科学灵感是科学思维活动的必然性的偶然表现而已. 它的突发性只是形式上的; 实际上, 它是大脑长时间准备, 思维特别紧张, 注意力高度集中所产生的一种必然结果.

3.5.3   自然科学发展的主要形式

1. 科学发展的基本矛盾

1) 理论与科学实践的矛盾

这是科学发展中最基本的矛盾. 一般地讲, 超出科学之外, 人们的认识活动也主要是在实践和认识的矛盾中展开的.

在科学的发展中, 理论和实践是相互联系、相互渗透、相互统一的. 但是, 正因为在科学中以作为经验事实的科学事实为其基础, 因此, 在科学的发展中, 在理论和实践这对矛盾中, 实践 (在科学中主要表现为科学实验) 通常成为矛盾的主要方面, 是最活跃的因素. 另一方面, 理论又有相对的独立性, 它也可以逻辑地带来新的观点和预见, 但这些新观点、新预见最终还是要经受实践的检验.

2) 科学理论内部的矛盾

在科学的发展中, 理论内部的矛盾也是促进科学发展的重要动力. 这些矛盾主要体现为: 学科之间的矛盾; 学科发展不平衡的矛盾; 学术观点之间的矛盾; 学派之间的矛盾.

2. 科学发展的主要形式

在科学内部主要矛盾推动下的科学的发展形式, 可以从时间和空间两个方面来考察:

(1) 在时间上 (纵向), 科学的发展表现为渐进与飞跃两种形式. 渐进形式, 即科学进化、积累式进步, 主要指在原有科学规范、框架之内科学理论的推广, 局部新规律的发现, 原有理论的局部修正和深化等; 飞跃形式: 科学革命, 主要指科学基础规律的新发现, 原有理论的突破, 科学新的综合, 新理论体系的建立等.

(2) 在空间上 (横向), 科学的发展表现为分化与综合两种形式.

(i) 科学发展分化的两个特点: 第一, 纵向分化. 由于对自然界的认识的不可穷尽性, 科学研究在各个具体领域都不断深入发展. 而这种深入发展的形式和结果, 就是学科沿纵向产生分化, 即产生新的学科. 第二, 横向分化. 在同一层次上产生不同的各个学科. 这就是学科的横向分化.

(ii) 科学发展的综合化特征: 在分化的同时, 科学发展也表现出综合化的趋势, 这些趋势有如下特点: 第一, 两个或两个以上相邻学科通过共生而产生新的学科, 即 "边缘学科" 的综合化. 如物理学＋化学, 产生物理化学; 如生物学＋化学, 产生生物化学; 等等. 边缘学科的出现往往消除了原有学科间划分的严格界限, 加强了学科的融合. 第二, 几门学科由于具有某种共同属性或内在联系, 从而形成了从不同角度研究同一对象的学科群体, 或从而抽象出来一种新的、更为概括、更为抽象的学科. 这种综合产生的学科往往具有横断学科的特征. 例如系统论就是典型的横断学科. 横断学科抛开具体的形式和内容, 从"横"的方面把握不同对象的属性、运动和演化中共同的规律性特征. 第三, 通过各学科在内容、方法上相互影响, 相互渗透, 而综合形成新的学科. 环境科学就是由生态学、生物学、经济学、地理、人文地理学及化学等多学科汇集而成的新型学科. 科学的综合化通常表现为这样一些方式, 即通过两种以上学科的交叉、学科方法的移植和多层次的综合而综合.

3.6 科技教育与人文教育的关系

3.6.1 科技教育与人文教育的目标及性质

1. 科技教育的目标及性质

科技教育所追求的目标或所要解决的问题是培养学生如何研究客观世界及其规律, 认识客观世界及其规律, 进而改造客观世界, 其本质是求真. 科技知识是科技教育的内容, 它不带任何感情色彩, 不以人的意志和感情为转移. 人们的活动越符合客观世界及其规律就越科学, 越真实. 因此, 科技教育的内容是一个关于客观世界的知识体系、认识体系, 是逻辑的、实证的、一元的, 是独立于人的精神世界之外的.

科技求真但不能保证其方向正确.

科技教育之所以重要主要是如下五个方面:

① 科技知识是生产力发展的源泉. 生产力的发展直接依赖于科技知识的发展, "科学技术是第一生产力". ② 科技思想是正确的思想基础. 它主要是严密的逻辑思维, 保持前后的一致性、连贯性. 因此, 它是正确思想的基础. ③ 科技方法是事业成功的前提. 它是科技知识按照科技思想付诸行动的行为, 这能保证行为是正确的, 实施是成功的. ④ 科技知识是反对愚昧落后、封建迷信的有力武器. ⑤ 科技精神是求真、求实、创新、存疑、刻苦耐劳、敬业奉献、不怕牺牲的精神, 这是科学的精髓. 科技精神一直是科学技术发展的内在动力, 科技实践的范式. 这种科技精神的激励和导向, 使近现代科技获得迅速发展. 此外, 科技精神也是一种社会力量, 它所揭示的真、善、美, 它在活动中形成的科学共同体的精神准则和范式, 科学家的人格精神力量, 历来是社会精神文明、思想道德和世界观、人生观及价值观建设的重要源泉. 凡精神都是人文, 科技精神实质上就是求真的人文精神.

2. 人文教育的目标及性质

人文教育所追求的目标或所要解决的问题是满足个人与社会需要终极关怀, 其本质是求善. 人文知识是人文教育的内容, 它带有强烈的"终极关怀"的感情色彩. 人们的活动越符合社会、国家、民族、人民的利益就越人文, 就越善. 因此, 人文教育的内容不仅是一个知识体系、认识体系, 而且是一个价值体系、伦理体系; 它往往还是非逻辑的、非实证的、非一元的, 是同人的精神世界密切相关的, 因而人文教育不同于科技教育.

人文求善但不能保证其基础正确.

人文教育之所以重要是如下八个方面:

① 关系到社会的进步. 社会的进步既取决于物质文明、科技文化的进步, 又取决于精神文明、人文文化的进步. 无前者, 则无知、落后、野蛮; 无后者, 则无耻、卑鄙、下流; 缺少其中任一方, 灾难将至, 自食恶果. ② 关系到国家的强弱. 国家的强弱取决于综合国力, 而综合国力有三要素, 经济实力、军事实力、民族凝聚力; 其中民族凝聚力是核心, 而民族凝聚力主要取决于对人文文化的认同. ③ 关系到民族的存亡. 民族主要是人文文化的概念, 没有民族的人文文化, 民族也就不存在. ④ 关系到人格的高低. 人的思想品质一般可分为三层, 底层是人格, 中层是遵纪守法, 顶层是政治方向. 顶层是根本, 方向一错, 一切全错. 但是人格是基础, 没有人格, 不仅很难遵纪守法, 而且很难有正确的政治方向. 人格直接取决于人文的陶冶. ⑤ 关系到涵养的深浅. 涵养直接反映为言行的文雅、度量的大小、处置的宽严等, 这也直接取决于人文的陶冶. ⑥ 关系到思维的智愚. 人文科学的功能是教化, 它作用于人的感情状态, 在潜移默化中改变人的价值观, 影响人的情趣和气质, 并激发人的创造潜能. 直觉、顿悟、灵感等的开发, 主要取决于人文教育. ⑦ 关系到人文精神的培养. 人文精神是一种关注人生真谛和人类命运的理性态度; 它包括人格、个性和主体精神的高扬, 对自由、平等和做人尊严的渴望, 对理想、信仰和自我实现的执着, 对生命、死亡和生存意义的探索, 等等. 人文精神是衡量一个人文化素质最重要的尺度, 是人文科学的精髓. ⑧ 关系到事业的成败. 由以上的结果, 必然有此结论. 个人、集体、民族、国家、社会概莫能外.

3.6.2　科技教育与人文教育的联系与区别

科技教育与人文教育作为文化教育的两个方面既有联系又有区别.

科技毕竟是科技, 人文毕竟是人文; 彼此之间有明显的区别.

没有人文的科技是残缺的科技, 科技有人文的精神与人文的内涵, 科技需要人文导向; 同样没有科技的人文是残缺的人文, 人文有科技的基础与科技的精髓, 人文需要科技奠基; 科技文化、科技知识与人文文化、人文知识都承认和尊重客观实际, 提炼和抽取客观实际的本质, 探索和揭示客观实际规律. 彼此之间有明显的联系和相互作用.

3.6.3　科技教育与人文教育融合的重要性

1. 科技教育与人文教育的融合是科技教育发展的必然趋势

冷战结束后, 以美国和日本为代表的发达国家为了在全球政治经济及科技竞争

中占据优势, 不约而同地提出了高等教育国际化的口号, 并采取了如下措施:

(1) 从教学管理制度上确定了国际课程的地位;

(2) 支持并加强有关国际问题的学习与研究;

(3) 鼓励教师和学生广泛开展国际交流与合作;

(4) 加强学校的外语教学. 1994 年 4 月联合国教科文组织成立的 "国际 21 世纪教育委员会" 提出了一份题为《学习: 内在的财富》的报告, 指出教育应有四个支柱, 即学知、学做、学会发展、学会共同生活. 这也就是要把学生的科学、工程技术能力和人文、社会科学能力融合起来, 培养具有科学意识和人文精神的新人. 由此可见, 科技教育与人文教育的融合是科技教育发展的必然趋势, 反映了社会发展和进步的迫切要求.

2. 科技教育与人文教育的融合是高新技术发展的必然结果

人是物质和精神的统一体, 不仅需要物质上的满足, 同时还需要精神上的满足. 高新技术的迅速发展, 带来了人类物质文明的巨大进步和飞跃. 这样, 不仅使人们盲目地追求高新技术, 而且导致人们去片面地追求物质的享受和满足, 从而造成人们心理情感方面的失落. 这种只重视物质追求, 而忽略人文精神追求的状况, 正是造成诸如战争破坏、资源短缺、生态失衡、环境污染、人口危机、道德滑坡等一系列世界性问题的重要原因. 反映了 "科学技术是一柄双刃剑, 对善和恶都会带来无限的可能性". 正因为科学技术对人类社会的发展具有两面性, 人们才必须研究高新技术对人类社会的作用机制, 探讨人类社会如何以最优方式利用高新技术. 这就从客观上要求科技教育必须与人文教育融合.

3. 科技教育与人文教育的融合是知识经济时代的迫切要求

人类进入 20 世纪 90 年代以来, 全球经济出现了新的变化, 知识经济初现端倪. 知识经济时代具有如下特点:

① 知识已渗透到政治、经济等社会生活中的一切领域并处于中心的位置; ② 知识制约并决定了经济、产业发展的方向、结构和水平, 并且成为一种产业; ③ 知识已成为权力的象征, 成为能影响财富、政治权力的最重要的权力来源; ④ 人们追求人与自然的协调, 自觉地控制自身的生育和消费, 保护地球的生态和环境; ⑤ 科技与文化全球化的交流和合作.

由此可以看出, 为了使高等教育培养出的人才适应知识经济时代的要求, 迫切需要科技教育与人文教育融合.

4. 科技教育与人文教育的融合是高等教育的重要任务

科技教育与人文教育的融合不仅有利于提高学生的整体素质, 而且是培养精英的重要途径. 这主要表现在如下几个方面:

① 有利于培养正确的人生追求. 科技教育主要是培养求真, 人文教育主要是培养求善, 求真和求善的结合才能真正全面地为社会服务、对社会负责. 1998 年 10 月在巴黎召开的世界第一次高等教育大会, 大会《宣言》明确指出: 高等教育的首要任务是培养高素质的毕业生和负责任的公民. 只有有了高度的责任感, 才能有巨大的动力, 才能有无比的激情, 才能有全身心的投入, 才能有神奇的智慧, 创造出不可思议的奇迹. ② 有利于形成完备的知识基础. ③ 有利于培养优秀的思维方式. 优秀的思维至少包括两个基本点, 一是正确, 二是具有原创性. 科技思维主要是严密的逻辑思维, 这是正确思维的基础, 而与人文文化有关的思维主要是形象思维, 这是原创性思维源泉. 二者缺一不可. ④ 有利于培养健康的生活方式. 人不仅需要物质生活, 而且也需要精神生活. 前者主要取决于科技, 后者主要取决于人文. 二者具有促进作用, 而且往往精神生活在一定程度上是主要的. 因为精神生活主要应合乎心理健康, 而心理健康在本质上就是脑健康, 可以说脑健康对一个人来说是十分重要的. 没有健康的身体, 一般很难谈得上有大的创新. ⑤ 有利于培养团结合作精神. 科学承认外界, 人文关怀外界, 只有既承认又关怀外界, 才能与外界和谐, 达到与他人团结合作的目的.

3.7　数学在自然科学中的作用

3.7.1　数学在物理学中的作用

物理学是研究最普遍的运动形式和基本结构的科学, 而数学则是研究现实空间形式和数量关系的科学. 虽然它们研究的对象各不相同, 但却有着共同的目的, 即探索和研究自然界的有关规律, 并在实践中加以运用, 这就使二者之间产生了必然的联系. 纵观物理学与数学的发展历程, 它们是在相互影响、相互促进中发展起来的. 正如物理学家杨振宁指出的 "…… 可以用两片生长在同一根管茎上的叶子, 来形象化地说明数学与物理之间的关系. 数学与物理是同命相连的, 它们的生命线交接在一起. "

一方面, 数学为物理学提供了科学的思想和方法; 另一方面, 物理学不仅是评价数学的重要标准之一, 而且为数学的许多学科提供了研究的内容, 如常微分方程理论、偏微分方程等, 变分法和复变函数等学科也缘于对物理问题的研究.

物理学同其他学科一样, 是由于数学化思想的引入, 才使得它向着科学化、精确化的方向发展, 数学对物理学理论的形成起着非常重要的作用. 著名的数学家笛卡儿宣称, 科学的本质是数学, 一切现象都可以用数学描写出来. 完全可以这么说, 没有数学, 就没有严谨的物理理论; 没有数学物理就是虚幻的和空洞的.

1. 数学对建立经典物理理论的作用

伽利略在研究落体运动的数量关系的过程中, 开创了物理科学数学化思想, 使得数学史无前例地与实验精神相结合, 创造了研究物理世界的新方法: 科学实验、逻辑实验和数学化方法. 事实上, 伽利略很少做实验, 他做实验的目的主要是驳斥那些不遵循数学的人. 他更多的是按照数学原理做思想实验——理想实验. 可以说, 是在伽利略物理科学数学化思想的指引下, 物理学才从定性的描述阶段进入定量的分析和计算阶段, 从而迅速发展成为一门精密的定量科学.

与伽利略同期的开普勒是用数学化方法研究天体运动的成功者之一. 他对地球及行星轨迹的决定方法, 创立了宇宙空间的三角测量方法. 开普勒还创立了一种可贵的数学化方法, 即无限小量的求和方法, 并把它运用到了求体积方面.

牛顿站在巨人的肩膀上, 在伽利略和开普勒的惯性定律、自由落体定律和行星运动三大定律的基础上, 发明并运用微积分, 建立了运动定律和引力定律. 牛顿的功绩在于他是用数学方法证明问题的. 在研究万有引力的那个时期, 年轻的牛顿把包括经验丰富的惠更斯在内的研究万有引力理论的自然科学家远远地抛在了后面, 他们是由于思路不对和数学上的障碍而失败的. 牛顿坚信自然界是用数学设计的, 没有理由不按照数学家搞数学的程序去进行科学研究.

牛顿运动定律以及万有引力定律一起构成了经典力学的理论基础, 显然, 这都是在数学化思想指导下建立起来的.

1862—1864 年, 麦克斯韦建立了著名的电磁规律——麦克斯韦方程组, 以非常简捷、优美的形式包括了库仑定律、欧姆定律、安培定律、毕奥–萨伐尔 (Biot-Savart) 定律、法拉第电磁感应定律和麦克斯韦提出过的位移电流理论, 统一地解释了各种宏观的电磁过程. 并且, 从这个纯数学形式的方程组出发, 麦克斯韦提出并从理论上证明了光也是一种电磁波, 预言了电磁波的存在, 从而把电、磁、光统一起来, 实现了物理学发展史中的又一次大飞跃.

在麦克斯韦之前, 法拉第就总结出了电磁现象的规律, 提出了“场”的伟大概念, 但是由于受到数学知识与数学能力的限制, 法拉第无法用数学语言将自己的成就表述出来. 尽管法拉第的表述形象直观, 却缺乏理论上的严谨性.

随着麦克斯韦电磁理论的建立, 经典物理学的理论体系业已形成, 同时建立了具有物理学科特色的研究方法, 即科学实验方法 (包括思想方法)、数学化方法、分析和综合方法以及理想化方法, 其中数学化思想方法被看作是物理学研究的重要方法.

2. 数学在近现代物理学发展中的作用

自伽利略以来, 数学化思想始终伴随着物理学的发展. 数学化方法在近现代物理学的研究中, 所起的作用越来越重要. 狄拉克认为物理学家研究自然现象的两种有效方法, 一是实验和观察, 二是数学推理方法. 他认为, 数学作为处理任何种类的抽象概念的工具, 其力量是无穷的. 狄拉克在谈到量子场论起源时指出, 数学在其中起了决定性的作用. 他在《回忆激动人心的年代》中写道: "自然界的基本特色之一是, 基本物理规律是用极美极有力的数学理论来描述的. 要理解它需要有相当高的数学水准 …… 我们在数学上的微弱的努力使我们能懂得一点儿宇宙, 而当我们着手发展越来越高级的数学时, 我们有希望更好地理解宇宙 ……." 近现代的物理学家们, 在他们的研究进程中, 非但没有削弱数学化思想方法, 而且将其发扬光大. 数学已经成了物理学的收敛中心, 谁要想在物理学领域中取得突破性的进展, 谁就必须掌握最先进的数学方法.

吉布斯统计力学的问世, 使得物理学不再仅仅用于处理那些必然发生的事, 而且可以处理那些最可能发生的事情, 统计方法为研究偶然现象提供了一种科学方法.

变换理论是理论物理新方法的精华, 他首先被应用于相对论中, 后来又用在量子理论中. 可以说, 如果没有黎曼创立的黎曼几何, 没有凯莱 (Cayley)、西尔维斯特 (Sylvester) 和他的同事们创立的不变量理论, 爱因斯坦难以对狭义相对论和广义相对论建立完整的理论体系.

如果没有凯莱的矩阵理论, 海森伯和狄拉克的工作也不可能对物理学产生革命性的影响. 如果没有偏微分方程理论也就不会有量子力学中的薛定谔波动方程. 1928 年, 狄拉克在把非相对论性的电子运动方程推广到相对论情况时, 得到了著名的狄拉克方程, 从而将量子力学中原来各自独立的重要实验事实 (如电子的自旋、磁矩、氢光谱的精细结构等) 都统一到一个具有相对论不变性的框架中. 狄拉克方程有两个解, 其中一个对应着电子的负能量状态. 由此, 狄拉克预言存在着"正电子". (1932 年美国物理学家安德森在宇宙射线实验中发现了正电子, 证明了狄拉克预言的正确性.) 狄拉克关于正负电子对的产生和湮没的预言, 在 1933 年也被实验所证实. 这些预言被誉为"美妙的数学研究的结晶". 对理论的数学美的追求是狄拉克进行科学活动的最重要的内在心理动机之一和执着追求的基本动力.

如果没有数学上的纤维丛的概念, 目前公认的最为成功的综合各种相互作用的统一场论——规范场理论就难以建立. 规范场理论之所以重要在于其成功为各种相互作用 (量子电动力学、弱相互作用和强相互作用) 提供了一个统一的数学形式标准模型.

20 世纪 70 年代兴起的弦理论 (也叫超弦理论), 它的一个基本观点是, 自然界的基本单元不是电子、光子、中微子和夸克之类的点状粒子, 而是很小很小的线状的"弦". 弦的不同振动和运动就产生出各种不同的基本粒子, 能量与物质是可以转化的. 弦理论会吸引这么多注意, 大部分是因为它很有可能会成为终极理论. 目前, 描述宏观引力的广义相对论与描述微观世界的量子力学在根本上有冲突, 广义相对论要求时空曲率是光滑的, 从而物质场能量动量密度就必须是光滑变化的而量子理论有不确定的关系, 能量动量存在不光滑的涨落. 由此, 广义相对论的平滑时空与微观下时空剧烈的量子涨落相矛盾, 这意味着二者不可能都正确, 它们都不能完整地描述世界. 弦理论的目标就是建立广义相对论和量子力学的统一数学描述, 已成为数学家与物理学家合作的又一个活跃领域. 其中用到的数学内容涉及微分几何、群论、微分拓扑、代数几何、无穷维代数、复分析与黎曼曲面等.

从以上可以看出, 近现代物理学发展的历史的确是一个物理数学化的历史, 物理学家不仅将数学上的几乎所有成果都用上了, 而且数学成为检验物理知识的有力工具.

数学化成为科学知识理论化的重要条件, 无论是概念的形成、定律的表述, 还是知识体系的建立, 都只有通过数学化才能得到严格的理论形式.

3. 数学对物理学所产生的作用

数学对物理学所产生的作用主要表现在:

(1) 用数学建立起了物理量与量之间的关系, 使物理学成为一个更完整、更精密的科学体系.

(2) 将物理问题转化为数学问题, 为物理问题找到了相应的数学模型.

(3) 为物理概念和物理规律提供了简捷精确的表达方式, 简化和加速了思维的进程.

(4) 为物理学科提供了表达辩证思想的科学语言和逻辑形式.

(5) 能从基本理论演绎出许多重要的结论和预言.

科学的发展证明数学化成了自然科学理论建立的标志. 热力学的数学化、电磁学的数学化, 以及相对论和量子力学的数学化等等, 都说明了这一点.

数学化思想不仅对物理学的发展产生了重要的影响, 它对整个科学发展的历程也起到了巨大的推动作用. 今天, 数学化思想已经渗透到了包括自然科学、社会科学以及思维科学的各个学科领域.

3.7.2 数学在化学中的作用

化学是自然科学的一种, 在分子、原子层次上研究物质的组成、性质、结构与变化规律; 创造新物质的一门很广泛的科学. 按研究范围来分, 包含无机化学、有机化学、分析化学、物理化学、生物化学. 这些科目都会用到数学. 长期以来, 人们一直以为只有在化学计算中要用到有关数学的知识, 例如: 一些初等数学、求导、微分, 其他数学方面的知识在化学领域中基本用不到. 其实不然, 随着时代的进步, 数学方法已深入纯化学领域之中, 数学不仅在语言上还在技术上应用于化学中, 并在很多方面已有了令人意想不到的应用, 例如, 量子化学. 化学的新发现和重要成果分析都离不开数学, 数学的发展和深入的研究在化学研究中占有重要的地位, 数学是研究化学的一个工具, 是研究化学的一个动力, 所以数学广泛应用于化学领域.

1. 数学在无机化学中的作用

无机化学是在原子和分子层次上研究无机物, 研究元素、单质和无机化合物的组成、性质、结构和反应的科学. 它是化学中最古老的分支学科. 当前, 无机化学正处在蓬勃发展的新时期, 许多边缘领域迅速崛起, 研究范围不断扩大. 在无机化学领域拓展时数学是必不可少的关键学科. 在无机化学计算中不仅要用到代数计算, 还会用到一些公式的推导, 例如利用数学中"鸡兔同笼"一类问题的求解公式, 解化学中的"两元体系混合物的计算"问题, 听起来好像是牛马不相及, 但却是客观存在, 用起来非常简便, 实际上是内在因素所致.

2. 数学在有机化学中的作用

有机化学与人们生活密切相关, 有机化学是研究有机物的组成、结构、性质及其变化规律的科学. 有机化合物在组成上都含有碳元素. 此外, 不同的物质还含有很多不同的元素. 因此化学式也截然不同. 在有机化学中, 数学知识里的代数、排列组合等就派上了用场.

早期, 美国数学家凯莱对图论作出了很大贡献, 有趣的是, 吸引他到图论上来的不是数学, 而是化学, 他研究 n 个碳原子数的饱和烃 C_nH_{2n+2}, 同时他又特别注意一类称为树的特殊图, 在这种图内边的线路是不允许封闭或循环的. 而饱和烃分子内的原子间的联结恰好也是这样的. 当数学家进一步研究时, 却在研究中开创了现代化学, 数学家们为化学家们所关心的关于其同分异构体的种种组成与数 t 的物质存在的问题赋予一种清晰的形式. 他们必须制定一种规则, 根据它每个所给的原子集合应能相应提供由它们组成的结构个数. 如果此数为零, 则不能由这些原子组成分子. 如果此数为一, 则可能且仅有一种形式. 如果此数超过一, 则可以存在由这些原子组成的分子——同分异构体. 数学就这样应用到了有机化学中.

在化学元素分子结构研究中, 科学家利用欧拉公式对 C_{60} 进行结构分析, 发现 C_{60} 分子结构有如足球的形状, 这 60 个 C 原子分布在多面体的顶点上, 连接 C 原子的化学键相当于多面体的棱, 化学上把具有这样的分子结构的烯叫作"足球烯". C_{60} 分子结构的发现, 在化学发展史上具有划时代的意义. 这里所说的欧拉公式就是指由欧拉发现的诸多以欧拉命名的公式或定理中的一个, 即"简单多面体的欧拉示性数等于 2", 用公式表示就是: $V - E + F = 2$, 其中 V 表示顶点数 (来自英文 vertical, 顶点的意思); E 表示棱数 (来自英文 edge, 边界、边缘或棱的意思); F 表示面数 (来自英文 face, 表面、脸面的意思).

3. 数学在分析化学中的作用

分析化学是一门以实验为主的学科, 在实验数据处理中涉及的方法原理较多, 计算方法烦琐、复杂, 且计算结果要求准确度高. 常见的数据处理方式有: ① 数值计算, 如计算 pH、浓度等; ② 用实验数据作图或对实验数据计算后作图, 以达到较为直观的表述效果, 如吸光度曲线、电位滴定曲线等; ③ 对大量的实验数据进行曲线拟合, 以求出其规律; ④ 对实验数据进行插值计算, 以求出不同条件下的参数值等.

分析化学是研究物质化学的组成及表征和测量的科学. 它要鉴定物质的组成, 所以在分析物质的过程中数学的基本运算就十分重要了. 同样现在的分析化学还将数学建模思想引入其基础研究中. 随着科技的进步, 在分析化学的教学中, 以 MATLAB 数学软件提供的初等数学和绘图方法研究了随机误差的正态分布函数、多元酸的各形态分布函数以及络合滴定曲线的模拟回归, 形象直观地展示了所描述过程的静态动态特性. 分析化学的实验——分光光度法测平衡常数, 在最后处理数据时就要用到计算机来制作表格和绘制图形, 这些都需要数学的运算, 包括代数和几何.

MATLAB 是 Matrix Lab(矩阵实验室) 的缩写, 是一种功能强大的数据处理软件. 它以数组和矩阵为基础, 最初主要应用于数值计算和自动控制领域, 现已逐步扩展到数据可视化、系统仿真、数理统计及经济、化工等领域. 利用 MATLAB 语言强大的数值运算及数据处理等功能, 特别是相似于日常数学计算习惯的计算方式的特点, 可快捷方便地用于分析化学实验中的数据处理.

利用 MATLAB 语言进行编程, 可方便地对实验数据进行公式计算、作图、线性拟合与插值、定量分析等处理. 一方面可以大大减少因手工计算、作图等产生的误差; 另一方面能够方便快捷地满足分析化学实验教学中数据处理的要求, 具有简洁、高效及直观等特点.

此外, 在化学分析中需要通过最优化算法来确定实验方案, 以求得系统的最优目标. 实验设计中也要用到数理统计中的正交实验等数学知识.

4. 数学在物理化学中的作用

物理化学是化学的理论基础, 用物理的原理和方法来研究化学中最基本的规律和理论, 而物理跟数学却是密切联系的. 在学习物理化学的过程中要熟练掌握高等数学中的求导、微积分、偏导数、极大值和极小值等等. 在实验过程中, 经常要利用实验数据绘制表格和图形, 再利用推导出的公式进行计算求值. 在化学动力学的研究中也应用了微分等公式进行计算. 数学是化学开拓和发展的一个不可缺少的有力工具.

5. 数学在生物化学中的作用

生物化学是研究生命物质的化学组成、结构及生命活动过程中各种化学变化的基础生命科学. 数学方法为生物化学的深入研究发展提供了强有力的工具. 可用高等数学基础知识解决生物化学工程中的一些实际问题. 例如, 化工生产过程中常于密闭管道内输送液体, 使液体流动的主要因素有流体本身的位差、两截面间的压强差、输送机械向流体外做的外功. 流动系统的能量衡量常用伯努利方程式.

6. 数学在量子化学中的作用

量子化学是应用量子力学的基本原理和方法研究化学问题的一门基础科学. 研究范围包括稳定和不稳定分子的结构、性能及其结构与性能之间的关系; 分子与分子之间的相互作用; 分子与分子之间的相互碰撞和相互反应等问题. 量子化学可分基础研究和应用研究两大类: 基础研究主要是寻求量子化学中的自身规律, 建立量子化学的多体方法和计算方法等. 多体方法包括化学键理论、密度矩阵理论和传播子理论, 以及多级微扰理论、群论和图论在量子化学中的应用等. 计算方法主要分为分子轨道法和价键法. 以下只介绍分子轨道法, 它是原子轨道对分子的推广, 即在物理模型中, 假定分子中的每个电子在所有原子核和电子所产生的平均势场中运动, 即每个电子可由一个单电子函数 (电子的坐标的函数) 来表示它的运动状态, 并称这个单电子函数为分子轨道 (简称 MD), 而整个分子的运动状态则由分子所有的电子的分子轨道组成 (乘积的线性组合), 这就是分子轨道法名称的由来.

分子轨道法的核心是哈特里–福克–罗特汉 (Hartree-Fock-Roothaan) 方程, 简称 HFR 方程, 它是以三个在分子轨道法发展过程中作出卓著贡献的人的姓命名的方程. 1928 年 D. R. 哈特里提出了一个将 n 个电子体系中的每一个电子都看成在由其余的 $n-1$ 个电子所提供的平均势场中运动的假设. 这样对于体系中的每一个电子都得到了一个单电子方程 (表示这个电子运动状态的量子力学方程), 称为哈特里方程. 使用自洽场迭代方式求解这个方程, 就可得到体系的电子结构和性质. 哈特里方程未考虑由于电子自旋而需要遵守的泡利原理. 1930 年, B. A. 福克和 J. C. 斯莱特分别提出了考虑泡利原理的自洽场迭代方程, 称为哈特里–福克方程. 它将单电子轨函数 (即分子轨道) 取为自旋轨函数 (即电子的空间函数与自旋函数的乘积). 泡利原理要求, 体系的总电子波函数要满足反对称化要求, 即对于体系的任何两个粒子的坐标的交换都使总电子波函数改变正负号, 而斯莱特行列式波函数正是满足反对称化要求的波函数. 将哈特里–福克方程用于计算多原子分子, 会遇到计算上的困难. C. C. J. 罗特汉提出将分子轨道向组成分子的原子轨道 (简称 AO) 展开, 这样的分子轨道称为原子轨道的线性组合 (简称 LCAO). 使用 LCAO-MO, 原来积分微分形式的哈特里–福克方程就变为易于求解的代数方程, 称为哈特里–福克–罗特汉方程.

数学在化学中作用不仅仅局限于以上所述, 智能算法也越来越多地应用到了化学领域, 例如, 人工神经网络、聚类分析、蚁群算法、灰色系统、支持向量机等. 特别是对时间序列进行分析、预测的支持向量机算法已经在大气污染物浓度预测中应用.

随着计算机技术的发展, 一些科学计算软件相继出现, 其中最具代表性的是MATLAB. 在 MATLAB 中提供了强大的数学计算分析工具箱, 这在一定程度上促进了化学的发展.

3.7.3　数学在天文学中的作用

天文学是研究宇宙空间天体、宇宙的结构和发展的学科. 内容包括天体的构造、性质和运行规律等. 天文学是一门古老的科学, 自有人类文明史以来, 天文学就有重要的地位. 天文学循着观测—理论—观测的发展途径, 不断把人的视野伸展到宇宙新的深处. 其中理论部分的重要任务之一就是计算, 根据观测的结果推算出星球的运动轨道. 随着人类社会的发展, 天文学的研究对象从太阳系发展到整个宇宙. 现今, 天文学按研究方法分类已形成天体测量学、天体力学和天体物理学三大分支学科. 天体测量学, 是天文学中最先发展起来的一个分支, 其主要任务是研究和测定天体的位置和运动, 建立基本参考坐标系和确定地面点的坐标. 天体力学以数学为主要研究手段, 应用力学规律研究天体的运动和形状. 天体内部和天体相互之间的万有引力是决定天体运动和形状的主要因素, 天体力学以万有引力定律为基础. 虽然已发现万有引力定律与某些观测事实发生矛盾 (如水星近日点进动问题), 而用爱因斯坦的广义相对论却能对这些事实作出更好的解释, 但对天体力学的绝大多数课题来说, 相对论效应并不明显. 因此, 在天体力学中只是对于某些特殊问题才需要应用广义相对论和其他引力理论. 天体物理学是研究宇宙的物理学, 这包括星体的物理性质 (光度、密度、温度、化学成分等) 和星体与星体彼此之间的相互作用. 应用物理理论与方法探讨恒星结构、恒星演化、太阳系的起源和许多跟宇宙学相关的问题. 天体物理学涉及的领域广泛, 天文物理学家通常应用不同学科的方法, 包括力学、电磁学、统计力学、量子力学、相对论、粒子物理学等进行研究.

1. 天文学家与数学

要根据观测的结果推算出星球的运动轨道, 这使得许多天文学家在研究工作中都善于应用数学方法, 甚至发现或创造新的数学理论和方法. 因此不少天文学家也是数学家. 举例如下.

古希腊天文学家泰勒斯曾根据日全食出现过的时间, 在时间中找到了规律, 经过缜密的观测与推算计算出公元前 585 年的一次日食, 并因此平息了一场战争. 受到人们的景仰和爱戴, 被称为不朽的科学家. 他也是首次应用三角形原理测量了埃及金字塔高的科学家.

波兰天文学家哥白尼是日心说创立者, 近代天文学的奠基人, 他赞成以简单的几何图形或数学关系来表达宇宙的规律.

意大利天文学家伽利略年轻时最喜欢的书是欧几里得的《几何原本》和阿基米德的著作. 1589 年, 获得比萨大学数学和科学教授的职位. 1609 年, 伽利略创制了天文望远镜并用其观测天体, 他绘制出了第一幅月面图. 1610 年, 伽利略发现了木星的四颗卫星, 为哥白尼学说找到了确凿的证据, 标志着哥白尼学说开始走向胜利.

德国天文学家开普勒正是凭着自己的数学才能, 发现了行星运动的三大定律. 第一定律 (轨道定律): 行星运行的轨道是以太阳为其一个焦点的椭圆. 第二定律 (面积定律): 在相等的时间内, 由太阳到行星的矢径所扫过的面积相等. 或者说, 此矢径所扫过的面积对时间的变化率是一个常数. 第三定律: 行星公转周期的平方与它的椭圆轨道的长半轴的立方成正比. 开普勒定律只阐明行星是怎样运行的, 但没有说明为什么会这样运行. 揭示行星运行本质的工作归于牛顿.

英国科学家牛顿正是凭借自己创立的微积分理论, 在开普勒工作的基础上发现了著名的万有引力定律. 并为科学中的天文学奠定了基础. 他解释了潮汐现象, 还从理论上推测出地球不是球体, 而是两极稍扁赤道略鼓, 并由此说明了岁差现象. 牛顿的许多发现都收到他的杰作《自然哲学的数学原理》一书中.

德国天文学家贝塞尔的著作《天文学基础》发展了实验天文学, 并推导出用于天文计算的贝塞尔公式. 他在数学研究中提出了贝塞尔函数, 讨论了该函数的一系列性质及求值方法, 为解决物理学和天文学的有关问题提供了重要工具.

2. 行星轨道计算

轨道计算是一种粗略测定天体轨道的方法. 在轨道计算中, 人们事先不必对天体轨道作任何初始估计, 而是从若干观测资料出发, 根据力学和几何条件定出天体的初始轨道, 以便及时跟踪天体, 或作为轨道改进的初值.

(1) 轨道计算方法发展的历史. 轨道计算是从研究彗星的运动开始的. 在牛顿以前, 对天体运动的研究基本上带有几何描述的性质. 第谷首先试图计算彗星轨道. 但未获成功. 困难在于只能观测彗星的方向, 而不知道它同地球的距离, 由于缺少力学规律的指引, 无法根据这些定向资料求得天体的空间轨道. 在牛顿运动定律和万有引力定律发现后开普勒定律有了力学解释, 得到了椭圆运动的严格数学表达式, 终于能利用少数几次时间相隔不长的观测来测定彗星的轨道.

(2) 拉普拉斯方法. 第一个正式的轨道计算方法是牛顿提出的. 他根据三次观测的资料, 用图解法求出天体的轨道. 哈雷用这个方法分析了 1337—1698 年出现的 24 颗彗星, 发现 1531 年、1607 年和 1682 年出现的彗星是同一颗彗星, 它就是有名的哈雷彗星. 在这以后, 欧拉、朗伯和拉格朗日等也在轨道计算方面做了不少研究. 拉普拉斯于 1780 年发表第一个完整的轨道计算的分析方法. 这个方法不限制观测的次数, 首先根据几次观测, 定出某一时刻天体在天球上的视位置 (例如赤经、赤纬) 及其一次、二次导数, 然后从这六个量严格而又简单地求出此时天体的空间坐标和速度, 从而定出圆锥曲线轨道的六个要素. 这样, 拉普拉斯就将轨道计算转化为一个微分方程的初值测定问题来处理. 从分析观点来看这是一个好方法, 然而轨道计算是一个实际问题, 要考虑结果的精确和计算的方便. 拉普拉斯方法在实用上不甚方便. 由于数值微分会放大误差, 这就需要用十分精确的观测资料才能求出合理的导数. 尽管许多人曾取得一定进展, 但终究由于计算繁复, 在解决实际问题时还是很少使用.

(3) 奥伯斯方法和高斯方法. 奥伯斯方法和高斯方法与拉普拉斯不同, 奥伯斯和高斯认为, 如果能根据观测资料确定天体在两个不同时刻的空间位置, 那么对应的轨道也就可以确定了. 也就是说, 奥伯斯和高斯把轨道计算转化为一个边值测定问题来处理. 因此, 问题的关键是如何根据三次定向观测来定出天体在空间的位置. 这既要考虑轨道的几何特性, 又要应用天体运动的力学定律. 这些条件中最基本的一条是天体必须在通过太阳的平面上运动. 由于从观测掌握了天体在三个时刻的视方向, 一旦确定了轨道平面的取向, 除个别特殊情况外, 天体在三个时刻的空间位置也就确定了. 轨道平面的正确取向的条件是所确定的三个空间位置能满足天体运动的力学定律, 例如面积定律.

(4) 彗星的抛物线轨道. 彗星轨道大都接近抛物线, 所以在计算轨道时, 常将它们作为抛物线处理. 完整的抛物线轨道计算方法是奥伯斯于 1797 年提出的. 他采用牛顿的假设, 得到了彗星地心距的关系式; 再结合表示天体在抛物线轨道上两个时刻的向径和弦关系的欧拉方程, 求出彗星的地心距; 从而求出彗星的抛物线轨道. 到现在为止, 奥伯斯方法虽有不少改进, 但基本原理并没有变, 仍然是一个常用的计算抛物线轨道的方法.

(5) 谷神星的椭圆运行轨道. 1801 年意大利天文学家皮亚齐在观测星空时, 从望远镜里发现了一颗非常小的行星. 他认为这可能就是人们一直没有能发现的 "谷神星". 但在想寻找这颗行星时, 他却不知去向. 当时天文学家对皮亚齐的发现产生了争论. 这引起了德国数学家高斯的注意. 高斯想是否可以通过数学方法找到它? 为此, 高斯在前人工作的基础上, 以其卓越的数学才能创立了一种崭新的行星运行轨道计算理论. 他根据皮亚齐的观测资料和他创立的方法, 仅用一小时时间就算出了 "谷神星" 的椭圆运行轨道, 并指出它将在什么时间, 在哪片天空出现. 随后, 德国天文学爱好者奥伯斯, 果然在高斯预言的时间和那片天空, 观察到了这颗行星. 这个成果显示了数学在天文学中的巨大作用. 高斯的方法发表于 1809 年. 高斯使用逐次近似法, 先求出天体向径所围成的扇形面积与三角形面积之比, 然后利用力学条件求得天体应有的空间位置, 再从空间位置求得轨道. 高斯不仅从理论上, 而且从实际上解决了轨道计算问题. 可以说, 用三次观测决定轨道的实际问题是高斯首先解决的. 高斯以后, 虽然有人提出一些新方法, 但基本原理仍没有变.

3. 海王星的发现

自从人们发现天王星以后, 它的运行轨道总是和预测的结果存在着微小差异, 这到底是什么原因? 因此, 有人猜想, 天王星的轨道外面一定还存在着一颗行星, 由于它的引力, 才扰乱了天王星的运行. 1845 年, 剑桥大学学生亚当斯, 利用微积分等数学知识, 计算出这颗新行星的位置. 同时, 巴黎天文台数学家勒维耶通过解由几十个方程组成的方程组, 也于此年计算出这颗新行星的运行轨道. 随后德国天文学家伽勒按计算位置于 1846 年 9 月 23 日观察到这颗行星. 它以罗马神话中的尼普顿命名, 因为尼普顿是海神, 所以中文译成海王星.

3.7.4　数学在地理学中的作用

地理学, 是研究地理要素或者地理综合体空间分布规律、时间演变过程和区域特征的一门学科, 是自然科学与人文科学的交叉, 具有综合性、交叉性和区域性的特点. 地理学是一门古老的科学, 它的产生可以上溯到人类文化初创时期. 然而随着人类社会的逐步发展和科学技术的日益进步, 这门学科在理论、方法和研究手段方面不断得到革新. 时至科学技术甚为发达的今天, 地理学吸收了数学和计算机科学的养料, 开始从定性发展到定量, 以崭新的面貌屹立于科学之林.

1. 数理统计与计量地理

在地理学的研究中, 常常会收集到大量的统计资料. 例如, 在人口普查工作中有以县为统计单元的各种人口数据; 在农业报表上也有历年按县统计的各种农作物的播种面积、总产量等数据. 若不用数学上数理统计方法对这些浩瀚的数字进行处理和分析是无法揭示各种量之间的内在联系的. 这样, 一门以数理统计方法为主来进行地理研究的分支学科计量地理便应运而生.

计量地理在我国大约 20 世纪 60 年代就兴起了. 由于这门学科从诞生之日起便紧密地结合着生产上的实际问题, 因此很快地在数据处理、相关分析、因子分析和趋势面分析等方法的应用方面取得一定的成果.

2. 模糊聚类分析与土地资源评价

地理现象的数学分析, 通常并不要求明确作出某个对象"属于此集合"或"不属于此集合"这两个判断之一, 而仅仅要求指出以多大的程度为此集合的成员. 例如, 我们说某地气候温和、土壤肥沃、人口稠密、物产丰富, 说甲地和乙地都是一等农用地, A 地和 B 地同属于一个农业区, 等等, 这些概念的界线都包含着模糊性. 模糊数学是解决这类问题的最佳工具. 由于地理工作者在长期的实践工作中已经不自觉地具备了模糊数学的思维方法, 因而模糊数学的概念一建立, 自然很快地就被地理工作者所采用.

目前地理界有运用模糊聚类分析来进行土地资源分类和评价, 以及进行小区域气候区划的, 有运用模糊识别来解译遥感图像的; 还有运用模糊统计分级来探讨原来以概率论作理论基础的统计分级的. 虽然这一切都是才刚刚开始, 但仍取得了较理想的效果.

当然, 数学在地理学中的应用远远不只限于上述两种情况, 但我们已经可以看出近现代地理学必须用数学工具来武装. 现在, 是否运用数学方法及运用的程度如何, 已经成为检验地理学发展情况的重要标志之一. 无疑数学在地理学中的应用具有广阔的前景!

3.7.5 数学在生物学中的作用

生物学是研究生物 (包括植物、动物和微生物) 的结构、功能、发生和发展规律的科学, 是自然科学的一个部分. 目的在于阐明和控制生命活动, 改造自然, 为农业、工业和医学等实践服务.

随着近代生物学的高速发展, 数学在生命科学的作用越发突出, 无论是微观方向的发展, 还是宏观方向的研究, 都必须有精密的数学计算作为推动其前进的不懈动力.

生物数学是生物学与数学之间的边缘学科. 它以数学方法研究和解决生物学问题, 并对与生物学有关的数学方法进行理论研究. 生物数学是一个概念和范围都很不明确的领域. 广义来说, 应包括生物学研究中所用到的一切数学概念、原理、方法和工具. 但通常指在数据分析、结果处理、方程运算、方案设计中所用到的数学, 一般不涉及所提理论本身的描述, 以区别理论生物学. 生物数学的基本理论与方法对当代生物学的发展产生重大的影响, 并在生物学有关领域得到广泛的应用.

生物数学的分支较多, 从生物学的应用角度划分, 有数量分类学、数量遗传学、数量生态学、数量生理学、生物力学等; 从研究使用的数学方法划分, 生物数学又可划分为生物统计学、生物信息论、生物控制论和生物方程等分支; 从内容角度通常分为生命现象数量化的方法、数学模型法、综合分析法、概率与统计方法、不连续的数学方法等.

下面以数学模型的方法与生命现象量化的方法为例从应用角度来诠释数学在生物学中的作用.

1. 数学模型的方法

数学模型: 为了研究的目的而建立并能够表现和描述真实世界某些现象、特征和状况的数学系统.

数学模型能定量地描述生命物质运动的过程, 一个复杂的生物学问题借助数学模型能转变成一个数学问题, 通过对数学模型的逻辑推理、求解和运算, 就能够获得客观事物的有关结论, 达到对生命现象进行研究的目的.

数学模型可分为确定模型和随机模型. 如果模型中的变量由模型完全确定, 就是确定模型; 如果变量出现随机性变化而不能完全确定, 就是随机模型. 从数学物理方程中引出的许多微分方程模型都属于确定模型, 其中一些在动物生理学、生态学中发挥重要作用. 例如, 著名的霍奇金–赫胥黎神经兴奋传递数学模型就属于二阶偏微分方程, 该模型为电神经生理学奠定了基础.

2. 生命现象数量化的方法

所谓生命现象数量化, 就是以数量关系描述生命现象. 数量化是利用数学工具研究生物学的前提. 生物表现性状的数值表示是数量化的一个方面. 生物内在的或外表的, 个体的或群体的, 器官的或细胞的, 直到分子水平的各种表现性状, 依据性状本身的生物学意义, 用适当的数值予以描述. 数量化还表现在引进各种定量的生物学概念, 并进行定量分析. 如体现生物亲缘关系的数值是相似性系数. 各种相似性系数的计算方法以及在此基础上的聚类运算构成数量分类学表征分类的主要内容. 遗传力表示生物性状遗传给后代的能力, 对它的计算以及围绕这个概念的定量分析是研究遗传规律的一个重要部分. 多样性, 在生物地理学和生态学中是研究生物群落结构的一个抽象概念, 它从种群组成的复杂和紊乱程度体现群落结构的特点. 多样性的定量表示方法基于信息理论.

数量化的实质就是要建立一个集合函数, 以函数值来描述有关集合. 传统的集合概念认为一个元素属于某集合, 非此即彼、界限分明. 可是生物界存在着大量界限不明确的、"软"的模糊现象, 如此"硬"的集合概念不能贴切地描述这些模糊现象, 给生命现象的数量化带来困难. L. A. 扎德提出的模糊集合概念适合于描述生物学中许多"软"的模糊现象, 为生命现象的数量化提供了新的数学工具. 以模糊集合为基础的模糊数学已广泛应用于生物数学.

可以这样说, 在生物学的发展过程中无处不打上数学的烙印. 没有强大的数学支持, 生物学很难取得更高、更广、更有益于人类生活的发展. 数学推动生物学的发展, 而生物数学工作的研究也推动了数学的进步.

3.7.6　数学在医学中的作用

医学, 是通过科学或技术的手段处理生命的各种疾病或病变的一种学科, 促进病患恢复健康的一种专业. 它是生物学的应用学科, 分基础医学、临床医学. 从生理解剖、分子遗传、生化物理等层面来处理人体疾病的高级科学. 它是一个从预防到治疗疾病的系统学科, 研究领域大方向包括基础医学、临床医学、法医学、检验医学、预防医学、保健医学、康复医学等. 现代医学的发展亦越来越多地运用数学方法进行定量研究, 建立数学模型, 以揭示医学现象的本质.

1. 数学与流行病学

医学科学的数学化从 20 世纪初即已开始. 就流行病学而言, 1909 年 Hamer 就提出了这样的数理假设: 一种疾病的流行过程必须依赖于易感人数及易感者与感染者之间的接触率. 这一设想为以后人们提出种种流行病学数学模型提供了理论基础. 1911 年 Ross 提出了疟疾的数学模型, 是迄今为止不断完善着的疟疾模型的开端. 20 世纪 20 年代, Soper 提出了麻疹的数学模型; Reed 和 Forst 提出可用于描述麻疹、水痘、流行性感冒等急性传染病传播过程的链模型; Kermack 和 Mckendrick 提出了流行病学阈模型. 显然, 没有数学的渗透, 就不可能有流行病学的这些理论模型.

2. 计算诊断学

生命现象又带着极大的随机性, 大量不确定的随机因素的干扰, 使对人体各种现象作精确的描述产生了极大的困难. 概率论的创立给人们提供了一个可以从纷纭杂乱的大量偶然现象中寻找必然规律的有效工具. 因此, 在生物和医学科学中最早引入的有效数学方法可首推概率论和数理统计.

1901 年皮尔逊发表了《生物统计学》的专著. 几十年来, 对疾病现象的统计分析为广大医学工作者提供了寻找发病规律的有效工具. 可是由于计算的烦琐, 它的推广一直进展迟缓. 自电子计算机诞生后, 人们可以不再为大量的烦琐的手工计算所烦恼, 数学方法在医学科学中的应用已逐渐活跃起来.

1959 年, 罗切斯特大学医学院的莱德里 (R. S. Ledley) 和拉斯特德 (L. B. Lusted) 第一次用布尔代数和概率论中的贝叶斯定理, 对一组肺癌病例进行了计算机分析, 建立了肺癌鉴别诊断的数学模型, 由此开创了现代医学科学中一个新的分支——"计算诊断学".

从 1959 年以后, 医学科学中的数学方法有了较快的进展. 在疾病诊断上, 采用数学方法进行计量诊断, 无论在疾病预报、预后预测, 还是在疾病群的鉴别诊断, 效果都远比医生单凭个人经验要好. 近年来, 我国不少医院和医科院校建立了急腹症、肺癌、胃癌、肝癌等多种疾病鉴别诊断或病情预报的数学模型, 在临床中诊断准确率都超过了高年资的医生, 因而也引起了人们的广泛重视和浓厚兴趣.

应该指出的是, 20 世纪 50 年代以来在医学中数学分析的应用与电子计算机的应用是分不开的. 而电子计算机在生物学和医学中的应用也必须选择适当的数学工具、建立相应的数学模型.

如现已普及的计算机断层扫描 (CT) 术便是精密的 X 射线技术和复杂的数学

模型、快速的计算机技术相结合的产物, 研究者因此获得诺贝尔奖. 用 CT 扫描技术进行脑组织检查时可取得大量数据 (43200 个), 建立 43200 个方程, 解出 25600 个未知数, 然后重建脑切层的图像, 改变了以前只能得到 X 射线扫描时多重组织重叠的平面图像的限制.

3. 生物统计学是目前应用最广泛的数学方法

由于生命现象中常常遇到大量偶然因素的干扰, 各种病变的机理和表现往往带有明显的随机性, 因而在许多情况下可以而且应该用概率方法来处理.

例如, 通过对人体各种特征指标、数量的统计分析, 我们可以找到健康人体的正常值范围, 以及不同病变情况下的病变范围, 为确定患者发育异常或疾病诊断提供依据. 这已是广大医务人员所熟知的常识.

在疾病的预报、预测和鉴别诊断方面, 概率方法也是一个强有力的工具. 目前国内外电子计算机疾病诊断, 用得最多的便是概率论和数理统计中的最大似然法、贝叶斯法和逐步回归方法.

事实上, 概率统计方法可以应用到医学科学中的一切领域, 包括对实验和观测资料的数据分析与处理. 单是对某一疾病、某一生命现象大量样本的统计分析, 便可加深对这一疾病、这一现象本质的理解, 从中找出规律性的东西. 这样的事例在临床中和病理研究中几乎到处可以找到. 正因为这样, 生物统计学受到了广大医务工作者的日益重视.

4. 控制论、信息论和系统论是应用前景最广阔的数学方法

1943 年诺伯特·维纳创立了现代控制论, 并成功地将生命机体与机器系统进行了类比, 使当代科学的思维方法发生了一场深刻的革命, 精密自然科学与生命科学之间的鸿沟被填平, 各种生命现象用数学方法来描述有了可靠的理论依据.

人体是一个系统, 是一个多层次的高度完善的复杂反馈系统. 这个系统与环境之间不断进行物质、能量和信息的交换, 同时通过神经系统和内分泌系统进行自适应的调节和控制, 严格保持人体各部分正常活动的必要条件.

从控制论的角度, 任何疾病都是人体在内、外扰动作用下, 系统状态偏离正常范围, 平衡被打破而引起的. 疾病的诊断过程则是一个系统状态的识别过程, 医生通过对各种体征、症状、病史和理化分析指标的综合分析, 凭借经验确定疾病的种类. 而疾病的治疗过程便是通过各种可能的手段, 物理的、化学的、机械的和精神 (信息) 的手段, 排除这些内、外扰动的影响, 使系统恢复到正常的平衡状态.

我国传统的中医学, 是不自觉地而又成功地应用控制论中 "黑箱理论" 的光辉典范, 通过望、闻、问、切四种诊断方法, 对患者疾病作出判断. 当采用针灸治疗时, 便是通过在相应穴位上加上一个适当的刺激 (外加扰动), 使人体系统的状态由

偏离平衡态向正常状态过渡.

进入 20 世纪 70 年代以后, 控制论、信息论和系统论方法在医学科学中的应用发展很快, 人们相继对人体各个系统建立了相应的数学模型, 通过模型的健全, 加深了对人体生理、病理过程的认识, 进而成功地把这些理论应用到临床中去. 由此一门新的边缘学科——生物控制论便应运而生.

在哲学上最容易引起争议的是, 能否用数学方法来描述人体神经系统的感觉和思维功能. 自从冯·诺依曼把电子计算机与人脑成功地进行类比, 霍奇金等又成功地发现人体神经系统信息传递的物理、化学和机械过程后, 人们已经可以精确地用一组微分方程来描述神经系统的感觉机理, 信息在神经元中的传递过程以及植物性神经系统的自适应反馈控制过程, 这些方程已经为实验所验证, 而且可以用电子线路加以模拟. 人们甚至可以在不久的将来, 用数学方法来描述人类高级神经系统所特有的现象, 如情感和思维. 正如巴甫洛夫所预言的那样: "这一时刻将会到来, 在自然科学的基础上发展起来的数学分析, 将用巨大的公式和方程来把由脑所达到的 (在身体和介质之间的) 平衡包括在内, 最终也将脑本身包括在内. " 这对于当今哲学界那些思想僵化的人来说, 无疑是一个最不幸的消息.

40 多年来, 人们通过对心电、脑电、X 光扫描、超声扫描、细胞图像等信息进行计算机数值处理, 有效地提高了疾病鉴别诊断的科学性、严格性和工作效率. 其中对 X 光断层扫描信息的计算机处理技术 (CT), 被人喻为 20 世纪 70 年代医学科学的一次革命. 而对脉象的计算机处理, 使传统的中医理论和临床实践更加科学化.

5. 现代医学的科学研究离不开数学的支撑

1985 年诺贝尔生理学或医学奖授予瑞士数学家 Jerne, 其论文是《免疫网络结构理论》, 他提出了现代医学科研的新模式: 医学免疫问题 ⟶ 数学化 (知识表达技术)⟶ 计算机完成计算与论证 (机械化推理技术)⟶ 反馈修正 (实践检验)⟶ 免疫网络结构理论 (系统构成技术). 这个现代化的科研模式, 集医学专业、数学、计算机于一体, 揭示了医学现代化的科研方向.

现代化的科研方向给医学科研人员提出了新的要求, 就是: 科研人员不仅要具备创造性想象力, 还应具有用数学知识综合医学问题的能力. 而当今许多医学的重大课题确实需要现代数学的支撑, 如基因表达调控、寄生虫在人体内的生态学、心血管疾病的猝死与预测、癌的发生与发展等, 这些课题若能以现代数学作为基础和工具, 在研究方法与成果上必然有新的发展.

3.7.7　数学在系统科学和信息科学中的作用

信息科学应该说是系统科学的一个分支, 但是由于它在当代社会科学技术发展中的特殊重要性, 这里分别讨论数学在系统科学与信息科学中的作用.

1. 数学在系统科学中的作用

系统科学的性质特点决定了数学将成为系统科学中富有成效的、现代化的基本工具.

控制论之父美国数学家维纳被认为是现代控制论和信息科学的创立者. 第二次世界大战期间, 维纳从事防空火力装置的设计工作, 需要使用自动机器控制高炮瞄准. 于是维纳将数学工具应用于火炮控制系统, 处理飞行轨迹的时间序列, 提出了一套预测飞机将要飞到的位置, 使火炮准确击中的最优办法. 从火炮控制系统到后来的反馈理论, 一直到神经系统的理论, 都基于基本的数学方程模型; 特别是随着计算机技术的迅猛发展, 人工智能技术、神经网络模型的不断完善, 机器的模拟智能已经达到足以与人类智能抗衡的程度, 这一点我们从世界国际象棋特级大师卡斯帕罗夫最终在 IBM 的 Deeper Blue 面前"没能捍卫住人类的尊严"不难窥其一斑 (1997 年 5 月, 卡斯帕罗夫以 2.5 比 3.5 的总比分输于机器棋手 IBM 的 Deeper Blue). 目前, 系统科学已经发展出更为广泛的分支, 如智能控制在现代工程、自动化生产流水线的应用, 机器人技术的商品化、产业化, 这些新型技术的进步都无一例外地依赖强大的数学理论支持, 所以现在许多原来仅是数学专业学生学习的课程, 如泛函分析、拓扑学、小波分析已经成为系统科学的硕士、博士研究生的必学课程.

2. 数学在信息科学中的作用

1928 年, 哈特莱在《信息传输》一文中, 提出了消息是具体的、多样的代码或符号, 而信息则是蕴涵于具体消息中的抽象量的理论, 并首先对信息进行了数值上的度量, 指出信息量的大小仅与发信者在字母表中对字母的选择方式有关而与信息的语义无关. 在此基础上, 他导出了第一个用消息出现概率的对数来度量消息中包含的信息的公式 $I = n\log S$, 其中 S 是字母表的字母数量, n 是每个消息所含的字母数量. 1948 年, 香农发表了著名论文《通信的数学理论》, 这些理论的发表标志着信息论的正式诞生. 香农还进一步导出了信息传输率的表达式和信息容量公式, 并利用这些结果, 得到了关于信息传输的一系列重要的编码定理, 如信息源码、信息编码等, 揭示了信息传输过程中数量和质量的辩证关系, 从而初步认识和把握了信息及传输的规律, 并对信息问题的研究逐步由经验变为科学.

数学理论的发展同样促成了计算机的诞生, 并促进信息科学的反突飞猛进. 20 世纪 30 年代, 英国数学家图灵和美国数学家波斯特几乎同时提出了理想计算机的概念. 20 世纪 40 年代, 第一台数字计算机诞生后, 计算机技术和有关计算机的理论研究开始得到迅速发展. 在短短的半个多世纪中, 计算机技术正以任何学科无法比拟的速度快速发展, 以计算机和通信技术为核心的信息科学技术飞速发展并得到广泛应用, 无怪乎人们称当前的时代为"信息时代". 然而, 如果没有像数学上提供的概率论、统计学、数理逻辑等数学工具, 信息科学要得到这样的发展是比较困难的.

　　"数论"曾经被称为单纯地为其自身, 而不是为实用而创建的最没有用的数学, 正如迪克森所说: 感谢上帝, 数论毫无用处. 然而在信息技术应用广泛渗透的今天, 数论却在信息安全技术中起到无以替代的作用, 信息安全技术中一种常用的信息加密, 通常使用公开密钥体系, 两个非常大 (目前要求超过 128 位) 的素数 (只可能分解成 1 与自己的乘积而不能分解成其他整数的乘积), 它们的乘积就可以当作一个密钥, 可以公开这个数, 但人们无法知道这个数究竟是哪两个数的乘积, 即便用高速计算机来算也不能在合理的时间内被分解, 这两个素数因子被用于加密与解密. 所以这种大素数甚至可以作为高技术商品来出口.

　　信息科学中一个非常重要的内容是信息的表示、存储与传输, 这里既需要计算机硬件技术的支持, 同时数学在此也起到非常关键的作用. 就信息的存储来说, 要使得计算机能够协助人类处理信息, 信息首先必须被组织成合理的格式 (即信息的格式化、规范化), 必须依赖于数学所提出的种种表示模型: 树型、顺序型、网络层次型都是较常用的模型. 比如一种包含动态图像与声音的媒体信息, 被数字化后经压缩存储为合理的格式; 信息的压缩技术同样离不开数学的模型, 如声音、动态图像的有损压缩 (允许反解后的信息内容与原信息内容有许可的误差, 这对于媒体信息是广泛使用的)、信息的无损压缩 (反解信息与原信息相同). 信息的压缩技术直接依赖于所选择的压缩算法. 反过来, 信息的提取技术同样需要数学的算法来支持, 对于信息对反解所需时间不敏感的过程来说, 数学模型似乎不是特别重要, 但对于信息对反解所需时间很敏感的过程来说, 没有好的数学算法是绝对行不通的, 试想象一下, 如果反解 VCD/DVD 的算法在反解动态图像及声音时存在随机时间差, 那么他们就不可能被用于产业.

　　总之, 信息科学作为对世纪的支柱科学之一, 仍将保持高速发展, 数学将在理论上为它提供更为广泛深刻的基础支持.

第4章　数学与工程技术

数学在工程技术的发展中起着十分重要的作用. 特别是高新技术的发展, 使数学与工程技术的关系更加密切. 高新技术本质上是数学技术. 本章主要介绍工程技术的内容特点、发展简史、数学在技术革命中的作用、数学在高新技术中的作用及数学在工程技术中的应用等.

4.1　工程技术与技术革命

工程技术是一个历史的概念, 要给一个全面确切的定义十分困难. 一般而论, 工程技术指的是工程实用技术, 亦称生产技术, 是在工业生产中实际应用的技术. 就是说人们应用科学知识或利用技术发展的研究成果于工业生产过程, 以达到改造自然的预定目的的手段和方法.

4.1.1　工程技术的内容特点

1. 工程技术的内容

历史悠久的工程技术是建筑工程技术, 它的理论依据是理论力学. 随着国防的需要, 出现了军事工程技术, 它综合了不同行业的工程技术. 近年来, 随着科学理论的不断发展, 工程技术的类别也越来越多, 如基因工程技术、信息工程技术、系统工程技术、卫星工程技术等等.

技术研究的组织系统也采用工程技术和科学技术两个系统, 属于工程技术系统的, 如中国工程院、国家工程技术研究中心等; 属于科学技术系统的, 如中国科学院等.

与科学技术一词不同, 工程和技术几乎属于同一范畴, 例如, 建筑工程与建筑技术相差甚少, 信息工程与信息技术没有大的差别. 在某些时候, 工程可以指某一个项目, 而技术则强调该项目的属性.

随着人类改造自然界所采用的手段和方法以及所达到的目的的不同, 形成了工程技术的各种形态. 例如, 研究矿床开采的工具设备和方法的采矿工程; 研究金属冶炼设备和工艺的冶金工程; 研究电厂和电力网的设备及运行的电力工程; 研究材料的组成、结构、功能的材料工程; 等等.

近几十年来, 随着科学与技术的综合发展, 工程技术的概念、手段和方法已渗透到现代科学技术和社会生活的各个方面, 从而出现了生物遗传工程、医学工程、教育工程、管理工程、军事工程、系统工程等等. 工程技术已经突破了工业生产技术的范围, 而展现出它的广阔前景.

2. 工程技术的基本特点

1) 实用性

人们改造客观自然界的活动, 都是为了人类的生存和社会的需要, 所以就要运用工程技术的手段和方法.

按照人的用途, 去选择、强化和维持客观物质的运动为人类造福, 而要限制、排除那些不利于人类和社会需要的可能性. 例如, 水有多种利, 也有多种害, 水利工程建设的任务是兴利除害. 水利工程技术就是体现了这个实用性. 人们创造和使用每一种工具和机器也都有明确的具体用途, 而每一种工具和机器也都是以物质形态来体现人的用途. 工具、机器等劳动资料已经不是天然形态存在的自然物, 而是人造的自然物. 它们要按照自然规律而运动, 然而这种运动必须符合人的一种特定用途. 如果它们的运动不符合人的用途, 就会出工程事故; 如果完全脱离人的用途, 它就成为一堆废铁, 会慢慢地腐蚀掉. 因此, 工程技术必须有实用性, 离开了实用性, 它就没有生命力.

2) 可行性

任何工程技术项目, 都有具体目标, 但这个目标的实现, 要受许多条件的约束, 即受工程技术项目的选择、规模、发展速度、资金、能源、材料、设备、人力、工艺、环境等条件的约束. 某项工程技术在设计的构思阶段, 都必须考虑国家经济和社会发展的需要和可能, 而往往可以形成几种方案. 然后对各种方案要一一进行分析和评价, 从中选出既满足实用性要求, 又能满足上述约束条件的最佳方案, 才是可行的. 当然, 工程技术的可行性, 也是一个动态的概念, 某项工程在一个时期是不可行的, 到了另一个时期就是可行的. 各种约束条件也是可变化的, 通过采取各种措施, 可以积极创造条件, 也可以更改条件另辟蹊径. 因此, 一定要根据实际的具体情况, 尽量最佳地确定适合经济、社会的适用技术.

3) 经济性

工程技术必须把促进经济、社会发展作为首要任务, 并要有好的经济效益, 从而达到技术先进和经济效益的统一. 因为工程技术的物化形态既是自然物, 又是社会经济物. 它不仅要受自然规律的支配, 而且还要受社会规律, 特别是经济规律的支配. 某项工程技术, 尽管它符合最新科学所阐明的自然规律, 如果它不符合社会要求不能提高劳动生产率, 不能带来经济效益, 缺乏竞争力, 它就不能存在或发展. 例如, 机械工业产品是现代化生产的重要物质技术装备. 近年来, 机械产品也日新月异、国民经济各部门要求不断提供效率高、质量好、性能完善、操作方便、经久耐用的新产品, 尤其要求产品必须具有特定的功能. 所谓功能, 是指产品所具有的特定用途和使用价值. 设计机械工业产品时, 就要运用科学的方法进行周密的、细致的技术经济的功能分析. 通过功能分析, 可以发现哪些功能必要, 哪些功能过剩, 哪些功能不足. 在改进方案中, 就可以去掉不必要的功能, 削弱过剩的功能, 补充不足的功能, 使产品有个合理的功能结构. 在保证实现产品功能的条件下, 最大限度地降低成本, 或在成本不变的情况下, 提高功能, 使成本与功能得到最佳结合, 这样才能为社会提供物美价廉、经久耐用的先进技术装备.

4) 综合性

工程技术通常是许多学科的综合运用. 它不仅要运用基础科学、应用科学等知识, 同时也要运用社会科学的理论成果, 并根据当前我国的国情, 还应采用多种水平的技术同时并举. 随着工程技术的发展和进步, 它的综合性越来越显著. 现代工程技术大多是复杂的综合系统. 即使是单项工程技术, 不仅它本身往往是综合的, 而且也要着眼在整个系统中进行综合的考虑和评价.

总之, 上述这些特点, 反映了工程技术的本质特征, 它体现客观和主观、自然规律和社会经济规律、局部和整体的辩证统一. 因而工程技术在国民经济发展中有其重要的地位和作用.

4.1.2　工程技术发展简史

1. 萌芽和初期

工程技术是原始人从制造工具开始的. 当人类的祖先第一次用石头做成原始的生产工具石器工具时, 便实现了从猿到人的转变, 揭开了人类征服自然的历史序幕. 从制造粗笨的石刀到日益精巧的石器加工, 是人类历史上的一项重要创造. 制造石器用去了上百万年的时间, 它是人类最初的机械加工工艺, 即工程技术的最初萌芽. 大约五十万年以前, 原始人在对雷电和森林火灾的长期观察、实践过程中, 逐步学会利用自然火, 并保留火种, 用它来取暖、照明、煮熟食物和防御野兽. 以后人们在打制和磨制石器以及对木材加工的过程中, 经常发现有火花、冒烟、发热等现象. 这样又经过了几十万年的摸索, 用摩擦的方法, 实现了人工取火. 火的发现和使用, 对人类文明的发展起了巨大的推动作用. 对此, 恩格斯曾高度评价说: "就世界性的解放作用而言, 摩擦生火还是超过了蒸汽机, 因为摩擦生火第一次使人支配了一种自然力, 从而最终把人同动物界分开." 约两万年前, 人们开始使用弓箭、烧制陶器等, 这些都是属于萌芽状态的工程技术. 石器磨削技术是原始社会生产力发展的主要标志.

大约距今六千年到四千年, 人们在制陶的生产实践中, 逐渐掌握了提高炉温的技术. 后来在制造劳动工具的各种石料中又发现天然红铜, 从而人类首先实现了铜的冶炼. 青铜工具的使用所造成的生产力, 则最终导致原始社会的解体和奴隶社会的产生. 这一时期的工程技术, 除了兴修水利, 建筑技术已达到了很高的水平. 古埃及建造的金字塔, 以及中国商周时期的精美青铜器, 是标志着这一时期工程技术水平发展的新高度, 在青铜冶炼技术方面积累了丰富的实践经验. 由于发明了风箱, 冶铁技术也逐渐产生和发展起来, 出现了最初的铁器. 铁器工具代替石器工具, 是工程技术上的又一次重大变革. 冶铁技术的发明和铁器的广泛使用, 是这一时期科学技术的最重要的成就, 它大大提高了社会劳动生产率. 不仅造成了奴隶社会向封建社会过渡的重要条件, 而且也成为整个封建社会的主要技术基础.

　　由此可见, 工程技术的初期发展是经历了原始社会、奴隶社会、封建社会三个历史阶段. 这个历史时期的基本特点是, 工程技术主要处在经验的物化阶段, 生产技术基本上是手工的. 自社会出现阶级以来, 工程技术就在阶级对立的社会中发展着. 这时, 在生产中创造物质财富、积累生产经验的是奴隶、农民和手工业者, 他们的实践经验是技术进步的基础. 然而, 主要的生产工具和社会财富却被奴隶主和地主所占有. 这一时期工程技术的进步, 一方面得到生产的推动, 另一方面又受着社会阶级的深刻影响. 但是, 生产的发展, 经验的积累仍然是推动技术进步的根本动力. 整个说来, 早期工程技术的进步还是相当缓慢的, 生产力水平也是低下的. 一方面是由于技术基础薄弱; 另一方面奴隶主和地主阶级也并不关心技术的改善. 在奴隶制社会中, 奴隶被当作有生命的工具, 他们在生产中则用怠工和破坏劳动工具等手段, 来反抗奴隶主的残酷压迫. 而奴隶主为了防止奴隶的破坏, 便只给奴隶使用最粗糙、最笨重而不易损坏的工具. 封建地主阶级也只想通过地租和各种超经济剥削手段榨取农民的血汗, 而农业生产工具改进与否对他们则是无足轻重的. 当奴隶主和地主阶级走向没落时, 他们就更是穷奢极欲, 用暴力镇压人民, 使生产遭到破坏, 经济停滞不前, 从而严重阻碍了工程技术的发展. 马克思指出: "现代工业的技术基础是革命的, 而所有以往生产方式的技术基础本质上是保守的." 奴隶制和封建制的生产方式, 由于其技术基础的保守性, 终究不能长期存在下去, 以工程技术不断革命为特征的新的生产方式战胜旧的生产方式将是不可避免的.

2. 第一次技术革命

　　在近代史上, 有三个时间转折点对人类文明的进步至关重要, 每一个转折点都是科学技术突飞猛进的更替, 我们把这种转折点称为——技术革命.

　　下面介绍第一次技术革命.

1) 工程技术变革的社会条件

　　18 世纪 60 年代开始的工业革命, 是人类历史上使用铁器之后的第一次技术革命. 它开始于纺织工业的机械化, 以蒸汽机的发明和广泛使用为主要标志, 从而促进了近代工程技术的产生和发展.

　　近代工程技术产生于资本主义革命时代, 这个革命主要是以英国工业革命和法国资产阶级革命载入史册的. 在封建社会中工程技术的发展促成了资产阶级的产生, 并使他成为新社会的统治阶级. 资产阶级在推翻了封建制度以后, 也推动了工程技术的进一步发展. 资产阶级需要科学技术的发现和发明, 是由资本主义生产决定的. 资本主义生产是以追求剩余价值为目的的商品生产, 资本家之间的竞争是资本主义生产方式的内在规律. 资本家要赚钱, 要在竞争中战胜对方, 就必须不断扩大生产规模, 不断地改进生产工具和技术设备, 用机器生产代替手工劳动, 用新的机器代替旧的机器. 英国在 18 世纪开始的工业革命, 是资本主义制度下生产力大发展的开端和准备, 从而推动了工程技术的变革. 工程技术的变革最先是从棉纺织业的工作机开始的. 由于制造了新的工作机, 动力机的革命已成为必要, 并使传动装置相应也发生了变革.

　　2) 蒸汽机的发明和改进

　　蒸汽机的发明主要是由于英国的纺织业和采矿业的需求, 但它的技术的应用则要广泛得多. 原始的蒸汽机, 最早是在 18 世纪纽柯门的一个雏形技术中诞生的. 以后英国工匠瓦特应用布拉克的"比热"和"潜热"理论做指导, 改进了纽柯门蒸汽机, 解决了汽缸漏水的问题, 发明了冷凝器. 后来他又发明离心调速器和飞轮, 这样才从理论上和实际上加以完善, 提高了蒸汽机的效率, 并使蒸汽机成为适用于一切工业部门的原动机, 从此工作机便以蒸汽机作为主要动力. 恩格斯指出: "蒸汽和新的工具机把工场手工业变成了现代的大工业, 从而把资产阶级社会的整个基础革命化了."

　　蒸汽机的发明和改进是工业革命的决定因素, 大大加速了从手工生产过渡到机器生产的工业革命的进程, 推动了工业生产技术的全面变革. 相继发明了蒸汽轮船 (1807 年) 和蒸汽机车 (1817 年), 使交通运输事业发生了革命. 同时, 冶金业特别是炼铁、炼钢技术也得到极大发展. 美国机械师亨利·莫兹利 (1771—1831) 把旧式车床全部改为铁制的, 并于 1797 年制成带滑动刀架的车床, 这是机床发展史上的一个重大突破. 从此以后, 在机械加工过程中人手可以不直接握持刀具, 而只要操纵刀架就行了. 车床能够按指定尺寸自动加工圆柱体或螺丝, 这是机械加工技术发展史上的重要创造, 它标志着切削加工完成了一个质的飞跃, 从此形成了机械操作的金属切削机床, 使机床迅速得到发展, 推动了机器的进一步完善.

　　这一时期的技术发明尽管是适应资本主义生产发展的需要而产生的, 但这些发明及这一时期的技术发展基本上是靠工匠或工程师的经验积累创造的. 虽然这些发明符合力学、物理学规律, 但却很少有自然科学家参加和用科学理论的指导, 这一点与早期的工程技术性质相似. 然而早期工程技术的发展是不被当时的封建统治阶级所重视的, 而资产阶级则重视技术上的发明创造. 早些年, 英国资本家为奖励技术上的创造发明, 就建立了专利制度. "以蒸汽机的广泛使用为主要标志的第一次技术革命的影响, 正如马克思和恩格斯所指出: 资产阶级在它的不到一百年的阶级统治中所创造的生产力, 比过去一切时代创造的全部生产力还要多, 还要大."

蒸汽机和工作机为资本主义生产提供了强大的物质技术基础, 成了资本主义战胜封建主义, 确立资本主义生产方式的强大武器. 处于上升时期的资产阶级, 由于十分重视科学而采取了一系列的措施, 也有力地促进了这个时期自然科学的发展. 新实验、新材料、新定律、新学说如雨后春笋, 力学更加成熟, 分子物理学、电磁学、化学、生物学以及数学都在自己的领域内跨入了新阶段. 从 15 世纪下半叶开始的近代自然科学发展到 19 世纪, 已由搜集材料的阶段进入整理材料的阶段, 各门科学都接近完善. 理论自然科学趋于成熟, 为工程技术的理论化、科学化奠定了基础.

3. 第二次技术革命

19 世纪 70 年代到 20 世纪初, 以电能的突破、应用以及内燃机的出现为标志, 在德国和美国发生了世界近代史上第二次技术革命.

1) 电机的产生和电能的应用

19 世纪 70 年代是电力时代的开始. 电力的应用是继蒸汽机的使用之后的第二次技术革命. 这次技术革命固然是大工业对动力提出的新的要求, 但它的出现不是直接来源于生产, 而是来源于科学实验, 来源于对电磁现象研究的结果. 电和磁是早在 2000 多年前就已发现了的自然现象, 但在 19 世纪以前, 人们把它们两者看作是各不相关的. 到了 19 世纪, 意大利的物理学家伏特 (1745—1827) 首次制成了能运用于实际目的的化学电池 (1800 年); 丹麦的奥斯特发现了电流的磁效应 (1819 年), 电和磁的研究得到迅速开展. 1831 年英国工人出身的科学家法拉第发现了电磁感应定律, 它是发电机的理论基础.

1832 年法国的皮克希按照电磁感应定律, 用永久磁铁做转子, 制成了发电机. 后来人们在 1840—1865 年, 制成了电磁电机, 并把它用于电镀工对转子和定子作了多次改进, 而在 1867 年德国的西门子首先制成自激式直流发电机, 它使用了由发电机本身产生的电流供电的强有力的电磁铁, 效率比早期的电磁机高得多. 以后, 1870 年格拉姆发明了环状转子, 1872 年德国的阿尔特涅克又发明了鼓状转子, 发电机就进入了实用阶段、有实用价值的电动机已经制成, 从此开始用电力代替蒸汽动力. 19 世纪 80 年代又解决了远距离输电的问题, 从实用发电机和电动机的制造, 到配电网络和远距离输电在技术上的成功, 电力工业便开始建立起来, 开辟了电气化的新时代. 1844 年美国的莫尔斯 (1791—1872) 发明了电报, 1876 年美国的贝尔发明了电话. 19 世纪末出现的无线电技术, 是在原来已经广泛使用的有线电报和电话之后, 又添加了更为有力的通信工具. 这样, 人类历史上就出现了以电为基础的现代物质文明, 广泛应用于动力、照明、通信等社会生产和社会生活的各个领域. 电力的应用使整个工业生产面貌大为改观, 电能所创造的社会生产力比蒸汽时代要高得多.

从电磁学的实验和理论的发展到电力时代的出现, 生动地表明了, 在科学进入比较成熟的阶段后, 科学不仅对生产的发展能起直接的推动作用, 而且已经走在生产的前面, 起着指导作用. 使工程技术从主要以劳动者的经验和技能的阶段, 发展到了以科学在工业生产中的应用为主要特征的阶段. 这是科学与生产之间关系的一个新的开端.

2) 内燃机的发明和使用

随着资本主义大工业的发展, 蒸汽机已不能满足动力的需要. 通过对提高热机效率和热力学的研究, 导致内燃机的发明. 19 世纪末, 在德国科学家奥托制成煤气机后, 又发明了汽油机和重油机. 1892 年德国的狄塞尔制成了可用低级燃油的高压缩型自动点火内燃机, 使之成为实用的动力机. 如果说, 发电机首先是有利于城市工业, 内燃机的发明和应用则使农业生产技术发生重大革命. 拖拉机的使用, 促进了农用工作机的大量制造和农业机械化的进程. 内燃机的发明, 使汽车制造业也发展起来. 汽车的普遍应用、公路网的兴建, 使生产和社会的联系大为增强. 大工业和城市的发展, 打破了农村的闭塞状况, 汽车成了重要的交通工具.

1913 年美国福特汽车工厂采用专用机床生产汽车, 使生产过程方面有了重大的工艺改进, 它是现代化生产的先驱. 内燃机的发明和应用还改变了铁路运输状况, 并已成为各种运输的强大动力. 更重要的是, 于 1903 年人类第一架飞机装上汽油机飞翔于长空, 人类几千年来的幻想终于实现了.

总之, 电机、内燃机的生产技术的迅速发展, 不仅引起了大工业的日益兴起, 而且大大改变了社会的落后面貌, 加速了历史发展的进程.

4. 第三次技术革命

20 世纪 40—50 年代, 出现以原子能、电子计算机和空间科学技术为主要标志的第三次技术革命. 这次技术革命的内容比前两次技术革命更为丰富, 影响更为深远. 它还包括自动控制、遥感、激光以及合成材料等技术, 同时又产生了新型的综合性的基础理论——控制论、信息论和系统论等等.

1) 原子能的开发和利用

原子能的开发和利用, 是近年来发展很快的技术前沿. 进入 20 世纪 30 年代后, 由于电力工业和无线电的发展, 发明了可产生 60 万伏的高压倍加器、静电加速器和回旋加速器, 使人们在核反应实验方面取得了巨大进展. 早在 1922 年, 英国科学家阿斯屯根据同位素的理论明确地预言: 原子核中所蕴藏的能量在将来可以作为工厂的动力或用于制造核弹. 1932 年, 利用加速器实现了原子核的蜕变, 同年又发现了中子, 它立即就被人们用作炮弹以实现核反应. 1938 年德国的哈恩、施特拉斯曼等, 发现用中子轰击铀原子核, 可使铀核分裂成两块, 同时释放出能量, 这种能量称为原子能. 实验证实了利用原子能的实际可能性, 并已估计出一克铀在裂变中能释放出多大的能量. 铀原子核裂变现象的发现, 揭开了原子能利用的新时代.

当时, 正是第二次世界大战前夕, 战争和军事上的迫切需要, 刺激了各国立即转向原子能在军事上实际利用的研究. 美国于 1945 年用铀—235 和钚—239 制成了快中子链式反应爆炸装置原子弹. 原子能作为工业动力的能源在 50 年代还只是试验和摸索阶段, 到 70 年代以后, 原子能发电技术才得到推广应用. 此外, 为适应空间技术发展的需要, 核反应堆小型化方面也取得了重大突破.

2) 电子计算机的出现和发展

电子计算机, 通常是指电子数字存储程序计算机. 它是一种能自动、高速地对数据进行计算和对信息进行加工的电子装置. 电子计算机最初是由军事的需要而发展起来的, 第二次世界大战期间, 出现了高速飞行的喷气飞机和导弹. 雷达能发现目标, 但如果没有一种快速的计算工具来进行弹道计算和控制空防火力, 那么防空雷达的性能再好也是没有意义的, 只能发现却来不及反击, 电子计算机正是在这种情况下应运而生.

目前, 电子计算机正向巨型、微型、网络、智能模拟等方面发展. 它广泛应用于自动控制, 促使工业生产和工程技术迅速实现自动化. 50 年代初, 电子计算机已开始用于喷气式飞机, 随后用于导弹等战略武器, 以及发射人造卫星. 随着电子计算机技术的发展, 特别是微型电子计算机大量出现, 用电子计算机进行自动控制也越来越广泛, 在宇宙空间、工业生产、交通运输和商业部门等方面, 建立起各种各样的自动机、自动仪表、自动化工厂、车间, 以至大型自动化系统. 不仅节省了人力, 提高劳动生产率, 使工厂企业得到根本的技术改造, 而且还创造出具有一定人类智能的机器人, 可以用它在海底、高山以及其他人类无法工作和生活的地方进行自动化生产, 收集资料, 并利用空间所具有的特殊条件, 建立自动化的空间实验室和空间工厂. 电子计算机还广泛应用于经济、军事、交通运输、科研、文教、医疗、科技情报资料及图书管理等方面. 电子计算机技术是一种在本质上不同于以前的技术, 因为它带来人类智力和思维即脑力劳动的解放. 以电子计算机为基本手段的现代化信息技术的发展, 是人类历史上又一次重大技术革命, 它日益深刻地影响着现代生产、经济、科学和人类社会生活各方面的变革.

3) 空间科学技术的诞生

空间科学技术, 是 20 世纪 50 年代逐渐形成的一门独立的科学技术. 它是围绕人造卫星 (包括宇宙飞船) 的研制、发射和应用的一门综合性的科学技术. 空间科学技术是衡量一个国家科学技术发展程度的重要标志. 目前卫星技术已达到了能实际使用的阶段, 应用卫星的种类很多, 如侦察卫星、地球资源卫星、气象卫星、通信卫星、科学卫星等. 空间科学技术已广泛用于军事、国民经济和科学研究的许多方面, 并已进入了无限广阔的宇宙空间, 从而扩大了人们的眼界, 为人类认识和改造自然开辟了新的场所.

综上所述, 工程技术诞生以来, 经历了有划时代意义的三次技术革命. 以蒸汽机的广泛应用为主要标志的第一次技术革命, 对发展生产力起了巨大的作用. 以电力的广泛应用为主要标志的第二次技术革命, 使生产领域发生了深刻的革命性变化, 大大发展了社会生产力, 使劳动生产率有了大幅度提高, 促进人类物质文明的进步. 以原子能、电子计算机和空间科学技术的出现为主要标志的第三次技术革命, 使社会化的大生产与现代科学技术更加密切地结合在一起, 从而使生产规模和劳动对象发生了更加深刻的变化, 社会生产力和劳动生产率有了更快的发展和更大的提高.

工程技术发展的历史表明, 它的发展固然受生产、科学、生产关系和上层建筑的强烈影响. 然而, 一旦在工程技术上取得重大突破, 就会带来经济发展的繁荣. 实践告诉我们, 人类只有依靠技术的进步才是促进社会生产力迅速发展的根本途径. 在当代, 一个国家的科学技术水平和运用科学技术的能力, 日益成为衡量这个国家实力 (包括经济实力、国防实力) 的一个极其重要的标志. 任何一个国家, 不管它的国情如何, 也不管它是什么样的社会制度, 不重视科学技术, 不重视科学研究成果的推广应用, 其经济就不可能有长足的发展. 我国要进行社会主义现代化的建设, 也必须依靠科学技术, 尤其是要重视应用技术和生产技术的研究与应用. 因此, 我国要实现现代化必须发展工程科学技术, 因为工程科学技术是发展工业、增加生产, 提高产品质量和降低成本的关键. 工业发达国家的经验已证明了这一点, 这是值得我们认真借鉴的.

5. 第四次技术革命

以互联网产业化、工业智能化、工业一体化为代表, 以人工智能、清洁能源、无人控制技术、量子信息技术、虚拟现实以及生物技术为主的全新技术革命是第四次技术革命的标志. 由此可以看出第四次技术革命的很多技术已经来到了我们的身边, 第四次技术革命已经到来. 进入 21 世纪, 中国第一次与美国、欧盟、日本等发达国家站在同一起跑线上, 在加速信息技术革命的同时, 正式发动和创新第四次技术革命. 第四次技术革命将使人类进入智能化时代, 实现工业智能化.

4.2　数学在技术革命中的作用

数学, 无时无刻不散发着它独特的魅力. 上到宇宙飞船遨游外太空, 下至小商小贩行走菜市间, 这门与每个人生活都息息相关的学科一直在默默地推动历史前进的脚步. 每一次科技革新, 每一次学术突破, 数学已经延伸到各个领域并且起到了不可替代的作用.

技术革命给生产方式带来了彻底的改变, 可以说每一次技术革命对于人类文明的推力都是巨大的, 下面我们就来讨论一下数学在三次技术革命中究竟起到了多么重要的作用.

4.2.1 数学在第一次技术革命中的作用

第一次技术革命起源于 18 世纪 60 年代的英国, 这次技术革命开创了以机器代替手工劳动的时代, 实现了工业机械化, 极大地提高了生产力, 进一步瓦解了封建统治的压迫. 而推动这次技术革命开始的主要标志就是蒸汽机的改良和纺织机的发明. 而我们知道, 将微积分学深入发展是 18 世纪数学的主流, 这种发展是与广泛的应用密切交织在一起的. 18 世纪中, 包括牛顿和莱布尼茨在内的许多大数学家都为这门学科的完善付出了时间与精力. 而正是微积分的应用解决了对于运动和能量转换的数据运算, 才帮助瓦特进行蒸汽机的改进以及纺织机的发明. 在人类文明近代史上, 数学的重要性被科学家们所认知, 在数学方面上的投入和研究也开始不断加大.

4.2.2 数学在第二次技术革命中的作用

第二次技术革命始于 19 世纪 70 年代, 在这段时间, 由于科技水平的提高, 涌现了一系列的重大发明. 1867 年, 德国西门子第一次制造了发电机, 到了 70 年代, 实际可用的发电机正式面世. 电器开始用于替代机器, 成为补充和取代以蒸汽机为动力的新能源. 随后, 电灯、电车、电影放映机相继问世, 人类进入了"电气时代", 实现了工业电气化. 与此同时, 科学技术的进步也带动了电信事业的发展. 19 世纪 70 年代, 美国贝尔发明了电话, 19 世纪 90 年代意大利马可尼试验无线电报取得了成功, 都加快了信息传递交流的速度. 世界各国的经济、政治和文化联系进一步加强. 这两样最为重要的发明都是电磁理论的实际应用, 而电磁理论是当时数学分析、偏微分方程等数学学科取得巨大发展的直接产物. 如法国数学家泊松、安培等运用微积分奠定了电磁作用的数学基础. 数学王子高斯不仅在电磁理论作出卓有贡献, 而且他本人就是电报装置的发明者; 至于现代无线电通信技术, 则是麦克斯韦从数学上预报了电磁波的存在. 这些伟大的数学家们对推动第二次技术革命和为发明家们提供理论基础作出了卓越的贡献.

4.2.3 数学对第三次技术革命的作用

第三次技术革命不仅使工业生产取得了巨大的效益, 而且使平民的生活发生了翻天覆地的改变. 从 20 世纪 40 年代开始的第三次产业革命, 主要是电子计算机的发明使用、原子能的利用以及空间技术、生产自动化等. 第三次技术革命使人类社会进入"信息时代", 实现了工业自动化. 爱因斯坦利用数学理论推导出的著名公式 $E = mc^2$ 为原子能的释放提供了科学依据. 而也是在爱因斯坦和他的质能方程的帮助下, 开发出了毁天灭地的暴力武器——原子弹, 也间接起到了终止第二次世界大战的作用. 战争过后, 原子能的应用也被引导向民用, 核电站的开发极大地缓解了我们能源不足的生活问题. 而计算机诞生所带来的影响不用大肆渲染读者们也都有着深刻的体会. 时至今日, 计算机和互联网已经成为我们身边不可替代的一部分. 一串串由简单的 1 和 0 所组成的数据流推动着社会的发展, 刺激着科技的进步, 也为每一个普通人提供着便利. 在计算机发展史上每一个重要节点, 都有着无数数学家们的足迹. 例如, 图灵从数学上证明了制造通用数字计算机的可能性, 数学家冯·诺依曼提出的设计思想是设计制造现代计算机的基础, 等等.

对于第三次技术革命, 可以说没有数学家们的参与和数学理论的应用是很难完成的. 数学也如同前面所说变得越来越和我们息息相关.

4.2.4 数学对第四次技术革命的作用

第四次技术革命的很多技术已经来到我们的身边. 第四次技术革命将使人类进入智能化时代, 实现工业智能化. 由此可见人工智能在第四次技术革命中起着核心作用. 由 1.3.1 节中 5 的讨论可知, 数学在人工智能中起着重要作用. 因此, 数学对第四次技术革命有重要作用.

可以预见, 将来随着数学研究的越发深入, 我们还会迎来第五次, 第六次技术革命······. 数学不仅成为人类文明的参与者, 而且成为人类文明的见证者.

4.3 数学在高新技术中的作用

曾任美国总统科学顾问的应用数学家 E. David 指出: 现今被如此称颂的高新技术本质上是数学技术. 本节主要讨论数学在高新技术中的基础作用.

4.3.1 数学在计算机技术中的应用

计算机技术本质上是一种数学技术, 计算机与数学有内在的本质联系, 随着它的快速发展和广泛应用, 必将对数学教育带来极大的影响, 同时数学发展也与计算机的更新密不可分. 因此, 计算机技术的发展本质上是数学技术的革新. 数学的概念也是动态变化的, 最早的数学出现源于古希腊的数量计算. 后来随着发展, 数学的定义也逐渐趋于完善.

珠算是解决数量计算的有力工具, 大约在公元初, 在我国汉朝开始出现珠算, 在宋朝时, 珠算已逐渐取代其他计算方式, 发展到明代时已独占鳌头, 截至今日, 珠算可谓是经久不衰. 早期的珠算不同于现在的算盘, 现在的算盘把珠子穿成串, 而早期的珠算如同棋子, 用时往上摆, 不用可以取下来. 珠算应用广泛, 它也在使用中不断地改良. 直至公元 620 年, 珠算才被改造成现在的算盘. 尽管珠算显示出很强的计算功能, 但同时也具有一定的弊端, 即在乘除运算上就显露其局限性了. 大约 17 世纪初, 苏格兰数学家纳皮尔发明了对数以后, 人们基于对数原理 $\lg(ab) = \lg a + \lg b$ 创造了计算尺. 计算尺是一种操作简单、使用方便和实用的计算工具. 随着经济的快速发展, 对计算工具提出了更高的要求. 手工化操作的计算尺显然跟不上商业和经济等领域的要求. 计量工具首先应具备机械化特点. 机械化的计量工具最早的发明者是法国数学家帕斯卡 (B. Pascal). 帕斯卡于 1642 年发明了计算器. 它采用二进制原理, 自动进位, 可用于加法和减法运算, 这为计算机设计提供了最初级的原理. 后来, 德国数学家莱布尼茨对帕斯卡的计算器做了改进, 相比较早期的计算器而言, 改进后的计算器具备了乘法、除法、平方、开方的计算功能. 1677 年, 莱布尼茨把设计思想在学会上作了公开报告, 并于 1710 年在柏林科学院发表了书面说明. 莱布尼茨被誉为现代计算机的先驱.

英国运筹学的先驱巴贝奇 (C. Babbage), 他的贡献主要体现在两点: 第一, 他给出了统一邮资方法的严密论证, 该方法应用性强, 流传至今; 第二, 他给出程序设计的初步设想, 使得程序设计处于萌芽状况. 巴贝奇对计算机的研制饶有兴趣, 他在计算机的研制中投入了大量的精力和时间. 大学时期的他就发现了英国 1766 年编制的航海表中存在的一些错误, 纠正这些错误, 就必须重新编制. 但是该项工作计算复杂, 工作量大得已经超乎想象, 在当时的情况下很难进行. 在这种压力的驱动下, 他迫切需要研制一台能自动进行计算、制表的计算机. 他研制了一台 "差分机". 其功能相当于一台自动制表机, 且能实现固定的计算格子. 这台制表机包括 3 个寄存器, 每个寄存器是一根固定在支架上的带有 6 个字轮的垂直轴, 每个字轮代表十进位数字的某一位, 字轮上有 10 个不同位分别代表 0, 1, 2, $\cdots$, 8, 9. 这 3 个寄存器可以保存 3 个 10 万以内的数字. 这些寄存器又拥有加法运算的功能. 这台自动制表机最大的优势是自动化功能, 可以按设计要求自动完成整个计算过程. 这也正是初期计算机的萌芽. 为了进一步改良其功能, 1835 年 5 月, 巴贝奇辞去剑桥大学教授的职位. 全身心致力于分析机的研究. 他设想的分析机应具备以下功能. 一是具有存储功能; 二是具有运算功能, 可以从寄存器中取出数据进行运算的运算器; 三是具有控制及顺序操作功能, 可以选择所需处理数据的装置, 这点相当于现代计算机的控制器; 四是有输入、输出装置. 很遗憾他并未完成这台新机器的制作, 但他的设想的丰富及完备为现代计算机的产生奠定了基础.

计算机理论的奠基者是英国数学家图灵, 他被称为计算机科学之父, 人工智能之父. 图灵对于人工智能的发展有诸多贡献, 提出了一种用于判定机器是否具有智能的实验方法, 即图灵实验. 此外, 图灵提出的著名的图灵机模型为现代计算机的逻辑工作方式奠定了基础. 1936 年, 图灵从理论上分析了计算的实质. 1945—1948 年, 图灵在国家物理实验室, 负责自动计算引擎 (ACE) 的工作. 1949 年, 他成为曼彻斯特大学计算机实验室的副主任, 负责最早的真正的计算机——曼彻斯特一号的软件工作. 在这段时间, 他继续作一些比较抽象的研究, 如 "计算机械和智能". 图灵在对人工智能的研究中, 提出了一个叫作图灵测试的实验, 尝试定出一个决定机器是否有感觉的标准. 他还发现存在着不可计算数. 他解决了数理逻辑理论问题, 而且证明数字计算机可以造出来. 他于 1945 年写成了《ACE 计算机的总体设计方案的报告》, 提出了计算技术的基本概念. 1948 年, 图灵接受了曼彻斯特大学的高级讲师职务, 并被指定为曼彻斯特自动数字计算机 Madam 项目的负责人助理, 具体领导该项目数学方面的工作, 1949 年, 图灵担任曼彻斯特大学计算机实验室的副主任, 负责最早的真正意义上的计算机——"曼彻斯特一号"的软件理论开发, 因此成为世界上第一位把计算机实际用于数学研究的科学家. 1950 年图灵编写并出版了《曼彻斯特电子计算机程序员手册》. 在这期间, 他继续进行数理逻辑方面的理论研究, 并提出了著名的"图灵测试". 同年, 他提出关于机器思维的问题, 他的论文 "计算机和智能" (*Computingmachiery and intelligence*), 引起了广泛的注意和深远的影响. 1950 年 10 月, 图灵发表论文《机器能思考吗》, 这一划时代的作品使图灵赢得了"人工智能之父"的桂冠. 1951 年, 39 岁的图灵凭其在计算方面所取得的成就, 成为英国皇家学会会员. 1952 年, 图灵写了一个国际象棋程序. 可是, 当时没有一台计算机有足够的运算能力去执行这个程序, 他就模仿计算机, 每走一步要用半小时. 他与一位同事下了一盘, 结果程序输了. 后来美国新墨西哥州洛斯阿拉莫斯国家实验室的研究人员根据图灵的理论, 在 MANIAC 上设计出世界上第一个电脑程序的象棋.

美国数学家艾肯在 1937 年提出题为《自动计算机建议》的备忘录. 1944 年 8 月, 在国际商业机器公司的资助下, 他研制成功世界上第一台通用自动程序控制的数字——"自动程控计算机", 别名马克一号. 这台计算机使用了 3000 多个继电器, 又称继电器计算机. 马克一号的基本结构和巴贝奇的设想相同, 机器十进制 23 位数字的加减计算时间为 0.3 秒, 乘法 6 秒, 除法 11.4 秒. 这是第一部实际制成的全自动电脑, 特点是一旦开始运算便无须人为介入, 比早期的电子计算机可靠得多, 被认为是"现代电脑时代的开端""电脑时代的真正曙光". 之后马克二号、马克三号及马克四号在艾肯团队的努力下相继出台. 马克二号是马克一号的效能增进版, 但也是由机电继电器所构成的. 马克三号部分采用电子元件, 而马克四号就全电子化了, 使用固态元件; 马克三号与马克四号使用磁鼓内存, 马克四号同时也使用磁芯内存. 艾肯的贡献不仅在于研制出马克系列计算机, 而且也使哈佛大学成为一个著名的计算机培训基地, 进而对第二次世界大战后计算机的发展产生了重大影响.

1944 年, 美国工程师莫奇利和埃克特合作, 创建了一家电子数字计算设备设计制造公司, 于 1946 年生产出第一台实用的通用数字计算机"埃尼亚克"(ENIAC-电子数字) 积分计算机. ENIAC 占地面积约 170 平方米, 30 个操作台, 重达 30 英吨, 耗电量 150 千瓦, 造价 48 万美元. 它包含了 17468 根真空管 (电子管), 7200 根晶体二极管, 1500 个中转, 70000 个电阻器, 10000 个电容器, 1500 个继电器, 6000 多个开关, 计算速度是每秒 5000 次加法或 400 次乘法, 是使用继电器运转的机电式计算机的 1000 倍、手工计算的 20 万倍. 这台计算机体积庞然, 表明了巴贝奇的梦想已成为现实. ENIAC 弊端是体积大, 重 30 吨, 占地 170 平方米, 装有 18800 只电子管, 因此耗电高, 导致机器运行产生的高热量使电子管很容易损坏.

美籍匈牙利数学家、计算机科学家、物理学家冯·诺依曼 (Von. J. Neumann) 对世界上第一台电子计算机 ENIAC (电子数字积分计算机) 的设计提出过建议, 1945 年 3 月他在共同讨论的基础上起草了一个全新的 "存储程序电子计算机方案" (Electronic Discrete Variable Automatic Computer, EDVAC). 这对后来计算机的设计有决定性的影响, 特别是确定计算机的结构、采用存储程序以及二进制编码等, 至今仍为电子计算机设计者所遵循. 1946 年, 冯·诺依曼开始研究程序编制问题, 他是现代数值分析——计算数学的缔造者之一, 他首先研究线性代数和算术的数值计算, 后来着重研究非线性微分方程的离散化以及稳定问题, 并给出误差的估计. 他研究自动机理论, 一般逻辑理论以及自复制系统, 并与 1946 年 6 月发表了《初步探讨电子装置的逻辑结构》的论文, 提出了著名的冯·诺依曼原理: 其一是把控制运算的指令写成数据形式与数据一起放在计算机的存储器, 计算机执行这些指令时就可以自动进行计算; 其二是指令在执行过程中可以修改; 其三是每执行一道指令, 计算机自动指明下一道指令所在的位置. 1952 年冯·诺依曼设计的在美国普林斯顿高等研究院研制成功的内有存储指令的计算机 EDVACV 证实了原理的正确性. 这个原理成为电子计算机的基本设计思想, 具有划时代意义, 现在的巨型计算机仍然沿用这个原理.

第一代电子计算机是计算工具革命性发展的开始, 它所采用的二进位制与程序存储等基本技术思想, 奠定了现代电子计算机技术基础. 电子管计算机为第一代, 主要特点是采用电子管作为基本电子元器件, 体积大、耗电量多、寿命短、可靠性低、成本高. 尽管有很多弊端, 但正是它开辟了计算机发展之路, 使人类社会生活发生了轰轰烈烈的变化. 第一代电子计算机指从 1946—1958 年的电子计算机. 这时的计算机的基本线路是采用电子管结构, 程序从人工手编的机器指令程序, 过渡到符号语言. 晶体管计算机为第二代计算机, 其特点是体积缩小、能耗降低、可靠性提高、运算速度提高 (一般为每秒数 10 万次, 可高达 300 万次)、性能比第一代计算机有很大的提高.

美国物理学家巴丁因晶体管效应和超导的 BCS 理论两次获得 1956 年、1972 年诺贝尔物理学奖. 他发明的晶体管体积小、重量轻、功耗小、放热少、寿命长、价格低稳定可靠, 故由晶体管代替电子管后的电子计算机, 大大提高了计算机的可靠性和稳定性, 体积缩小、功耗小、价格大幅下降. 1945—1951 年, 巴丁去纽约参加一个新成立的固体物理学研究小组. 在这期间, 他提出一个关于电子行为性质的假设, 指明了达到理想固体器件的途径, 研究小组在巴丁的这个假设下发现, 与电极接触的特定排列的半导体层, 如 PNP 或 NPN 排列, 不但能起整流作用, 而且还可以放大电流或电压. 这样他和肖克利及布拉顿一起在 1947 年发现晶体二弧百双应. 这项研究工作使他们三人获得 1956 年诺贝尔物理学奖. 在 1947 年末发明了一种半导体器件, 用来代替笨重、易碎且效率很低的真空管. 他们将这种器件定名为 "Transferre sistor 9", 后来缩写为 "TranslstorV", 中译名就是晶体三极管. 晶体管的三个电极分别称为发射极、基极和集电极, 在外加直流电压的作用下, 发射极发射载流子 (电子或空穴), 这些载流子很小一部分流入基极, 绝大部分流入集电极. 如果用微弱的外加信号控制基极电流, 那么小的基极电流变化会引起大的集电极电流的变化, 这就是晶体三极管的放大作用. 晶体管比普通电子管具有一些明显的优点, 例如功耗低、尺寸小、寿命长等. 晶体管的出现引起了电子技术的一场大革命, 出现了晶体管收音机、晶体管电视机和微型电子计算机等. 20 世纪 50 年代, 肖克利研制成功的磁盘具有大容存储能力. 这些硬件技术的发展, 为计算机编制程序的自动化技术准备了条件. 于是出现了公式翻译程序, 即高级语言. 从此, 由人进行的编制程序的工作交给计算机去完成, 称之为软件技术.

集成电路数字机为第三代计算机, 其特点是速度更快 (一般为每秒数百万次至数千万次), 而且可靠性有了显著提高, 价格进一步下降, 产品走向了通用化、系列化和标准化等. 应用领域开始进入文字处理和图形图像处理领域. IBM 公司最早将其集成电路技术用到计算机上, 使计算机进入第三代. 20 世纪 70 年代大规模集成电路技术应用到计算机, 使计算机进入第四代. 其特征是以大规模集成电路 (每片上集成几百到几千个逻辑门) LSI (Large-Scale Integration) 来构成计算机的主要功能部件; 主存储器采用集成度很高的半导体存储器. 运算速度可达每秒几百万次甚至上亿次基本运算. 在软件方面, 出现了数据库系统、分布式操作系统等, 应用软件的开发已逐步成为一个庞大的现代产业.

计算机的硬件由输入输出 (I/O) 部件、功能 (F) 部件、存储 (M) 部件及控制 (C) 部件组成. I/O 部件负责计算机与外部环境的信息交换; F 部件执行各种指令规定的任务; M 部件用于信息的存放; C 部件管理指令流动的顺序和完成对全机的控制. 各个部件组成如图 4.1 所示.

对于计算机硬件而言, 速度的快慢和存储容量大小至关重要. 信息的加工工具是计算机, 数据和符号是信息在计算机中出现的两种常见形式. 数据可用 0 与 1 两个数码表示. 具体表示法为: 自右至左称为个位、二位、四位、八位、十六位 …… 即逢 2 进 1, 如十进制的 "10" 可表示为 1010, 0—15 十进制用二进制表示为 0:0000; 1:0001; 2:0010; 3:0011; 4:0100; 5:0101; 6:0110; 7:0111; 8:1000; 9:1001; 10:1010; 11:1011; 12:1100; 13:1101; 14:1110; 15:1111, 符号可用表示各种二进制数码的编码来表示, 如 001100 表示符号 A, 0101000 表示符号 B.

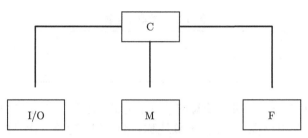

图 4.1　计算机各部件的联结

逻辑代数, 又称布尔代数是计算机中处理信息的数学理论, 是英国数学家布尔 (G. Boole, 1815—1864) 在研究前人的思维规律时创立的一种代数. 对此, 很多数学家作了进一步研究和发展. 大量开关电路被应用到自动控制和电子技术中, 但是当时开关线路中的很多问题缺乏数学的描述. 布尔代数研究的对象是命题, 这种命题是具有判定性的语句, 它非常适用于两种状态的开关线路. 数字 1 表示命题成立, 数字 0 表示命题不成立. 命题的运算称为逻辑运算, 定义为一个命题或多个命题构成一个新命题, 其基本运算有以下三种. 第一是逻辑 "或" 的运算: 假设 S 为命题 I 和 II 的和运算, 当且仅当 I 和 II 中任一个成立, 或两个同时成立, 则 S 取值为 1, 否则为 0. "或" 运算用 "+" 表示, 如表 4.1 所示.

表 4.1　逻辑或运算

I	II	S = I+II
0	0	0
0	1	1
1	0	1
1	1	1

第二是逻辑 "与" 的运算: 假设 P 为命题 I 和 II 的与运算, 当且仅当若 I 及 II 同时成立, 则 P 取值为 1, 否则为 0. "与" 运算用符号 "·" 表示, 如表 4.2 所示.

表 4.2　逻辑与运算

I	II	P = I·II
0	0	0
0	1	0
1	0	0
1	1	1

第三是逻辑 "非" 的运算: 给定命题 I, 对 I 进行逻辑非运算后得到命题 F, 若 I 成立, F 取值为 1; 若 I 不成立, F 取值为 0. 这种运算叫 "非" 运算, F 称为 I 的 "非". "非" 运算用符号 "−" 表示, 由 "非" 运算的定义, 可得表 4.3.

表 4.3 逻辑非运算

I	F= $\bar{I}$
0	1
1	0

电子开关电路是计算机里信息的处理的方式, 它用 "1" 态和 "0" 态表示输入和输出信号. 开关电路像一扇门, 形象地称之为 "门" 电路. 计算机的任何复杂电路都是由 "或" "与" "非" 电路构成的, 包含存储器和寄存器. 操作码、地址码构成计算机的指令系统, 指令系统就是这些指令的总和, 这代表了计算机的全部功能. 计算机的指令分为四种: 第一种是运算型指令; 第二种是取数、送数型指令; 第三种是控制型指令 (包括无条件转移指令、条件转移指令、转移程序指令、中断指令、改变状态指令等); 第四种是输入输出型指令.

软件是计算机另一个重要的组成部分. 其主要功能是改善计算机语言、加强计算机的管理、扩展计算机的应用. 软件分语言编译软件、系统管理软件、应用软件三类. 最早研制出的汇编语言和汇编程序是应用计算机语言, 它的操作码和地址可用符号表示, 数据可由十进位制表示. 汇编语言相比较机器语言, 优势在于程序有错可以修改. 使用计算机要通过汇编语言的翻译, 即把汇编语言写的程序 (源程序) 翻译成计算机硬件能执行的程序, 该程序也称为目标程序, 但是汇编语言依赖于硬件.

计算机汇编语言也有其发展过程, 20 世纪 50 年代中后期, 出现了通用的、与机器无关的语言、接近于人类的自然语言, 更便于用来书写数学表达式的高级语言. 高级语言可以用于解决复杂的数值计算. 用高级语言使用计算机的过程与汇编语言类似. 高级语言编写的源程序先要经过计算机上配有的专用程序翻译成机器语言程序或汇编语言程序, 然后才能解题. 这叫翻译程序, 只有这样才能在计算机上使用高级语言.

计算机的操作系统主要负责管理系统的程序, 主要有设计管理、存储管理、信息资源管理、作业管理等. 计算机有三大重要性能指标: 运算速度快、超强的记忆力及逻辑判断能力.

计算机的应用大体分为数值应用、信息处理、过程控制.

当代的电子计算机一般都是把运算器和控制器合在一起, 叫微处理器. 微处理器的基本组成部分有: 寄存器堆、运算器、时序控制电路, 以及数据和地址总线. 微处理器的主要功能是进行控制部件和算术逻辑部件的功能. 微处理器由一片或少数几片大规模集成电路组成的中央处理器. 微处理器能完成取指令、执行指令, 以及与外界存储器和逻辑部件交换信息等操作, 是微型计算机的运算控制部分. 它可与存储器和外围电路芯片组成微型计算机. 微处理器与传统的中央处理器相比, 具有体积小、重量轻和容易模块化等优点.

标志集成电路水平的指标之一是集成度, 即在一定尺寸的芯片上能做出多少个晶体管. 经过 30 多年发展, 计算机芯片的微型化已接近极限, 其最小线宽约为 0.18 微米, 即 1 根头发粗的 1/20, 晶体管的绝缘层只有 4—5 个原子厚.

并行处理技术是微电子、印刷电路、高密度封装技术、高性能处理机、存储系统、外围设备、通信通道、语言开发、编译技术、操作系统、程序设计环境和应用问题等研究和工业发展的产物. 并行处理技术是提高计算机处理速度的重要方向, 它可以在同一时间使多个处理器执行多个相关的或独立的程序.

计算机技术发展的历程表明数学使计算机技术的发挥成为可能, 计算机技术本质上是数学技术. 数学是抽象的, 而计算机硬件操作系统、高级语言和应用系统的设计中表示方式也是抽象的, 如计算机逻辑设计表示方式比较抽象, 严密的逻辑思维和推理对硬件和软件研制都是很有帮助的. 再如逻辑结构: 实体的数据元素之间的逻辑关系, 即人在对实体的性质理解的基础上进行抽象的模型. 物理结构: 数据元素在计算机中的存储方法, 即计算机对数据的理解, 逻辑结构在计算机语言中的映射. 逻辑结构设计的任务是将基本概念模型图转换为与选用的数据模型相符合的逻辑结构. 因此, 计算机依托于数学的抽象和逻辑思维方式.

首先, 计算机设计者利用数学抽象去设计, 去解决问题. 为了解决大量实际问题中面临的非常复杂的计算困惑, 数学家冯·诺依曼通过对数值研究方面的一个强烈动机来自对数学、物理问题的研究. 这包括对古典物理中遍历理论的纯理论性工作, 以及他对量子力学的贡献. 在流体力学中, 以及在原子能技术所提出的各种连续介质力学问题中遇到了更多的实际问题, 对于这些问题的日益增长的探讨, 直接引导到计算问题.

其次, 数学理论对于从事计算机硬件、软件及应用系统的研究是十分重要的, 计算机实质上就是数学和电子学的结合. 计算机的算法与数学密不可分.

最后, 数学软件就是数学技术. 计算机是能存储程序的自动硬设备, 要使设备能有效地运转并服务于某一具体领域, 则需要各种软件的支撑. 数学软件就是极为重要的部分. 现有符号、数值与图形计算等很多都是数学家完成的. 这些软件可以在多种机器上运行, 可以进行符号运算 (形式微分、积分与极限运算、解代数方程和微分方程、幂级数展开、代数式化简、有理函数与三角函数运算)、数值计算 (任意精度整数与浮点数运算、矩阵运算、傅里叶变换、数值积分、线性规划等)、表达图形和声响 (数据函数与轮廓的描绘、高层次图形描述语言、动画图形、采样声响等), 再加上各种专用软件包和联机求助, 有些软件系统还带有笔记本式界面和多媒体, 基于数学软件的这些功能, 只要通过键入几行指令甚至仅仅掀动几下鼠标就可完成复杂的数值计算、推导和图形绘制, 其效率较之于平常的笔算要高出千万倍. 数学软件不仅已成为工程计算机科学、物理学、生物工程等许多大中型计算机的通用工具, 而且也已被广泛用于各种一般性计算.

4.3.2　数学在微电子技术中的作用

微电子技术是当今的先导技术, 微电子技术当前发展的一个鲜明特点是: 系统级芯片 (System On Chip, SOC) 概念的出现. 在集成电路 (IC) 发展初期, 电路都从器件的物理版图设计入手, 后来出现了 IC 单元库, 使用 IC 设计从器件级进入逻辑级, 这样的设计思路使大批电路和逻辑设计师可以直接参与 IC 设计, 极大地推动了 IC 产业的发展. 由于 IC 设计与工艺技术水平不断提高, 集成电路规模越来越大, 复杂程度越来越高, 已经可以将整个系统集成为一个芯片. 正是在需求牵引和技术推动的双重作用下, 出现了将整个系统集成在一个 IC 芯片上的系统级芯片的概念. 其进一步发展, 可以将各种物理的、化学的和生物的敏感器 (执行信息获取功能) 和执行器与信息处理系统集成在一起, 从而完成从信息获取、处理、存储、传输到执行的系统功能, 这是一个更广义上的系统集成芯片. 很多研究表明, 与由 IC 组成的系统相比, SOC 设计能够综合并全盘考虑整个系统的各种情况, 可以在同样的工艺技术条件下实现更高性能的系统指标. 微电子技术从 IC 向 SOC 转变不仅是一种概念上的突破, 同时也是信息技术发展的必然结果. 现在是 SOC 技术快速发展的时期. 微电子技术是现代电子信息技术的直接基础, 它的发展有力推动了通信技术、计算机技术和网络技术的迅速发展, 成为衡量一个国家科技进步的重要标志. 美国贝尔研究所的三位科学家因研制成功第一个结晶体三极管, 获得 1956 年诺贝尔物理学奖. 晶体管成为集成电路技术发展的基础, 现代微电子技术就是建立在以集成电路为核心的各种半导体器件基础上的高新电子技术. 集成电路的生产始于 1959 年, 其特点是体积小、重量轻、可靠性高、工作速度快. 衡量微电子技术进步的标志要在三个方面: 一是缩小芯片中器件结构的尺寸, 即缩小加工线条的宽度; 二是增加芯片中所包含的元器件的数量, 即扩大集成规模; 三是开拓有针对性的设计应用.

微电子技术出现后, 微处理器 (微型计算机的运算和控制部分) 等应运而生, 大大推动了计算机在各行各业的应用. 该技术还引起了许多商品结构的变化, 如电子钟表、袖珍计算机、家用微型计算机、收录机、数字式电话交换机以及各行各业的自动化装备等等.

数学在微电子技术的发展中起着重要的作用. 首先, 微电子的基础是逻辑代数, 这是众所周知的事情. 其次, 货郎担问题的逐步解决对微电子技术的发展起着十分重要的作用. 货郎担问题也叫旅行商问题 (Traveling Salesman Problem, TSP), 是数学领域中著名问题之一. 经典的 TSP 可以描述为: 一个商品推销员要去若干个城市推销商品, 该推销员从一个城市出发, 需要经过所有城市后, 回到出发地. 应如何选择行进路线, 以使总的行程最短. 从图论的角度来看, 该问题实质是在一个带权完全无向图中, 找一个权值最小的哈密顿回路. 由于该问题的可行解是所有顶点的全排列, 随着顶点数的增加, 会产生组合爆炸, 它是一个 NP 完全问题. 由于其在交通运输、电路板线路设计以及物流配送等领域内有着广泛的应用, 国内外学者对其进行了大量的研究. 而微电子技术的最基础技术的印刷电路板制造就是一个货郎担问题. 在印刷电路板制造中, 如何规划打孔机在 PCB (印刷电路) 版上钻孔的路线, 才能使打孔机走的路线最短? 这就是以钻的孔作为城市的货郎担问题. 由于数学家们逐步解决了这个关键技术问题, 才使微电子技术有如此神速的发展!

4.3.3 数学在信息技术中的作用

信息技术是指利用计算机、网络、广播电视等各种硬件设备及软件工具与科学方法, 对文图声像各种信息进行获取、加工、存储、传输与使用的技术之和, 又称信息工程. 信息技术的研究对象是各种信息系统的实现技术, 主要是运用 "3C" (计算机、通信、控制) 来构成各种信息系统. 信息技术包括信息获取技术和信息传输技术.

1. **信息获取技术**

这是把含有所需信息的数据检测出来的方法. 采用的设备有各种传感器、打印机和键盘, 以及各种语言、符号、文字、图形的识别装置.

2. **信息传输技术**

利用通信系统在各用户之间传输信息. 用通信系统把分散的数据库和计算机设备联成一体, 可使广大计算机用户按一定目的以一定的方式进行加工处理.

信息技术是以数学为基础, 数学含量最高的高技术. 英国数学家哈特莱 (L. P. Hartley, 1895—1972) 首先提出, 用对数作为信息量的测度. 这样, 信息就可以用数学方法从数量上加以测量. 接着, 哈特莱又在 1928 年发表《信息的传输》, 首次提出了消息是代码、符号, 它与信息有区别: 消息是信息的载体, 消息的形式是多样的、具体的, 如各种语言、文字、图像等, 而信息是指包含在各种具体消息中的抽象量. 他具体区分了消息和信息在概念上的差异, 并提出了用消息出现的概率的对数来度量其中包含的信息. 接着美国数学家香农 (C. E. Shannon) 发表了著名论文《通信的数学理论》及 1949 年发表的《在噪声中的通信》. 当时香农在著名的贝尔电话公司工作, 在研究过程中, 他发现, 为了解决信息的编码问题, 为了提高通信系统的效率和可靠性, 需要对信息进行数学处理, 即通过通信系统中消息的具体内容 (如信息的语义), 把信源发生的信息仅仅看作一个抽象的量. 同时, 由于通信的对象信息具有随机性的特点, 因此香农还提出了通信系统模型以及编码定理等方面有关的信息理论问题. 他还把数理统计方法应用到通信领域, 并提出了信息熵的数学公式, 从量的方面描述了信息的传输和提取问题.

20 世纪 40 年代, 通信工作中所遇到的一个突出问题, 就是怎样从收到的信号中把各种噪声滤除, 以及在控制火炮射击的随动系统中如何跟踪一个具有机动性的活动目标. 而各种噪声的瞬时或火炮的跟踪目标位置的有关信息都是随机的, 这就要求用概率和统计的方法对它进行研究, 用统计模型进行处理. 维纳从控制和通信的角度研究了信息问题, 建立了维纳的滤波理论 (即从获得的信息与干扰中尽可能地滤除干扰, 分离出所期望的信息), 维纳还提出了信息量的概念、测量信息量的数学公式, 叙述了信息概念形成的思想前提, 并把信息概念推广, 认为信息不仅是通信领域研究的对象, 而且与控制系统有密切联系. 维纳正是抓住了通信与控制系统的共同特点, 站在一个更为概括的理论高度, 揭示了它们共同的本质. 维纳在更为一般的高度上提出了信息概念. 由于对信息可以用概率和统计的方法进行计算, 因此, 就能够求出各种通信系统的信息传输率, 对它们进行分析比较, 从而对它们的通信性能作出评价, 以改进和提高信息的传输能力和可靠性; 同时, 对各种不同形式的信息, 可以用统一的通信理论 (即数学理论), 从量的观点去设计它们的传输系统, 从而解决了同一信息可以用不同的信道进行传输, 不同信息可用同一信道传输的问题; 还可以把不同类型的系统, 如技术系统、生物系统、管理系统看作是对信息的获取、传递、加工、处理的信息调节控制系统, 统一进行研究, 不仅促进了信息理论研究, 也推动了信息技术更加成熟.

3. 信息安全性问题

信息安全性问题是信息技术中的一项非常重要的内容. 解决这个问题的方法主要依赖于编码技术. 因此要解决信息安全问题仍然要靠数学.

由上可见, 信息技术本质上是数学技术.

4.3.4　数学在数字化技术中的作用

从模拟向数字化转化是数字革命的显著标志. 数字化是指将任何连续变化的输入如图画的线条或声音信号转化为一串分离的单元, 在计算机中用 0 和 1 表示. 通常用模数转换器执行这个转换. 当今时代是信息化时代, 而信息的数字化也越来越被研究人员所重视. 香农证明了采样定理, 即在一定条件下, 用离散的序列可以完全代表一个连续函数. 就实质而言, 采样定理为数字化技术奠定了重要基础. 数字化就是用 0 和 1 来表示所有的信息, 每秒数百、数千、数万、数亿比特的存取和传输技术才有可能实用化. 电报是 4 位数编码传送的信息. 微电子技术是数字革命的关键. 其难题是 1 秒内要控制 1 亿到百亿次的开关. 这是半导体技术. 现在更理想的是光半导体、超导开关技术. 信息传输都与频率直接联系. 电话是频率 4 千赫兹以下. 300 赫兹、3000 赫兹到 20 兆赫兹以下的长波、中波、短波广播可传输声、像、色的电视, 约有 50 个频道. 光波可到 1014—1015 赫兹, 每秒振荡亿次. 由于散射并不实用, 而激光是能量集中、颜色单一、方向性强的光, 因而很适合传输大容量的信息. 这种光必须在透明体极高的光导纤维中传播. 3 公斤光纤相当于 1 吨重的铜线的功能, 但生产耗能只有铜的 5%.

数字技术包括微电子、计算机及软件通信技术和自动控制技术, 这是一个信息技术群. 1993 年东芝生产的第三代 16 兆位芯片, 存取速度已达每秒 500 亿次.

目前人们所获得的信息处理能力越来越多. 据国际数字公司称, 全世界的买主前几年每年抢购约 5000 万台 PC 机, 它们被使用在学校、医院和政府机关里. 正如贝尔实验室主任所说, 下一阶段的信息革命将不仅改变工业而且改变社会本身. 若数以千万计的个人手中有 PC 机, 世界经济就会发生深刻变化: 零售商将利用网络同全球的客户接触; 发货人将使用立足于卫星全球的定位系统, 以厘米级的精确度跟踪收集装箱船, 小到包含的一切东西; 某些大医疗中心的专家可使用高速电视会诊线路去诊断和治疗遥远地区的患者; ·······.

在文化教育方面, 以巨资兴建数字图书馆, 它将向全国学生提供利用图书馆藏资料的无限可能性; 在出版和娱乐方面, 人们将直接从 "比特流" (即在电脑空间不断地流动中显示数字电视图像、音响资料和数据) 中提取新闻、电影、电视或文献.

建造一个数字世界的内部结构——硬件、软件、光纤和微处理器等——将会导致计算机产业和信息产业的重组.

由于数学是数字技术发展的基础, 中国、印度等有长期良好数学教育传统的国家, 基础良好, 正在挑战数字技术, 争做数字技术的强国. 韩国打破了日本在存储芯片和消费电子产品方面的垄断. 三星集团在 1984 年世界存储芯片行业中排名还只占第 9 位, 到 1993 年急升到第一位. 数字技术已把强大的科研工具送到科学家的桌子上. 超级计算机和高级软件降低了对昂贵实验设备的需求. 更优良的仪器、更逼真的模拟和更快的科学检索方法已使科学家们能在实验室里能做出更多的事. 这是发展中国家也可以做到的.

当今, 在世界范围内通信系统已走向数字化, 并在数字化技术的基础上, 向智能化、个人化方向发展.

随着人们对数字、文本、图形、图像等通信业务要求的增长, 多媒体通信已是新的通信要求, 而数字化技术是实现多媒体通信的基础. 综合业务数字通信网 (ISDN) 就是典型的多媒体通信系统. 它可以在一条线路上同时快捷方便地传递电话、数据、传真、图像等多种信息, 美国苹果公司推入市场的名为 "牛顿" 的个人数字助手 (PDA) 系列产品可称得上是高技术的数字化多媒体个人通信设备. 还有《个人电子通信簿》, 体积小、功能强. 这个装置有计算机技术、通信技术和常用电器, 可打电话、发传真、接收电子邮件, 还可以处理信息, 并将其分类、加工和编辑. 许多国家和地区已开发了数字化的可视电话.

过去我们搞电化教育, 而现在我们要搞的是"数字化教育"(digital education, DE), 数字化教育的主要形式是: 数字化教室、阅览室等, 其具体含义是超文本服务器网络计算机 (NC) + 浏览器, 用公式表示如下:

$$数字化教室 = Web 服务器 + NC + 浏览器$$

每一所学校, 可以采用 Web 站下载技术, 有计划地从国际互联网的 Web 站点自动地获取随时更新的相关信息, 不断充实本校的数字化教育中心. 与教室里的 PC 机直接与全球联系后, PC 机不仅是辅助教育的工具, 而且成为教育的一个主体部分, PC 机的显示屏和黑板一样重要. 互联网已是常规课堂的一种延伸, 除教师教学以外, 让学生直接与世界沟通, 开阔自己的眼界, 迎接迅速变化的信息时代. 现在, 采用 NC 建立一个连接世界的先进的数字化教室, 费用并不高. 采用离线 (off-line) 方式, 运行 Web 服务器, 形成一个交互式的数字化教育环境 (教室、阅览室) 已成现实. 这样, 有利于对学生的素质教育, 培养国家需要的人才.

人类向数字技术发起了新的挑战. 无论是电视会议系统, 还是电子商务, 贯穿于信息高速公路的各种数字技术已实实在在地改变着我们的生活, 改变着这个社会的工业和经济运作模式.

4.3.5　数学在预测技术中的作用

对事物的发展方向进程和可能导致的结果进行推断或测算的技术, 称为预测技术. 该技术是在调查研究事物历史和现状的基础上, 通过各种主观和客观的途径及其相应的方法, 预测事物的未来, 为最优决策提供科学根据. 预测技术是 20 世纪中期发展起来的以数学为基础的一种技术.

第二次世界大战后, 科学技术迅速发展, 高技术产业不断涌现, 国与国、地区与地区的竞争越来越激烈, 人口增长、能源危机、环境污染、生态平衡破坏、局部战争不断等问题的出现, 推动了人们对未来的发展进行预测, 作出科学决策.

社会是个复杂多变、互相关联的系统. 没有什么系统是孤立的. 任何一个规划或计划都要以一定预测为基础. 一个国家的长期国民经济发展规划或年度的发展计划, 均应建立在科学预测的基础上. 科学预测业已成为国家或地区或集团公司等制定发展战略的重要依据. 科学预测具有明显的政治效果、社会效果、经济效果.

美国曾作过估算, 通过预测技术对某高技术产业进行预测可获取的利润及实际所得相当于投资预测费用的 50 倍.

预测的结果是否可靠, 在很大程度上取决于方法的选择. 不同的预测方法, 结果不尽相同, 但真正的科学预测, 一般说来, 结果的可靠性是相当高的.

一般说来, 预测方法选择越精当, 考虑的因素越广泛深入, 预测的结果就越精确.

科学预测分为短期 (1 年内)、中期 (5 年内)、长期 (5 年以上) 预测. 短期和中期预测最重要, 这样有利于制订年度计划和 5 年计划. 一般说来, 科学预测是时间的迭代函数. 例如, 要对一个系统发展进行预测, 今天的输出是明天的输入. 若今天要预测明天的结果, 精度可以相当高. "凡事预则立, 不预则废." 我们为了事业发展, 推广普及预测技术是非常必要的.

预测的对象可以是一种科学技术、一种产品、一项工程、一种需求、一个社会经济系统或者一项发展战略, 或是国际发展趋势等, 这些常涉及社会、政治、经济、科学、技术、管理等各个领域. 预测对象按照是否受到控制的影响可划分为两大类: 第一类不受主动环节 (人或智能物) 强烈控制的系统, 称为自然预测系统, 如天气预报、地震预报等; 第二类是受到预测一方或非预测一方主动环节强烈控制的系统, 称为受控预测系统. 以人口的预测为例, 在政府对人口没有强大控制作用的国家中属于自然预测系统; 而在政府对人口具有强大控制能力的国家中, 就属于受控预测系统. 再如, 自由竞争的市场可被看作是受多种扰动的自然预测系统, 而受到垄断的市场则属于受控预测系统.

预测一般分为主观预测和客观预测. 主观预测主要依靠人的经验、预感、直觉等来进行预测. 主观预测虽然带有较多的主观成分, 但同时也有相当多的客观成分. 在原始资料严重不足的条件下, 应用主观预测常常难以避免却能成功. 德尔斐 (Delphi) 法是第二次世界大战后发展起来的一种主观预测法. 这是由美国兰德公司 20 世纪 50 年代的一项研究计划而来的. 当时兰德公司受美国空军委托实施一项预测, 称为 "德尔斐计划", 其过程是, "利用一系列简明扼要的征询表和对征得意见的有控制的反馈, 从而取得一组专家的最可靠的意见". 用此法进行预测, 投入小, 而可靠性较高. 客观预测包括经验、模拟模型和数学推理等. 在采用德尔斐法、主观概率估计等科学手段之后, 经验法的主观成分可以大为减少, 客观成分可以大为增加. 模拟实验是在真实系统中进行局部试点和抽样调查, 对母体作出判断预测. 例如, 对某项新产品要预测未来社会市场的需求, 可通过展销实况来进行预测. 模型主要是指数学模型. 在自然界与社会中, 常常存在互相制约互相依存的变量, 如粮食产量与化肥用量、生铁产量与钢产量、气温与温度等, 它们的关系可用数学公式表示出来. 回归分析是一种定量的预测技术. 根据实际的统计观测数据, 通过数学计算, 确定变量之间互相依存的数学关系, 建立合理的数学模型, 推算变量的未来值. 20 世纪 90 年代以来, 由于电子计算机的广泛应用, 以数学软件为主要技术的预测技术得到了迅速的发展.

预测一般有八个步骤:

(1) 确定预测的用途. 这一步要确定我们进行预测所要实现什么样的目标.

(2) 选择预测对象. 这一步要确定我们需要对什么对象进行预测. 例如, 生产预测中通常需要对公司产品的市场需求进行预测, 从而为公司指定生产作业计划提供资料.

(3) 决定预测的时间跨度. 这一步要确定所进行的预测的时间跨度是短期、中期, 还是长期.

(4) 选择预测模型. 这一步要根据所要预测的对象的特点和预测的性质选择一种合适的预测模型来进行下一步的预测.

(5) 收集预测所需的数据. 收集预测所需数据时, 一定要保证这些数据资料的准确性和可靠性.

(6) 验证预测模型. 这一步是要确定我们选择的预测模型对我们要进行的预测是否有效.

(7) 做出预测. 这一步里, 我们要根据前面收集的相关的数据资料和确定的预测模型对我们需要预测的对象做出合理的预测.

(8) 将预测结果付诸实际应用. 按照前面几步, 我们已经对所需要预测的对象做出了预测, 这一步, 我们就需要将得到的预测结果应用到实际中去, 从而实现我们进行预测的目标. 比如说, 生产预测中, 我们对未来市场对本企业产品的需求量进行了预测之后, 就需要根据这些预测来确定本企业的生产计划和安排.

如果是定期做预测, 数据则应定期收集. 实际运算则可由计算机进行.

预测技术本质上是数学技术. 一般说来, 不同的预测技术中数学技术的含量有所不同.

4.3.6　数学在通信技术中的作用

通信技术的起源可追溯到 1736 年苏格兰的电信号装置. 1753 年又有一位苏格兰人提出了一种由每一字母所配备的 24 根金属线来吸动 "木髓球" 的电报机. 后来有人建议使用两根金属线和彼此商定的组合字符传递信息. 1809 年有人做成了电报实验, 是最早使电报得以实现的实验之一. 不久, 又有人研制以电磁效应为基础的电报机. 1833 年有一位发明家创造了一种电报机, 其信号是通过 5—6 个磁针的偏转按照统一的电码发送的. 不断有人发明各式各样的电报机. 真正有价值的电报机还是美国人莫尔斯 (S. F. B. Morse, 1791—1872) 于 1837 年发明的电报机. 莫尔斯 19 世纪末主要致力于改进传输线路的充分利用和快速传输两大问题, 直至 1915—1920 年按印字电报终于问世, 1932 年研制成功自动电传打字电报系统.

真正有实用价值的电话机是 1826 年苏格兰人贝尔 (A. G. Bell, 1847—1922) 发明的. 自动电话通信应归功于一位美国人于 1889 年发明的拨号盘电话机.

通信设备真正改善还是发明二极管、三极管以后的事. 另一方面, 1936 年图灵在布尔代数的逻辑概念的基础上提出数学存储概念. 1938 年香农又将布尔代数与继电器结合起来. 这些为现代通信技术的发展奠定了理论基础. 接着有人提出模拟继电器计算并进行研制, 还有人发明了真空管电子计算机. 冯·诺依曼提出的数据存储和编码理论对推动通信技术起着十分关键的作用. 1948 年香农的《通信的数学理论》, 就是从根本上证明了通信技术本质上是数学技术. 1962 年美国发射第一颗通信卫星, 开创了空间通信的时代. 1968 年, 美国贝尔实验室建立集成光学, 研制成集成光路及其各种元、器件, 为取代集成电路创造了条件. 1991 年贝尔实验室发明光孤子传输信息. 1998 年, 该实验室宣布每根光纤每秒可传输 400 千兆位的信息, 比过去提高了 5 倍, 即每束 8 根光纤传输了每秒 3.2 万亿位的信息量.

这里要特别提出孤立波的问题. 这得从一个伟大的发现说起. 孤立波的发现者英国人罗素 (J. S. Rusell, 1808—1882) 1834 年 8 月在爱丁堡附近的运河上进行勘探. 10 年后罗素描述说, "我观察过一次船的运动, 这条船被两匹马拉着, 沿着狭窄的河道迅速地前进, 被船体带动的水量不算太多. 突然, 船停止了前进, 船头周围聚集了急剧运动状态的水流, 它们形成了一个巨大的圆而光滑的水峰, 又突然离开船头, 以极快的速度向前移动. 这水峰约有 30 英尺长, 1—1.5 英尺高, 在行进中, 一直保持着起初的形状, 速度也不减慢". 这是罗素的伟大发现. 后来他以毕生的精力进行探索, 曾在一条 6 英尺的小河道中人工再现了一个小孤立波, 并导出一个经验公式. 直到 1895 年, 有两位数学家在研究单方向运动的浅水波时导出了 KdV 方程 (Korteweg-de Vries equation), 这是一个非线性偏微分方程, 有一个特解犹如一个向右运动的脉冲, 正好对应了当年罗素发现的孤立波. 此后并没有太多进展. 直到 1965 年, 美国两位学者公布了对 KdV 方程的电子计算机作近似解的结果, 发现了两个孤立波碰撞后居然保持各自的波形和速度不变而继续前进. 孤立波具有粒子的特性, 并命名为孤粒子. 它是一种特殊且具有某个 "安全系数" 的孤立波, 在相互作用后只有微弱的变化. 接着孤粒子的报道接二连三, 小至基本粒子, 大至木星上的红斑, 从生物学中神经细胞轴突上传导的冲动, 到磁晶体中的布洛赫壁运动都存在孤粒子.

贝尔实验室对孤粒子特别关注. 这里的科学家强调孤粒子在超导研究中的应用, 他们发现超导电子对波函数的位相差正好满足另一个典型的孤粒子方程. 他们还发现在超导传输中, 孤粒子解存在. 他们又发现一种称为约琴夫逊 (B. D. Josephson, 1940 年生, 英国人) 结的开头速度可达每秒 $(50-100) \times 10^{12}$ 次, 而热损耗仅为普通晶体的千分之一. 更引人关注的是, 该室将孤粒子运用于通信传输, 在光学纤维中运用孤粒子能使传递量从每秒 1 亿个信息单位提高到每秒 1 万亿个信息单位.

另外, 香农还把统计和概率的技术运用到通信技术中, 并以概率论为基础重新定义了信息和信息量, 从而使通信技术建立在更加数学化的基础上.

通信技术发展史告诉我们, 如果从 1736 年算起, 直到 20 世纪 80 年代初, 大约有 250 年, 但突破性进展应是从 1948 年香农的《通信的数学理论》算起, 特别是将孤粒子应用于光纤通信后, 才有了今天的辉煌进展. 从这个意义上讲, 再次说明了高技术本质上是数学技术.

4.3.7   数学在决策技术中的作用

为最优地达到目标, 对若干个准备行动的方案进行的选择称为决策, 含决策工作和决策行动. 决策工作是指从认定目标到拟订方案的整个过程, 一般是决策者委托咨询专家委员会来进行. 决策行动是决策者对专家们提出的预选方案进行选择. 决策是领导者的基本职能. 科学地进行决策是保证社会、政治、经济、文化、科技、教育、卫生、金融等顺利发展的重要条件, 有的影响国家安全, 有的影响国家稳定, 有的影响人民的生命财产安全, 总之影响巨大. 决策一般有经验决策和科学决策. 还可分为战略性决策和战术性决策. 按目标分为最优决策和满意决策. 按决策的条件和后果分为确定型决策和不确定型决策. 不确定型决策又可分为马尔可夫决策、模糊决策、风险决策和竞争决策.

科学决策一般要经过如下三个方面: 一是实行科学的决策程序; 二是采用科学的决策技术; 三是用科学的思维方法.

科学决策程序有 8 个阶段: 发现问题; 确定目标; 价值标准; 确定方案; 分析评估; 方案选优; 实验验证; 普遍实施. 决策者对发现问题、确定目标、价值标准、方案选优必须亲自作出决定, 而其余任务可以交给咨询专家去完成.

科学决策常采用定量分析与定性分析相结合的方法. 一般有调查研究、咨询技术、预测技术、环境分析、系统分析、决策分析、可行性分析、可靠性分析、灵敏度分析、风险分析、心理分析、效用理论等.

如果是不确定型的决策, 则决策分析是十分必要的. 一般应有四个步骤: 形成决策问题, 包括提出方案和确定目标及其效果量度; 用概率技术来定量地描述每个方案所产生的各种结局的可能性, 即用概率来描述; 决策者对各种结局的价值定量化, 一般用效用来表示, 效用可用效用值来定量, 有了效用就能给出偏好; 综合分析和评价各方面的信息, 以最后决定方案的取舍.

决策技术本质上是数学技术. 决策技术如果是确定型的情况, 每个方案只有一个结局, 此时可用数学的穷举法, 通过对每个方案的结局进行比较 (只有有限个) , 然后用优选法选出最优方案. 如果是不确定型情况, 即随机性或风险性情况, 则每个方案都有几种结局的可能, 即以一定的概率发生. 此时, 可用随机型决策, 即决策树的技术. 若不确定型连发生概率也不知道, 这时可用不确定型决策技术. 由于决策总是在事件发生之前作出, 而事件是否发生又不确定, 因此可对事件发生的概率作先验估计. 这称为贝叶斯决策方法.

如果一个方案可同时引出多个结局, 这时可用多目标决策方法. 例如可用多目标规划技术. 一个多目标规划问题通常存在许多个有效解. 在自然序意义下, 因各有效解之间相互不能进行比较, 故要在它们之中加以选择, 就需要引入一个偏序. 这相当于要从决策者那里得到另外的信息. 如何选取这种另外的信息以提炼成一个偏序模式, 并且在某种偏序关系的基础上建立起有关的数学理论, 这就是多目标规划要研究的重要内容. 把多目标规划问题归为单目标的规划问题进行求解, 即所谓标化的方法是基本算法之一, 它具体有线性加权和法、理想点法、分层求解法等.

如果是多人决策情况, 则在同一个方案内有多个决策者, 他们的利益各不相同, 对方案的结局评价也各不相同, 这时可采用对策论、冲突分析、群决策等方法. 如果对结局评价有模糊性, 可采用模糊决策方法和在决策分析阶段序贯进行时采用的序贯决策方法等.

决策技术的理论基础是决策论. 它是关于不确定型决策问题的合理性的分析过程及有关概念的理论. 决策论的理论基础是假设决策中有吸引力的备选方案依赖于两种因素: 对决策者选定的某个决策方案所引起的数种可能后果的似然性 (指相似的程度) 的判断; 决策者对各种可能后果中每一结果的倾向性. 但是, 这些因素在同一决策问题中往往是联系在一起的, 因此在决策分析中必须把它们分开. 为进行决策分析, 常利用主观概率和效用理论分别对后果的似然性进行判断以及对后果的倾向性加以量化, 然后再利用数学技术.

效用理论是决策论的理论基础. 它是用来分析决策者对待风险的态度的理论, 也称为优先理论. 决策往往受决策者主观意识的影响, 决策者在决策时要对所处的环境和未来的发展予以展望, 对可能产生的利益和损失作出反应, 在决策问题中, 把决策者这种对于利益和损失的独特看法、感觉、反应或兴趣, 称为效用. 效用实际上反映了决策者对于风险的态度. 高风险一般伴随着高收益. 对待数个方案, 不同的决策者采取不同的态度和抉择. 决策者在做出决策时, 需要利用各种数学知识, 如统计理论、优化理论等.

决策树是一项具体的数学技术, 也是常用的决策技术.

为了利用电子计算机帮助决策者利用数据或模型来解决非结构化或未结构化决策问题, 建立交互式信息处理系统是必要的. 它通过人机对话等方式为决策者提供一个良好的决策环境. 它帮助分析问题、建立模型、模拟决策过程和效果, 使决策者充分利用信息资源和分析工具, 从而提高决策水平和决策质量.

4.3.8 数学在航天技术中的作用

航天技术的发展引起了人类社会的变革. 它影响到通信、气象、导航、冶金材料、医学、能源、军事、地质、矿产、农业、文化、科学探测、天文学等领域, 是人类社会前进的强大推动力.

利用火箭进行太空飞行的设想和理论是苏联航天先驱齐奥尔科夫斯基 (K. T. Tsiolkovsky, 1857—1935) 首先明确阐明的. 1897 年他推导了著名的火箭运动微分方程式. 他还导出了火箭要克服地球引力要具备的最小速度即第一宇宙速度为 8km/s. 1911 年, 他详细地描述了一艘载人宇宙飞船从发射到进入轨道的全过程.

法国的贝尔特利 (R. E. Peltaire, 1881—1957)、美国的戈达德 (R. H. Goddard, 1882—1945)、德国的奥伯特 (H. Oberth, 1894—1989) 等也作出重要的贡献, 如贝尔特利基于动量守恒定律和能量守恒定律导出了火箭在真空中运动的方程式, 求出火箭的逃逸速度为 11.28 km/s. 又如戈达德在液体火箭研制和实验上取得了极大的成就.

1957 年 10 月 4 日, 苏联第一颗人造地球卫星发射成功, 这是人类进入航天时代的标志. 航天技术的发展, 使人类突破了大气层的屏障, 摆脱了地球引力的束缚进入了广阔无垠的天空. 苏联之后, 美国、法国等相继也发射人造卫星.

航天技术是一门综合性极强的高技术, 涉及众多学科, 但是不管涉及什么学科技术, 本质上都是数学技术.

火箭发动机是航天运载火箭以及航天器的唯一动力装置. 依据的原理是牛顿第三定律. 液体火箭发动机一般由推力室推进剂供应系统和发动机控制系统组成. 火箭发动机的控制系统包括工作的程序控制、工作参数控制、推力矢量控制, 这是控制技术. 运载火箭的主要技术指标包括运载能力、入轨精度、对各种不同重量和尺寸的载荷的适应能力和可靠性, 这些同样离不开数学技术.

控制系统是运载火箭和航天器的重要组成部分. 运载火箭的控制系统基本功能要求在发射和飞行过程中, 通过控制使其按预定的轨道飞行, 将有效载荷精确送入轨道. 控制系统还需对火箭进行姿态控制, 以保证在各种干扰条件下稳定飞行 (即姿控), 控制各分系统工作状态变化和信息传递, 在发射前对运载火箭进行检测测试, 并实施发射控制 (即发控). 控制系统的箭上部分通常称飞行控制系统, 地面部分通常称测试发控系统.

运载火箭的控制系统按功能分为制导系统、姿态控制系统、电源配电系统和测试发控系统. 制导系统控制运载火箭的质心运动, 使其按预定的飞行弹道飞行, 保证卫星或飞船准确入轨. 姿态控制系统控制运载火箭绕质心的运动和运动姿态. 制导系统是运载控制系统的核心.

航天器轨道运行时, 为了完成它们承担的各种任务, 必须具有并保持一定的状态, 保持精度根据不同航天器有不同的要求. 对地观测卫星的照相机或其他遥感设备必须精确对准地面. 通信卫星的天线必须精确对准地球表面特定地区. 天文卫星的望远镜或射电天线必须精确对准所要观测的天体或天区. 航天器的太阳电池翼必须对准太阳, 以获得最大的太阳光照. 要完成航天器既定任务, 姿态控制与保持是十分关键的. 航天技术还包括材料技术、电子电器技术等. 航天器的应用十分广泛. 通信卫星使通信发生重大变化, 尤其是移动通信已在全世界普及.

气象卫星上装有各种气象遥感器, 能够接收测量地球及其大气层的可见光红外线和微波辐射, 并将它们转换成电信号传递到地面. 地面台站将卫星送来的电信号复原, 绘制成各种云层、地表和深面图层, 再经进一步的处理和计算, 即可得出各种气象资料. 气象卫星所能观测的地域广阔、时间长、数据汇集迅速, 因而可以提高气象预报的质量.

地球资源卫星的应用范围广泛. 在农业方面能够估计作物产量、估计土壤含水量、早期预报病虫害、报告森林火灾、野生动物调查、渔汛探测等. 在环境监测方面能够调查内陆水资源、监视海岸侵蚀、进行地震和火山探测、地理学绘图和地质学研究、大气流以及海洋污染调查、臭氧层监视等. 在矿物调查方面, 能够通过岩石的光谱特征和地形的类型来识别矿物种类与贮量, 对地区能源进行查明和估计贮量、勘察海洋石油资源等.

总之, 航天技术的任何一项技术本质上都是数学技术, 尤其控制技术就是数学技术.

4.3.9 数学技术在语言学中的作用

语言学和数学都是有相当长历史的古老学科. 在一般人看来, 语文和数学似乎是两门风马牛不相及的学科; 甚至有的人认为, 用数学方法来研究语言, 是一种离经叛道的古怪行为. 过去很少有人认识到, 这两门表面上如此不同的学科之间竟然还存在着深刻的内在联系. 人们在漫长的过程中发现语言具有奇妙的结构, 数学具有逻辑之美. 在人类的科学发展历史上, 学者们经过相当漫长的过程才逐渐察觉到语言学和数学之间的亲密关系, 认识到可以用数学的逻辑之美来揭示语言的结构之妙. 在 19 世纪中叶, 就有人用数学来研究语言现象. 1838 年, 英国学者皮特曼选取了 20 本书, 每本书取 500 词, 共计 1 万词, 以此为语料进行统计, 得到常用英语词频表, 于 1843 年出版. 这是文献中使用数学方法研究词频的最早记载. 1913 年, 数学家马尔可夫采用概率论方法研究了《欧根·奥涅金》中的俄语元音和辅音字母序列的生成问题, 提出了马尔可夫随机过程论, 后来成了数学的一个独立分支, 对现代数学产生了深远影响. 语言结构中所蕴藏的数学规律, 成了马尔可夫创造性思想的源泉. 《欧根·奥涅金》是普希金的长篇叙事诗, 讲的是一个哀婉的爱情故事, 我们读《欧根·奥涅金》, 欣赏的是它的故事情节或者独特的诗歌节律, 而马尔可夫却独具慧眼, 从中发现了隐藏在字里行间的数学规律. 1935 年, 美国语言学家齐夫提出了齐夫定律, 用数学方法描述频率词典中单词的序号与频率的分布规律. 计算机和语言的不解之缘, 与此同时有一些杰出的学者开始从计算机和通信的角度来关注语言问题, 取得了突破性的成就. 英国数学家图灵在 1950 年发表的《机器能思考吗》一文中天才地预见到计算机和自然语言将会结下不解之缘. 他提出, 检验计算机智能高低的最好办法是让计算机来讲英语和理解英语.

20 世纪 50 年代提出的自动机理论来源于图灵在 1936 年提出的算法计算模型, 这种模型被认为是现代计算机科学的基础. 图灵的工作首先促成了麦克罗克-皮特的神经元理论. 一个简单的神经元模型就是一个计算的单元, 它可以用命题逻辑来描述. 其次, 图灵的工作促进了有关有限自动机和正则表达式的研究, 这些研究都与语言的形式化描述有密切关系, 把数学与语言紧密地联系起来.

1948 年, 美国科学家香农把离散马尔可夫过程的概率模型用来描述语言的自动机. 1956 年, 语言学家乔姆斯基从香农的工作中吸取了有限状态马尔可夫过程的思想, 首先用有限状态自动机作为一种工具来刻画语言的语法, 并且把有限状态语言定义为由有限状态语法生成的语言. 这些早期的研究工作产生了 "形式语言理论" 这样的研究领域, 采用代数和集合论把形式语言定义为符号的序列. 乔姆斯基在研究自然语言的时候首先提出了上下文无关语法, 计算机科学家巴库斯和瑙尔等在描述 ALGOL 程序语言的工作中, 分别于 1959 年和 1960 年独立地提出了巴库斯–瑙尔范式, 并发现他们提出的这种范式与乔姆斯基的上下文无关语法是等价的. 这些研究把数学、计算机科学与语言学巧妙地结合起来, 大大地促进了学者们采用数学方法来揭示语言的数学面貌.

这个时期的另外一项基础研究工作是用于语音和语言处理的概率算法的研制. 香农把使用通信信道或声学语音这样的媒介传输语言行为比喻为噪声信道或者解码. 他还借用热力学的术语 "熵" 作为测量信道的信息能力或者语言的信息量的一种方法. 他采用手工方法来统计英语字母的概率, 然后使用概率技术首次测定了英语字母的熵为 4.03 比特, 用数学方法来描述语言的统计规律. 在这些研究的基础上, 在语言学中出现了数理语言学、计量语言学等广泛采用数学方法的新兴学科. 法国数学家阿达马是一位具有独特创见的学者, 他用自己的慧眼, 清楚地认识到语言学在人文科学中是最容易与数学建立联系的学科. 他斩钉截铁地指出: 语言学是数学和人文科学之间的桥梁. 显而易见, 具有逻辑之美的数学确实能够帮助我们洞察语言规律, 发现语言的结构之妙.

大数据时代的自然语言处理进入信息网络时代之后, 语言研究开始从大规模真实文本语料库中来获取语言知识, 必须使用统计方法, 进一步推动了数学在语言学中的应用. 在自然语言处理中, 提出了隐马尔可夫模型、最大熵、噪声信道等基于统计的数学模型, 统计方法成为机器翻译研究的主流, 机器翻译由基于规则到基于统计, 统计机器翻译的势头日益强大, 一直延续到 2007 年. 从 2007 年开始, 在大数据、云计算等因素的影响下, 自然语言处理在统计方法的基础上又向前跨进了一步. 开始采用深度学习的方法进行机器翻译、自动问答、信息检索、信息抽取等领域的研究, 广泛采用循环神经网络、长短时记忆、卷积神经网络等深度学习的数学方法. 深度学习比统计方法更胜一筹, 取得了振奋人心的成绩. 自然语言处理的研究离开数学几乎寸步难行了.

随着我国自然语言处理研究的进一步发展, 越来越多的学者开始关注语言学中的数学方法, 数学方法在语言研究中的应用越来越广泛. 就是在传统的语言学研究中, 也开始采用数学方法, 而不再认为使用数学方法来研究语言是一种离经叛道的古怪行为. 在语言研究中采用数学方法, 现在已经得到了我国语言学界的普遍认同. 随着自然语言处理研究的发展, 数学已经成为语言学研究的一种最重要的工具.

关于数学和语言学的问题, 在 7.1 节中还要继续讨论.

4.4　数学在工程技术中的应用

数学是现代文化的重要组成部分, 数学思想方法渗透到几乎每一个学科领域和人们日常生活的每一个角落, 人们越来越认识到 "高科技本质上是数学技术", 一些高技术产品是以数学技术为基础的, 更多的是综合利用数学技术.

4.4.1　数学在自动制造系统中的应用

信息和计算机技术的发展, 促进了社会经济快速增长, 同时也极大地推动着制造业的发展. 制造业正面临市场的挑战和创新, 传统的制造业很难适应市场需求的多样化和个性化. 先进的自动制造系统也朝着柔性化、网络化、智能化、敏捷化和全球化的方向发展. 这对制造系统, 特别是计算机集成制造系统、柔性制造系统和智能制造系统等的设计、控制优化方法的研究提出了许多挑战性课题, 已成为当前国内外制造系统自动化领域的重要研究课题之一.

自动制造系统是计算机控制的制造系统, 它由物料储运系统和统一的信息控制系统组成, 将加工和运输及信息处理有机地联系起来, 并在计算机的统一控制下进行加工活动的自动化系统. 因此, 一个自动制造系统可以看作是依靠资源实施若干制造活动的集合. 这些资源包括机床、传送带、机器人和托盘等. 由于这些资源是有限和高度共享性, 并且制造路径具有柔性, 因此当系统同时加工多个不同工件时, 系统中不同类型的工件在离散的时刻下会对有限的资源进行竞争. 这为有限资源的相互竞争带来了加工任务的冲突, 从而可以导致制造系统进入一种死锁状态. 死锁包含局部死锁和全局死锁两种类型. 一旦系统进入死锁状态, 就会导致循环等待的现象发生, 加工所需要的资源被其他任务占用. 如果没有合适的控制方法, 系统就会一直处于死锁状态, 导致系统无法继续完成加工任务. 因此, 死锁的存在将极大影响制造系统的性能. 它不仅致使生产率降低, 甚至可能造成不可弥补的损失. 因此, 制造系统死锁结构分析及控制方法的研究是一项极具挑战性的课题, 已经成为当前国内外制造系统自动化领域的重要研究课题之一.

制造系统分为离散的制造系统和连续的制造系统. 离散事件动态系统 (discrete event dynamic system, DEDS) 是由哈佛大学何毓琦教授在 1980 年前后引入的, 是由离散事件按照一定的运行规则相互作用来驱动系统状态演化的一类动态系统. 所谓的离散事件是指发生在离散时刻而且能引起状态变化的一个行为或者事情, 它是构成离散事件动态系统的基本要素. 离散事件动态系统的状态演化过程取决于离散事件的交互影响. 区别于连续变量动态系统, DEDS 具有事件的驱动性、异步、顺序关系、并发性、冲突性、非确定性、死锁性和相互抑制性的特征. 这些特征决定了制造系统的建模和设计方法是一项复杂的工作. 分层递阶的方法通常用来描述一个离散的制造系统. 一个离散的制造系统通常可以被分解为五个层次: 规划层、调度层、全局协调层、子系统协调层和局部控制层.

1. 自动制造系统的建模方法

自动制造系统的建模和分析方法主要包括形式语言/自动机 (formal language/automaton) 理论、状态流图 (state chart)、Petri 网 (Petri net)、图论 (graph theory)、进程代数和时序逻辑. 其中, 图论、形式语言/有限自动方法与 Petri 网方法是最为常用的建模方式.

Petri 网的概念是 1962 年由德国科学家 Carl Adam Petri 在他的博士学位论文 *Kommunikation mit Automaten* 中提出来. 该论文定义了一种普遍适用的数学模型, 这种模型刻画了事件之间的存在关系和存在条件. 后来美国学者 A. W. Holt 将这种模型命名为 Petri 网. 20 世纪 70 年代初, Petri 网的概念及方法受到广泛的关注. 于 20 世纪 80 年代末期, Petri 网理论才慢慢成熟起来. 现如今, Petri 网已经形成了一门系统的、充实和完善的、独立的学科分支, 而且 Petri 网的理论在计算机科学的领域 (如操作系统、软件工程、网络协议、形式语言、人工智能)、自动化科学技术 (如离散事件动态系统、混合系统) 机械设计与制造系统以及其他许多领域有广泛的应用. Petri 网具有很强的建模能力, 能够全面地描述系统的结构特征和动态行为, 同时又有简洁、直观的图形表示行为, 因此, Petri 网已经成为制造系统死锁问题最广泛使用的一种方法.

Petri 网是刻画离散事件动态系统的重要工具. 利用 Petri 网为制造系统建模, 不但可以直观、形象地描述事件并发、冲突等动态行为, 而且可以清晰地反映加工任务和所需资源的交换关系, 同时准确地描述系统状态的转化过程. Petri 网是一个四元组 $N = (P, T, F, W)$. 其中, P 是位置 (库所) (place) 构成有限集, T 是由变迁 (transition) 构成的有限集, $F \subseteq (P \times T) \cup (T \times P)$ 是有向弧构成的有限集, W 是权值, 它是一个从 F 到 $\mathbf{N}^+$ 的一个映射 $W: (P \times T) \cup (T \times P) \to \mathbf{N}^+$, 其中 $\mathbf{N}^+$ 表示正整数的集合.

从图论的角度来看, Petri 网是由库所和变迁作为结点构成的双枝有向图. 用图形表示 Petri 网时, 库所用圆圈表示, 变迁用矩形或者杠表示, 库所和变迁之间由有向弧连接而成, 而库所和库所之间及变迁和变迁之间不能用弧连接.

基于 Petri 网的制造系统的建模能够直观而准确地描述事件的共享性、顺序关系、并发性、冲突性、非确定性、死锁性和相互抑制性等特征; 可采取由上至下或由下至上的设计方式, 强调系统层次化和逻辑化设计方案; 从模型可以直接生成控制代码; 界面直观可视; 能够提供定性和定量的分析; 可用于建模、分析、性能评估、调度及控制监控. 利用 Petri 网设计建模和分析, 一般通过以下几种方式实现. 第一种方式是先建立系统的 Petri 网辅助模型, 然后修正设计中的不足并得到校正的系统, 接着对校正后的系统再进行 Petri 网建模、分析并再次修正. 这样重复设计修正直至模型没有需要修正的为止. 第二种方式是采用整个设计、分析的过程, 该过程都离不开 Petri 网的实现, 将设计的 Petri 网转换成为一个实际的系统. 总之, 与传统的建模方法比较, Petri 网是一种图形化、集成化、设计化的数学建模工具. 因此, 许多研究工作者都使用 Petri 网作为一种建模方式来研究制造系统. 此外, 为了满足复杂系统的需要, 许多研究人员对基本 Petri 网模型进行了扩展, 其中具有代表性的有赋时 Petri 网 (Timed Petri Net)、随机 Petri 网 (Stochastic Petri Net) 和赋色 Petri 网 (Colored Petri Net) 等. 下面通过一个自动制造系统的例子来形象地说明 Petri 网的建模方法.

考虑图 4.2 所示的柔性制造系统, 它是由三个机器 m_1—m_3 构成的, 这个系统的资源集 $R = \{m_1, m_2, m_3\}$, 资源的容量 $\psi(m_1) = \psi(m_3) = 2, \psi(m_2) = 3$. 该系统可以加工两种类型工件 q_1 和 q_2. q_1 类型的工件首先在机器 m_1 上进行加工, 然后在机器 m_2 上加工, 最后再在机器 m_3 上加工; q_2 类型的工件在机器上加工顺序依次是 m_2, m_1, m_3, 该系统的加工路径以及 Petri 网分别如图 4.3 (a) 和 (b) 所示.

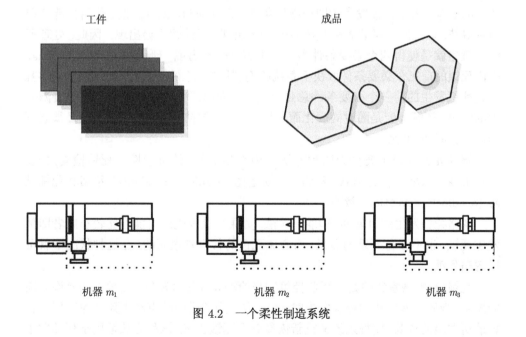

图 4.2 一个柔性制造系统

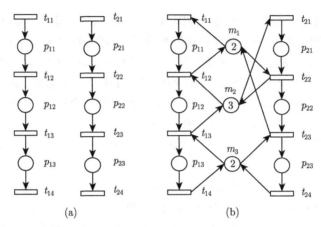

图 4.3   (a) 和 (b) 分别表示图 4.2 的加工路径和 Petri 网模型

2. 自动制造系统死锁控制方法

自动制造系统死锁问题最初是由计算机操作系统中的资源分配问题提出的. 科学研究者对计算机系统及分布式数据库中的死锁问题进行了深入的研究, 提出了相应的死锁处理方法. 由于制造系统和计算机系统的物理背景是不同的, 这些方法不能直接应用到制造系统中. 死锁产生的必要条件是分析和解决死锁问题的关键. Coffman 等给出了死锁发生的四个必要条件: 相互抑制、无抢占性、使用并等待和循环等待. 以上四个必要条件只要有一个不出现, 死锁就不会出现. 因此, 处理死锁的策略就是使得四个必要条件当中至少有一个不出现. 研究结果表明, Coffman 提出死锁的前三个必要条件取决于系统的物理属性, 不随时间的变化而变化, 也就是说死锁发生的前三个必要条件总是存在的. 而第四个条件取决于系统中资源分配的情况. 资源分配是随时间变化而变化的. 因此要防止系统出现死锁, 必须破坏"循环等待"的出现.

解决死锁问题主要分为四种方法, 忽略死锁发生的可能性、死锁检测/恢复 (deadlock detection/recovery) 策略、死锁避免 (deadlock avoidance) 策略和死锁预防 (deadlock prevention) 策略.

忽略死锁发生的可能性, 即鸵鸟算法. 如果死锁发生的可能性比较小或者即使发生死锁, 也不会有严重的后果, 而避免死锁的代价是很高的, 在这种状况下就可以忽略死锁.

死锁检测/恢复策略是利用监控机制来检测死锁是否发生. 这种方法允许死锁的发生, 当监控器检测到死锁发生时, 就采取相应的措施结束产生死锁的进程或者释放所占用的资源, 使得系统又重新恢复到无死锁状态. 这种方法适用于死锁发生的概率比较小, 而且用于检测系统死锁并使系统恢复到无死锁状态的代价并不高,此外检测所用的时间相比较产生死锁的时间要短. 这种方法的弊端是需要大量的数据, 当系统比较复杂, 资源共享度比较高时, 该方法就显得比较复杂.

死锁避免策略是根据当前状态资源分配方式, 通过一步向前看的方法, 采用一种动态在线的控制方式. 该方法在系统状态中做出正确的选择, 保证系统不会进入死锁和不安全的状态. 从而保证系统总是不会到达死锁状态. 例如, 假如一个演化的状态会使系统进入死锁或者不安全的状态, 那么这种演化状态的请求就会被拒绝. 所以在这种控制方法中, 只有安全的状态才能被允许发生. 死锁避免策略能够提高系统资源的利用率, 其控制效果显示了最大容许性的优势. Lawley 指出可测量性是判断一个死锁避免方法是否合理的依据之一. 可测量性, 即计算上必须是可行的, 使得它能在线计算所有容许状态, 也就是所有安全状态的集合. 然而, 判断一个状态是不是安全的状态, 却是一个 NP 完全问题. 从中可以看出该策略在可测量性上显出其弊端, 除此之外, 死锁避免策略从本质上没能彻底地消除死锁.

死锁预防策略是一种静态控制策略, 该方法采用离线计算机制来控制资源的需求分配, 从而确保系统不会达到死锁状态. 死锁预防策略首先分析系统的死锁结构特征, 寻找系统出现死锁的结构特征, 然后通过离线添加控制器来防止系统出现死锁的条件, 从而保证系统是无死锁的. 这种方法关键在于计算系统的死锁结构特征, 而死锁结构特征的计算则是通过离线形式在该方法的设计阶段就完成了. 因此控制策略建立就可以保证系统不会出现死锁状态. 死锁预防策略直观简单, 在设计阶段就可以完成, 无须知道系统的当前状态, 在运行阶段没有计算成本.

研究制造系统中的死锁问题时, 常将其抽象为资源分配系统 (resources allocation system, RAS). RAS 由有限个操作组成, 这些操作相互竞争使用有限个资源. 制造系统死锁控制问题的解决要从资源分配的状态、资源与任务的交互关系以及需要的资源序列入手分析, 而分析离不开所建立的模型. 图论、有限自动机和 Petri 网是资源分配系统建模、死锁分析和控制的主要工具.

1) 基于图论的控制方法

图论方法简单直观, 一方面, 它能够把任务和资源之间的交互关系清晰而有效地描述出来, 并能用资源的使用顺序回路将死锁简单地刻画出来. 因此方便分析制造系统的死锁特征, 从而建立有效的控制策略. 另一方面, 图论的建模方法相对简单, 特别是针对一些复杂的系统有一定局限性. Wysk 最早利用有向图来表示一种简单的制造系统. 该制造系统满足一个工序只能占有一个资源, 每个工序具有唯一的标识符且一个机器每次只能加工一个工件. 他研究了该系统资源的循环等待和有向图中回路之间的关系, 同时指出了该系统死锁的必要而非充分条件是系统的有向图中存在回路. Yim 等研究指定容量有向图中发生死锁的必要条件和死锁避免的方法, 并给出了静态及动态避免死锁产生的必要条件的两种方法. Fanti 等利用变迁有向图得到了容量为 1 的一类制造系统死锁的充要条件是变迁有向图存在回路.

Fanti 推广了资源的容量数, 考虑了多容量资源的系统, 给出了系统二级死锁的充分必要条件, 并依据该条件建立了死锁避免控制策略. 针对每个工序需要一个资源参与的制造系统, 对有向图和 Petri 网用于研究柔性制造系统的死锁问题做了比较, 并给出了两者的对应关系. 基于此, 建立了由变迁有向图导出死锁避免策略的 Petri 网实现.

2) 基于形式语言自动机的控制方法

形式语言自动机是研究离散事件动态系统的一种重要工具, 它采用一种形式化的语言从形式语言的角度描述系统. 监督控制理论是 Ramadge 和 Wonham 于 20 世纪 80 年代开创的, 受到 Ramadge 和 Wonham 等工作的影响, 基于自动机模型的方法很快被研究者广泛应用于制造系统的死锁控制研究中.

自动机通过搜索系统状态的方式来对系统进行监控, 它借助于一个监控器自动机, 使得监控器自动机和对象自动机同步生成的语言包含在规范语言内, 从而得到有效的死锁避免控制策略.

Reveliotis 和 Ferreira 利用自动机为一类制造系统建模, 该系统满足一个工序只需要一种类型的资源, 他们采取资源上游策略 (resource upstream strategy, RUS), 将系统无死锁控制用关于加工工序集、自动机状态向量及资源的容量集构造的不等式表示出来. 随后, Reveliotis 将该方法扩展到更一般的情形, 即允许一个工序有多个资源参与的合取资源分配系统 (conjunctive resource allocation system, CRAS) 中.

基于自动机的理论 Lawley 提出了一种资源排序的死锁避免策略, 该方法通过对资源排序, 将每个工件按照流程和资源的顺序分类, 这样就可以将系统的无死锁控制要求转化为一组可以在多项式时间内求解的线性不等式.

Yalcin 和 Boucher 利用形式语言自动机为制造系统建模, 得到最大容许的控制策略. 但是该方法需要分析系统的状态空间. Ramirez 等研究一类含有共享资源的多加工单元自动制造系统. 他们将加工单元的行为和相应的制造约束用带有输入和输出的有限自动机模型来模拟, 如果检测到死锁, 则重新分配资源和加工条件, 并用自动机重新生成新的监控器.

基于自动机的理论, Shivendra 提出了一种分布式的死锁检测算法, 他们验证了该算法对于分布式系统的死锁探测是非常有效的.

3) 基于 Petri 网的控制方法

基于 Petri 网的制造系统死锁研究方法主要分为死锁的检测与恢复、死锁避免和死锁预防. 基于 Petri 网的死锁避免策略的基本思想是一种在线控制策略, 从系统的可达状态中选择一种不会使系统进入死锁的状态. 基于 Petri 网的制造系统预防策略是一种静态的离线方式, 通过给系统添加适当的控制器后, 就可以保证受控系统是无死锁的.

利用 Petri 网设计死锁预防策略早期工作的主要思想是将建模和控制有机地

融合, 即希望所建立的 Petri 网模型具有活性、有界性及可逆性等属性.

近来, 基于 Petri 网的死锁问题的研究主要集中在两个方面: 基于区域理论的可达图分析和 Petri 网的死锁结构特征分析. 区域理论是法国科学家 Badouel 和 Darondeau 等在 20 世纪 90 年代的研究成果, 它是将变迁系统进行 Petri 网综合的一种方法. 该方法先生成 Petri 网模型的可达图, 然后寻找那些引发后使系统进入死锁或者不安全的状态的变迁集, 最后通过求解线性规划问题给系统设计合适的无死锁控制器.

Uzam 首先利用区域理论研究了一个设计最优的 Petri 网控制的方法, 该方法通过求解线性规划问题来设计一个无死锁控制器. 随后, Ghaffari 等利用区域理论给出了最优控制器存在的充分必要条件, 通过求解线性不等式为系统添加最优控制器. Uzam 等给出一种循环迭代的控制器设计法, 他们将可达图分为无死锁区域和死锁区域, 并在无死锁区域中定义了一种首达坏标识 (first-met bad marking, FBM), 其父节点必在死锁区域中, 从而该方法下的无死锁控制就是控制 FBM 的父节点下使能变迁的引发. 为了简化复杂度, Uzam 等对该方法进行了改进, 将抑制父节点下使能变迁的引发问题转化为一组广义相互抑制约束 (generalized mutual inhibition constraint, GMIC) 问题, 该方法有效地降低了计算上的复杂度.

4.4.2 数学在石油业中的应用

石油业中的首要问题是开采. 按老办法开采, 大约只能开采到石油储量的 1/3. 探明油田的地质特征和预测石油在这种地质环境下的流动模式是石油业要解决的两个关键问题. 这样, 可让我们知道哪些油田有危险, 哪些还可以开采. 搞清石油流动模式, 可以提供何处打井的线索. 而油田的特征依赖于一系列的数学技术, 如统计技术、信号处理技术、傅里叶变换与分析技术, 以及那些用来描述地震信号的波动、弹性方程的解以及逆问题的解. 这种逆问题是指从石油生产的记录中重现油田的地质情形. 找出油田特征需广泛使用计算技术. 石油在油田中的流动模式是石油业所关心的中心问题. 找到模式又要靠计算技术, 包括有限元法、有限差分法、自适应网格加密法、快速傅里叶变换、自由边界问题、非线性守恒律. 并行计算也会扮演重要角色. 编码技术和数学软件可用来规划油罐的运送和终点. 石油精炼设计和控制离不开微分方程与控制技术. 流体力学计算可以用来监控泄漏石油的清除; 计算模拟法可以降低污染, 且经费可大大节省; 计算模拟和计算技术可用于地质盆地的模拟, 对探钻点的确定很有价值.

随着石油化工的发展, 不断出现新的石油化工产品、新的催化剂和新的加工过程, 要把小型实验装置所取得的结果迅速而可靠地应用于大型工业装置中, 过去必须经过微小型实验——中型实验——大型实验——大型工业装置生产这样一个逐级放大的过程. 一般开发一个新的过程至少需 6—8 年时间, 而且还需花费大量的人力、物力. 20 世纪 60 年代初期, 电子计算机的普遍应用和工程应用数学的迅速发展, 使人们能利用数学模拟的方法, 建立过程的数学模型. 数学模型对石油勘测、油田地质和地质化学定性、发展最优开采方法等方面都是至关重要的. 数学家们系统地研究了一系列的问题: 从物理原理出发建立数学模型; 理解这些模型解的存在性、唯一性、稳定性; 找出既稳定又准确的离散解法; 设计算法从而有效利用不断改进的计算机系统. 从地球表面信号发出点的源信号和反射信号作为这些答案的方程如何找出. 这是逆问题. 正问题是线性问题, 但逆问题是高度非线性问题. 由于唯一性和解 (地质学) 对数据 (地震信号) 连续依赖关系根本无法得到, 故只有将非唯一解定量化, 对付那些隐藏很多误差的数据, 确定新的数据收集点, 并找出一些能降低问题不适定性的技巧. 盆地变迁的大规模模型可帮助我们在更大的范围内找出石油的储存点并能发现石油的油质. 对断裂油田, 存在一个由两个方程确定的系统: 其一是描述裂纹中的油流; 其二则是描述石缝间但处于两大裂纹中的油流. 这些系统间的耦合性质依赖于油田两部分间的距离和同一部分的石缝矩阵的性质. 人们在模拟强化石油开采过程中, 必须分析那些高度非线性、强耦合偏微分方程组, 从而理解这些开采过程的主要性质.

4.4.3　数学在人工智能中的应用

人工智能是 20 世纪三大科学技术成就之一, 数学是其关键的理论基础, 使其成为一门规范的科学. 生命科学、数学科学等相互交叉作用下, 在研究和模拟人类智能的过程中, 能自动识别和记忆信号 (文字、语育、图像)、会学习、能推理、有自动决策和适应环境能力的人工智能技术已逐步成熟.

数学基础知识蕴涵着处理智能问题的基本思想与方法, 必备的数学知识是理解人工智能不可或缺的要素, 也是理解复杂算法的必备要素. 今天的种种人工智能技术归根到底都是建立在数学模型之上的, 要了解人工智能, 首先要掌握必备的数学基础知识, 具体来说包括: 线性代数将研究对象形式化、概率论数理统计描述随机现象的统计规律、最优化理论研究找到最优解、信息论探讨如何定量度量不确定性、形式逻辑研究如何实现抽象推理.

人工智能技术归根到底都是建立在数学模型之上, 而这些数学模型又都离不开线性代数 (linear algebra) 的理论框架. 在线性代数中, 由单独的数 a 构成的元素被称为标量 (scalar): 一个标量 a 可以是整数、实数或复数. 如果多个标量按一定顺序组成一个序列, 这样的元素就称为向量 (vector). 显然, 向量可以看作标量的扩展. 原始的一个数被替代为一组数, 从而带来了维度的增加, 给定表示索引的下标才能唯一地确定向量中的元素. 相对于向量, 矩阵同样代表了维度的增加, 矩阵中的每个元素需要由两个索引 (而非一个) 确定. 同理, 如果将矩阵中的每个标量元素再替换为向量的话, 得到的就是张量 (tensor). 直观地理解, 张量就是高阶的矩阵. 在计算机存储中, 标量占据的是零维数组; 向量占据的是一维数组, 例如语音信号; 矩阵占据的是二维数组, 例如灰度图像; 张量占据的是三维乃至更高维的数组, 例如 RGB 图像和视频.

神经网络将权重存储在矩阵中. 线性代数使矩阵运算变得更加快捷、简便, 尤其是在 GPU 上进行训练的时候. 实际上, GPU 是以向量和矩阵运算为基础的. 比如, 图像可以表示为像素数组. 视频游戏使用庞大且不断发展的矩阵来产生令人炫目的游戏体验. GPU 并不是处理单个像素, 而是并行地处理整个像素矩阵.

机器学习中, 将模型拟合到一组由数字组成的类似表格的数据集上, 其中每一行代表一个观测结果, 每一列代表该观测值的特征. 你发现相似之处了吗? 这些数据实际上是一个矩阵, 是线性代数中的一种关键的数据结构.

在图像处理中, 图像本身就是一个表结构, 对于黑白图像, 每个单元格中有一个宽度和高度以及一个像素值, 而彩色图像每个单元格中有三个像素值. 照片是线性代数矩阵的另一个例子. 线性回归是统计学中描述变量之间关系的一种旧方法. 在机器学习中, 它通常用于预测简单回归问题中的数值.

概率论与数理统计在人工智能中的作用是渗透到各个方面, 从偏差、方差分析以更好地拟合到计算概率以实现预测, 从随机初始化以加快训练速度到正则化、归一化数据处理以避免过拟合 …… 概率为人工智能提供随机性, 为预测提供基础; 而统计则对数据进行处理与分析, 让结果更好地满足我们的要求, 更具有普适性和一般性.

计算机科学的理论基础是数学, 人工智能的基础很大一部分是计算机, 由此我们可以得出数学必然也是人工智能的重要理论基础. 2011 年诺贝尔经济学奖获得者 Thomas J. Sargent 就在 2018 年 8 月世界科技创新论坛上表示, 人工智能其实就是统计学. 虽然他的表达可能有点偏颇, 因为人工智能的理论里不仅是统计学, 还有数学别的分支的内容, 但确信无疑的是, 这一次人工智能热潮的理论基础就是统计学. 无论是深度学习模型识别图片还是自然语言处理, 其中都用到了概率、统计学理论里的基本定理. 一个人工智能模型能够最终训练成功, 首先需要在数学上证明其可以达到稳定状态. 大数据技术, 也是人工智能的基础. 在大量数据中挖掘其中的意义, 就必须依靠概率统计来进行分析. 虽然我们看不到繁杂的公式符号和数据, 但它们驱动的人工智能, 却可以被我们直接感受到, 并影响着我们的生活.

优化技术作为一个以数学为基础的重要的科学分支, 一直受到人们的广泛关注, 并对其他学科产生了重大影响. 优化技术用于求解各种工程问题优化解的方法在诸多工程领域得到广泛应用, 已成为各种不同领域中问题优化求解的不可缺少的有力工具. 近年来最优化理论与方法研究取得很大进展, 新技术、新方法层出不穷. 工程领域中常用的优化算法, 主要包括经典优化算法、改进型算法、动态演化算法等. 随着计算机技术的快速发展, 最优化技术与方法在人工智能、系统控制、模式识别、生产调度管理等领域得到广泛应用, 成为一个研究的热点问题.

　　人工智能的产生与发展和逻辑学的发展密不可分. 逻辑学为人工智能的研究提供了理论与方法, 且逻辑方法是人工智能研究中的主要形式化工具. 下面从逻辑学为人工智能的研究提供理论基础出发, 讨论经典逻辑和非经典逻辑在人工智能中的应用, 以及人工智能在逻辑学发展方向上的影响与作用. 人工智能主要研究、开发用于模拟、延伸和扩展人的智能, 最终实现机器智能的一门新技术. 人工智能研究与人的思维研究密切相关.

　　12 世纪末 13 世纪初, 西班牙罗门·卢乐提出制造可解决各种问题的通用逻辑机. 17 世纪, 英国培根在《新工具》中提出了归纳法. 随后, 德国莱布尼茨做出了四则运算的手摇计算器, 并提出了“通用符号”和“推理计算”的思想. 19 世纪, 英国布尔创立了布尔代数, 奠定了现代形式逻辑研究的基础. 德国弗雷格完善了命题逻辑, 创建了一阶谓词演算系统. 20 世纪, 哥德尔对一阶谓词完全性定理与 N 形式系统的不完全性定理进行了证明. 在此基础上, 克林对一般递归函数理论作了深入的研究, 建立了演算理论. 英国图灵建立了描述算法的机械性思维过程, 提出了理想计算机模型 (即图灵机), 创立了自动机理论. 这些都为 1945 年冯·诺依曼提出存储程序的思想和建立通用电子数字计算机的冯·诺依曼型体系结构, 以及 1946 年美国的莫克利和埃克特等成功研制世界上第一台通用电子数字计算机 ENIAC 作出了开拓性的贡献. 以上经典数理逻辑的理论成果, 为 1956 年人工智能学科的诞生奠定了坚实的逻辑基础. 现代逻辑发展动力主要来自数学中的公理化运动. 20 世纪逻辑研究严重数学化, 发展出来的逻辑被恰当地称为“数理逻辑”, 它增强了逻辑研究的深度, 使逻辑学的发展继古希腊逻辑、欧洲中世纪逻辑之后进入第三个高峰期, 并且对整个现代科学特别是数学、哲学、语言学和计算机科学产生了非常重要的影响. 逻辑学是一门研究思维形式及思维规律的科学. 自 17 世纪德国数学家、哲学家莱布尼茨提出数理逻辑以来, 随着人工智能的一步步发展的需求, 各种各样的逻辑也随之产生. 逻辑学大体上可分为经典逻辑、非经典逻辑和现代逻辑. 经典逻辑与模态逻辑都是二值逻辑. 多值逻辑, 是具有多个命题真值的逻辑, 是向模糊逻辑的逼近. 模糊逻辑是处理具有模糊性命题的逻辑. 概率逻辑是研究基于逻辑的概率推理. 当今人工智能深入发展遇到的一个重大难题就是专家经验知识和常识的推理. 现代逻辑迫切需要有一个统一可靠的, 关于不精确性推理的逻辑学作为它们进一步研究信息不完全情况下推理的基础理论, 进而形成一种能包容一切逻辑形态和推理模式的、灵活的、开放的、自适应的逻辑学, 这便是柔性逻辑学. 而泛逻辑学就是研究刚性逻辑学 (也即数理逻辑) 和柔性逻辑学共同规律的逻辑学. 泛逻辑是从高层研究一切逻辑的一般规律, 建立能包容一切逻辑形态和推理模式, 并能根据需要自由伸缩变化的柔性逻辑学, 刚性逻辑学将作为一个最小的内核存在其中, 这就是提出泛逻辑的根本原因, 也是泛逻辑的最终历史使命.

逻辑方法是人工智能研究中的主要形式化工具, 逻辑学的研究成果不但为人工智能学科的诞生奠定了理论基础, 而且它们还作为重要的成分被应用于人工智能系统中. 人工智能诞生后的 20 年间是逻辑推理占统治地位的时期. 1963 年, 纽厄尔、西蒙等编制了 "逻辑理论机" 数学定理证明程序. 在此基础之上, 纽厄尔和西蒙又编制了通用问题求解程序 (GPS), 开拓了人工智能 "问题求解" 的一大领域. 经典数理逻辑只是数学化的形式逻辑, 只能满足人工智能的部分需要. 人工智能发展了用数值的方法表示和处理不确定的信息, 即给系统中每个语句或公式赋一个数值, 用来表示语句的不确定性或确定性. 比较具有代表性的有: 1976 年杜达提出的主观贝叶斯模型, 1978 年扎德提出的可能性模型, 1984 年邦迪提出的发生率计算模型, 以及假设推理、定性推理和证据空间理论等经验性模型. 归纳逻辑是关于或然性推理的逻辑. 在人工智能中, 可把归纳看成是从个别到一般的推理. 借助这种归纳方法和运用类比的方法, 计算机就可以通过新、老问题的相似性, 从相应的知识库中调用有关知识来处理新问题. 常识推理是一种非单调逻辑, 即人们基于不完全的信息推出某些结论, 当人们得到更完全的信息后, 可以改变甚至收回原来的结论. 非单调逻辑可处理信息不充分情况下的推理. 20 世纪 80 年代, 赖特的缺省逻辑、麦卡锡的限定逻辑、麦克德莫特和多伊尔建立的 NML 非单调逻辑推理系统、摩尔的自认知逻辑都是具有开创性的非单调逻辑系统. 常识推理也是一种可能出错的不精确的推理, 即容错推理. 此外, 多值逻辑和模糊逻辑也已经被引入人工智能中来处理模糊性和不完全性信息的推理. 多值逻辑的三个典型系统是克林、武卡谢维奇和波克万的三值逻辑系统. 模糊逻辑的研究始于 20 世纪 20 年代武卡谢维奇的研究. 1972 年, 扎德提出了模糊推理的关系合成原则, 现有的绝大多数模糊推理方法都是关系合成规则的变形或扩充.

现代逻辑创始于 19 世纪末叶和 20 世纪早期. 由于人工智能要模拟人的智能, 它的难点不在于人脑所进行的各种必然性推理, 而是最能体现人的智能特征的能动性、创造性思维, 这种思维活动中包括学习、抉择、尝试、修正、推理诸因素. 例如, 选择性地搜集相关的经验证据, 在不充分信息的基础上做出尝试性的判断或抉择, 不断根据环境反馈调整、修正自己的行为, 由此达到实践的成功. 于是, 逻辑学将不得不比较全面地研究人的思维活动, 并着重研究人的思维中最能体现其能动性特征的各种不确定性推理, 由此发展出的逻辑理论也将具有更强的可应用性.

综上所述, 人工智能的产生与发展和逻辑学的发展密不可分. 一方面, 我们试图找到一个包容一切逻辑的泛逻辑, 使得形成一个完美统一的逻辑基础; 另一方面, 我们还要不断地争论、更新、补充新的逻辑. 如果二者能够有机地结合, 将推动人工智能进入一个新的阶段. 在对人工智能的研究中, 我们只有重视逻辑学, 努力学习与运用并不断深入挖掘其基本内容, 拓宽其研究领域, 才能更好地促进人工智能学科的发展.

4.4.4　数学在战争中的应用

数学被称作科学中的科学, 是人类认识自然的基础学科和有力工具. 生活中的数学无处不在, 而战争中也不乏数学的影子. 战争的过程中如何指挥和决策, 又如何建立战斗模型和用数学方法预测战争的胜负是至关重要的. 运用数学方法设计行动方案, 会事半功倍, 特别是第二次世界大战期间的战争案例更是证明了数学在其中的重要性.

在太平洋战争初期, 美军舰船屡遭日机攻击, 损失率高达 62%. 美军急调大批数学专家对 477 个战例进行量化分析, 得出两个结论: 一是当日军飞机采取高空俯冲轰炸时, 美舰船采取急速摆动规避战术的损失率为 20%, 采取缓慢摆动的损失率为 100%; 二是当日军飞机采取低空俯冲轰炸时, 美军舰船采取急速摆动和缓慢摆动的损失平均为 57%. 美军根据对策论的最大最小化原理, 从中找到了最佳方法: 当敌机来袭时, 采取急速摆动规避战术. 据估算美军这一决策至少使舰船损失率从62% 下降到 27%.

1943 年以前, 在大西洋上英美运输船队常常受到德国潜艇的袭击. 当时, 英美两国限于实力受限, 无力增派更多的护航舰艇. 一时间, 德军的"潜艇战"搞得盟军焦头烂额. 为此, 一位美国海军将领专门去请教了几位数学家. 数学家们运用概率论分析后发现, 舰队与敌潜艇相遇是一个随机事件. 从数学角度来看这一问题, 它具有一定的规律: 一定数量的船编队规模越小, 编次就越多; 编次越多, 与敌人相遇的概率就越大. 美国海军接受了数学家的建议, 命令舰队在指定海域集合, 再集体通过危险海域, 然后各自驶向预定港口, 结果盟军舰队遭袭被击沉的概率由原来的25% 下降为 1%, 大大减少了损失.

第二次世界大战新几内亚作战期间, 美军得到了日军将从新不列颠岛东岸的腊包尔港派出大型护航舰队驶往新几内亚莱城的情报. 日军舰队可能走两条航线, 航程都是两天. 其中北面航线云多雾大, 能见度差不便于观察; 南面航线能见度好便于观察. 美军也有两种行动方案可供选择, 即分别在南北航线上集中航空兵主力进行侦察、轰炸. 若日军选择走北线, 美军也选北线, 最多只能有两天的轰炸时间, 甚至可能由于天气影响, 根本没有轰炸时间; 若日军选择走北线, 美军选择南线, 则由于在南线侦察耽搁一天, 最多只能有一天的轰炸时间, 甚至可能由于天气影响, 根本没有轰炸时间. 若日军选择走南线, 美军选择北线, 由于在北线侦察耽搁一天, 可有一天的轰炸时间; 若日军选择走南线, 美军也选择南线, 则可有两天的轰炸时间. 因此, 日军选择走北线, 被轰炸天数为 0—2 天; 日军选择走南线, 则被轰炸天数为1—2 天. 美军由此断定日军必走北线. 真实情况果真如此. 日军舰队损失惨重.

第二次世界大战期间, 英军船队在大西洋里航行时经常受到德军潜艇的攻击. 而英国空军的轰炸对潜艇几乎构不成威胁. 英军请来一些数学家专门研究这一问题, 结果发现, 潜艇从发现英军飞机开始下潜到深水炸弹爆炸时止, 只下潜了 7.6 米, 而炸弹却已下沉到 21 米处爆炸. 经过科学论证, 英军果断调整了深水炸弹的引信, 使爆炸深度从水下 21 米减为水下 9.1 米, 结果轰炸效果较过去提高了 4 倍.

第二次世界大战时期, 当德国对法国等几个国家发动攻势时, 英国首相丘吉尔应法国的请求, 动用了十几个防空中队的飞机和德国作战. 这些飞机中队必须由大陆上的机场来维护和操作. 空战中英军飞机损失惨重. 与此同时, 法国总理要求继续增派 10 个中队的飞机. 丘吉尔决定同意这一请求. 内阁知道此事后, 找来数学家进行分析预测, 并根据出动飞机与战损飞机的统计数据建立了回归预测模型. 经过快速研究发现, 如果补充率、损失率不变, 飞机数量的下降是非常快的, 用一句话概括就是 "以现在的损失率损失两周, 英国在法国的 '飓风' 式战斗机便一架也不存在了", 要求内阁否决这一决定. 最后, 丘吉尔同意了这一要求, 并将除留在法国的 3 个中队外, 其余飞机全部返回英国, 为下一步的英伦保卫战保留了实力.

以上例子说明战争中用到数学技术. 由于今天的战争是高技术的战争, 而高技术在本质上是数学技术, 故在一般意义上讲, 今天任何一场局部战争, 当然更不要说世界大战, 实质上打的都是数学战.

有许多人并不明白数学技术对于战争是极有用处的. 甚至有些著名数学家也是如此. 比如伟大的英国数学家哈代 (见 1.1.6 小节第 3 段). 他本人从事的数论已成为密码体系设计的重要方法.

为了使所设计的密码体系尽可能安全, 它必定由两部分构成: 一个加密程序和一把 "钥匙". 前者属计算机程序, 同时选择好 "密钥". "密钥" 通常是一个秘密选定的数. 加密程序依赖于这把选定的 "密钥" 对信息编码, 使得只有知道这把密钥的人才可能解开所编密文. 现在公开用于加密的钥匙是两个大的素数的乘积. 因为不存在快速的大数因子分解的方法, 所以实际上不可能根据公开的加密钥匙重新找到解密钥匙. 据说, 这种办法安全性仍然受到威胁. 要更加安全仍然需要数学家继续努力.

4.4.5 数学在自动化中的应用

自动化早期是指能自动取代人的部分调整操作活动的技术, 主要反映在对过程中重要参量的自动控制. 例如, 保持工业过程中的流量、温度、压力、液位、酸度、真空度、机床和轧钢设备中的立轴的转速、进给、厚度、张力、压力的稳定, 以及军事装备中的运动目标的随动跟踪、火炮的自动瞄准、运动物体的自动驾驶等.

现代的自动化已发展为综合自动化. 不仅对单一设备, 而且对各种不同性质类型的装置进行综合控制, 甚至在相当程度上取代脑力劳动. 自动化到今天, 已是衡量一个国家发展程度的主要标志之一. 1936—1976 年的 40 年间, 由于自动化技术的发展, 全世界的劳动生产率提高 8 倍. 1989 年工业自动化设备的世界总销售额为 444 亿美元, 到 1991 年达到 571 亿美元. 美国通用汽车公司, 1986—1990 年投入 600 亿美元推动自动化. 1990 年该公司已使用 20 万台微机和 6000 台机器人. 用自动化技术武装起来的炮弹有了 "头脑"、长了 "眼睛", 有极高的命中精度, 炸弹由飞机投出后, 经激光束导引可自动寻找目标, 几乎百发百中. 能达到如此精度全靠导弹上的自动控制系统. 自动化技术也在日常家庭生活中发挥重要作用. 各种家用电器都需要自动控制. 日本正积极发展 "电脑大楼" 和 "电脑住宅", 在家庭中用计算机自动管理日常起居, 创造良好的生活环境和自动化程度高的工作条件. 这类自动化系统一般包括计算机的通信终端、报警系统、太阳能供电装置、照明、空调、娱乐的自动化管理等.

现代自动化技术主要由现代控制技术、生产过程自动化、自动化工厂、机器人技术、自动化技术装备、自动化工程的组织管理等组成. 自动化控制是一门体系完备、逻辑严谨、以数学计算为基础的综合性学科, 在其发展过程中, 数学始终起着重要作用.

现代自动化发展的每个阶段都离不开数学. 反馈调节系统可能出现不稳定情况, 这需要在理论上解决. 麦克斯韦 (J. C. Maxwell, 1831—1879, 英国数学家、物理学家) 在 1868 年, 通过线性常微分方程的建立和分析, 对此作出了解释, 并提出了稳定判据. 之后, 英国数学家劳斯 (F. J. Routh, 1831—1907) 和德国数学家赫尔维茨 (A. Hurwitz, 1859—1919) 分别于 1895 年提出了高阶系统的代数稳定判据. 现代控制技术的发展, 状态空间法是基本的数学方法. 大量的系统可用一阶微分方程组 (或差分方程) 来描述, 同时可用于时变的或多输入-多输出的系统, 而且是一种可以直接按时间域指标进行综合的方法. 卡尔曼提出的可控性和可观测性理论, 不仅是控制系统分析的重要判据, 而且为系统分析提出一条有效途径. 在现代控制理论中, 明确提出了目标函数概念, 作为控制最优化的尺度. 动态过程最优化, 是一个泛函极值问题, 经典变分法所研究的正是这一命题. 而庞特里亚金提出的极小 (大) 值原理和卡尔曼提出的动态规划方法是最优控制理论的两大支柱. 在实际的系统中, 信号往往易与噪声 (随机干扰) 相混淆, 怎样才能去伪存真, 是能否实现最优控制的关键之一. 这方面, 维纳和卡尔曼提出滤器是一种卓有成效的工具. 把最优状态估计和最优控制结合起来, 可以组成随机最优控制系统.

由于与现代自动化相适应的数学理论与方法的发展, 自动化技术中数学技术的含量越来越高, 致使有些自动化技术本身就是数学技术, 如反馈控制技术等.

4.4.6　数学在生命科学中的应用

生命科学也离不开数学. 在生物学中人们很早就运用着数学, 并取得了若干重大发现.

17 世纪, 哈维通过数学分析发现了血液循环; 18 世纪, 马尔萨斯基于数学提出了著名的"人口论"；19 世纪 60 年代孟德尔运用数学发现了遗传规律等.

1. 数学推理与血液循环的发现

在哈维之前, 古罗马的盖伦认为血液不是循环的, 而是像潮汐那样"潮涨潮落"的. 文艺复兴时期, 科学家们向盖伦的观点发起了挑战. 1543 年, 比利时医生维萨里纠正了盖伦左右心室相通的错误说法; 1553 年, 西班牙医生塞尔维特发现了心肺循环. 所有这些都向血液循环理论的提出迈出了一步, 但真正突破旧框架, 向前迈出一大步的则是哈维运用数学计算向盖伦学说提出的挑战. 哈维发现, 心脏每跳动一次, 就有若干血液从心脏中流出. 人的心脏里约有 57 g 血液. 心脏每搏动 1 次大约输出 14—28 g 血液, 每分钟人的心脏跳动约 75 次, 这样, 每分钟心脏将输出 1050—2100 g 血. 过半个小时, 心脏将输出 31500—63000 g 血. 这个重量达到甚至超过人体的重量. 这么多血不可能在半个小时内由肝脏制造出来, 也不可能在半个小时内由肢端吸收掉. 所以, 唯一的可能就是, 血液是循环的. 血液循环的发现彻底冲破了长期束缚生理学发展的传统观念——盖伦的三灵气说, 从而为医学和生理学打下了基础. 这不仅是实验方法取得的成果, 也是数学方法在生物学研究中首次取得的重大胜利.

2. 数学方法与进化论的建立

达尔文的生物进化论可以说是生物学中最重要的理论之一, 它的根本思想, 即自然选择思想也是在数学思想的启发下提出的. 马尔萨斯在他的 1798 年出版的《人口论》一书中, 他认为, 人口是按几何级数增长的, 即由 1 增加到 2, 4, 8, 16, 32, 64, ···, 而生活资料却是按算术级数增加的, 即按 1, 2, 3, 4, 5, 6, ··· 的速度增加. 马尔萨斯的《人口论》虽然有其错误的地方, 但是他用简单的数学揭示出来的问题, 却非常深刻. 正是这种数学的威力, 吸引了达尔文, 并因此提出了适者生存, 不适者被淘汰的自然选择理论.

3. 数学方法与经典遗传学规律的提出

尽管数学一直在现代生命科学中扮演着一定的角色, 如数量遗传学、生物数学等. 但真正体会到数学重要性的还是 20 世纪 90 年代的生物学家. 基因组学是这种趋势的主要催化剂. 随着 DNA 序列测定技术的快速发展, 20 世纪 90 年代后期每年测定的 DNA 碱基序列以惊人的速度迅速增长. 以美国的基因数据库为例, 1997 年拥有的碱基序列为 1×10^9, 次年就翻了一番, 为 2×10^9; 到 2000 年基因数据库已拥有近 8×10^9 个碱基序列. 此外, 对细胞和神经等复杂系统和网络的研究导致了数学生物学 (mathematical biology) 的诞生. 美国国家科学基金委员会为此专门启动了一项"定量的环境与整合生物学"的项目, 以鼓励生物学家把数学应用到生物学研究中去.

英国生物学家保罗·纳斯 (Paul Nurse) 因细胞周期方面的卓越研究成为 2001 年诺贝尔生理学或医学奖的得主. 他曾在一篇回顾 20 世纪细胞周期研究的综述文章中以这样的文字结束:"我们需要进入一个更为抽象的陌生世界, 一个不同于我们日常所想象的细胞活动的、能根据数学有效地进行分析的世界." 保罗·纳斯在哈特韦尔的基础上, 使用基因法继续对细胞周期进行研究, 他使用了不同于哈特韦尔的另一种酵母作为模型生物体. 20 世纪 70 年代中期, 纳斯在这种酵母中发现了一种在控制细胞分裂中具有关键功能的基因, 这种功能与哈特韦尔发现的相同. 继续研究后, 纳斯还发现这个基因调节细胞周期的不同过程. 1987 年, 纳斯从人体细胞中分离出了相应的基因, 并命名为 CDK1, 它编码 CDK 族的一个蛋白质. 纳斯的研究表明, CDK 的激活作用依赖于可逆的磷酸化作用. 在这些发现的基础上, 科学家在人体细胞中发现了 6 个不同的 CDK 分子. 因为在"细胞周期中的关键调控子"研究方面作出的卓越贡献, 2001 年诺贝尔生理学或医学奖授予了他和美国科学家哈特韦尔与英国科学家蒂莫西·亨特.

数学不仅能够提升生命科学研究, 而且是揭示生命奥秘的必由之路. 数学科学和生命科学的结合具有巨大的发展空间, 可以相信, 数学将会对整个生命学科产生极其深远的影响. 而生命科学也是促进数学更广阔发展的巨大动力.

4.4.7   数学在系统模拟中的应用

系统模拟 (system simulation) 是指用系统模型结合实际的或模拟的环境和条件或用实际的系统结合模拟的环境和条件对系统进行研究、分析和实验的方法. 其目的是要在人为控制的环境条件下, 通过改变特定的参数来观察模型的响应, 用以预测系统在真实环境、条件下的品质或行为. 系统模拟是为了估价系统的某一部分、估价系统各子系统之间的影响及对整体系统的影响; 比较各种设计方案, 以获得最优设计; 在系统发生故障后使之重演, 以便研究故障原因; 进行假设检验; 训练系统操作人员等.

模拟自古有之. 现代模拟技术是以电子计算机模拟为基本技术的. 计算机可以模拟人脑思维功能、人体机能. 模拟是一种实验方法. 在计算机上模拟一个器件或系统的行为和性能有助于人们确定设计变量, 并以此有效提高器件的性能, 有时甚至能帮助人们确定这些部件是否正常工作. 比起实际制造样品和实验方法既省时又经济. 用模拟办法, 在减少风洞实验情况下, 仍然能准确安装波音 737-800 飞机发动机舱以提高飞机的升降力. 高效的计算机流体力学的方法将导致设计的飞机结构具有最佳的飞行特性和更低的耗油量.

模拟技术丰富了人们的知识结构, 提高了工程师们解决问题的直观能力. 在微电子工业, 设计新的半导体器件和设计使用这些器件的线路板必须使用模拟技术. 模拟的运用有助于新药品的优化设计. 量子化学的计算模拟法为制药学的进一步发展提供了理论基础.

要进行系统模拟, 必须建立模型, 尤其是数学模型. 这是一种抽象模型, 它可以是一微分方程组, 如在现代战争条件下, 对抗的两军的损耗过程可以用两个一阶微分方程来模拟. 在战争中, 指挥若是知道了双方的战争效率比及己方的伤亡, 即可利用这个解析模型估算出敌方的损耗. 这是一位英国工程师研究得到的, 并特别在数学上证明了军事上集中兵力带来的好处.

数学模型的另一种是蒙特卡罗法, 是一种统计实验法. 它是运用一连串的随机数以表达一项概率分配的模拟方法. 为了求解确定的数学问题, 要构造一个与原来问题没有直接关系的概率过程而利用其产生统计现象的方法. 这种方法的步骤是: 对资料进行分析和处理, 简化其形式; 建立模型, 再让模型演示以对模型进行提取样本实验, 并利用实验结果观察系统的演化规律.

计算机模拟是将需要模拟的系统用计算机语言编成程序, 输入计算机内以执行程序, 最后获得模拟执行的结果.

根据系统的特性不同可以采用不同的模拟技术.

一是模拟式模拟. 这是对连续系统或动态系统模型采用模拟计算机所进行的模拟. 这种模拟的优点是: 计算速度快; 可以针对参数的变化很容易地掌握解的变化; 便于用直观的方法使程序与实物相对应; 容易操作管理. 当然也有精度不够的缺点, 例如当模型是偏微分方程时更是如此. 一般可用于控制系统、振动系统、宏观经济系统等.

二是数字式模拟. 这是离散系统采用数字计算机所进行的模拟. 它是以模型作为一个数值计算, 求取数值解的形式进行处理. 这适用于逻辑运算、排队问题、统计问题和离散系统等.

三是混合式模拟. 这是以混合计算技术为中心, 把模拟式和数字式模拟的特长组合起来使用的方法.

模拟技术在众多领域都有应用, 例如过程控制、生产管理、宇航、交通、环境、社会、生态学系统中均有其用武之地. 如对河流污染源将以何种方式治理问题, 可用系统模拟办法提出治理的方案. 又如世界大系统的模拟, 可用五种状态变量 (人口、资本投资、天然资源、污染和用在农业上的资本) 来描述. 通过模拟, 只有采取适当的政策, 才能把世界引导到平衡状态.

生物系统通常是多变量的、非线性的, 十分复杂, 用数字模型来模拟是一种很重要的手段, 可以在各种不同情况下进行实验, 参数改变也容易实现, 这样可以对生物系统作很多定量动态特性研究. 如果对整个循环系统进行模拟, 可用 FORTRAN 语言编程序, 模拟系统包括 354 个计算方块, 每个方块模拟了一个生理过程, 其中多数是非线性函数产生的, 有 38 个积分器, 标尺从几分之一秒到几个星期. 整个循环系统中有 9 套反馈系统存在, 以保持血压维持正常, 它们的反应速度和工作范围都不同. 整个系统有两类控制形式, 一类是比例调节系统, 以压力感受器反馈回路为代表, 它是短暂的调节, 以应付突然的干扰; 另一类是积分调节系统, 以肾脏的体液平衡系统为代表, 它是长远的调节, 用来消除持久的血压偏差, 而且这两类控制系统有内在的调节联系. 经过模拟研究, 对有些生理过程, 有不少结果和实验数据一致.

4.4.8　数学在保险业中的应用

数学是保险学的基础, 是保险业科学经营的依据. 数学的应用使现代保险的科学性得以充分发挥, 为人们的保险活动提供了科学的理论依据. 因此, 数学在保险业中显得尤为重要. 为促进保险学系统的健全, 我们要进行数学方法的应用, 确保其实际问题的解决, 这需针对实际工作环节展开优化, 确保其数学方法的有效应用, 确保其保险系统的健全, 促进其科学性、合理性、有效性的提升, 促进我国的保险活动的稳定推动.

概率论和大数法则既是保险学得以确立的数理基础, 又是制定各种保险费率的科学依据. 它们的发现及应用不但使人们在保险活动中比较准确地预测未来损失, 而且还为保险活动中的损失分摊提供了合理准确的方法. 概率论和大数法则揭示的承保风险单位的数量越多风险越分散这一规律, 为保险的科学经营提供了依据. 大量随机现象的平均结果与每一个别随机现象的特征无关, 就使保险人摆脱了对个别保险标的随机风险无力把握的窘境, 把注意力转向千千万万个保险标的总和的风险责任的把握, 使保险人不必耗费大量精力去一一估价每一保险标的的随机风险, 而把保险标的总体的平均风险责任视同个别保险标的预期风险责任.

1. 连接函数在保险产品中的应用

人寿保险中有一类保险, 是一张保单以多个生命体为承保对象, 且生命体之间具有较为亲近的关系, 称其为连生保险. 传统的连生保险生存概率处理方法较为粗略, 忽略了生命体之间的相互关联性, 已无法满足更精更准的要求. 随后连接函数被引入连生保险中, 用连接函数特有的性质来处理这种相关性. 连接函数就是一个多变量分布函数, 对每一个具有连续的边际分布的多元分布, 存在着唯一的一个连接函数表达式可以度量它们的相依结构.

在连生保险中, 所涉及的各个生命体之间往往是具有某些经济、婚姻、血缘的联系, 从而导致了各个生命体的剩余寿命随机变量之间存在着某种相依关系, 这种相依关系必然会对定价产生一定的影响. 保险产品的精算定价要求以公平性为原则, 并且在竞争日趋激烈, 消费者日趋理性的保险市场中, 产品的价格过高会削弱市场竞争力, 产品的价格过低又会使公司面临风险, 这些都对精算定价提出了更高的要求, 要求精算定价能够尽量真实地反映保险产品所面临的风险, 做到更精、更准.

使用连接函数建立模型能精确地反映保险产品所面临的风险. 在连生保险中, 用来拟合被保险人联合生存概率结构的一般模型, 通常是一个合适的连接函数与描述单个生命体寿命的边际分布函数的模型组合.

2. 风险模型在保险精算学中的应用

保险精算学是以数学知识和数理统计为工具, 对保险业经营管理的各个环节进行数量分析, 为保险业提高管理水平、制定策略和作出经营管理决策提供科学依据与运作途径的一门学科. 它已成为保险业在激烈的市场竞争中赖以生存和发展的重要因素之一. 精算技术对保险公司的经营和发展起着非常重要的作用, 可以说没有精算也就没有真正意义上的保险.

风险模型是风险理论的一个重要组成部分, 也是精算工作领域的一个重要组成部分. 风险理论往往要借助于风险模型以利用概率论知识给出保费的计算方法.

我们知道, 保险公司的盈余资本主要取决于保费的多少和赔付次数的多少. 保费是需要由保险公司确定的, 赔付次数的多少取决于投保事故发生的概率. 保险公司在做盈余资本的规划时必须预先知道投保事故发生的概率才能确定保费. 可以说, 投保事故发生的概率是确定保费的关键, 是保险公司最关心的问题. 因此确定投保事故发生的概率对保险公司正常经营有着重大意义.

例如风险模型中的蒋氏生存模型, 它给出了接触有害物质人群患病概率的算法, 将该模型应用于针对该人群的保险中有着一定的理论意义与实际意义. 在进行保险精算实务及保险风险管理决策过程中可发挥一定作用.

蒋氏生存模型认为个体的死亡取决于内部和外部这两个完全不同的因素. 内部因素是指个体的年龄及健康状况等内在原因, 外部因素是指周围生存环境对个体的影响. 假设个体持续暴露在一个有轻度污染的环境中, 同时排出一部分已吸收在体内的有害物质, 那么残留在个体体内的有害物质就是导致个体死亡的外部因素. 这个模型是用于研究接触有害物质人群的, 可为该人群提供了一个生存分析参数统计模型, 从而分析许多实际中有关生存的问题.

蒋氏生存模型给出了一个接触有害物质人群的生存概率表达式, 同时也给出了该人群的患病概率的表达式. 因此该模型可应用于解决针对这类人群的工伤保险中的精算问题. 也就是说, 蒋氏生存模型由于给出了该人群的患病概率的表达式, 因而可用于解决工伤保险中保费的确定问题.

3. 泊松分布在保险学中的应用

无论是在自然科学领域还是社会管理活动中, 我们都会遇到各种计数数据. 通常情况下, 泊松分布以及泊松过程对于描述这些社会管理活动、生产活动等产生的计数数据具有非常好的拟合效果. 但在实际环境中, 由于各种影响之间可能相互抵消, 或者有些影响可以忽略不计, 就常常会出现产生次品的概率非常小的情况, 也就是次品数为零的情况大大增加. 此时对于含零特别多的计数数据, 人们构造了一种新的分布, 就是零堆积泊松分布. 该分布是将一个在零处具有概率质量的退化分布和一个普通概率分布相混合得到的.

在非寿险数学中, 聚合风险模型常常被用来近似个体风险模型. 在聚合风险模型中, 风险组合被看作是一个随着时间变化而逐渐产生新理赔的保险风险过程. 这些理赔被假设为独立同分布的随机变量序列, 并且独立于时间段内的理赔次数. 于是, 总理赔额便可以表示为一个由独立同分布的理赔额变量相加构成的随机和. 通常情况下, 人们假设理赔次数是一个具有特定均值的泊松变量, 将理赔次数的分布定义为零堆积泊松分布.

在保险中, 尤其是针对机动车辆保险, 保险公司一般会实行无赔款折扣制度, 这就使得人们在去保险公司索赔前衡量利益损失, 因此会使索赔次数为零的情况大大增加. 但一旦发生索赔, 因为已经不会享受无赔款优待, 所以又会使索赔次数较多的情况增加. 这样的保险数据, 用零堆积泊松分布去拟合, 就会得到非常好的拟合结果.

4. 动态微观模拟模型在养老保险中的运用

养老保险制度是社会保障制度中最重要的组成部分之一. 养老保险制度能够通过某种形式的社会统筹和安排, 强制或非强制性地实现个人收入在时间路径上的社会最优分配或个人最优分配 (包括财富的代际和代内转移), 从而有效消除年老时由于获取收入能力下降所造成的风险.

然而, 公共政策的设计和评价需要宏观经济模型的支持, 但传统的宏观经济模型由于采用典型个体分析模式或总量分析模式, 无法分析公共政策对异质性微观个体的收入分配效应和由于微观个体状态改变导致的财政效应. 随着计算机仿真技术的发展, 以及政府统计部门微观数据调查的范围越来越广, 微观模拟模型得到日益广泛的应用, 已经成为政府部门制定和分析公共政策的有力工具. 特别是在养老保险制度研究领域, 微观模拟方法已经被认为是最适合分析制度改革对同期和跨期个人收入分配造成影响的方法之一.

微观模拟模型可以提供一个在社会经济系统中真实的、具体的模拟社会经济状况和实施政策的环境. 模型通过对个体微观单位有关特征量的实际模拟, 在微观个体上具体实施有关政策, 再对政策产生的影响进行总体的统计和估计, 从而得到政策实施的宏观效果. 微观模拟模型也可以分析政策实施对总体中不同群体的影响, 从而比较一种政策的实施对哪一类群体有利, 对哪些群体影响大等问题, 特别适用于政策分配效果的评估.

动态模型比较复杂, 适用于较长期的模拟和分析, 常被用于分析着重考虑长期效果的社会经济政策项目, 如养老保险制度和失业保险制度等. 动态模型使用横截面调查数据, 模拟过程中产生大量家庭、收入、工作等这样描述每个主体一生中每一年情况的信息. 动态模拟模型能够通过应用模拟技术预计微观单位未来的特征, 所以能够分析社会人口统计学结构的变化, 从一个动态发展的观点出发分析公共政策的作用效果.

由以上可以看出, 数学是保险科学行为的数理基础.

4.4.9 数学在农业中的应用

随着世界人口的极速增长, 人类对粮食的需求量也与日俱增这样的社会现实也要求农业生产水平的不断提高. 过去的农业生产是落后的、生产力是低下的, 自然环境对农业生产起着决定性作用, 导致生产力水平低, 难以解决人类的温饱问题, 不能跟上人口数量的增长. 所以, 应用先进的理论知识指导农业生产, 使农业生产越来越科学化、高效化, 成为社会发展所需研究的主题. 如何应用数学模型技术来指导农业生产, 已成为近年来国际上边缘学科研究的热点之一.

随着社会科技水平的提高和教育普及化程度的增强, 现代农业的生产水平和生产方式较之前所含的科技含量有着显著的提高, 数学知识的应用也是现代农业生产的特点之一. 知识在农业生产中的应用是理论结合实践的成功范例, 为农业生产做出了带头作用. 数学作为人们在生产实践、科学试验中总结经验、加工提炼、抽象升华而发展起来的一门学科, 将其应用于农业生产是社会发展的必然结果. 将数学知识应用于农业生产极大地缩短了农业生产高效化、产业化所需要的时间, 对农业生产起到了指导作用. 尤其是数学模型技术在农业生产中的应用, 优化了农业生产的产业结构, 降低了自然灾害对农业生产的危害, 最大限度地达到了节约成本、可持续发展的目标. 从我国现代农业生产的背景来看, 对农业生产各个环节进行分析、建立数学模型, 应用计算机科学技术对建立的数学模型进行分析和求解, 极大促进了农业生产高效化、先进化和产业化, 也大大减少了农业生产的成本. 这种做法实现了追求较大生产产量的同时, 尽可能地保护自然环境.

1. 数学模型应用于农业中的例子

线性规划模型、层次分析、灰色预测、正态分布等模型运用了国内外不同时期不同研究者的理论知识, 总结概括前人经验, 并在前人基础上加以创新, 在指导现代农业生产上起到了十分重要的作用.

线性规划模型为运筹学分支, 主要是科学管理的一种辅助数学方式, 一般用来解决具有一定约束条件的目标函数当中最大、最小问题, 所求得的解叫作可行解, 并由所有的可行解组成的集合形成可行域, 在线性规划当中起到关键性要素的三个条件为决策变量、约束条件及目标函数. 现代化农业生产当中使用精确化的农业数字建设, 实际上就是利用线性规划数学模型来解决部分农业生产的问题. 而所要解决的问题, 最终可以转化为数学的优化问题.

层次分析法 (analytic hierarchy process, AHP) 是 20 世纪 70 年代由美国运筹学教授 T. L. Satty 提出的一种简便、灵活而又实用的多准则决策方法. 简单来说它是根据问题的性质和要实现目标进行分析讨论, 最后作出决策. 层次分析法从本质上来说是一种判断各因素对最后结果影响程度的决策手段. 它适用的研究对象是: 实验数据庞大繁杂、实验结果模糊不清、实验抗干扰性差, 容易被突发情况影响结果的准确性. 因此使用层次分析法从某种意义上来说, 它将定性和定量两种要求达成了一致. 减少农业生产者的工作量, 节约了生产成本.

灰色系统理论是由我国学者邓聚龙教授提出的. 它是基于数学理论的系统工程学科. 主要解决一些包含未知因素的特殊领域的问题, 它广泛应用于农业、地质、气象等学科. 灰色预测法则是由灰色系统理论衍生出来的预测方法. 灰色预测法的特点是可以在只知道一部分信息的情况下, 将我们已知的这部分信息当作研究对象, 对这部分信息进行分类、研究, 筛选出对农业生产有用信息, 来对生产活动、生长规律进行有效的监控和预测. 在农业生产中, 可以取一亩地的作物产量为样本, 从而推演出大范围、大面积种植的收益.

2. 现代农业中数学模型的建立

在现代化农业中, 建立数学模型的主要步骤如图 4.4 所示. 农业数字化是将农业满足全面信息化首要的条件, 在农业生产当中, 农业因素的数字化无法表明农业过程, 而采用数学建模的形式将农业生产过程当中内在与外在的各种规律以及条件进行数学模型的形式体现, 由此就完成了农业模型的主要任务. 所以建立数学模型是现代化农业关键步骤.

数学模型, 能够将农业生产过程进行数字化, 使得采用传统的经验形式变为理论层次. 若想要实现农业数字化而不采取数学模型的形式, 只会停滞在农业问题的表层, 无法进行深入详细地对各种农业过程的有效分析, 往往不能达到农业生产过程当中最优化的策略, 所以, 数学模型是精确农业科学的重要基础和主要技术手段.

3. 线性规划模型在现代化农业中的应用

农业生产问题往往具有一定的复杂性, 需要进行大量的统计来获得有效的数据. 通常情况下建立这样的数学模型分为以下三个步骤: 第一步, 根据需求确认决策变量, 其主要为整个问题当中的未知量, 证明在整个规划系统当中数量表示的采取方案和必要措施, 这些都是由决策者进行决定及控制的. 第二步, 要知道整个生产所需要达到的目的, 并由此建立相关的函数, 这样确定了一组变量的线性函数, 并根据实际问题来求得函数的最大值与最小值. 第三步, 确定生产过程当中的约束问题, 并将其建立在方程内形成约束方程, 即线性规划数学模型的一般形式可表示为

$$\max(\min) \sum_{i=1}^{n} C_i X_i$$

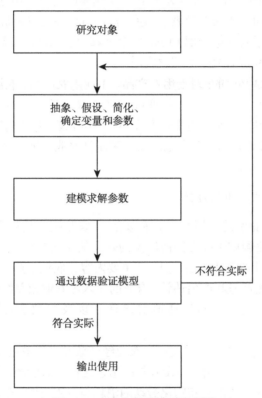

图 4.4   农业中数学模型流程图

对于线性规划模型, 通常采用单纯形法给出所需要规划问题的最优解, 但在实际应用当中由于各种各样的决策变量以及对应的约束问题, 采用人工计算的形式较为费时费力, 所以往往采用计算机程序的形式进行计算, 这样的形式不仅大大提高了计算的精准性.

4. 预测法在农业中的应用

对计划年度的粮食产量做出有科学根据的预测, 已成为近年来国际上边缘学科

研究的热点之一. 目前国际上粮食产量的预测主要采用天气、遥感和统计动力学模拟预测法, 这些方法预测误差常在 10% 左右, 一些发达国家可达 5% 左右, 而预测提前期一般为 3 个月. 中国科学院系统科学研究院的数学家陈锡康和他的合作者在深入研究了 12 类因素与我国粮食亩产的函数关系后, 确认粮食产量的起落不仅与气象条件有关, 还取决于政策、价格、灾害、肥料、机耕、灌溉、役畜等多种因素. 在此基础上, 他们提出了社会经济技术产量预测法, 不但使预测精度明显提高, 而且预测的提前期均在半年以上. 1984 年 4 月, 他们预测的全国粮食产量为 4085 亿公斤, 实际产量为 4073 亿公斤, 误差 0.3%. 陈锡康的研究在国际上引起注目, 世界银行农业经济专家向我国农业部表示, 愿意提供研究经费, 陈锡康和他的合作者运用数量分析法完成了我国第一部《1982 年全国农业投入产出表》, 这是投入产出方法在我国宏观农业经济研究中的首次应用.

不光粮食预测是必要的, 对食用农产品、工业用农产品、农用农产品等需求量和供应量也需要进行短期 (1 年)、中期 (1—5 年) 和长期 (10—20 年) 预测. 短期预测主要根据历史资料以农作物的生长形式, 对当年度或下年度的需求量和产量进行估算, 中期预测和长期预测为一个地区或国家制订农业发展规划提供科学依据. 这些预测技术是以数学为基础的.

5. 统计技术在农业中的应用

统计技术在农业中的应用是十分重要的. 农业统计是社会经济统计的重要组成部分, 是对农业领域中社会经济现象的数量的调查与分析; 是了解农业情况、实行经济管理和统计监督的重要工具. 其主要内容有农业生产条件统计, 农业各部门的生产规模、实物产量和产值估计, 农业的投入与农业效益统计, 农村经济收入分配统计, 农民家庭收支与生活消费统计, 以及乡镇企业有关经济活动的统计.

农业经济效益统计是十分重要的. 农业经济效益是指农业生产中的劳动成果与劳动消耗量之间的对比关系, 即投入与产出之比提高农业经济效益, 就是要在农业生产过程中以尽量少的活动和物化劳动的消耗与占用, 生产出更多符合社会需要的农产品. 农业经济效益的大小, 同农业生产成果成正比, 同劳动消耗量成反比. 单位投入所产出的有效成果越多、质量越好, 农业经济效益就越高.

在计算农业经济效益指标时, 农业生产的投入和产出各有多种表示方法. 从投入来看, 有劳动占用和劳动消耗两种. 农业生产中的劳动占用包括土地和资金, 应分别计划土地和资金占用的经济效益. 从产出来看, 一般根据不同目的, 采用不同的生产成果指标. 如农产品实物产量农业总产出、净产值和商品产值农业总收入、纯收入和利润等. 农业经济效益指标有实物指标和价值指标两种形式. 农业经济效益指标可以按不同范围、不同层次来计算.

统计技术在农业中的应用极为广泛, 如农业各种试验的统计分析、各种品种比较的统计分析, 还有各种农业试验的设计等.

4.4.10 数学在汽车制造业中的应用

1. 汽车制造业模具二级预警机制数学模型的构建及应用

模具是汽车制造企业在生产过程中最主要的工艺装备, 也是公司提升产品质量、保障生产、降低成本的重要环节. 但由于汽车公司模具数量较大, 且在用状态随生产使用不停变化, 模具管理者无法第一时间全部掌握所有模具的在用状态, 造成生产的中停、质量损失和成本失控, 因此可以建立二级预警数学模型, 并求得预警值来评判其在用状态并采取必要的预防措施, 通过预防性维护和预见性维修将质量隐患消除在萌芽状态. 模具预警数学模型的应用可以显著地提高模具的可视化及状态的透明度, 防止因模具问题而导致的中停、零部件不良品及成本损失等问题, 使管理者通过筛选可以在第一时间掌控重点并对其采取必要的预防措施, 较大幅度提高公司的经济效益.

影响模具使用效果的是模具本身状态的保持度、后果损失可控度、使用寿命及已使用频次、维修频次及成本这四个方面, 这些数据综合起来能准确反映出模具现有的状态和管理者可接受程度, 如何利用变量因子建立数学模型并将其量化, 借此来评判模具的现有状态, 这是设立模具预警数学模型的基本思路. 上述关键因子的变化对于模具本身状态属于正向线性关系, 但模具状态随着使用频次的增多会逐步降低而构成负向线性关系, 因此设置如下数学模型:

$$V = S \times I \times T \times U$$

其中, V 为模具预警值, S 为模具严重度 (模具本身问题评价系数), I 为模具已维修频度及费用 (模具实际维修次数和维修费用比重), T 为模具后果评价系数 (模具出现问题将会导致的结果), U 为模具已使用系数 (已使用频次或设计使用频次). 接下来进行预警值变量的测量系统分析及模具预警数据区间的判定及使用, 并利用数学模型得出正确的预警值. 最后, 根据使用经验, 可以认为 50 分为评判模具在用状态的分界线, 预警值的判定区间及使用如下: 当预警值 $V \geqslant 90$ 时, 采取报废; 当预警值 $70 \leqslant V < 90$ 时, 考虑复制; 当预警值 $50 \leqslant V < 70$ 时, 予以重点关注, 加强预维修和整改力度; 当预警值 $20 \leqslant V < 50$ 时, 增加预防性维护, 关注备件, 深度检修记录及异常; 当预警值 $1 \leqslant V < 20$ 时, 模具管理者通过筛选, 对每个区间的模具进行分类, 采取不同的措施. 在模具预警值小于 50 分的情况下, 可以通过模具维修班组的预见性维修, 如更换备品备件、进行深度保养、表面光洁处理等措施来完成. 在模具预警值大于 50 分的情况下, 必须采用预见性维修的方式来安排预维修、项

修、大修的方式来保障模具的使用状态, 甚至对即将超过 90 分的模具进行报废和预复制.

通过数学模型的构建思路、方法和应用, 可以看出, 以模具管理者的视角对所有监测数据进行整合计算, 准确掌控在用工装现有状态, 通过预防性维护和预见性维修, 既可以有序安排模具的各项业务, 防止异常发生, 也降低了维护成本.

2. 大型汽车制造企业物流问题研究

汽车物流业一直以来都被国际物流同行公认为最复杂、最专业的物流领域. 作为从事汽车物流服务的第三方物流企业, 只有利用自身资源, 更好地开展物流业务, 高效地满足企业生产及物资流通的需要, 降低物流成本, 从而增强我国汽车制造企业及其产品在国内外市场的竞争能力. 针对物流方案优化中所涉及的一些问题, 可以建立数学模型, 包括运输线路的优化、区域分发中心 (regional distribution center, RDC) 选址以及运输方式的选择, 然后对整个物流服务提出汽车物流服务方案评价的指标体系.

3. 电子控制系统在汽车上的广泛应用

汽车工业中广泛地采用了作为高技术的代表的电子技术, 这是市场的关键技术. 机电一体化是现代汽车的显著特点. 电子控制系统在汽车上的广泛应用, 显著地改善和提高了汽车的动力性、经济性、安全性、可靠性及舒适性, 从根本上控制了汽车对环境的排放污染. 将电子技术引进汽车, 用电脑代替人脑以精确判断车辆及路面状况用电控系统取代繁重的机械控制元件是现代汽车研究发展的重要目标.

由微型计算机控制的汽车电子系统主要有 6 组: 发动机电子控制系统; 传动系控制系统; 行驶、制动转向系控制系统; 安全保证及代表警报; 电源系统; 舒适性系统和娱乐通信系统.

发动机电子控制系统的控制项目就有多项; 传动系控制系统有电控自动变速器、电控防滑系统和电控制动防抱死系统; 行驶、制动转向控制系统有电控悬架系统、电控制动力转向系统、电控怠速控制系统; 安全保证系统有汽车安全气囊系统、汽车电子锁、汽车防尾碰撞系统、安全带和状态监测系统、安全驾驶监测系统等; 舒适性、娱乐、通信系统主要有空调系统、门窗自动关闭、座椅调节、门锁控制、汽车音响系统、汽车通信系统等.

汽车计算机系统是控制汽车的各个电控装置, 它类似于人的神经系统. 计算机通常由输入输出设备、存储器、运算和逻辑部件 (运算器) 以及控制器组成. 运算器和控制器集成为计算机微处理器, 又称中央处理器 (CPU), 对于轿车发动机的计算机系统, 它由转速温度、压力、流量、含氧爆震等传感器提供信息, 计算机对这些信息进行计算、分析、修正后, 输出一系列指令, 用于控制发动机点火正时、可燃气混合比、怠速、爆震、增压、废气净化等工况, 以优化发动机的性能. 这就是计算机对发动机的控制. 对底盘和车身的控制包括控制防抱死制动系统、悬架系统、传动系统、车厢气候调节、语音报警系统和巡航行驶系统.

　　以上说明, 数学在汽车制造业中有重要应用.

第5章　数学与经济学

数学与经济学有着千丝万缕的联系, 数学对经济学的发展有方法论的作用, 经济学为数学的发展提供了很好的应用背景. 历史上有多位数学家因为其数学理论在经济学领域的重大应用而获得诺贝尔经济学奖. 本章主要讨论数学与经济学的联系.

5.1　经济学概述

5.1.1　什么是经济学

经济学的作用就是解释人的行为. 经济学从人的本性出发, 研究人如何满足自己的欲望, 人的行为如何影响到资源配置, 社会财富生产遵循什么样的规律, 怎样才能促使经济顺利发展等. 正是由于经济学基于人性的特点, 它的触角几乎可以延伸到社会生活的每一个角落.

经济学是一门研究社会经济活动和人类经济行为的科学, 涉及经济规律、经济政策、历史、政治、文化以及人类生活的各个方面. 经济学不仅能揭示一个国家经济运行发展的规律趋势, 而且还能解决人们生活中存在的种种问题. 1925 年诺贝尔文学奖获得者, 英国著名的戏剧家、文学家萧伯纳认为, "经济学是一门使人幸福的艺术", 使社会大众幸福正是经济学的宗旨所在.

经济学主要研究个人和社会如何管理自己的稀缺资源, 如何用有限的资源实现效用最大化. 在大多数社会里, 资源是通过千百万人的共同行动来配置的. 因此, 经济学研究人们如何做出决策: 他们工作多久、购买多少、储蓄多少, 以及如何把储蓄用于投资. 经济学还研究人们如何相互交易. 如, 研究关注一种物品众多的买者与卖者如何共同决定该物品的价格和成交量. 最后, 经济学分析影响整个社会经济活动的力量和趋势, 包括平均收入的增长、社会平均失业率, 以及各种物价上升的速度等.

2001 年诺贝尔经济学奖获得者, 美国经济学家斯蒂格利茨在其《经济学》一书中指出: "经济学研究我们社会中的个人、企业、政府和其他组织如何进行选择, 以及这些选择如何决定社会资源的使用方式." 欲望有轻重缓急之分, 同一资源又可以满足不同的欲望, 每一个个人和团体都必须做出自己的选择. 选择就是用有限的资源去满足什么欲望的决策, 正确地选择来自对自己和周围世界的正确估价. 经济学是一门选择的学问, 选择是为了做出正确的决策, 决策的目的是更合理地进行资源配置, 合理配置资源的目的是实现利益的最大化, 即以最小的成本获得最大的收益. 这个利益不仅包括物质利益, 也包括精神利益、感情利益等.

经济学研究的基本问题是资源配置与资源利用, 由此将经济学分为两个领域: 微观经济学和宏观经济学. 微观经济学研究单个经济单位的经济行为, 以及相应的经济变量的单项数值是如何决定的, 以说明价格机制如何实现资源的合理配置. 宏观经济学以整个国民经济为研究对象, 通过研究经济中各个总量的决定及变动, 说明如何充分利用资源. 宏观经济学研究一个社会的整体经济, 而整体经济是单个经济单位的总和. 整体经济的变动产生于千千万万个人的决策. 因此, 微观经济学是宏观经济学的基础.

5.1.2 经济学发展史

Economics 一词来自古希腊罗马的思想家色诺芬的著作《经济论》, 意为财富及其增长. 1615 年法国人蒙克莱田首次使用"政治经济学"一词, 意为国家财富的生产和分配. 之后政治经济学成为一门研究财富的性质、生产、使用和分配的科学. 19 世纪 50 年代麦克劳德和马歇尔将"政治经济学"改名为"经济学". 20 世纪 20 年代罗宾斯把经济学定义为"研究稀缺资源分配于多种欲望以取得最大福利的学科". 经济学已经有了被研究者广泛接受的经济信念、价值判断和经济学研究方法. 经济思想的发展经历了以下几个阶段:

(1) 重商主义学派. 重商主义是最早期的经济学思想的萌芽. 早期重商主义产生于 15—16 世纪中叶. 其代表人物为英国的威廉·斯塔福, 主张"货币差额论", 即只出口, 不进口, 禁止货币输出, 反对商品输入, 目的是尽量多储藏货币. 晚期重商主义产生于 16—17 世纪. 其代表人物孟克莱田和托马斯·孟主张"贸易差额论", 强调多出口, 少进口, 认为金银是一个国家必不可少的财富. 若一个国家没有贵金属矿藏, 就要通过贸易取得. 对外贸易必须保持顺差, 以保证国家财富的积累.

(2) 古典经济学派. 产生于 17 世纪的古典经济学是现代经济学的理论基础, 其代表人物为威廉·配第、亚当·斯密和大卫·李嘉图. 他们主张劳动是财富的来源, 市场调节比人为调节更能符合社会整体利益, 并主张实行经济自由放任政策, 即"看不见的手"原理.

(3) 重农主义学派. 重农主义学派产生于 18 世纪 50—70 年代, 其代表人物为魁奈和杜尔哥, 主张农业为财富的唯一来源和社会一切收入的基础, 认为保障财产权利和个人经济自由是社会繁荣的必要因素. 财富是物质产品, 财富的来源不是流通, 而是生产. 财富的生产意味着物质的创造和数量的增加.

(4) 边际效用学派. 边际效用学派产生于 19 世纪 70 年代到 20 世纪初, 其代表人物为英国的杰文斯、奥地利的门格尔, 以及法国的瓦尔拉斯, 他们认为商品价值是人对商品效用的主观心理评价. 价值量取决于物品满足人的最后的, 亦即最小欲望的那一个单位的效用值的大小. 边际效用学派首次将人性心理和数学工具系统地应用于经济学研究, 因此也被称为经济学的"边际革命".

(5) 新古典经济学派. 新古典经济学派产生于 19 世纪末 20 世纪初, 其代表人物为马歇尔, 主张以均衡价格衡量商品的价值和以均衡价格论代替价值论, 把供求论、生产费用论、边际效用论、边际生产力论融合在一起, 建立了一个以完全竞争为前提, 以"均衡价格论"为核心的完整的经济学体系.

(6) 凯恩斯主义学派. 凯恩斯主义学派产生于 1936 年, 代表人物为凯恩斯, 他主张政府对宏观经济进行干预, 以有效地解决经济危机和经济失衡, 强调财政政策和货币政策要能有效地调节经济, 使其平稳运行, 否认政府的平衡预算做法, 主张公债无害. 凯恩斯的经济思想颠覆了西方经济思想, 被誉为"凯恩斯革命". 虽然凯恩斯主义受到理论学界的质疑, 但是迄今为止全世界还没有一个国家能够放弃凯恩斯主义的大多数宏观经济政策主张, 凯恩斯提到的挖坑寓言也变成了政府成功干预宏观经济运行的实例.

(7) 新古典综合学派. 新古典综合学派产生于 20 世纪 50—60 年代, 其代表人物为萨缪尔森. 主要观点有: 国家干预经济的主要理论依据是在一定条件下出现的有效需求不足. 该学派吸收了哈罗德和多马的经济增长理论, 增加了动态的和长期的研究. 新古典综合学派继承了凯恩斯的理财思想, 强调赤字财政对消除失业的积极作用.

(8) 货币主义学派. 货币主义学派产生于 20 世纪 50—60 年代, 其代表人物弗里德曼, 他强调货币供应量的变动是引起经济活动和物价水平发生变动的根本的和起支配作用的原因. 货币主义学派反对凯恩斯主义主张的国家干预经济的理论和政策.

(9) 新制度学派. 新制度学派产生于 20 世纪 60 年代, 是当代西方经济学的主要流派之一, 其代表人物为加尔布雷思、博尔丁和缪达尔. 新制度学派认为, 经济学正统理论惯于使用的数量分析具有较大的局限性. 这种数量分析只注重经济中的量的变动, 而忽视了质的问题, 忽视了社会、历史、政治、心理、文化等因素在社会经济生活中所起的巨大作用. 新制度学派强调采取制度分析、结构分析方法, 其中包括权力分析、利益集团分析、规范分析等.

(10) 供给学派. 供给学派产生于 20 世纪 70 年代. 该学派强调经济的供给方面, 并认为: 需求会自动适应供给的变化; 生产的增长取决于劳动力和资本等生产要素的供给和有效利用; 个人和企业提供生产要素和从事经营活动是为了谋取报酬, 对报酬的刺激能够影响人们的经济行为; 自由市场会自动调节生产要素的供给和利用效率, 应当消除阻碍市场调节的因素; 控制货币数量增长的目的不应只是与经济增长相适应, 还应稳定货币价值.

经过数百年的发展, 经济学出现了很多分支, 而且随着人类经济实践活动的发展, 还不断有新的课程名目出现. 但大致上可以将其分为两类, 即理论经济学和应用经济学. 理论经济学方面, 包括西方经济学 (微观经济学、宏观经济学)、政治经济学、世界经济、经济统计学、产业经济学等; 而应用经济学按不同划分标准, 则包括了更多的分支方向, 如以国民经济个别部门的经济活动为研究对象的学科, 如农业经济学、工业经济学、建筑经济学、运输经济学、商业经济学等; 以涉及国民经济各个部门而带有一定综合性的专业经济活动为研究对象的学科, 如计划经济学、劳动经济学、财政学、货币学、银行学等; 以地区性经济活动为研究对象的学科, 如城市经济学、农村经济学、区域经济学等; 以国际的经济活动为研究对象的学科, 如国际经济学及其分支国际贸易学、国际金融学、国际投资学等; 与非经济学科交叉联结的边缘经济学科, 如与人口学相交叉的人口经济学; 与教育学相交叉的教育经济学; 与法学相交叉的经济法学; 与医药卫生学相交叉的卫生经济学; 与生态学相交叉的生态经济学或环境经济学; 与社会学相交叉的社会经济学; 与自然地理学相交叉的经济地理学、国土经济学、资源经济学; 与技术学相交叉的技术经济学等.

5.1.3 经济学与数学的关系

在经济学研究中运用数学方法的趋势越来越突出, 涉及的领域更是越发广泛, 也取得了巨大成效. 据统计, 诺贝尔经济学奖自 1969 年创设以来, 大约产生了 80 多位获奖者, 其中不少人拥有数学学位, 基本上所有的获奖者都借助了数学工具对经济问题进行分析研究. 数学与经济学在各自的发展过程中呈现出相互促进、共同发展的局面.

数学已成为现代经济学研究中最重要的工具. 现代经济学中几乎每个领域或多或少都用到数学、统计学方面的知识. 但经济学不是数学, 数学在经济学中只是作为一种工具被用来考虑或研究经济行为和经济现象. 经济学家只是用数学来更严格地阐述、更精炼地表达他们的观点和理论, 用数学模型来分析各个经济变量之间的相互依存关系. 正是由于经济学的数量化, 将各种假设的前提条件精确化, 它才日益成为一门体系严谨的社会科学, 从而能够建立一套现代经济学的基本分析框架和研究方法. 由于提供研究平台, 建立参照系和给出分析工具都需要数学, 这就不难理解为什么数理分析的方法在现代经济学中成为主要的研究方法. 如果经济学没有采用数学, 经济学就不可能成为现代经济学. 经济学概念可借助数学来定义, 经济行为和经济现象也可运用数学语言来分析和研究. 用数学语言来表达关于经济环境和个人行为方式的假设, 用数学表达式来表示每个经济变量和经济规则间的逻辑关系, 通过建立数学模型来研究经济问题, 并且按照数学的语言和逻辑进行推导, 以求得结论, 这已日益成为一种成熟的经济学研究范式. 因此, 不了解相关的数学知识, 就很难准确理解概念的内涵和外延, 也就无法对相关的经济学问题进行卓有成效的讨论和分析研究.

经济现象的复杂性和其内在的社会性也不断地向数学提出新的问题, 推动着数学科学的发展. 研究经济现象要提出很多假设前提, 数学模型不可能与现实经济完全一致, 如张伯伦的垄断竞争模型, 这种不一致性也可以成为数学发展的推动力.

理论经济学主要用纯数学作为研究工具, 实证经济学则主要用数理统计和计量经济学作为研究工具. 数学在经济学理论研究中发挥的作用至少可体现在以下两方面.

1. 对经济学理论的陈述更准确、清晰

数学语言的引入, 可使经济学中使用的描述性语言更精确, 使研究假设和前提条件的叙述更清楚, 减少因定义不清所造成的争议. 它可以清楚地阐明一个经济结论成立的边界和适应范围, 给出一个理论所含结论成立的确切条件, 从而避免一些理论滥用. 例如, 产权问题中的科斯定理认为, 只要交易费用为零, 就可导致资源的有效配置. 但这个结论一般是不成立的, 必须加上效用函数是准线性 (quasi-linear) 这一条件方可.

2. 数学逻辑推理严密精确, 可防止漏洞和谬误, 帮助改进或推广已有的经济理论, 也可帮助得到一些不很直观的结果

利用已有的数学模型或数学定理推导新的经济学结论, 有助于排除一些细节干扰, 得到一些仅凭直觉无法或难以得出的结论, 进而发现经济现象之间更深层的联系. 这样就能不走或少走弯路, 将注意力集中在前提假设、论证过程及模型原理等问题上来, 避免一些无谓的争执, 也使得在深层次上发现似乎不相关的经济结构间的关联变成可能. 如经济机制设计理论是一般均衡理论的改进和推广; 再如, 从直观上看, 供给和需求法则认为, 只要供给和需求量不相等, 自由竞争的市场就会发挥看不见的手的作用, 通过市场机制的价格调整, 使供需达到均衡. 但这个结论不总成立. Scarf (1960) 给出了具体的反例, 证明了这个法则也有不成立的情形.

实证经济学通过对所观测到的经济现象和统计资料进行分析、描述以帮助人们确定对策, 并对经济理论进行检验. 经济统计和计量经济学在这些方面发挥着重要作用. 经济统计侧重于数据的收集、描述、整理及给出统计的方法, 而计量经济学则侧重于经济理论的检验、经济政策的评价、进行经济预测及检验各个经济变量之间的因果关系.

在实证经济学研究中使用数学和统计方法, 能帮助研究者把实证分析建立在坚固的数理基础上, 使用数据定量地检验理论假说和估计参数的数值, 可以减少经验性分析中的表面化和偶然性, 最终得到定量性的研究结论, 并分别确定它在统计学和经济学意义下的显著程度.

精致复杂的统计方法可帮助研究者从手头上已有的数据中最大限度地汲取有用的信息, 而采用数学方法, 就能以经济理论的数学模型为基础发展出可用于定性分析和定量分析的计量经济模型. 研究证据的数量化也使得实证研究具有一般性和系统性.

茅于轼先生在《经济学所用的思考方法》一文中写道: 自然科学方法, 特别是数学方法何以能在经济学中起到如此重要的作用呢? 主要的原因大概有下列三点: 一是, 利用数学方法研究复杂现象, 不论其推演过程如何冗长, 丝毫也不会丧失其可靠性. 而利用常识来推理, 很快就会变得牵强附会, 使人将信将疑, 而这一点正是古典经济学中突出的一个弱点. 由于数理经济学的建立, 现在经济学家之间十分清楚他们的共同基础是什么, 万一出现意见的分歧, 沿着推理的思路逆流追溯, 也很容易找到分歧的所在, 能够明确什么是需要进一步研究的问题, 这又使得讨论问题和探索问题的效率大大提高. 二是, 由于数学方法的客观性和严密性, 当将它应用于经济现象的研究时, 一切先入为主的偏见都将被检验并暴露出来. 有些我们认为理所当然, 其实应当加以仔细检验的概念, 数学将会帮助我们摆脱其影响. 数学推理具有巨大的说服力, 它能给人以信心. 甚至最顽固的成见, 也会在严密的逻辑面前节节败退. 三是, 数学方法本身所提供的可能性. 多变量微积分的理论特别适合于研究以复杂事物为对象的经济学. 偏导数、全导数、全微分公式在数理经济学中是一些最基本的手段, 当这些表达一旦被赋予经济学的含义时, 复杂的事物就变得如此之清晰可辨, 以致用不着任何多余的文字说明. 尤其数学规划理论, 可以说就是为了经济学而创立的. 它研究在满足一系列约束之下能够获得极值的条件. 经济学的基本任务也正是在遵守资源约束、生产技术约束的条件下, 求得消费者使用价值的极大化.

5.2　数理经济学

5.2.1　数理经济学的起源和发展

1711 年意大利的 G. Ceva (1647—1734) 写了一本关于货币价值的著作《论钱财》, 这是第一个开始用数学研究经济问题的学者. 法国学者古诺 (Cournot) 于 1838 年发表了《财富理论的数学原理的研究》, 书中提出了需求函数理论, 该理论把商品的需求量与价格之间的关系写成了函数形式, 这使得 Cournot 成为运用数学系统研究经济问题的先驱者. 亚当·斯密在《国富论》中用 "一只看不见的手" 来形象比喻市场机制, 而 1874 年法国的 Walras (瓦尔拉斯, 1834—1910) 明确提出: 那只 "看不见的手" 既不是上帝的主意, 也不是自然界固有的规律, 而是一套数学原理. 瓦尔拉斯用一组代数方程式描述了这一原理, 这就是一般均衡理论, 该理论在经济学界的影响力持续了一个世纪之久. 此后, 经济学开始注重运用数学精确地描述和表达经济现象、经济规律. 与此同时, 一些学者将导数概念引入经济学, 从而引发了 "边际革命", 这使得经济学使用的数学工具从初等数学进入了高等数学.

Cournot 于 1838 年出版的著作《财富理论的数学原理的研究》已被公认为数理经济学的开端. 但因当时理论界权威们不熟悉数学推理致使该书无人问津, 40 年后该书因受到英国的 W. S. Jevons (1835—1882) 和法国的 L. Walras (1834—1910) 的高度赞赏与推崇才闻名于世. 现在人们习惯于把 19 世纪 70 年代, 即 Jevons 和 Walras 极力倡导并亲身力行的以数学推理作为经济理论研究的唯一方法的这一时期, 当作数理经济学与经济学的数理学派的正式形成; 而把此后到 20 世纪初, 英国的 F. Y. Edgeworth (1845—1926)、A. Marshall (1842—1924)、美国的 I. Fisher (1867—1947)、意大利的 V. Pareto (1848—1923) 等在经济学研究中进一步运用数学推理当作这个学科和学派的发展.

虽然第一个提出数理经济学名称的人是 Jevons, 但人们仍将 Cournot 看作数理经济学的奠基人. Cournot 采用的书名《财富理论的数学原理的研究》, 表明该书不但进行理论研究, 而且在研究过程中要采用数学的分析方法及相应的形式符号, 在该书中, Cournot 创立了价格决定理论, 该理论已成为现代经济博弈论的重要组成部分. Cournot 认为, 在财富理论研究中, 运用数学分析不是非要倒向数学计算不可; 但光靠理论陈述, 即使使用了符号和公式也确定不了价值的大小; 而一旦运用了数学的分析推导方法, 就可以开始探索不能用数字表现的数量之间的关系, 以及那些不能用代数形式表现的复杂函数间的关系; 即使不使用更加精确的数字, 只要能更简明地陈述清楚问题、能开辟新的研究途径、能避免偏离主题, 就足以说明数学在经济研究上是很有用的; 仅仅因为部分读者不熟悉或怕用错而拒绝进行数学上的分析, 是极其荒谬的.

1862 年 Jevons 发表了一篇名为《略论政治经济学的一般数学理论》, 文中正式给出数理经济学这一名称, 并创建了著名的边际效用价值理论. 1879 年当他再版其主要著作《政治经济学》时, 书末附上了自 1711 年以来的 "数学的经济的" 文献目录, 这标志着向世人宣布数理经济学的存在. Jevons 不仅用数学方法描述边际效用概念和确定均衡价格, 而且把经济学视为数学. 对数学在经济学的作用, Jevons 认为经济学要成为一门科学必须是一门数学的科学, 原因就在于研究数量和数量之间的复杂关系, 必须进行数学推理, 即使不使用代数符号, 也不会减少这门科学的数学性质. 自诺贝尔经济学奖设立以来, 频频颁发给身兼经济学家与数学家双重身份的科学家就足以证明 Jevons 上述论断的正确性.

Walras 在 1874 年出版的《纯粹政治经济学要义》一书中, 更充分地运用数学方法, 创立了 "一般均衡理论", 用联立方程解决一般均衡的条件问题. 他认为, 纯粹经济学实质上就是假设完全竞争制度下, 关于价格决定的理论; 价格具有自然现象的性质, 因为它既不取决于买卖中任何一方的意志, 也不取决于两者的协议, 而是因为商品具有数量有限和有用的自然条件, 只要有交换就会有交换价值; 交换价值是一个可计量的数量, 这正是一般数学的研究对象, 所以交换价值的理论应该是数学的一个分支; 数学方法并不是实验方法而是推理方法, 经济学的纯粹理论也像"物理–数学的"科学一样, 从经验的真实概念中抽象出理想的概念作为基础, 可以超出经验范围进行推理, 在构筑其科学理论之后再回到实际, 不是为了验证, 而是为了应用.

1890 年 Fisher 的《经济学原理》出版后, 数学方法在经济研究中的地位得到了进一步增强, 数理经济学也得到了蓬勃发展. Fisher 在 1897 年为 Cournot 的著作《财富理论的数学原理的研究》英译版作序时, 使用了数理经济学的名称, 并且把 Jevons 的文献目录增补到当时. 在 1927 年英译本再版时, Fisher 认为数学方法在经济和统计研究中已得到广泛的应用, 人们对其应用价值已罕有疑虑, 所以没有继续增补目录.

Pareto 在其 1906 年出版的《政治经济学教程》一书中, 利用指数和"无差异曲线"等论证了 Walras 一般均衡. 此时数理经济学派已正式形成. 由于当时 Walras 在瑞士洛桑 (Lausanne) 大学任教, 因而这一学派又被称为"洛桑学派". 其后来的代表人物主要有 A. Wald, J. R. Hicks, K. J. Arrow, G. Debreu 等.

数理经济学作为用数学研究经济学的一部分, 是从 20 世纪 20 年代开始的. 第二次世界大战后, 数理经济学体系纷繁复杂, 研究内容各具特色, 或重经济分析, 或重数学应用, 基本上包括以下三方面:

(1) 关于经济学方法论的研究, 包括对各种经济数学和计量方法、模型的研究和比较, 对不同经济条件下最优化理论的探讨, 如规划理论.

(2) 关于经济学基础理论的研究, 如对经济学领域中的各种价值、价格和生产力理论的研究, 对当代经济学中的决策、控制和系统理论的研究. 其中比较典型的研究包括: Cournot 的价格决定理论、Jevons 的边际效用价值论、Walras 的一般均衡理论、Marshall 的均衡价格理论、Hicks 的主观价值论、Clark 的边际生产力论、Samuelson 关于价格成本和需求的理论, 还有 Debreu 与 Arrow 共同创立的一般均衡理论公理化体系 (其代表作是 Debreu 于 1959 年出版的《价值理论》).

(3) 关于数理分析的实际应用研究, 即运用数学原理和分析方法来研究各种具体经济问题. 这类研究包括: 对经济调节、决策、管理宏观社会控制方法的研究 (如经济控制论); 运用矩阵理论和生产函数方法, 对经济增长中的技术进步因素的定量分析和有关货币流通量的数学模型及其应用研究; 借助数理控制原理对经济机制与资源分配的控制利用的探讨等 (如国民收入决定理论、投资理论、收入分配理论和消费理论等).

20 世纪 70 年代以后, 以动态经济学与混沌 (chaos) 经济学为代表的用微分方法及微分方程研究一般均衡理论及经济周期理论已成为数理经济学的中心论题. 20世纪 80 年代以来, 由于金融经济学的需要, 用随机控制及随机分析方法等现代数学方法研究不完全市场的定价及一般均衡理论已形成高潮.

第二次世界大战后, 数理经济学也朝着综合方向发展, 形成了两大体系:

(1) 以数学结构、层次为主要特征的数理经济学体系. 这一体系的特点是: 不考虑经济理论的连贯性与完整性, 只是运用数学中的矩阵、向量和动态模型, 研究价值、均衡和资源分配的经济理论. 这个体系的主要代表人物是英国伦敦经济学院的艾伦, 其代表作是《数理经济学》(1959 年).

(2) 摆脱数学结构的束缚, 保持经济理论系统性的数理经济学体系. 该体系的特点是: 将数学仅仅看作是经济学研究的一种方法, 主要借助数学模型和比较静态方法, 研究经济的最优化问题. 该体系的主要代表人物是英国的 Lancaster, 其代表作是《数理经济学》(1968 年).

自 20 世纪 60 年代以来, 现代数学方法逐渐深入数理经济学领域, 除传统的经典数学方法 (如数学分析、线性代数、集合论、概率论、差分方程等) 外, 现代数学中的微分方程、拓扑学、泛函分析、随机分析、随机模拟与图论等, 已被广泛应用于数理经济学研究. 近年来国内外有关数理经济学的刊物在逐年增多, 经济学权威刊物上刊登的数理方面的论文也越来越多.

随着经济技术和社会需要的发展, 现代数理经济学已逐渐突破传统研究的限制, 与经济计量学、数理统计、控制论和预测学等学科融会在一起, 形成了广义的现代数量经济学. 需要注意的是, 在经济学研究中运用数学方法探求经济变量之间的数量关系, 寻找经济现象的规律, 无疑是重要的和正确的, 但这代替不了经济关系的本质. 运用数学方法的目的是更好地研究和掌握经济规律, 以更好地为人类的经济活动提供指引, 从这一点来看, 数理经济学无疑是有着广阔的发展空间与应用前景的.

5.2.2　数理经济学与相关学科的关系

数理经济学与计量经济学不同, 虽然计量经济学也是用数学模型来表达经济关系的, 但是它的研究对象是实际中的经济关系, 它主要采用回归分析方法来估计出模型中的具体参数, 从而得到该经济关系的定量表达式, 再据此去做实际的经济分析、预测等.

计量经济学主要与经济数据的度量有关, 它运用参数估计和假设检验、主成分分析法等进行经验观测的研究. 数理经济学则是把数学应用于经济分析的纯理论方面, 基本不涉及变量的度量误差等这一类统计问题. 数理经济学主要集中于将数学应用于演绎推理而非归纳研究, 因此进行的是理论分析, 它为计量经济学提供模型框架和理论基础. 它们的关系类似于物理学中的理论物理学和实验物理学的关系,理论物理学提出假说、模型与猜想, 而实验物理学依照那些线索去寻找证据并加以证实. 当然有时上述顺序也会颠倒过来, 实验物理学中先发现某些与现有理论相违背的现象, 然后引发新的物理理论的诞生.

经验研究和理论分析通常是相辅相成、相互促进的. 一方面, 理论在有把握地应用之前必须运用经验数据对其有效性进行检验. 另一方面, 要寻找潜在的富有成效的研究方向, 统计工作必须有理论作为指南. 所以理论分析和经验研究是互补关系. 但从某种意义上说, 数理经济学在这两者之中更具基础性, 因为要进行有价值的统计和计量经济研究, 有一个好的数理框架是必不可少的.

数理经济学不是经济数学的代名词. 目前经济数学一般是指为经济类专业所设置的一门应用数学课程. 数理经济学也不是数学在经济学中的应用. 数理经济学是一门经济学, 它的确应用了数学, 但应用数学并不是目的, 而是手段, 它解决的是经济问题. 数理经济学有着自己提出的任务和要处理的问题, 它所采用的数学表达式有着明确的经济意义和解释.

数理经济学与所谓 “文字经济学” (literary economics) 也有两点主要区别. 首先, 前者使用数学符号而不是文字, 使用方程而不是语句来描述假设和结论. 其次, 前者运用大量的可供引用的数学定理而不是文字逻辑进行推理. 因为符号和文字表述实际上是相同的 (符号通常用文字加以定义便可证明这一点), 所以, 选择哪一种表述方式并无实质差别, 不过人们公认的是, 数学符号更便于演绎推理, 且能使表述更为言简意赅. 选择文字逻辑和数学逻辑虽然并无实质差别, 但运用数学推理有这样一个优势: 它可以促使分析者在推理的每一阶段都能做出明确的假设, 这是因为数学定理通常是按 “如果……, 那么……” 的形式加以陈述的, 所以, 为了导出所运用定理的 “那么……” 结论部分, 分析者必须确保 “如果 ……” (条件) 部分与其所采纳的具体假设相一致.

5.2.3 数理经济学的研究内容与方法

据美国数学学会 2010 年《数学评论》主题分类表 91B, 数理经济学包括: 判定理论 (管理决策、博弈论、数学规划); 个体选择; 团体选择; 社会选择; 多部门模型; 财政、有价证券与投资; 动态经济模型; 应用理论; 统计方法 (经济指标及其度量); 生产理论和厂商理论; 经济时序分析; 价格理论与市场结构; 空间模型; 均衡 (一般理论); 公共商品; 增长模型; 环境经济学 (污染、收成、天然资源模型等); 期望效用和厌恶风险效用; 信息经济学; 激励理论; 消费行为与需求理论; 劳动市场; 特殊经济类型; 特殊均衡类型; 现实世界系统模型; 一般宏观经济模型; 市场模型 (拍卖、议价、出价、销售等); 制定宏观经济策略与征税; 资源分配; 等等.

数理经济学的研究方法包括列方程和解方程. 列方程就是用数学公式来描述经济系统中的基本环节, 如效用函数、产品需求函数、生产函数、供给函数、要素需求函数、消费函数、储蓄函数等. 进一步用方程组 (联立多个方程) 来描述经济系统中各变量间的因果关系. 解方程就是求方程的解, 并讨论解的五个基本问题: 解的存在性、稳定性、合理性、能控性、一定时间到达合理轨道的可达性. 求出方程的解后, 多数情况下还要分析方程的解, 又称作比较静态分析. 通常方程的解对应着内生变量的取值, 一般是其均衡值; 这个解一般依赖于外生变量或参数. 分析方程的解是指分析某个外生变量或参数发生变化, 而其他的外生变量和参数保持不变时, 内生变量是如何发生变化的.

应用数理经济学的研究方法有这样的优点: ① 使语言更简练、精确. ② 可借助数学定理进行推理. ③ 避免使用不明假设. 数学定理通常都有明确的使用条件, 这使得我们在数理经济学研究中, 必须明确陈述所有假设, 从而避免无意地采用某些潜在假设. ④ 能够处理更一般的多变量情形.

5.2.4　数理经济学模型举例

2019 年 7 月初, 澳大利亚东海岸和北部地区发生森林火灾, 大火燃烧了六个多月后仍未能扑灭, 澳大利亚的经济增长可能因此减少 0.4%, 澳大利亚总理莫里森在应对火灾上的不力, 引发了当地民众的批评. 截至 2020 年 1 月 7 日, 据估计, 澳大利亚此次森林大火已造成: ① 2 万多只考拉死亡 (相当于澳大利亚考拉总数的三分之一); ② 5 亿多只鸟类和其他动物丧生; ③ 有超过 600 万公顷 (6 万平方公里) 的森林被毁, 相当于去年美国加利福尼亚大火的 60 倍, 亚马孙大火的 7 倍; ④ 排放二氧化碳大约 3.5 亿吨, 相当于整个亚马孙森林两个月的二氧化碳吸收量.

但大火影响的远不只是澳大利亚自己. 据 NASA 的科学家介绍, 森林大火的烟雾已经"穿过地球一半", 并影响到其他国家的空气质量, 新西兰首当其冲, 产生了严重的空气质量问题, 山区的积雪也在变暗. 某种程度上, 澳大利亚森林大火影响的外溢犹如涟漪效应: 围绕澳大利亚, 向外扩散.

一个国家的大火, 需要全世界的人来消化, 这其实与气候变化所面临的尴尬情形非常类似, 气候领域的"公地悲剧"越来越严峻, 一些国家靠着侥幸来硬撑, 但灾难随时可能来临.

公共地悲剧, 又称"公地悲剧" (the tragedy of the commons), 是一种涉及个人利益与公共利益 (common good) 对资源分配有所冲突的社会陷阱 (social trap). 它起源于威廉·弗斯特·劳埃德 (William Forster Lloyd) 在 1833 年讨论人口的著作中所使用的比喻. 1968 年, 加勒特·哈丁 (Garrett Hardin) 在《科学》期刊上将这个概念加以发表、延伸, 称为公地悲剧. 这个理论本身就如亚里士多德所言: "那由最大人数所共享的事物, 却只得到最少的照顾."

1992 年, 1575 名科学家联名发表了一份《世界科学家对人类的警告》, 开篇便指出: 人类和自然正走上一条相互抵触的道路. 人类对自然界的过度开发, 使资源枯竭、臭氧层变薄、海洋毒化、物种灭绝, 严重地破坏了自然界的平衡; 同时人类自身也在走上一条互相伤害的道路, 在对自然的争夺与占有中, 国与国、民族与民族、地域与地域之间的冲突甚至战争, 所用的技术手段和武器, 带给人类和自然无法估计的伤害.

人类号称万物之灵, 又是如何落入这种尴尬境地的呢? 加勒特·哈丁 (Garrett Hardin) 在 1968 年讲过的这个寓言也许会对我们有所启示: 一片草原上生活着一群聪明的牧人, 他们每天勤奋地工作以增加自己的牛羊头数. 畜群不断扩大, 有一天终于达到了这片草原可以承受的极限. 这时每多养一头牛羊, 都会给草原带来损害. 但每个牧人都明白, 如果他们多养一头牛羊, 带来的收益将归他自己, 而造成的损失却由全体牧人分担. 于是, 牧人们继续卖力地繁殖各自的畜群, 最终导致整片草原走向毁灭.

从博弈论视角可对 "公地悲剧" 加以分析: 假定一个村庄居住着 n 个牧民, 他们可以在村庄附近的草地上自由放牧. 每年春天, 牧民们必须对这一年要放牧多少只羊做出选择. 不妨以 $q_i \in (0, \infty)(i = 1, 2, \cdots, n)$ 表示第 i 个牧民选择的数量. 假定市场上羊的平均价格是, p, 此处特别值得注意的是, p 并不是单个牧民放牧量的函数, 而是他们放牧羊只总量 Q 的函数, 即 $p = p(Q) = p\left(\sum_{i=1}^{n} q_i\right)$. 更进一步地, 我们假定下面关系成立: $\dfrac{\partial p}{\partial Q} < 0, \dfrac{\partial^2 p}{\partial Q^2} < 0$.

如果羊羔的价格是常数 c, 则对于每一个牧民而言, 要确定最大羊只数, 就是要求解最大化问题, 即 $\max f_i(q_1, \cdots, q_n) = q_i p(Q) - c q_i, i = 1, 2, \cdots, n$. 该函数取得最大值的必要条件是所有的一阶偏导数全为 0, 即 $\dfrac{\partial f_i}{\partial q_i} = p(Q) + q_i^* p'(Q) - c = 0, i = 1, 2, \cdots, n$. 由这 n 个一阶偏导数全为 0 可得一个联立方程组, 解之即可得到纳什均衡点 $(q_1^*, q_2^*, \cdots, q_n^*)$. 不妨设 $Q^* = \sum_{i=1}^{n} q_i^*$ 并将前述的 n 个一阶偏导数全为 0 的条件相加可得

$$p(Q^*) + \frac{Q^* p'(Q^*)}{n} - c = 0$$

但上述结果是仅从某牧民个人角度出发得到的, 它未必是整体最优的. 若要实现所有牧民整体利益最大化, 应求解如下的最大化问题: $\max f(Q) = Q p(Q) - c Q$. 该函数取得最大值的必要条件是对 Q 的一阶偏导数为 0, 即

$$\frac{\partial f}{\partial Q} = p(Q^{**}) + Q^{**} p'(Q^{**}) - c = 0$$

为了比较 Q^* 和 Q^{**}, 将二式相减, 则有 $p(Q^*) - p(Q^{**}) = Q^{**} p'(Q^{**}) - \dfrac{Q^* p'(Q^*)}{n}$, 不妨假设 $0 < Q^* < Q^{**}$, 由 $\dfrac{\partial p}{\partial Q} < 0, \dfrac{\partial^2 p}{\partial Q^2} < 0$ 可知, $p(Q^*) - p(Q^{**}) > 0$,

故 $Q^{**}p'(Q^{**}) > \dfrac{Q^*p'(Q^*)}{n}$. 但 $Q^*, p'(Q^*)$ 均不等于 0 且 $p'(Q^*) < 0$, 所以有
$\dfrac{Q^{**}}{Q^*} \cdot \dfrac{p'(Q^{**})}{p'(Q^*)} < \dfrac{1}{n} < 1$, 其中 $\dfrac{Q^{**}}{Q^*} > 1$. 虽然 $p'(Q^{**}) < p'(Q^*) < 0$, 但是
因 $\dfrac{\partial p}{\partial Q} < 0, \dfrac{\partial^2 p}{\partial Q^2} < 0$, 故必有 $|p'(Q^{**})| > |p'(Q^*)|$, 进而有 $\dfrac{p'(Q^{**})}{p'(Q^*)} > 0$, 故
$\dfrac{Q^{**}}{Q^*} \cdot \dfrac{p'(Q^{**})}{p'(Q^*)} > 1$, 与之前的结论出现了矛盾. 从而假设 $0 < Q^* < Q^{**}$ 不成立,
考虑到 Q^* 和 Q^{**} 必不相等, 故只能是 $Q^* > Q^{**}$.

$Q^* > Q^{**}$ 说明在个人独立决策的情况下, 最终所有牧人放牧羊只的总数超过
了整体最优的数量, 所以说公地被过度利用了, 进而产生了所谓的"公地悲剧". 在
这里我们可以看到个体理性与整体理性的冲突. 纯粹理性的牧人所关心的仅仅是
自己利益的最大化, 而在这个过程中为增加自己利益的努力却在降低整体利益, 而
且由于这种行为普遍地存在于所有个体身上, 所以最终的结果是全体由此受到损
失. 值得注意的是这些"聪明的"牧人很有可能也知道存在一个整体上而言更优的
结果, 但之所以这个结果不能出现, 无外乎出于以下两个方面的原因. 一是众人之
间缺乏足够的信息沟通, 特别是随着人数的增加, 沟通的难度和成本都在以更高的
速率增大. 二是所有人都有"搭便车"的动机. 试想, 如果众人能够达成某种协议,
将 Q^{**} 作为一个限额以一种公平的方式分配给每个牧人, 就可以实现整体上的最
优解. 然而, 即使他们能达成这样的公平分配, 此时对于单个牧人来说, 增加放牧
的数量并不会给整体价格造成巨大的下降, 而增加放牧数量所带来的收益将大大高
于价格下降所带来的损失. 如果这种想法和相应的行动成为普遍现象, 那么可想而
知, 实际的放牧数量将会重新回到 Q^*. 特别是如果草地的放牧能力存在一个上限
$Q_{\max}$, 一旦 $Q^* > Q_{\max}$, 过度放牧将会导致草场退化甚至沙化, 最终任何人也无法
从放牧活动中获利.

导致"公地悲剧"的另外一个原因是公地缺乏明确界定的产权. "公地"作为
一项资源或财产有众多的拥有者, 每一个人都有使用权, 但并没有权力阻止其他人
使用, 从而造成资源过度使用和枯竭. 诸如过度砍伐的森林、过度捕捞的渔场, 以
及环境污染等都是放大了的"公地悲剧". 不仅如此, 很多情况下当事人并非不了
解资源会由于过度使用而枯竭这一事实, 而是无法阻止事态的继续恶化, 并且抱着
"及时捞一把"的心态, 这种行为不但不能缓解已经危急的现实, 反而加剧了事态
的恶化. 公共物品因为产权难以界定而被竞争性地过度使用或侵占几乎是必然的
结果.

"公地悲剧"是对自然资源的过度利用, 但是如果资源没有得到有效地利用
也是一种无效率的状态. 有些情况下在公地内会存在很多权利的所有者. 为了达
到某种目的, 每个当事人都有权阻止其他人使用该资源或相互设置使用障碍, 从而

导致没有人拥有有效的使用权, 致使资源闲置或未被充分利用, 于是就发生了 "反公地悲剧". "反公地悲剧" 是美国黑勒 (Michael A. Heller) 教授 1998 年在 *The tragedy of anti-commons* 一文中首先提出来的理论模型, 借此强调资源未被充分利用 (underuse) 的可能性及其后果. 在实践中要避免 "反公地悲剧" 的发生, 往往要耗费大量的交易费用、谈判成本以及说服潜在竞争者的成本; 而一旦 "反公地悲剧" 真的发生了, 又很难将各种产权整合成有效的产权. 就像在大门上安装需要十几把钥匙同时使用才能开启的锁, 这十几把钥匙又分别归不同的人保管, 而这些人又往往无法在同一时间到齐. 显而易见, 打开房门的机会非常小, 房子的使用率非常低. 烦琐的知识产权保护就是 "反公地悲剧" 最典型例子之一. 之所以也叫悲剧, 原因在于每个当事人都知道资源或财产的使用能给每个人带来收益, 但由于相互阻挠而眼睁睁地看着收益减少或资源浪费.

5.3 数量经济学

5.3.1 数量经济学的发展

任何事物都是质和量的对立统一体, 运用数量方法研究事物的变化规律, 在描述和分析事物时将质量与数量相结合, 是人类认识发展的必然趋势. 不进行数量分析, 就不能确切地把握事物发展变化过程中蕴涵的规律. 马克思指出, "一种科学只有在成功地运用数学时, 才算达到了真正完善的地步".

在对经济现象的研究中引进数学作为理论工具, 这种做法的渊源可追溯到 300 年前英国古典经济学创始人威廉·配第 (W. Petty, 1628—1678), 他在其著作《政治算术》的序言中指出, 要以数量方法为基础, 研究和剖析社会经济现象, 全面排除形而上学的思辨式的议论, 这在当时社会经济科学中完全是一种崭新的尝试. 作为在经济科学中使用数量方法的先驱, 威廉·配第的业绩很早获得了亚当·斯密 (1723—1790) 和马克思 (1818—1883) 等的高度评价, 后来又被美国经济学家熊彼特赋予 "计量经济学的开拓者" 地位.

100 多年前法国经济学家 Cournot 在其所著《财富理论的数学原理的研究》中, 对商品的需求作出了数学表述, 认为需求量是价格的函数, 而且一般来说是递减的. 古诺在经济理论中引进数学概念和分析方法, 为后来建立数理经济学派奠定了基础.

马克思一贯强调对客观经济现象作定性分析, 但也丝毫不忽视其数量分析. 他在《资本论》中把质的剖析和量的分析统一起来揭示了资本主义经济运行规律. 他所提出的货币流通的平均速度数学表达式、利润率计算公式、简单再生产和扩大再生产数量模型等都是著名的范例.

1920 年, 一些美国学者从数量上分析景气周期, 并观测到经济发展具有周期性波动, 同时, 他们进一步利用数学模型试图说明为什么会产生这样的波动. 这种景气周期的数量研究, 引起了人们对经济预测的狂热追求, 这场狂热的顶峰是 19 世纪 20 年代哈佛大学的"景气预报". 起初预报的准确度很高, 但 1929 年世界性经济危机到来之前, 预报结果告诉人们的却是景气持续上升, 于是哈佛大学的景气预报一下子威信扫地.

1929 年, 资本主义发生了严重的世界性经济危机, 为解释危机产生的原因而诞生了凯恩斯经济学. 1938 年, 莱因伯格试验性地推算了建立在凯恩斯理论基础上的联立方程式模型即宏观计量模型. 之后, 美国经济学家克莱因从数学上将凯恩斯经济学加以定式, 使之成为可以用测算验证的理论. "凯恩斯革命"促进了对国民收入统计资料的系统收集, 使描述与现实经济观测值相联系的"实体数量"之间各种关系的宏观经济理论得以空前发展. 根据这一理论, 人们可以以现实经济的观测为基础, 对经济理论中的数量关系给予实质性的证明, 可以从某种程度上用一些理论解释现实经济中观测值的变动.

第二次世界大战以后, 美国富翁高尔斯 (Cowtes) 出巨资成立了以他个人名字命名的高尔斯研究所, 该研究所位于芝加哥大学, 它聚集了一批数量统计学者, 集中地研究了由克莱因定式的凯恩斯模型 (即宏观计量模型) 怎样进行测算、分析的问题. 主要完成了三项任务: 第一, 将经济理论模型变换为概率模型, 提出了概率差分方程体系. 同时在方程中引入了概率干扰项, 并将变量区分为外生变量和内生变量. 第二, 对如何识别方程式做了数学说明. 第三, 由他们开发了如何利用实际资料估计模型参数的新方法并加以应用.

1950 年, 出现了一个简单的克莱因宏观经济计量模型, 它由三个行为方程和五个定义方程组成, 该模型应用 1930—1941 年的年度数据做估算, 结果却相当逼真地描述了包括世界经济危机在内的 20 年间的经济变动, 引起人们的一致赞叹. 克莱因模型的成功, 是一个划时代的进步, 它使人们感到, 今后随着经济理论的发展, 统计资料的不断完善以及计算技术的进步, 利用数学计量模型, 一定可以正确预测现实经济的动向.

宏观计量模型的成功, 激励人们把模型的发展方向引导到日益大型化、复杂化的道路上. 模型中所用变量愈加细分, 数量上也增加了. 模型结构上也趋于引入动态变量, 还大量采用复杂的非线性方程. 复杂的动态结构与令人眼花缭乱的非线性方程式在模型中的纵横交错, 很难说清楚它们到底基于什么样的经济理论. 于是, 在 20 世纪七八十年代, 时间序列学派便乘虚而入, 批判宏观计量模型缺乏经济理论依据, 罗列的每一个方程式都有数不清的任意假设. 因此, 他们认为在缺乏经济理论依据和众多假设的前提下, 宏观计量模型很难准确地预测和描述现实经济问题. 在宏观模型派与时间序列派的论战中, 产生了对这两派持保留态度, 主张两者都需要变革的改良学派.

此外, 近代数量经济学研究中, 还出现了一个发展迅速且内容丰富的经济化数量分支学派. 它主要是利用高等数学中的微分求极大值、极小值技术、变分法和线性规划、非线性规划等来分析经济理论、经济管理和工程技术等现实中的经济问题. 由于这个特点, 经济优化学派又叫运筹学派或系统工程学派.

与以上学派相比, 出现和发展都比较晚的经济系统派, 是以旧三论 (系统论、控制论、信息论) 和新三论 (突变论、协同论、耗散结构论) 为基础的一个经济学派, 它是否属于数量经济学的内容, 目前还有争论. 但经济系统派所采用的数学模型, 如经济控制模型、系统动力模型、灰色系统模型等在分析经济系统中的现实问题时, 已经取得了较大的成功, 并且还在不断创新发展.

整体来看, 国外数量经济学的发展可以分为三个阶段:

第一阶段: 数量经济学前期, 即 19 世纪 40 年代以前至资产阶级产生的这段时期. 数量经济学前期经历了重商主义后期、古典政治经济学时期, 小资产阶级政治经济学时期及庸俗政治经济学初期等, 历时 200 年左右. 这一时期内, 微积分学诞生不久, 数学的影响力和应用面都还十分有限, 但其在经济学中仍然得到了广泛的应用. 西方经济学最初叫作资产阶级政治经济学, 而资产阶级政治经济学是从威廉·配第 1677 年出版《政治算术》为肇始的, 可以说西方经济学的第一本著作中就已经开始用数学研究经济学了.

第二阶段: 近代数量经济学时期, 从 19 世纪 30 年代至 20 世纪 30 年代这一阶段. 其突出特点在于边际效用理论和均衡理论的研究.

第三阶段: 现代数量经济学时期, 从 20 世纪 30 年代至今, 这一时期是经济学发展最快的时期, 由于有了数学理论的支持, 经济学科获得了迅猛发展, 成为理论经济学的典范. 同时在应用方面也产生了一系列的 "实用经济学科", 此阶段经济学总的特征是进行定量化分析.

5.3.2 数量经济学的概念和特点

数量经济学是指在经济理论的指导下, 在定性分析的基础上, 应用高等数学和电子计算机软件, 研究经济关系和经济活动中的数量关系及其变化规律, 并运用得出的结论, 去解决经济活动中遇到的实践问题, 或验证和改进经济学理论的一门实用经济学科. 数量经济分析的内容和范围比西方计量经济学的范围要宽泛得多, 内容更丰富, 它除了经济计量外, 还包括其他诸多学科, 如经济规划、经济决策、经济模拟、系统描述等.

数量经济学具有以下基本特点:

(1) 数量经济学在解释经济现象和验证经济理论时, 能在质的方面给出定性解释的同时, 从量的方面给出数量化描述. 从客观经济过程中提取精确的数量和经济变量间的数量关系, 从而更具说服力, 使经济学成为一门精密的科学.

(2) 数量经济学能综合考虑多种因素, 描述客观经济现象中蕴涵的较为复杂的经济变量间的各种关系. 对影响某一特定经济现象的众多因素进行全局分析, 从而分清主要因素和次要因素, 最终对经济现象的运行规律进行明确的阐述.

(3) 数量经济学能充分利用经济信息和经济数据资料对经济现象进行预测、规划, 并能设计和选择最优决策方案, 为经济决策提供参考. 使用数量经济学研究得出的结果指导经济实践活动, 经常能产生明显的经济效果.

(4) 数量经济学利用现代电子计算机工具进行数量分析及整个经济系统的数值模拟, 相对于过去分析经济现象和过程只能靠观察记录而不能进行实践的手段来说, 它具有数学实验的性质. 它可以模拟分析各种经济政策及各种经济因素的影响效果, 为经济科学的实验研究提供了一个新的有效的研究途径.

5.3.3　数量经济学的研究内容

数量经济学主要包括以下内容:

1) 数理经济学

它是在理论经济学中应用高等数学, 描述经济学范畴、过程和规律以及它们之间的数量关系, 建立抽象的数学模型, 分析求解经济现象规律的专门研究领域. 近年来数理经济学已单独发展为一门学科, 在 5.2 节中已讨论过.

2) 计量经济学

它是统计学、经济学和数学三者的有机结合. 可分为理论计量经济学和应用计量经济学. 近年来计量经济学已单独发展为一门学科, 将在 5.4 节中讨论.

3) 经济优化分析

最优化问题是一种特殊的均衡问题, 即目标的均衡问题, 现在一般称为运筹学. 它是第二次世界大战以来经济学中应用数学发展最迅速的一个分支学科. 除微积分求极值和变分法外, 主要应用数学规划, 如线性规划、非线性规划、整数规划、参数规划、凸规划、凹规划、动态规划和随机规划等, 排队论、储备论、对策论、搜索论、图论与网络等数学优化方法. 经济优化分析是经济学与数学规划的结合, 主要研究如何寻找经济问题的最佳方案以使经济效用最大化.

4) 经济预测学

经济预测是预测理论和方法在经济活动中的应用, 是对经济活动的状况的预计和推测. 经济预测学是经济学、预测学和数学的结合. 其内容主要包括宏观经济预测和微观经济预测. 宏观经济预测如全国经济增长与波动、总供给与总需求、总量平衡和经济环境变动预测等; 微观经济预测如部门、地方、企业的资源变动预测, 生产状况预测、市场供求预测、经营成果预测、科技发展预测等. 经济预测的数学方法有很多种, 如回归预测、时间序列预测、季节变动预测、马尔可夫预测 (或称随机预测)、计量经济模型预测、灰色系统预测、系统动力模型预测等.

5) 经济决策学

经济决策学是决策科学的理论和方法在经济管理中的具体应用, 是为实现某一特定的经济管理目标, 借助于科学的理论和方法, 从多个可行的经济决策方案中, 选择最优方案, 并组织实施的全过程. 因此它是经济管理学、决策学和数学的结合. 它涉及决策理论、对策理论、优化理论和数学中的矩阵理论、概率论及基础数学方法. 就决策的类型来看, 主要有确定型决策、风险型决策和不确定型决策. 就决策的方法来看, 主要有矩阵决策、盈亏平衡决策、马尔可夫决策、计量模型决策、灰色系统决策等上百种方法.

6) 经济系统科学

对于经济系统科学是否属于数量经济学, 有不同的看法和争议. 但众所周知, 系统科学的发展为研究分析现实经济问题, 从整体上、结构上和有序上提供了新的思路. 因此, 经济系统科学将是经济学发展的新领域, 它是经济学、系统科学和数学的更高层次结合. 它涉及系统科学中的系统论、控制论、信息论、突变论、协同论、耗散结构论和数学中的系统描述、系统设计、系统模拟或仿真等方法及计算机技术.

综上所述, 数量经济学不仅是经济学的数量方面的一个领域、一门学科, 而且它的学科庞大、内容繁多、综合性强, 以至于无法形成具有严密逻辑结构的学科体系.

5.3.4 数量经济学模型举例

某单位有 4 项工作, 现指派 4 名员工各完成 1 项, 每人做各种工作所消耗的时间 (单位: 小时) 如表 5.1 所示, 问指派哪个人完成哪种工作, 可使总的消耗时间为最小?

表 5.1　4 名员工完成 4 项工作所需时间表

员工	工作			
	1	2	3	4
1	12	15	8	8
2	20	19	10	7
3	15	13	9	6
4	18	16	12	9

说明: 表中第 3 行第 2 列中的数字 12 表示员工 1 完成第 1 项工作所需要的时间为 12 小时, 表中第 3 行第 3 列中的数字 15 表示员工 1 完成第 2 项工作所需要的时间为 15 小时, 其余数字的含义以此类推.

分析　引入 0-1 变量 $x_{ij}(i = 1, 2, 3, 4, j = 1, 2, 3, 4)$.

令 $x_{ij} = \begin{cases} 1, & \text{指派员工 } i \text{ 去完成第 } j \text{ 项工作} \\ 0, & \text{不指派员工 } i \text{ 去完成第 } j \text{ 项工作} \end{cases}$ $(i = 1, 2, 3, 4, j = 1, 2, 3, 4)$

则总的消耗时间可表示为 $T = \sum\limits_{i=1}^{4} \sum\limits_{j=1}^{4} c_{ij} x_{ij}$, 其中 c_{ij} 表示第 i 个员工完成第 j 项工作所需要的时间, 已由表 5.1 给出. 另外还要考虑约束条件:

(1) 每项工作只要指派一个员工;

(2) 每个员工仅完成一项工作. 写成数学表达式为

$$\sum_{i=1}^{4} x_{ij} = 1 \quad (j = 1, 2, 3, 4)$$

$$\sum_{j=1}^{4} x_{ij} = 1 \quad (i = 1, 2, 3, 4)$$

于是建立问题的数学模型如下:

$$\min T = \sum_{i=1}^{4} \sum_{j=1}^{4} c_{ij} x_{ij}$$

$$\text{s.t.} \begin{cases} \sum\limits_{i=1}^{4} x_{ij} = 1 & (j = 1, 2, 3, 4) \\ \sum\limits_{j=1}^{4} x_{ij} = 1 & (i = 1, 2, 3, 4) \\ x_{ij} = 0 \text{ 或 } 1 \end{cases}$$

这是一个具有 16 个决策变量的 0-1 线性规划问题. 为方便调用求解 0-1 规划问题的 MATLAB 函数, 将 $x_{11}, x_{12}, x_{13}, x_{14}, \cdots, x_{41}, x_{42}, x_{43}, x_{44}$ 分别对应于 $x_1, x_2, \cdots, x_{16}$.

编写 MATLAB 程序如下:

```
c=[12,15,8,8,20,19,10,7,15,13,9,6,18,16,12,9];
intcon=1:16;
a=zeros(8,16);
a(1,1:4)=1;a(2,5:8)=1;a(3,9:12)=1;a(4,13:16)=1;
a(5,1)=1;a(5,5)=1;a(5,9)=1;a(5,13)=1;
a(6,2)=1;a(6,6)=1;a(6,10)=1;a(6,14)=1;
a(7,3)=1;a(7,7)=1;a(7,11)=1;a(7,15)=1;
a(8,4)=1;a(8,9)=1;a(8,12)=1;a(8,16)=1;
b=ones(8,1);
```

```
lb=zeros(16,1);
ub=ones(16,1);
[x,fm]=intlinprog(c,intcon,[],[],a,b,lb,ub)
```

运行结果为

```
x =[1 0 0 0 0 1 0 0 1 0 0 0 0 0 0 1]
fm = 44
```

再用下面程序

y=reshape(x,[4,4]); % 将 16 维向量 x 排成 4 行 4 列的矩阵, 由第 1 列排到第 4 列

z=y' % 取转置

将 x 还原为矩阵:

$$\begin{matrix} 1 & 0 & 0 & 0 \\ 0 & 0 & 1 & 0 \\ 0 & 1 & 0 & 0 \\ 0 & 0 & 0 & 1 \end{matrix}$$

由上述矩阵可以看出, 指派方案为: 第 1 个员工完成第一项工作, 第 2 个员工完成第三项工作, 第 3 个员工完成第二项工作, 第 4 个员工完成第四项工作. 最小消耗时间为 44 小时.

5.4 计量经济学

5.4.1 什么是计量经济学

经济学从定性研究向定量分析的发展, 是经济学向更加精确、更加科学的方向发展的表现. 正如马克思指出的那样: 一种科学只有在成功地运用了数学以后, 才算达到了完善的地步. 计量经济学在一定程度上反映了社会化大生产对各种经济因素和经济活动进行数量分析的客观要求. 计量经济学作为一门独立的学科产生于 20 世纪 30 年代, 经过 80 多年的发展, 已经成为经济学的一个重要分支, 其实用价值也正在越来越广泛的范围内表现出来. 计量经济学中的各种方法和技术, 多数是从数学或统计学中来的, 这些方法和技术完全可以在研究经济问题时进行借鉴和应用, 从而在经济理论研究和经济建设中发挥重要作用. 这门学科是经济分析和经营决策的科学工具, 是将经济理论和实际应用结合起来的桥梁.

Econometrics 一词最早由挪威经济学家、第一届诺贝尔经济学奖获得者拉格纳·费瑞希 (Ragnar Frisch) 仿照 Biometrics (生物计量学) 一词提出. 1930 年 12 月

29 日费瑞希、荷兰经济学家丁伯根 (Tinbergen) 等在美国成立了国际计量经济学会, 学会于 1933 年创办了 *Econometrica* 期刊. 在其创刊号上费瑞希这样描述计量经济学: "对经济的数量研究有几个方面, 其中任何一个就其本身来说都不应该和计量经济学混为一谈. 既不能认为计量经济学就是经济统计学, 也不能把计量经济学和所谓的一般经济理论等同起来. 尽管经济理论大部分具有确定的数量特征, 计量经济学也不应被看作数学应用于经济的同义语. 经验证明, 要真正了解现代经济生活中的数量关系, 经济理论、统计学和数学三个方面观点的每一种都是必要的, 然而单独一方面的观点又是不充分的. 这三方面观点的结合才是强有力的, 正是这种结合才构成了计量经济学."

计量经济学就是对经济问题的定量实证研究, 是人们需要得到经济或经营方面问题的定量化具体答案, 或者验证经济理论和规律在具体环境中的适用性, 确定经济关系、经济结构的实际细节时, 帮助人们达到这些目的的分析工具. 计量经济分析的主要内容, 就是确定并确证经济变量之间的具体关系, 包括函数形式和其中的参数值, 并利用这种关系分析和解决经济问题、经营问题.

计经济学完成上述任务必须有相应的理论和方法, 为计量经济分析提供理论和方法的工作也构成计量经济学的组成部分. 因此, 虽然计量经济学有各种不同的定义, 量但计量经济学本质上就是对经济问题进行定量实证研究的技术、方法和相关理论.

计量经济学对经济管理和经营决策问题的实证分析和预测, 使经济学成为一种科学, 使经济管理和经营决策成为一种工程, 将经济理论与实际应用联系起来, 对经济理论的发展和经济实践都有着重要的推动作用. 这正是计量经济学受到广泛重视的根本原因.

以企业经营决策为例, 假设某企业生产的一种产品销售情况不理想. 在这种情况下, 经营者根据需求量与价格之间存在负相关性, 较低的价格通常能够引起较大需求的基本原理, 考虑采取降价方式进行促销, 以夺取更大的市场份额和获得更多利润. 现在的问题是, 该企业是否应该降价? 如果决定降价, 应该降多大的幅度?

事实上, 仅仅根据降价通常能够促进销售的一般经济规律而贸然决定降价, 很可能是不明智的. 因为降低价格意味着降低单位产品的利润, 虽然一般来说确实能够增加销售, 但究竟能够增加多大销量却是一个问题. 如果降价带来的销售增加很有限, 那么降价不仅不能带来利润增加, 还可能造成更大亏损. 因此有科学经营头脑的企业家在作出降价促销决策之前, 应该知道自己的产品降价 10%, 20% 或其他幅度, 销售量大致会增加的幅度. 决策者更想知道的不是价格会影响销售, 销售量 Q 与价格 p 负相关这样的定性结论, 而是一定幅度的价格变化对销售量影响大小的具体数量或程度, 即销售量与价格之间的函数关系式 $Q = f(p)$, 以及其中每个参数的数值. 例如, $f(p)$ 是线性函数, $Q = f(p) = a + bp$, 且 $a = 500, b = -200$. 这样才能预先知道, 价格每降低 1 单位, 销量能提高 200 个单位, 从而根据打算降价的幅度, 预先测算销量增加的数值, 并结合成本函数计算利润的变化, 最终判断出降价能否带来利润, 带来多大的利润, 或者可能会有多大损失, 也才能根据所冒风险和副作用 (品牌、信誉损失和其他厂商的不满和对抗等) 的大小, 或者能够承受的亏损程度等, 综合评价实施降价策略的价值和意义, 再决定是否应该实施这种策略.

这样的决策方式必然能极大增强决策的科学性, 避免想当然的主观随意性. 而其中需要的关键信息, 即需求函数和其中的参数值, 只有计量经济学才能提供. 计量经济学正是研究经济中的数量关系, 帮助人们分析经济问题, 进行科学决策的方法和技术.

上例是在研究微观经济学中的厂商问题时, 利用计量经济学辅助决策. 下面再举一个宏观计量经济问题. 各国政府最关心的宏观经济问题之一, 是如何推动消费需求. 很显然, 要有效推动消费需求, 必须先弄清人们的消费需求受什么因素影响或控制. 很显然, 人们的收入水平是决定消费水平最根本的因素, 但具体到收入如何决定消费, 或者说当前的消费究竟是由当前收入决定的, 还是由以往收入、未来预期收入决定的, 或者由比较稳定的永久性收入决定, 则有许多不同的理论或意见.

假设我们倾向于接受凯恩斯主义的观点, 认为人们的消费需求取决于当前的可支配收入, 当期消费 C 是当期可支配收入 Y 的线性函数 $C = f(Y) = c_0 + c_1 Y$, 那么有两个工作是必须做的: 一是获得上述函数表达式中参数 c_0 和 c_1 的数值, 二是验证这种理论究竟是否正确, 否则既不能对这种理论观点有充分的信心, 也无法利用它制定具体的经济政策. 获得上述凯恩斯主义消费函数的参数值, 以及检验这种消费理论的真伪, 也是计量经济学能够完成的工作和基本任务.

计量经济学能够完成的工作并不局限于上述例子. 事实上, 几乎所有的经济实践和理论问题, 包括决策、政策分析、经济 (GDP) 增长和价格预测等, 都可以用计量经济分析的方法进行实证研究.

5.4.2 计量经济学与数学的关系

计量经济学是经济学、统计学、数学三者的交集, 它们之间彼此相互联系、相互制约、缺一不可. 但是三者的关系不是并列的, 经济学提供理论基础、统计学提供资料依据、数学提供研究方法. 作为一门实证科学, 计量经济学要以一定的经济理论作假设, 然后通过统计资料和数学方法加以验证. 经济理论既是出发点又是归宿, 自始至终都是计量经济学的核心, 统计数据和数学方法要服务并服从经济理论.

计量经济学对统计学的运用体现在两个方面: 一是数据收集和处理、参数估计, 以及计量分析方法设计; 二是模型和预测结果可靠性和可信程度的分析判断.

计量经济学对数学的运用也是多方面的. 首先是关于函数的性质和特征, 比如单调增减、连续性、凹凸性、拐点等形态特征, 数学变换和级数展开等方法技巧, 对建立和选择计量经济模型有非常重要的价值. 其次是参数估计都必须通过数学运算来进行, 有些复杂模型的参数估计, 更需要相当的数学知识和运算能力. 即使是使用计算机, 也需要根据人们预先设定的程序才能进行运算, 编制计算机程序也要求人们具有相当的数学能力. 再次是在计量经济理论和方法的研究方面, 需要用到许多数学知识和原理. 最后是在对估计方法、估计量性质和特征的判断分析中, 也要用到数学知识和方法.

数学只是计量经济分析及其理论研究需要用到的工具, 计量经济学不等于数学. 统计学的知识和方法贯穿于计量经济分析过程, 且现代经济统计学与计量经济学有不少相似之处, 在有些方面还是交叉重叠的. 统计分析是计量经济分析的重要内容和基础之一.

计量经济学与统计学的区别在于, 计量经济学是问题导向和以经济模型为核心的, 而统计学则是以经济数据为核心, 而且常常是数据导向的. 计量经济学分析通常是从具体经济问题出发, 根据经济问题建立模型, 后续的研究则以模型为基础和出发点. 统计学研究则不一定从具体明确的问题出发, 统计学不排斥经济理论和模型, 但不一定需要特别的经济理论或模型作为出发点, 有时是通过对经济数据的统计处理直接得出结论, 统计学侧重的工作是经济数据的采集筛选和处理.

5.4.3 计量经济学的研究内容和方法

计量经济学的内容包括理论计量经济学和应用计量经济学. 理论计量经济学提供计量方法, 应用计量经济学则是这些方法的实际应用.

理论计量经济学是以介绍、研究计量经济学的理论、方法为主要内容, 侧重于计量经济学的理论基础、参数估计方法和模型检验方法. 应用计量经济学是运用理论计量经济学提供的工具, 以建立计量经济模型为主要内容, 侧重于实际经济问题、经济现象和经济关系, 研究它们在数量上的联系及其变动的规律性. 理论计量经济学和应用计量经济学都包括: 理论、方法和数据三要素.

广义的计量经济学是指利用经济理论、数学方法和统计资料研究经济现象的数量方法的总称. 它包括回归分析方法、时间序列分析方法、投入产出方法, 也包括一部分数理经济学的方法. 狭义的计量经济学即通常定义的计量经济学, 主要研究经济变量之间的因果关系, 采用的数学方法主要是回归分析基础上发展起来的计量经济学方法. 包括一元和多元线性回归分析、相关性分析, 以及违背经典回归假定的一些计量模型如异方差分析、自相关性、多重共线性、虚拟变量、滞后变量等, 另外还有时间序列分析、非参数分析等.

5.4.4 计量经济学发展史

几个世纪以前, 古典经济学者就开始了对经济问题的数量分析. 1672 年, 英国经济学家威廉·配第在其著作《政治算术》中论述了所有的政府事务及与君主荣誉、百姓幸福和国家昌盛有关的事项都可以用算术的一般法则来证实. 威廉·配第所采用的"数字、重量和尺度"研究方法为统计学的产生奠定了基础. 马克思评价威廉·配第是"政治经济学之父, 在某种程度上也可以说是统计学的创始人".

20 世纪 30 年代国际计量经济学会的创立和 *Econometrica* 期刊的发行, 标志着计量经济学的正式诞生, 经过 20 世纪 40—50 年代的大发展及 60 年代的大扩张, 计量经济学在经济学中已占据重要地位.

1941 年挪威人哈韦尔莫 (Haavelmo) 取得哈佛大学博士学位, 他在其博士学位论文《计量经济学的概率方法》中提出以概率论和统计推断为依据的研究方法, 使计量经济学进入了以方法论研究为主的时期. 20 世纪 50 年代, 统计学者瓦尔德 (Wald)、库普曼斯 (Koopmans)、安德森 (Anderson)、拉宾 (Rabin) 和沃尔福威茨 (Wolfowitz) 等的研究工作使计量经济学理论系统化, 学科体系基本形成. 特别是泰尔 (H. Theil) 发表的二阶段最小二乘法, 是对计量经济学的一大贡献.

20 世纪 60 年代弗兰克·莫迪里亚尼 (Franco Modigliani)、默顿·米勒 (Morton H. Miller)、哈里·马科维茨 (Harry M. Markowitz)、威廉·夏普 (William F. Sharpe), 将计量经济学方法应用于证券与投资研究, 开创了金融计量经济学应用的新领域.

20 世纪 70 年代以来, 计量经济学的理论和应用进入了一个新阶段. 一方面由于计算机的广泛应用和新的计算方法大量出现, 使所用的计量经济模型和变量的数目越来越多; 另一方面表现在宏观计量经济模型的研制和应用方面. 目前已有 100 多个国家编制了不同的宏观计量经济模型, 模型也由地区模型逐步发展到国家模型乃至世界模型. 宏观计量经济模型的规模越来越大 (如克莱因发起的世界连接模型, 包括 7000 多个方程、3000 多个外生变量), 同时模型体系日趋完善, 涉及生产、需求、价格及收入等经济生活的各个领域.

与此同时, 近十几年计量经济学的理论方法又有新的突破, 例如, 协整理论的提出, 使计量经济学产生了新的理论体系; 模型识别理论、参数估计方法也有了重大发展; 对策论、贝叶斯方法等理论在计量经济学中的应用已成为计量经济学新的增长点.

中国计量经济学真正快速发展是在改革开放以后. 1979 年成立了中国数量经济研究会和数量经济研究所, 并出版了会刊《数量经济技术经济研究》. 1982 年召开了第一届数量经济学会, 从此计量经济学方法得到了广泛应用. 20 世纪 80 年代中期中国社会科学院开始建立"中国宏观经济年度预测模型""世界连接计划"中国模型等, 从 1992 年开始, 我国每年春秋两季对中国宏观经济进行分析和预测, 并于同年 11 月出版《中国经济蓝皮书》.

5.4.5　计量经济模型实例

本例研究经济形势与就业意愿的关系: 如果经济形势用城市失业率 (UR) 来度量, 就业意愿由劳动力参与率 (LR) 来衡量, 关于 UR 和 LR 的数据来自官方公布的数据. 那么, 如何利用计量经济学方法分析经济形势与就业意愿的关系?

经济学中关于经济形势对就业意愿的影响有两个对立的看法: 一是受挫工人假说, 认为经济形势恶化时, 人们放弃寻找工作机会, 从而使得失业率增加. 二是增加工人假说, 认为经济形势恶化时, 原先未有意愿工作的工人可能会进入劳动力市场寻找工作, 从而使得就业率增加.

劳动力参与率变动由受挫工人数与增加工人数动态决定. 增加工人数大于受挫工人数, LR 就增大; 反之, LR 则减小. 但这只是劳动力参与率的一种可能变化趋势. 实际上劳动力参与率的变化趋势是多种多样的. 对于不同的劳动力市场, 劳动力参与率的变化趋势有可能呈现出更多的差异性. 如何比较精确地刻画劳动力参与率的变化趋势呢? 下面我们使用计量经济学方法来寻找 LR 与 UR 二者间的关系.

根据美国政府公布的数据, 可得城市劳动力参与率 (LR)、城市失业率 (UR) 与真实的小时平均工资 (AE) 自 1980—1996 年的数据如表 5.2 所示.

表 5.2　美国城市劳动力参与率 (LR)、城市失业率 (UR) 与真实的小时平均工资 (AE)

年份	LR/%	UR/%	AE/%
1980	63.8	7.1	7.78
1981	63.9	7.6	7.69
1982	64	9.7	7.68
1983	64	9.6	7.79
1984	64.4	7.5	7.8
1985	64.8	7.2	7.77
1986	65.3	7	7.81
1987	65.6	6.2	7.73
1988	65.9	5.5	7.69
1989	66.5	5.3	7.64
1990	66.5	5.6	7.52
1991	66.2	6.8	7.45
1992	66.4	7.5	7.41
1993	66.3	6.9	7.39
1994	66.6	6.1	7.4
1995	66.6	5.6	7.4
1996	66.8	5.4	7.43

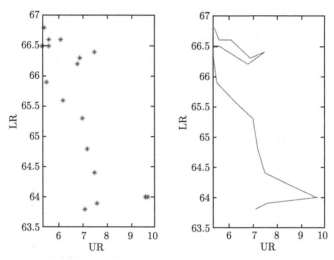

图 5.1 劳动力参与率与城市失业率的散点图

根据表 5.2 所提供的数据做散点图, 如图 5.1 所示. 从中可看到, 劳动力参与率与失业率之间存在着类似线性的负相关关系, 即随着劳动力参与率的增加, 失业率会减少. 这符合理论描述, 也符合人们的实践认知. 但劳动力参与率和城市失业率之间的相反变化趋势未必都能在任意一个时点上严格表现出来. 比如, 劳动力参与率在 6%—6.5% 内就不能反映出这样的一种负相关关系. 从整个图来看, 劳动力参与率和城市失业率之间存在的负相关关系还是明显的. 为此, 我们可假设二者的关系满足以下线性的数学模型: $LR = b_1 + b_2 UR$, 其中 b_1, b_2 为待定系数.

由图 5.1 可看出, 劳动力参与率与城市失业率并不能完全落在一条直线上, 所以, 劳动力参与率与城市失业率只能形成统计学意义上的负相关关系, 而不是严格意义上的线性负相关关系. 若前面所建立的数理经济模型在一定意义上能够反映劳动力参与率与失业率之间某种程度的因果关系, 则还应存在一些无法考虑到的因素在影响或干扰着它们的关系. 计量经济学正是把那些对它们有影响而未能观察到的因素归入随机误差项 ε_t, 即 $LR_t = b_1 + b_2 UR_t + \varepsilon_t$ 为针对劳动力参与率与城市失业率相互关系的计量经济模型.

下面我们来估计上述计量经济模型中的参数 b_1, b_2 的值. 由最小二乘法原理, 可得到一个估计模型: $LR_t = 69.9355 - 0.6458 UR_t$, 其中, b_1, b_2 的估计数值分别为 69.9355 和 -0.6485.

该模型也叫作回归方程, 其几何图形叫作回归直线, 如图 5.2 所示.

回归方程中的系数 -0.6458 意味着在一般情况下, 失业率对劳动力参与率有约 64.5% 的负面影响. 69.9355 的含义为平均就业率, 即当失业率为 0, 或者说在充分就业条件下, 还有将近 30.1% 的劳动力没有工作意愿. 回归方程直线刻画了失业率增加会降低人们积极找工作的意愿, 同时也说明即使社会能够达到充分就业, 也不能激励所有有工作能力的人积极就业.

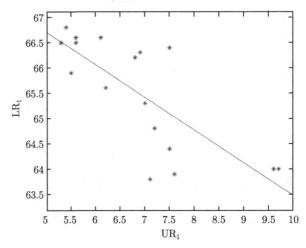

图 5.2   劳动力参与率与城市失业率的回归直线

计量经济模型假设是否合理, 会直接影响后续作出决策的实用性. 如果引入新的相关解释变量, 原计量经济模型中的解释变量的解释结果与没有引入新变量时的解释结果差距过大, 将意味着计量经济模型的假设不合理, 否则, 计量经济模型假设应该是合理的, 可以用来指导实践. 前面建立的回归模型说明了劳动力参与率与失业率存在负相关关系. 当引入新的相关解释变量, 如真实平均小时工资 (AE) 后, 原回归模型的结论是否会发生逆转呢? 假设新的计量经济模型为

$$\mathrm{LR}_t = b_1 + b_2 \mathrm{UR}_t + b_3 \mathrm{AE}_t + \varepsilon_t$$

其中 AE 为以美元计算的真实平均小时工资. 根据表 5.2 所提供的数据做散点图, 可得 LR、UR、AE 三者间的 3D 散点图如图 5.3 所示, 从图 5.3 中可看到类似之前的线性关系仍然存在. 重复之前的过程, 根据最小二乘法原理, 代入表 5.1 中的数据, 使用 MATLAB2018a 软件计算回归模型可得

$$\mathrm{LR}_t = 97.9358 - 0.4463 \mathrm{UR}_t - 3.8589 \mathrm{AE}_t$$

该模型进一步说明了劳动力参与率与城市失业率负相关这一结论. 因此, 之前的计量经济模型可认为是合理的. 但新模型的结论也意味着: 工资增加会降低人们参与工作的热情. 这一点可从效用角度来考虑, 工资越高时, 人们更愿意追求休闲, 这一点在许多发达国家也得到了验证.

从模型的拟合优度来看, 基于 MATLAB 2018a 给出的关于这两个模型的检验统计量 STATS 有 4 个数值: 相关系数 R^2、F 统计量观测值、检验的 p 值、误差方差的估计. 其中的相关系数 R^2 越接近 1, F 统计量值越大, p 值越接近于 0, 则回归方程越显著. 上述前后两个模型对应的 STATS 统计量数值如下:

$$\text{stats1} = 0.5812\ 20.8129\ 0.0004\ 0.5559$$

$$\text{stats2} = 0.8538\ 40.8820\ 0.0000\ 0.2079$$

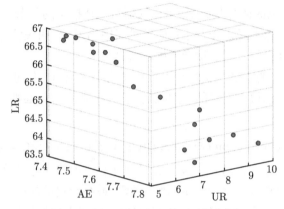

图 5.3　LR、UR、AE 的 3D 散点图

对比可知, 第二次建立的模型比初次建立的模型更合理. 需要说明的是, 本例的回归模型估计是通过 MATLAB 2018a 软件实现的. 若使用不同软件估计的结果可能会有所出入, 这是很正常的. 每个软件所采用的算法公式可能存在一定的差异, 其计算精度也不尽一致. 我们关注的重点是分析过程或方法是否正确. 只要方法正确, 所建模型的计算结果有合乎事实的说服力, 仅仅因使用不同的计算软件而造成一定范围内的结果出入是正常的.

通过引进新的变量来判断模型总的适用状况是一个传统方法. 如果针对同一个经济问题存在多个可用模型, 该如何决定究竟采用哪一个模型更好呢? 这就涉及一个新问题: 模型的评估.

面对同一个经济问题, 采用不同的计量经济模型可能会产生不同的结果, 有时候甚至大相径庭. 比如, 究竟是采用一元回归模型, 还是多元回归模型? 采用线性模型还是非线性模型? 建立模型的初衷是为了帮助人们分析与解决面临的问题, 从这一点来说, 最好的模型就是与所要解决的问题要求相一致, 实践才是检验真理的唯一标准. 因此判断一个计量模型的优劣, 在理论上我们需要确定一些合理的评判准则, 但更重要的还需从实际使用效果上来判别. 如果实际使用后效果明显, 对指导生产实践有很大的帮助, 则可断定该模型是适用的, 否则不适用.

两个较为常用的评判回归模型效果的标准是: 赤池弘次信息准则 (Akaike information criterion, AIC) 及施瓦茨信息准则 (Schwarz information criterion, SIC).

AIC 是衡量统计模型拟合优良性 (goodness of fit) 的一种标准, 1971 年由日本统计学家赤池弘次提出, 该准则于 1973 年以概念简介的形式发表, 1974 年首次出现在赤池弘次发表的正式论文中, 因此又称赤池信息准则. 它的表达式为: $\mathrm{AIC} = e^{\frac{2m+2}{n}} \cdot \dfrac{\sum\limits_{i=1}^{n} e_i^2}{n}$, 其中 e 是常数, n 是样本容量, m 是回归模型中解释变量的个数, e_i 为残差. 它建立在熵的概念基础上, 可以权衡所估计模型的复杂度和此模型拟合数据的优良性. AIC 的不足之处在于: 如果时间序列很长, 相关信息就越分散, 需要多自变量复杂拟合模型才能使拟合精度比较高.

为了弥补 AIC 的不足, 赤池弘次于 1976 年提出 BIC 准则. 而施瓦茨在 1978 年根据贝叶斯理论也得出同样的判别准则, 称为施瓦茨信息准则, 又称为贝叶斯信息准则 (Bayesian information criterion, BIC), 其表达式为: $\mathrm{SIC} = n^{\frac{m+1}{n}} \cdot \dfrac{\sum\limits_{i=1}^{n} e_i^2}{n}$. 它对 AIC 的改进就是将未知参数个数的惩罚权重由常数变成了样本容量. 通常对模型预测功效进行判断时, AIC 或 SIC 越小越好. 最终选定的最好模型应该是其相应的 AIC 或 SIC 最小. 得到了效用显著的模型后, 就可以依据模型, 对生产实践活动提供理论指导. 但如果模型没有得到合理筛选和审慎的评估就直接应用, 则可能会给生产活动带来灾难性的后果, 所以在实际使用前, 一定要经过合理的论证.

5.5　数学与金融学

5.5.1　金融的起源与发展

金融是货币流通和信用活动以及与之相联系的经济活动的总称. 金融学是研究和资金融通、管理、运用有关的理论和实务的学科.

金融活动和货币密切相关, 货币的出现是和商品交换联系在一起的, 最早出现的是实物货币. 在古波斯、古印度、意大利等地都有用牛、羊作为货币的记载, 古埃塞俄比亚曾用盐作为货币, 美洲曾用烟草、可可豆作为货币. 据青铜器的铭文、考古挖掘和古籍记载, 中国最早的货币是贝, 因此, 自古以来与货币或财富有关的中国文字都带有贝字, 如财、贫、贱、货、贵、资等, 其偏旁都有"贝".

人类早期的商品交换采用直接的物物交换, 即人们在交换的过程中以自己生产出来的劳动产品去换取他人生产出来的劳动产品. 交换双方以物易物, 同时完成买卖行为. 但是随着商品经济的发展, 交换行为变得普遍而复杂, 人们发现, 直接的物物交换效率过低、成本过高, 交换的顺利完成需建立在交换双方在时间、空间和交换条件上的多种巧合的基础上. 当经济发展到一定阶段, 商品生产和交换日益频繁, 必然会有某种物品进行交换的次数较多, 进入市场参与交换的全体商品生产者都需要它. 于是交易者都愿意先以自己的商品与这种物品相交换, 然后再用这种物品去换取自己实际需要的那种商品. 这种特定物品的出现, 表明人类的交换行为进入间接的物物交换阶段. 这种被人们普遍接受的物品最终被单独分离出来, 成为特殊商品, 固定地充当商品交换的媒介, 人们就把这种让交易得以进行的媒介商品叫作货币, 如贝壳、铜、铁、金、银等.

后来人们又发明了用纸张印刷的货币——纸币. 这种由政府统一发行并强制流通的纸币叫作法币. 北宋初年四川所用的铁钱, 面值小而重量大, 买 1 匹绢需要 90 斤到上百斤的铁钱, 流通很不方便. 成都有 16 户富商联合发行一种便于携带的纸币代替铁钱流通, 命名为交子, 兑换时每贯需扣除 30 枚铁钱作手续费. 为了印造发行这种交子并经营铁钱与交子的兑换业务而开设了交子铺, 每年在丝蚕米麦将熟时, 用同一色纸印造交子, 后来称为私交子, 这是中国民间金融的先声. 宋仁宗天圣二年 (公元 1024 年), 益州 (成都) 官府经过充足的准备, 发行了世界上第一种由公权力担保的纸币——官交子. 宋朝高超的印刷术使得官交子的印刷优良精美, 防伪手段也更加高明. 和纸币交子一起由宋人发明的还有准备金制度, 随着这种金融创新活动的深入, 宋交子的全部准备金制度也逐渐过渡到了部分准备金制度. 交子被认为是世界上最早使用的纸币, 比美国 (1692 年)、法国 (1716 年) 等西方国家发行纸币要早六七百年.

到了元朝, 元世祖忽必烈听从其开国军师刘秉忠的建议, 于中统元年 (1260 年) 印发纸币 "中统交钞" 和 "中统元宝交钞", 明令白银和铜钱退出流通, 且制定了最早的信用货币条例 "十四条画" 和 "通行条画", 专门设立 "钞券提举司" 垄断货币发行, 这种纸币制度被后世称为银本位制度. 整个元代纸币以中统元宝交钞为主, 始终通用, 纸币作为支付手段具有与金、银同样的价值, 各种支付和计算均以其为准, 极大地方便了商旅货运. 元朝纸钞不仅通行于内地, 而且也通行于边疆各少数民族地区, 其中的中统钞流通地区并不只限于国内, 在东南亚许多地方, 直到明代仍有流通. 明朝虽然也发行过自己的纸币, 但由于和宋、元时期一样没有发展出独立的监管体系, 最后都沦为官府掠夺民间财富的工具.

随着经济发展, 社会积累了越来越多的财富. 一般情况下, 这些社会财富的分配并不均匀, 有人开始变得富有起来. 同时社会经济的发展也创造了更多的投资与消费机会, 于是就有人想向别人借钱作为本金, 去从事生产或消费活动, 而另一些人则愿意把钱借给别人, 暂时性地让渡金钱的使用权, 作为出让权利的补偿, 要收取一定的利息, 这样就能让自己的钱生出更多的钱, 资金借贷活动于是就应运而生了, 这种资金借贷活动的基础是信用, 借入的一方以自己的信誉作为担保, 而借出的一方也相信借入方的信誉, 相信他到了规定的时候一定能够还本付息.

有了信用, 自然就会产生信用机构. 有些人有多余的钱, 而另一些人需要用钱, 于是就有人创建银行, 作为中间人, 帮助有钱的人将钱借给需要用钱的人, 这在客观上对各方都有利. 有钱的人将钱借出去, 收取利息, 需要钱的人获得了资金, 可以创办工厂, 从事生产. 银行作为一种信用机构, 它的职责之一就是为借贷双方提供牵线搭桥的中介服务, 因此它要收取佣金, 银行收取的佣金就是利差.

历史上银行的雏形起源于公元前 2000 年巴比伦和公元前 6 世纪的货币保管与收取利息的放款业务. 公元前 5—前 3 世纪在雅典和罗马先后出现银钱商及类似银行的机构. 1580 年意大利威尼斯出现了欧洲第一家银行. 1694 年英国建立第一家股份制银行, 即英格兰银行. 中国公元前 256 年的周朝出现赊贷业务, 南齐时 (公元前 479—前 502 年) 出现了抵押贷款, 俗称当铺. 1897 年中国第一家银行中国通商银行成立.

个人之间的借贷规模一般都比较小. 而通过银行进行的借贷常常是大规模的, 涉及金额动辄上百万元. 因此, 银行在更大规模的基础上从事借贷活动, 创造了信用, 这样就有了大规模的资金流动, 即资金的融通, 这就是金融. 借贷就是最基本、最原始的金融活动.

在现代社会中, 金融已经远远不局限于借贷行为、买卖股票、购买保险等活动都涉及资金的融通, 因此都是金融活动, 经济的发展使人们对商品的需求增多, 于是有人创建企业, 从事大规模的商品生产和贸易流通. 创建企业, 从事大规模的商品生产或贸易需要资金. 那么怎么募集资金呢? 一个方法就是到银行申请贷款, 另一个方法就是发行股票、债券. 发行股票、债券之类的筹集资金的融资活动也是金融活动.

股票、债券发行后, 发行方募集到了资金, 购买方则获得了股票、债券, 可以在规定的时间内取得股息及债券所付的利息. 此外, 股票和债券还可以在市场上进行交易, 由供需双方的需求动态和市场行情来决定其交易价格. 通常价格围绕其所对应的发行企业内在价值上下波动, 投资者可利用这种价格波动获得超额收益.

历史上第一只股票是 1600 年英国的东印度公司发行的, 该公司从事航海事业, 向外集资, 每个航次结束之后返还资金及该航次对应的利润. 而第一家证券交易所是 1602 年在荷兰成立的阿姆斯特丹证券交易所. 1571 年, 英国创建了第一家集中的商品交易市场——伦敦皇家交易所, 后来在其原址上形成了如今的伦敦国际金融期货期权交易所.

随着证券市场的发展和完善, 也涌现了一批股票交易明星, 他们以交易为生, 从中获得了不菲的收益. 如有 "股神" 之称的沃伦·巴菲特, 从事股票、电子现货、基金行业. 2019 年 3 月, 以 825 亿美元排名福布斯富豪榜第三位. 彼得·林奇则有 "股票天使" 之称, 1977 年接管富达麦哲伦基金, 13 年间使得该基金资产从 2000 万美元增至 140 亿美元. 另外一位史蒂夫·尼森号称 "K 线之父", 他是第一位将日本蜡烛图 K 线技术系统地引入西方的技术分析专家, 美国金融界公认他为 K 线技术权威.

随着实体经济的发展, 会产生跨国贸易与国际投资, 也就有了商品与资金在全球范围内的流动, 并因此而产生了汇率、国际收支等国际金融问题. 虽然最初的时候金融是随着经济的发展而产生的, 但是, 当经济发展到一定阶段时, 没有稳定而发达的金融体系, 经济就很难取得进一步发展, 所以世界各国都非常重视金融体系的稳定. 乔治·索罗斯则是货币投机市场的代表人物, 一度经常寻找各国金融体系漏洞, 并借助资本的力量予以攻击来实现获利, 他创立了量子基金, 被称为"击垮英格兰银行的人". 在美国他以募集大量资金试图阻止乔治·布什总统的连任而名声大噪. 他曾在全球范围内, 掀起了一场金融战争, 狙击各国货币, 所到国家对他都恨之入骨. 1992 年, 索罗斯首次出手狙击英镑, 击垮英格兰银行, 这使得他旗下的量子基金名声大振, 索罗斯净赚 10 亿美元. 1994 年, 他又成功狙击墨西哥比索, 使整个墨西哥金融体系倒退 5 年. 1997 年, 扫荡整个东南亚, 泰国、马来西亚、缅甸、菲律宾、印度尼西亚等国货币先后惨遭打击. 1998 年他又闪击中国香港金融市场, 使港元汇率一路下滑, 金融市场一片混乱. 香港金融管理局立即入市, 中央政府也全力支持. 在一连串反击行动下, 索罗斯在香港的"征战"无功而返, 损失惨重.

金融活动中资金的融通既可以是跨空间的, 也可以是跨时间的, 所以金融也可理解为跨时间、跨空间的大规模资金融通. 跨空间是从一个地方到另一个地方去, 跨时间则是投资者购买公司的股票, 即他们现在把钱给公司用, 数年以后公司赚钱了, 再把钱和红利分给他们, 相当于投资者把自己的资金转移到数年后, 即跨时间的资金融通. 目前已有很多中国公司到美国发行美股存托凭证 (ADR) 并上市交易以筹集资金, 如知名的阿里巴巴、腾讯、网易、拼多多等.

金融活动很早就存在了, 却一直没有专门的研究, 虽然人们知道证券市场风险很大, 却不知道风险到底有多大, 更不知道怎样控制风险. 1936 年, 约翰·梅纳德·凯恩斯在他的名著《就业、利息和货币通论》中认为, 交易者觉得某只股票值多少钱, 它就值多少钱. 直到 20 世纪 50 年代, 这种状况才开始改变. 1952 年, 美国经济学家哈里·马科维茨创建了现代资产组合理论. 该理论建立了一种衡量金融风险大小的方法, 也提出了有效控制风险的措施, 现代金融学就此产生.

5.5.2 金融学的研究内容

金融学可按照研究对象的不同分为两大类: 宏观金融学和微观金融学.

宏观金融学研究对象是和总量有关的内容, 包括货币、银行、利息和利息率等. 这方面的内容形成了货币银行学、货币经济学等. 其主要研究内容为货币理论、利率理论、汇率理论、货币政策、银行经营管理等.

微观金融学研究对象是一切和个量有关的内容, 包括风险、收益、定价以及影响风险、收益、定价的市场结构和制度安排, 通常可分为公司金融、投资学和证券市场微观结构三个大的方向. 主要研究资本成本理论、企业价值评估与资产定价理论、金融风险管理理论、投资组合理论、证券分析理论、金融市场微观结构理论, 形成了金融学、金融经济学、金融市场学等.

5.5.3　金融学理论和数学的联系

金融学理论的提出和描述都包含了大量的数学推导及数学语言的运用, 它是在一系列合理假设的前提条件下, 缜密分析金融资产价格形成过程和理性投资行为后, 进行数学建模而得到的对金融市场各种现象蕴涵的规律的总结. 离开了数学工具的使用, 仅仅从定性分析上是不可能发现这些规律的, 很多金融、经济学家同时也是数学家, 或具备深厚的数学知识储备和熟练的数学技能.

现代投资组合理论是为了化解投资风险提出的. 该理论认为, 投资者或金融机构进入市场后面临的风险有两种: 系统性风险和非系统性风险. 非系统性风险也叫个别风险, 是指发生于个别公司的特有事件造成的风险, 这种风险通常与个别证券有关, 但与其他证券无关, 所以可通过分散投资对象和投资多样化分散掉, 即发生于一家公司的不利事件可以被其他公司的有利事件所抵消. 系统性风险指整个因经济体的不确定性, 或市场系统发生剧烈波动、出现危机, 从而使单个投资者或金融机构不能幸免, 遭受经济损失的可能性. 这种风险无法通过分散投资来减轻.

美国经济学家哈里·马科维茨于 1952 年提出投资组合理论 (portfolio theory), 并进行了系统深入的研究, 他因此获得了诺贝尔经济学奖. 该理论包含两个重要内容: 均值–方差分析方法和投资组合有效边界模型. 在发达的证券市场中, 马科维茨投资组合理论早已在实践中被证明是行之有效的, 并且被广泛应用于组合选择和资产配置.

投资组合是按一定比例买入的一组有价证券, 单个证券也可以视作特殊的投资组合. 投资行为的本质是在不确定性的收益和风险中进行选择. 投资组合理论用均值–方差来刻画这两个关键因素. 均值是指投资组合的期望收益率, 它是单只证券的期望收益率的加权平均, 权重为相应的投资比例. 方差是指投资组合的收益率的方差. 收益率的标准差称为波动率, 它刻画了投资组合的风险.

人们在证券投资决策中应该怎样选择收益和风险的组合呢? 设想有这样的一类理性投资者: 在给定的期望风险水平下, 希望获得最大期望收益, 或者在给定的期望收益水平下, 希望承担的风险最小. 投资组合理论正是研究这样的理性投资者如何选择、优化投资组合.

把上述优化投资组合在以波动率为横坐标, 收益率为纵坐标的二维平面中描绘出来, 形成一条曲线. 这条曲线上有一个点, 其波动率最低, 称之为最小方差点 (MVP). 这条曲线在最小方差点以上的部分就是著名的马科维茨投资组合有效边界, 对应的投资组合称为有效投资组合. 投资组合有效边界是一条单调递增的凸曲线.

投资组合理论进一步研究了投资标的中是否包含无风险资产 (无风险资产的波动率为零)、是否允许或限制卖空行为等对有效边界的影响及相应的市场组合. 在波动率–收益率二维平面上, 任意一个投资组合要么落在有效边界上, 要么处于有效边界之下. 因此, 有效边界包含了全部 (帕累托) 最优投资组合, 理性投资者只需在有效边界上选择投资组合.

20 世纪 60 年代, 夏普 (William Sharpe)、林特尔 (John Lintner)、特里诺 (Jack Treynor) 和莫辛 (Jan Mossin) 等在资产组合理论和资本市场理论的基础上建立了资本资产定价模型 (capital assets pricing model, CAPM), 认为单个证券的期望收益率由两个部分组成, 无风险利率以及对所承担的系统性风险的补偿, 而非系统性风险没有风险补偿. 该模型不仅提供了评价收益–风险相互转换特征的可运作框架, 也研究了均衡价格的形成过程, 是现代金融市场价格理论的支柱, 广泛应用于投资决策和公司理财领域, 为投资组合分析、基金绩效评价提供了重要的理论基础.

无风险收益是不需要承担风险就能获得的收益, 通常认为银行存款利率即为无风险收益率. 套利 (arbitrage) 是利用相同或者相似资产的不同价格来获取无风险收益的行为, 它通过同时买入收益率偏高的资产, 卖出收益率偏低的资产来实现无风险收益, 如将以较低价买进的货物运至另一地以较高价卖出就是一种套利活动.

CAPM 的缺陷是不可检验, 史蒂芬·罗斯 (Stephen Ross) 在 1976 年建立的套利定价理论 (arbitrage pricing theory, APT), 提出了一种替代性的资本资产定价模型, 即 APT 模型. 该模型直接导致了多指数投资组合分析方法在投资实践上的广泛应用.

APT 通过将因素模型与无套利条件相结合而得到期望收益和风险之间的关系. 它基于三个基本假设: 因素模型能描述证券收益; 市场上有足够的证券来分散风险; 完善的证券市场不允许任何套利机会存在. 用套利概念定义均衡, 不需要市场组合的存在性, 而且所需的假设比 CAPM 更少、更合理.

CAPM 可看作是 APT 模型的特殊情况. CAPM 认为资产收益率取决于一个单一的市场组合因素, APT 则假设资产收益是由多个不同的因素决定的; CAPM 成立的条件是投资者具有均值方差偏好、资产的收益率呈正态分布, 而 APT 则没有这样的限制; APT 与 CAPM 两个模型都要求所有的投资者对资产的期望收益和方差、协方差的估计一致.

套利机会和无套利机会是金融学领域最重要的概念. 金融学与数理经济学结合产生了金融经济学, 无套利理论则是金融经济学的最重要内容, 运用一般均衡的概念研究具有市场摩擦的无套利资产定价, 是现代金融理论的前沿.

对资产定价理论有重要贡献的还包括: Arrow 的证券市场一般均衡 (1953)、默顿的证券价格一般均衡 (1973)、布莱克–斯科尔斯 (Black & Scholes, 1973) 利用套利思想证明了期权定价公式、罗斯的动态证券价格理论 (1978)、Harrison & Kreps

证明了无套利与等价鞅测度的等价关系 (1979)、Harrison & Pliska 研究连续交易理论中的鞅与随机积分 (1981)、Back & Pliska 研究无穷状态空间中资产定价的基本定理(1991)、Jacod & Shiryan 的离散时间模型中局部鞅与基本资产定价定理 (1998) 等.

5.5.4   金融学模型举例

假设市场上现有 4 种资产 S_1, S_2, S_3, S_4 (股票、债券等) 可供买卖. 经分析可估算出在这一时期内购买 S_i 的平均收益率为 r_i, 并预测出购买 S_i 的风险损失率为 q_i. 考虑到投资越分散, 总的风险越小, 一公司决定, 当用某笔资金购买若干种资产时, 总体风险用所投资的 S_i 中的最大一个风险来度量. 购买 S_i 要付交易费, 费率为 p_i. 另外, 假定同期银行存款利率 (无风险利率) 是 $r_0 = 5\%$. 相关数据如表 5.3 所示.

表 5.3   4 种资产投资收益表

S_i	$r_i/\%$	$q_i/\%$	$p_i/\%$	$u_i/$元
S_1	28	2.5	1	103
S_2	21	1.5	2	198
S_3	23	5.5	4.5	52
S_4	25	2.6	6.5	40

试给该公司设计一种投资方案, 用给定的资金量 M, 有选择地购买几种资产或存入银行获取无风险利率, 使净收益尽可能大, 而总体风险尽可能小.

为使投资活动尽可能有依据, 需建立数学模型进行理性分析, 为此我们先进行一些必要的合理假设. 假设：题目所给的 r_i, p_i, q_i 在投资的这一时期内保持不变, 不受意外因素影响; 在投资期限内各种资产 (如股票、证券等) 不进行买卖交易, 即买入后就持有到期; 每种投资对象的收益情况是相互独立的.

为表述方便, 记总资金量为 $M = 1$, 记 S_0 为存入银行以获取无风险利率的资金量, p_0, q_0 表示资金存入银行所付交易费率和风险损失率, 则有 $p_0 = q_0 = 0$.

设购买 S_i 的金额为 x_i $(i = 0, 1, 2, 3, 4)$, 则购买 S_i 所付的交易费为 $p_i x_i$, 从而对 S_i 投资的净收益为 $(r_i - p_i)x_i$, 投资组合 $x = (x_0, x_1, x_2, x_3, x_4)$ 的净收益总额为: $R(x) = \sum_{i=0}^{4} (r_i - p_i)x_i$. 对 S_i 投资的风险为 $q_i x_i$, 投资组合 $x = (x_0, x_1, x_2, x_3, x_4)$ 的整体风险为: $Q(x) = \max_{0 \leqslant i \leqslant 4}(q_i x_i)$. 对 S_i 投资所需资金 (投资金额 x_i 与所付交易费 $C_i(x_i)$ 之和) 为: $(1 + p_i)x_i (i = 0, 1, 2, 3, 4)$, 故资金约束为: $\sum_{i=0}^{4} (1 + p_i)x_i = 1$.

根据题目要求, 以净收益总额 $R(x)$ 最大、整体风险 $Q(x)$ 最小为目标, 建立模型如下:

$$\max R = \sum_{i=0}^{4}(r_i - p_i)x_i$$

$$\min Q = \max_{0\leqslant i\leqslant 4}(q_i x_i)$$

$$\text{s.t.}\begin{cases}\sum_{i=0}^{4}(1+p_i)x_i = 1\\ x_i \geqslant 0, \quad i=0,1,2,3,4\end{cases} \tag{5.1}$$

可以看出, 这是一个有两个目标函数的多目标规划问题. 假定投资者对风险–收益的相对偏好参数为 ρ, 则多目标规划模型 (公式 (5.1)) 就可转化为如下的单目标线性规划问题:

$$\min f = \rho Q(x) - (1-\rho)R(x)$$

$$\text{s.t.}\begin{cases}\sum_{i=0}^{4}(1+p_i)x_i = 1\\ x_i \geqslant 0, \quad i=0,1,2,3,4\end{cases} \tag{5.2}$$

将相关数据代入模型 (公式 (5.2)), 得

$$\min f = -0.05x_0 - 0.27x_1 - 0.19x_2 - 0.185x_3 - 0.185x_4$$

$$\text{s.t.}\begin{cases}x_0 + 1.01x_1 + 1.02x_2 + 1.045x_3 + 1.065x_4 = 1\\ 0.025x_1 \leqslant a\\ 0.015x_2 \leqslant a\\ 0.055x_3 \leqslant a\\ 0.026x_4 \leqslant a\\ x_i \geqslant 0, \quad i=0,1,\cdots,4\end{cases}$$

考虑到不同的投资者承受风险度的能力不同, 可从 $a=0$ 开始, 以步长 $\Delta a = 0.001$ 进行循环搜索, 通过实验来寻找风险度 a 与收益 Q 之间的关系.

在 MATLAB 软件中编写以下程序:

```
a=0;
while(1.1-a)>1
c=[-0.05 -0.27 -0.19 -0.185 -0.185];
Aeq=[1 1.01 1.02 1.045 1.065]; beq=[1];
A=[0 0.025 0 0 0;0 0 0.015 0 0;0 0 0 0.055 0;0 0 0 0 0.026];
b=[a;a;a;a];
vlb=[0,0,0,0,0];vub=[];
```

```
[x,val]=linprog(c,A,b,Aeq,beq,vlb,vub);
a
x=x'
Q=-val
plot(a,Q,'.'),
axis([0 0.1 0 0.5]),
hold on
a=a+0.001;
end
xlabel('a'),ylabel('Q')
```

运行程序, 得到投资组合方案 x 中风险度 a 与收益 Q 的对应数据, 部分计算结果如下:

$a = 0.0030$	$x = 0.4949$	0.1200	0.2000	0.0545	0.1154	$Q = 0.1266$
$a = 0.0060$	**$x= 0.0000$**	**0.2400**	**0.4000**	**0.1091**	**0.2212**	**$Q = 0.2019$**
$a = 0.0080$	$x = 0.0000$	0.3200	0.5333	0.1271	0.0000	$Q = 0.2112$
$a = 0.0100$	$x = 0.0000$	0.4000	0.5843	0.0000	0.0000	$Q = 0.2190$
$a = 0.0200$	$x = 0.0000$	0.8000	0.1882	0.0000	0.0000	$Q = 0.2518$
$a = 0.0400$	$x = 0.0000$	0.9901	0.0000	0.0000	0.0000	$Q = 0.2673$

由此得到风险度 a 与收益 Q 的关系如图 5.4 所示, 从图 5.4 可知:

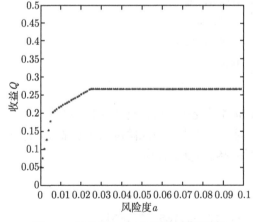

图 5.4   风险度 a 与收益 Q 的关系图

(1) 收益 Q 随风险度 a 的增大而增大, 就是说, 风险越大, 收益也越大.

(2) 曲线上的点对应的横纵坐标分别表示相应的风险水平和最大可能收益. 投资者可根据对风险的承受能力, 选择相应风险水平下的最优投资组合.

(3) 局部放大后可看到, 在 $a = 0.006$ 附近有一个转折点, 在这一点左边, 风险增加很少时, 收益增长很大. 在这一点右边, 风险增加很多时, 收益增长却很缓慢. 故对风险和收益没有特殊偏好的投资者, 应选择曲线上的转折点所对应的投资组合, 此时风险度 $a \approx 0.6\%$, 总收益 $Q \approx 20\%$, 所对应投资方案为: $x_0 = 0, x_1 = 24\%$, $x_2 = 40\%$, $x_3 = 10.91\%$, $x_4 = 22.12\%$.

5.6 数学与会计学

5.6.1 会计学的起源与发展

人类在经济活动中, 一直体现着数学上的优化思想, 用尽量少的劳动创造出尽可能多的劳动成果, 这也是社会经济发展的基本规律. 要管理好经济活动, 就必须充分掌握经济活动的信息, 而会计就是达成这一目标的重要手段. 会计是社会经济发展到一定阶段的产物, 是基于生产管理的需要而产生的, 有着极其悠久的历史. 随着生产活动的不断发展, 会计技术和方法也不断地发生革新与创新, 会计学也因此得到不断完善, 出现了多元化的趋势. 会计的内容经过了漫长的历史发展和演进过程, 其性质和作用也有不少的变化. 从原始的计量记录行为, 发展到今天以电子计算机作为会计信息处理主要手段的会计电算化时代, 其发展和演进的每一阶段以及所取得的每一个具体的技术进步, 不仅与当时的社会生产力发展水平有直接联系, 而且受到该时期生产关系的制约.

会计行为的发生, 是以人类生产行为的发生、发展作为根本前提的, 会计是社会经济发展到一定阶段的产物. 随着生产行为的发生与发展, 出现了萌芽状态的原始会计, 即计量记录行为. 会计行为的形成需要具备反映对象 (即剩余产品) 和反映工具 (即语言、文字和数字). A. C. 利特尔顿指出, 会计的出现需要书写艺术、算术、私有财产、货币、信用、商业和资本七个条件.

公元前 5000 多年记录部落之间交易的符号已经出现. 古希腊两河文明发源于底格里斯河 (Tigris) 和幼发拉底河 (Euphrates) 之间的苏美尔 (Sumer) 地区, 在该地区发现的公元前 3200 年左右的陶片上出现了一些会计记录的符号. 伊拉克著名的建筑物 "齐克拉"(Ziggurat) 里, 也发现了最早的文献账单 (又被称为 "原始算板"), 账单上也有刻记的记数符号. 公元 12 世纪, 印加帝国的领土曾达到北起今哥伦比亚边境, 南至今智利中部, 西起太平洋岸, 东至亚马孙丛林及现今阿根廷北部, 该区域发现了世界典型的 "结绳记事". 这些都隐含着原始的计量与记录思想. 按照现代具有独立意义的会计特征来衡量, 它们算不上真正的会计, 但从中可以窥见会计的源流.

伴随着原始社会公社制度的解体, 人类社会进化到奴隶制时代. 这个时期占据主导地位的是自给自足的自然经济, 经济结构以自给自足的小农业为主, 工业处于手工业阶段, 而商业处于简单的物资贩运阶段. 顺应这种经济结构的变化, 以"简单刻记" 和 "结绳记事" 为特征的原始计量和记录行为逐渐消失, 取而代之的是为自然经济服务的单式记账方式的运用, 为适应社会经济的发展逐渐分化出国库会计、神殿会计、寺院会计、教会会计、庄园会计以及早期的商业会计. 进入封建制时代后, 又分化出官厅会计、行会会计、商业会计以及旧式银行会计, 包括汇总会计、钱庄会计、票号会计和典当会计等.

公元 11—13 世纪, 随着欧洲十字军东征的进展, 意大利沿海城市成为东西方贸易的中心. 航海业的发展对东西方经济交流起到了巨大的促进作用, 随着商品交易范围的不断扩大和贸易额的快速增加, 占尽地中海交通优势的意大利北部沿岸城市的海上贸易迅速繁荣起来, 商业贸易对资本的需求极大地推动了商品经济的发展. 单式簿记已无法适应复杂的商品经济与交易的需要, 复式簿记在这一背景下应运而生. 15 世纪末, 意大利数学家卢卡·帕乔利 (Luca Pacioli) 出版了《算术、几何、比与比例概要》(*Summa de Arithmetica, Geometria, Proportioni et Proportionalita*), 该书介绍并阐发了源于威尼斯的一种复式记账法, 奠定了以复式簿记为基础的会计方法体系基础, 从而成为复式簿记形成的标志.

复式簿记问世后, 借助于 15 世纪末和 16 世纪初的地理大发现得到了进一步传播, 地理大发现使资本主义经济基地由地中海区域向大西洋沿岸转移, 导致意大利北部城邦的贸易中心地位逐渐被欧洲新兴工业城市所代替. 处于新生期的欧洲大陆资本主义经济, 需要先进的经济管理方法和新式簿记方法来对经济活动进行确认、计量与记录, 从而推动了复式借贷簿记体系在欧洲大陆国家德国、荷兰、法国、葡萄牙、西班牙等国的传播. 后来借贷复式记账法进一步传播至英国、美国、日本及亚洲国家, 在传播过程中, 该方法也得到了不断发展和完善, 最终成为当前世界上运用最广泛、最科学的一种复式记账法.

进入 19 世纪, 以英国为代表的主要工业国家, 顺应工业的迅速发展, 产生了许多会计新思想和新方法来反映和监督企业的经济活动, 成功地实现了簿记向会计的转化. 这些新方法包括: 反映长期资产如何转化为成本费用的折旧观念的形成; 反映成本计算与财产账户相结合的成本会计制度; 独立查账的注册会计师职业的出现以及现代审计的形成; 财务会计的形成.

为维护注册会计师这一新兴职业的声誉, 产生了由政府有关部门进行从业资格认定的客观要求. 1853 年, 苏格兰的 47 名会计师在爱丁堡 (Edinburgh) 集会, 成立了世界上第一个会计师团体组织, 即爱丁堡会计师公会 (Society of Accountants in Edinburgh). 1854 年, 该公会由国会批准正式成立, 英国女王为其颁发了第一份特许状. 同时, 英国政府正式向苏格兰的 47 名会计师颁发了 "敕许证书"(Royal Charter), 这标志着会计师作为一种专门的职业已经形成并发展成为一种社会力量.

1880 年, 英国的利物浦、伦敦、曼彻斯特、谢菲尔德四个城市的会计师协会和英国会计师协会 (伦敦) 这五大会计师协会联合成立了英国最大的会计师职业组织, 全称为英格兰及威尔士注册会计师协会 (The Institute of Chartered Accountants in England and Wales, ICAEW), 该协会充分地展示了一种可以依靠和值得信赖的公众职业形象, 开创了现代独立审计发展的新时代, 使得现代审计得以形成.

随着整个世界经济中心从欧洲大陆向美洲的转移, 美国成为会计理论与实务发展最快的国家. 美国 1933 年通过的《证券法》(Securities Act) 和 1934 年通过的《证券交易法》(Securities Exchange Act) 对会计信息披露及会计执业行为规范提出了要求, 规定所有的上市公司都必须提供统一的会计信息, 并将制定统一的会计规范的权力交给具有会计监管职能的美国证券交易委员会 (Securities and Exchange Commisson, SEC), 这些制度促进了财务会计功能的进一步强化. 这时的会计不再局限于为企业主服务以满足投资者的信息需求, 还需考虑企业的其他相关利益集团的信息需求, 使得主要向企业相关利益集团提供财务信息和其他经济信息的财务会计得以从传统的会计中逐渐分离出来, 形成并发展为现代财务会计.

20 世纪 40 年代以后为现代会计的形成与发展阶段, 主要体现在三个方面: 一是电子计算机技术在会计领域的使用, 引起了会计技术方法的彻底变革; 二是传统会计逐渐形成了相对独立的两个分支: 财务会计和管理会计, 这使得会计信息的提供层次与对象出现了分工; 三是会计领域得到进一步扩展, 出现了人力资源会计、国际会计、通货膨胀会计、社会责任会计、无形资产会计、环境会计、资源会计、衍生金融工具会计和网络会计等许多新型的会计分支学科, 使得会计活动进入了全面发展的新时期.

5.6.2　管理会计学的研究内容

财务会计学虽然也要应用一些数学方法, 但范围较小, 且一般只涉及初等数学. 为了在现代企业管理中更好地发挥作用, 会计活动越来越多地借助于现代数学方法来解决复杂的经济问题, 使之朝着定量化方向发展, 从而产生了管理会计学. 以数学来武装管理会计, 特别是大量运用运筹学和数理统计学中许多科学的方法, 把复杂的经济活动用简明而精确的数学模型表达出来, 并用高等数学方法对所掌握的有关数据进行科学的加工整理, 以揭示有关对象之间的内在关系和最优数量关系, 以便为管理者提供决策依据, 这是现代管理会计的一个重要特点. 数学方法的广泛运用, 表明管理会计正在走向进一步的成熟与完善.

管理会计学的内容主要包括: 变动成本法、本量利分析、决策分析、短期经营决策、长期投资决策分析、全面预算的编制、成本控制、责任会计、绩效管理、战略管理会计等.

变动成本法是管理会计中普遍使用的成本计算方法和损益计算方法, 是本量利分析的理论和方法基础. 从管理决策和业绩评价角度看, 变动成本法比传统财务会计中所采用的完全成本法有很大的优越性.

本量利分析即"成本–业务量–利润分析"的简称, 是管理会计的基本方法之一. 它是在成本性态分类和变动成本法的基础上, 应用数学方法来揭示固定成本、变动成本、业务量、单价、销售量和利润之间的内在依存关系, 为管理会计预测、决策和规划提供必要的财务信息的一种定量分析方法. 它所提供的分析原理、分析方法在管理会计中有着广泛的应用, 可帮助企业管理人员解决生产经营过程中的许多问题, 如产品销售收入达到怎样的水平才能保本、企业生产能力如何扩大、如何实现企业经营目标等.

决策分析是指针对企业未来经营活动所面临的问题, 由各级管理人员做出的有关未来经营战略、方针、目标、措施与方法的决策过程. 它是经营管理的核心内容, 是关系到企业未来发展兴衰成败的关键.

短期经营决策通常是对企业的生产经营决策方案进行经济分析, 是管理会计学的核心内容之一, 其主要内容包括产品生产决策分析、产品定价决策分析等.

长期投资决策分析是企业在经营过程中对固定资产如厂房、机器设备等的新建、采购、更新改造等投资问题的分析, 它是管理会计中的一个非常重要的内容, 是关系到企业经营战略的重大问题, 是使企业的未来保持良好的经营状态和盈利能力的关键. 在这个决策过程中, 通常引入和运用数学等科学的方法, 以保证决策的客观性和正确性.

通过长期和短期经营决策, 企业可以确定未来生产经营活动的长期战略目标和短期经营目标. 为了实现既定的目标, 保证决策所确定的最优方案在实际工作中得到贯彻执行, 就需要编制全面预算. 全面预算编制的过程中不可避免地要使用数学计算和一些数学方法.

成本控制是为保证企业全面预算的贯彻执行而采取的各种控制措施, 是企业预算控制的一项重要内容. 建立健全企业成本控制系统, 对于充分发挥成本管理职能、提高企业经营管理水平和市场竞争力具有重要作用. 成本控制显然也离不开必要的、准确的数学计算.

随着国际经济的发展和商业竞争的日益激烈, 传统的集权管理模式无法满足迅速变化的市场需求, 分权管理成为组织管理的发展趋势. 但分权管理模式中存在着目标分化等缺陷, 建立责任会计制度可以有效地配合分权管理模式的实施. 责任会计制度是按授权范围的大小, 将企业内部划分为不同的责任单位, 明确其权、责、利, 以责任预算、责任控制和责任考核为内容的一整套内部控制系统. 责任会计制度的实施有利于贯彻经济责任制, 并对各责任单位进行有效的激励.

绩效是衡量企业成功与否的关键要素, 绩效管理是企业管理关注的核心问题, 即在战略的指引下对企业绩效进行科学、全面和系统的计划、监控、评价和反馈,最终实现管理所追求的两大目标: 效果和效率的双赢. 绩效管理的目的, 是通过系统性和精细化的管理活动将企业绩效、部门绩效和个人绩效协同起来, 实现各层次绩效的全面提升, 最终完成组织的战略目标.

战略管理会计是为适应战略管理的需要而逐渐形成的, 它服从于企业的战略选择, 通过报告战略的成功与否来对战略产生影响. 战略管理会计分析和提供与企业战略相关的信息, 特别是反映实际成本、业务量、价格、市场占有率、现金流量和企业资源总需求等方面的相对水平和趋势的信息.

管理会计工具方法是实现管理会计目标的具体手段, 是企业应用管理会计时所采用的战略地图、滚动预算管理、作业成本管理、本量利分析、平衡计分卡等模型、技术、流程的统称. 管理会计工具方法具有开放性, 随着实践发展不断丰富和完善. 管理会计工具方法主要应用于以下领域: 战略管理、预算管理、成本管理、营运管理、投融资管理、绩效管理、风险管理等.

战略管理领域应用的管理会计工具方法包括但不限于战略地图、价值链管理等; 预算管理领域应用的管理会计工具方法包括但不限于全面预算管理、滚动预算管理、作业预算管理、零基预算管理、弹性预算管理等; 成本管理领域应用的管理会计工具方法包括但不限于目标成本管理、标准成本管理、变动成本管理、作业成本管理、生命周期成本管理等; 营运管理领域应用的管理会计工具方法包括但不限于本量利分析、敏感性分析、边际分析、标杆管理等; 投融资管理领域应用的管理会计工具方法包括但不限于贴现现金流法、项目管理、资本成本分析等; 绩效管理领域应用的管理会计工具方法包括但不限于关键指标法、经济增加值、平衡计分卡等; 风险管理领域应用的管理会计工具方法包括但不限于单位风险管理框架、风险矩阵模型等.

管理会计的工具方法多种多样, 企业应结合自身实际情况, 根据管理特点和实践需要加以选择, 并加强管理会计工具方法的系统化、集成化应用.

5.6.3 数学与会计学的联系

近代会计学产生于 15 世纪中叶, 距今已有 500 多年的历史, 其体系基本上是用自然语言构筑起来的, 自然语言易于被人们接受, 但自然语言"含义过丰", 同一个词、同一句话出现在不同的场合, 表达的意义可以完全不同. 用自然语言表达的概念、结论等往往是不精确的, 模棱两可的. 没有使用数学的符号语言来构筑会计学体系导致会计学体系发展和完善非常缓慢. 直到现在关于什么是复式记账法, 什么是借贷记账法等会计理论中最基本的东西仍无一个公认的确切的定义; 关于资金占用资金来源的平衡关系原理, 只是举一些例子加以说明而没有严密的逻辑证明. 作为一门科学, 其基本概念、基本原理必须是严密的、精确的, 用数学语言取代自然语言构筑会计学体系, 是会计学真正作为科学的前提.

近年来出现的管理会计理论主张会计是一种管理活动, 认为会计工作应以提高企业经济效益为中心, 从单纯的记账、算账、报账中解放出来, 积极参与企业的预测和决策活动. 这些预测和决策活动想要取得符合客观的结论, 必须借助于有效正确的数学运算和推理.

近年来, 在会计实务中, 电子计算机的应用越来越广泛, 这将有助于进一步在会计理论和实务中有效地应用数学工具, 开拓新的会计领域. 开发新的通用会计软件是一项重要的任务, 但其困难之处正在于软件所使用的数学模型. 一旦建立起账务处理、成本计算的数学模型, 即可按模型编制程序, 通过调整模型的不同参数, 即可适应不同企业的情况. 从目前来看, 由于会计学没有数学化而影响了它和计算机科学的结合.

数学方法是会计人员参与提高企业经济效益不可缺少的工具. 从结绳记事到广泛应用电子计算机的人类计算史表明, 会计与经济效益之间有着天然的血缘关系. 提高企业经济效益有两个途径, 一是提高企业技术水平, 如采用新工艺, 使用新设备、换用新材料, 或者改进现有的工艺等; 二是加强企业管理, 向管理要效益, 如合理使用企业的人力资源、组织管理好物力资源、降低企业经营成本等. 如何加强企业管理, 提高经营效率? 这正是数学的一个重要分支——运筹学的研究内容. 以下举几个例子:

(1) 某企业同时制造生产多种产品, 每一种产品的利润率不同, 生产材料消耗率也不同, 同时在生产期间, 各种原材料的可供应量一定, 该生产多少种产品、每种产品生产多少数量, 才能使企业获得最大的总利润?

(2) 某企业使用一种原材料进行生产, 假设其年均需要量固定不变, 但每定购一次该材料需花费差旅费、邮电费、运输费等费用若干元; 该材料平均单件年存储费用也固定不变, 那么, 每年订购几批, 每批订购多少才能使得年订货成本与年储存成本之和最少?

(3) 新旧设备的更新换代问题. 通常情况下, 新设备生产效率高、日常维护费用也较低、旧设备则反之. 设备更新越早则年折旧费用增加越快, 但年平均日常维护费用则会减少; 设备更新晚则每年分摊的折旧费用减少, 但平均年维护费用却会上升, 如何确定一个合理的时间点对设备进行更新, 才能使得年平均折旧费和年平均日常维护费之和最少呢?

类似问题还有很多, 解决这些问题都可借助运筹学或其他数学方法.

会计工作中也存在大量预测和决策问题, 如市场预测、成本预测、利润预测、产品定价决策、长期投资决策等. 为进行预测, 一般要先建立一些描述经济现象的数学模型, 然后将某些已知的因素代入所建立的数学模型从而预测出未知因素. 进行会计决策时, 一般也要先建立数学模型, 然后利用数学方法求出问题的最优解. 目前, 已经有了一些行之有效的解决某些会计预测问题、会计决策问题的数学方法.

如相关分析、边际分析、弹性分析、投入产出分析、影子价格分析以及盈亏平衡点分析等. 随着经济的发展, 会计预测、会计决策的范围将越来越广泛, 必将产生一些新的问题. 解决这些新问题有待于会计人员的努力, 同时也有待于进一步使用各种新的数学方法.

5.6.4 会计学中的数学问题举例

例 5.6.1 某机床厂生产甲、乙两种机床, 每台销售后的利润分别为 4000 元与 3000 元. 生产甲机床需用 A, B 机器加工, 加工时间分别为每台 2 小时和 1 小时; 生产乙机床需用 A, B, C 三种机器加工, 加工时间为每台各一小时. 若每天可用于加工的机器时数分别为 A 机器 10 小时、B 机器 8 小时和 C 机器 7 小时, 问该厂应生产甲、乙机床各多少台, 才能使总利润最大?

该例的数学模型: 设该厂生产 x_1 台甲机床和 x_2 台乙机床时总利润最大, 则本题目的就是要求最大值:

$$\max 4000x_1 + 3000x_2$$
$$\text{s.t.} \begin{cases} 2x_1 + x_2 \leqslant 10 \\ x_1 + x_2 \leqslant 8 \\ x_2 \leqslant 7 \\ x_1, \ x_2 \geqslant 0 \end{cases} \tag{5.3}$$

式中 $4x_1 + 3x_2$ 表示生产 x_1 台甲机床和 x_2 台乙机床的总利润, 称为问题的目标函数, 当希望使目标函数最大时, 记为 max; 反之当希望使目标函数最小时, 记为 min. 式中的几个不等式是问题的约束条件, 记为 s.t. (即 subject to). 由于 (5.3) 上面约束式中的目标函数及约束条件均为线性函数, 故称为线性规划问题. 线性规划问题是在一组线性约束条件的限制下, 求一线性目标函数的最大值或最小值问题.

例 5.6.2 (运输问题) 某棉纺厂的原棉需从仓库运送到各车间. 各车间原棉需求量、单位产品从各仓库运往各车间的运输费以及各仓库的库存容量如表 5.4 所列. 问: 如何安排运输任务使得总运费最小?

表 5.4 原棉需求量–运输费–库存容量信息表

仓库 \ 车间	1	2	3	库存容量
1	2	1	3	50
2	2	2	4	30
3	3	4	2	10
需求量	40	15	35	

解 设 x_{ij} 为 i 仓库运到 j 车间的原棉数量 $(i = 1, 2, 3; j = 1, 2, 3)$, 则

$$\min Z = 2x_{11} + x_{12} + 3x_{13} + 2x_{21} + 2x_{22} + 4x_{23} + 3x_{31} + 4x_{32} + 2x_{33}$$

$$\text{s.t.} \begin{cases} x_{11} + x_{12} + x_{13} \leqslant 50 \\ x_{21} + x_{22} + x_{23} \leqslant 30 \\ x_{31} + x_{32} + x_{33} \leqslant 10 \\ x_{11} + x_{21} + x_{31} = 40 \\ x_{12} + x_{22} + x_{32} = 15 \\ x_{13} + x_{23} + x_{33} = 35 \\ x_{ij} \geqslant 0, \quad i = 1, 2, 3; \ j = 1, 2, 3 \end{cases}$$

使用 MATLAB 软件求解, 编制如下程序代码:

```
% exam2.m
aeq=[];a=[];
c=[2,1,3,2,2,4,3,4,2];
beq=[40;15;35];b=[50;30;10];
aeq(1,:)=[1,0,0,1,0,0,1,0,0];
aeq(2,:)=[0,1,0,0,1,0,0,1,0];
aeq(3,:)=[0,0,1,0,0,1,0,0,1];
a(1,:)=[1,1,1,0,0,0,0,0,0];
a(2,:)=[0,0,0,1,1,1,0,0,0];
a(3,:)=[0,0,0,0,0,0,1,1,1];
vlb=zeros(9,1);
vub=[];
x=linprog(c,a,b,aeq,beq,vlb,vub)
z=c*x
```

运行该段程序, 可得结果:

```
Optimal solution found.
x =
    10
    15
    25
    30
     0
     0
     0
     0
```

$$z = \begin{matrix} 10 \\ 190 \end{matrix}$$

其中变量 x 的各分量为各仓库分别往各个车间运输原棉的量, 总运费最小为 190 个单位.

5.7 诺贝尔经济学奖与数学

大家都知道诺贝尔奖中没有数学奖. 但是, 数学工作者却与诺贝尔奖有着不解之缘, 他们不仅通过物理、化学发挥数学独有的功能, 摘取了诺贝尔奖, 尤其在经济领域中, 数学正在发挥着越来越显著的作用, 下面讨论 "诺贝尔经济学奖与数学" 的问题.

1968 年, 瑞典国家银行为纪念建行 300 周年, 决定颁发瑞典银行经济学奖. 这一经济学奖也将以诺贝尔来命名, 并请同时也负责颁发诺贝尔物理学奖和化学奖的瑞典皇家科学院来授奖. 从此, 从 1901 年起开始颁发物理学、化学、医学、文学、和平 5 个领域的诺贝尔奖又多了一个经济学领域.

诺贝尔经济学奖自 1969 年首届授予计量经济学的奠基人 R. Frisch (挪威, 1895—1979) 和 J. Tinbergen (荷兰, 1903—1994) 以来, 就与数学结下不解之缘. 正如瑞典著名经济学家、后来的瑞典皇家科学院院长 E. Lundberg 在首届颁奖仪式上的讲话所说: "过去四十年中, 经济科学日益朝着用数学表达经济内容和统计定量的方向发展.……正是这条经济研究路线——数理经济学和计量经济学, 表明了最近几十年这个学科的发展." 为使大家了解诺贝尔经济学奖与数学的密切关系, 下面举一些例子加以说明.

例 5.7.1 1996 年的诺贝尔经济学奖授予英国经济学家 James A. Mirrless (1936—2018) 和美籍加拿大经济学家威廉·维克里 (William Vickrey, 1914—1996, 去世于获奖消息发表后的第三天), 以奖励他们在不对称信息条件下的经济激励理论上的基本贡献.

颁奖公告上说: "近年来经济研究最重要、最活跃的领域是探讨决策者有不同信息的形势. 所谓信息的不对称性在大量情况中发生. 例如, 银行没有关于被贷款人今后收入的完全信息; 企业主作为经营者不可能有关于成本和竞争条件的详尽的信息; 保险公司不可能完全察觉到对于被保险的财产和对于影响赔偿风险的外部事件的政策制定者的责任; 拍卖人没有有关潜在的买主支付愿望的完全信息; 政府需要在对个体公民的收入不很了解的情况下制定所有税制度; 等等."

这两位经济学家就是通过他们对信息的不对称性起着关键作用的许多问题作出系统的解析研究 (即建立数学模型) 而得奖的. Vickrey 主要研究拍卖和所得税;

而 Mirrless 继续维克里的所得税研究, 提出最优所得税问题. 这类问题又被进一步扩大为 "道德风险" (moral hazard) 问题. 它与通常的对策论问题类似. 但是一方 (例如, 税收机构) 不能完全观察到另一方 (纳税人) 的行动 (有可能逃税), 而要设计专门的合约或机制 (税收政策), 来对自身有利 (保证税收). 下面我们以最优税收问题为例, 来介绍他们的数学模型.

Vickrey 在 1945 年提出的问题是这样的: 政府的目标是在总税收达到预定水平的条件下, 使所有个体效用的总和达到最大. Vickrey 把这个问题转化为一个很特殊的变分问题.

Vickrey 虽然导出了它的 Euler 方程. 但甚至对很简单的情形都不知如何求解. 25 年以后, 1971 年, Mirrless 对 Vickrey 的研究作出突破. 其关键是把每个个体 t 看作 "时间"、效用水平 $v(t)$ 看作 "状态"、产出 $x(t)$ 和消费 $y(t)$ 看作 "控制", 把前一部分的个体最优化问题写成包含 $dv(t)/dt$ 的微分方程. 于是最优税收问题就变为一个最优控制问题. 利用庞特里亚金最大值原理, 就可得出解的必要条件. 而纳税函数 $y = f(x)$ 可以通过控制最优解和消去 t 来得到. Mirrless 由此得出个体将选择对政府来说也是最优的 $x(t)$ 等结论; 同时, 也有可能对问题作出数值解, 具体回答累进税制问题. 很明显, 如果没有 60 年代前后的最优控制的数学理论的发展, Mirrless 的理论是不可能出现的.

例 5.7.2　2002 年的诺贝尔经济学奖授予美国-以色列心理学家 Daniel Kahneman 和美国经济学家 Vernon L. Smith, 以奖励他们在实验经济学和行为经济学方面的开创性工作. 对 Kahneman 是奖励他 "对把心理研究融入经济科学, 特别是有关在不确定环境下人们的判断和决策, 有完整见解". 对 Smith 是奖励他 "在经验经济分析中, 特别是在备选市场机理研究中, 建立了实验室试验." 经济学从来都被看作非实验科学, 因为它涉及的因素太多, 人们无法在实验室内控制各种有关的因素, 来观察因素变化引起的各种试验结果. 然而, 半个多世纪以前, 以 Smith 为主导的一些经济学家, 开始尝试一系列经济学实验, 并且逐渐形成以他为首的实验经济学学派. 所谓实验经济学在很大程度上都是先为所考察的问题建立一个数学模型, 作为实验的 "游戏规则", 然后再找一些人来按规则进行 "游戏实验". Smith 的最为意味深长的工作是他开始于 1962 年的关于市场机理的研究. 他设计了一个许多人参加的市场实验. 实验参加者被区分为购买者和销售者, 但是谁担任购买者还是销售者则是随机指定的. 销售者持有一个单位的商品准备出售, 并且对此还有一个底价作为他的私人信息. 如果市场价高于底价, 那么他就把该商品卖掉, 并且差价就是他的获利. 同样, 购买者也有一个底价作为私人信息. 如果市场价低于底价, 那么他就购买商品, 并认为自己赚了差价. Smith 基于他对买卖底价分布的选取, 画出了供需图表, 而交易价格就由供需均衡来得到. 使 Smith 大感意外的是, 他发现实际的交易价格很接近于理论均衡价格. 这样, 实验就支持了理论. Smith 的另一项成功的实验是对拍卖的研究. 他的研究犹如在研制一种新型飞机时, 需要把飞机的模型放在风洞中进行试验, 他对一种新的拍卖设计进行的试验, 也被称为 "风洞试验". 试验的核心在于建立对各种拍卖形式的理论预测. Smith 为此进行了许多细致的分析, 并得出诸如 "所有购买者如果都对风险无所谓, 那么常见的四种拍卖形式都是等价的" 那样的有趣结论.

2002 年诺贝尔经济学奖的另一位得主 Kahneman 完全是心理学家, 但是他现在已经与另一位已故的心理学家 Amos Tversky (1937—1996) 被公认为是行为经济学的倡导人. 他们两人于 1979 年发表的论文已成为 "计量经济学" (*Econometrica*) 有史以来被引证最多的经典. 他们研究的问题是人们在不确定环境下的判断和决策. 在此以前, 人们运用的传统理论是冯·诺依曼和 Morgenstern 在 1944 年提出的期望效用函数理论. 这一理论用数学公理化的方法证明, 每个人在不确定环境下的决策可通过求他的一个效用函数的平均值 (数学期望) 的最大值来描述. 这一理论虽然在数学论证上无可挑剔, 但是它所依据的公理则长期受到质疑. 尽管如此, 由于期望效用函数在理论上简洁易用, 它在经济学研究中始终处于主导地位. 而从认知心理学的角度来看待同样的问题, 思路几乎完全不同. 他们要考虑感知、信念、情绪、心态等许多方面, 以至于决策变为一个复杂的交替过程. 这两位心理学家就是出于这样的考虑提出了他们的理论. 不过, 这并不是说他们的理论与期望效用函数理论完全对立, 而是说前者代表人们在不确定环境下决策的完全理性行为; 从长远来说, 人们在实践中不断总结经验, 其行为会越来越接近于这种理想化. 后者则代表人们在复杂的现实条件下可能有的 "非理性" 行为, 它可能在许多情况下更接近于人们的实验行为. 这样的区别对于建立适用于长期稳定状况的理论框架来说, 或许并不重要, 但是对于瞬间万变的金融市场来说, 则提供了一种说明短期异常的有力手段. 所谓 "行为金融学" 就在 Kahneman-Tversky 的研究的推动下, 蓬蓬勃勃地发展起来了.

Kahneman-Tversky 的工作不能说很数学化, 但是他们似乎要专门针对数学来提出问题. 他们针对概率论中的大数定律, 提出了一条 "小数定律". 所谓大数定律是指任何随机变量的大量独立试验的结果都会呈现越来越接近正态分布的性态; 而 "小数定律" 则是指人们会根据少量的统计样本就作出带偏差的判断. 这样的事虽然司空见惯, 但把它表达为可供进一步推理的 "定律" 则是他们的贡献. 行为金融学家们立即把它拿来用作解释股市 "过度反应" 等许多金融市场的异常现象. 他们针对期望效用函数理论提出 "展望理论", 并且对后者没有采用数学公理化方法, 而是通过许多实验观察来提取描述性的准则. 例如, 它认为人们在不同的财富状况下, 决策期望是不一样的; 人们对于盈利和损失的感受是不一样的; 人们更关心财富的增加, 而不是财富的积累; 等等. 由此确定的 "决策函数" 与期望效用函数有很大的不同. 而这样的 "决策函数" 可被许多实验来证实, 并且能解释为什么人们经常愿意跑远路去买便宜商品, 而在经济上并无好处; 人们听到有关收入的坏消息时会减少消费; 等等. 从数学的观点来看, 实验经济学和行为经济学都试图描述很难用数学公理化方法来理论化的经济交互作用现象. 而这种描述本身却又离不开数学模型. 其结果实际上在呼吁更有力的数学工具把这种描述更好地数学化, 使这些"实验"和"行为"有更完整的理论.

第6章　数学与哲学

数学与哲学的关系源远流长, 有位哲人说得好, 没有数学, 我们就无法看穿哲学的深度; 没有哲学, 人们就无法看穿数学的深度. 哲学是人类关于自然、社会、思维的基本规律, 数学则反映了哲学范畴的量的侧面. 本章主要讨论数学对哲学的作用、哲学对数学的作用及数学与美.

6.1　数学与哲学的联系与区别

哲学是自然知识和社会知识的概括与总结, 是研究世界观的学问, 是人类思维的结晶与提炼. 它作为一种理论思维, 在人类进步的漫长过程中, 已经形成了一系列的基本概念和范畴, 构建了博大恢宏的理论体系. 它与自然科学既有共性又有区别, 它们的共性在于, 所研究的对象都是不依赖于它们自身的客观世界. 它们的区别在于, 每门自然科学都是以自然界的某一领域为其研究对象, 研究物质某一运动形式的特殊规律; 而哲学则揭示客观现象中共同的东西, 揭示客观世界中各种运动形式所固有的普遍规律及联系. 因此, 哲学与自然科学是相互依存、相互影响, 彼此不能互相代替.

数学是研究客观世界数量关系和空间形式的一门科学. 它不仅提供计算的方法, 而且还是思维的工具, 科学的语言, 更是建立辩证唯物主义哲学体系的科学基础之一. 数学通过精确的概念、严密的推理、奇妙的方法、简洁的形式, 去描绘细节, 扩展内容, 揭示规律, 形成整体认识; 数学反映了哲学范畴或基本矛盾的数量方面, 数学有其逻辑严密性、高度抽象性、应用广泛性等特点, 当然与哲学有很多相近之处, 因此就决定了其与哲学必有更为密切的联系.

下面我们略谈数学中的哲学思想.

1. 发展的观点

事物是不断发展的, 在事物发展过程中, 内部矛盾是事物发展的根本动力, 外部矛盾是事物发展的外在动力, 数学也不例外. 首先数学是不断发展的, 在数学发展过程中, 内部矛盾和外部矛盾共同起作用.

例如, 数是不断发展的. 数是数学中的重要研究工作对象之一, 它经历了正整数—负整数—零—有理数—无理数—实数—复数的发展过程. 最初为了计数的需要, 产生了正整数; 后来又逐渐产生了负数、零及有理数; 再后来为了解方程的需要产生了无理数、复数的概念 (这实际上是由于数学内部矛盾的作用), 使数的概念得以扩充, 形成了现在完整的数的体系.

数学中的概念是不断发展的, 数学本身也是不断发展的.

开始由于计数和测量的需要, 产生了代数与几何这两个最为古老的数学分支. 1637 年笛卡儿坐标的建立产生了一门崭新的学科——解析几何. 16 世纪到 17 世纪, 生产中日益复杂的计算需要促进了对数表的产生 (这实际上是数学外部矛盾的作用). 17 世纪下半叶, 天文学、物理学的需要 (外部矛盾) 推动了微积分的建立. 但数学分析严密的数学体系 (内部矛盾) 直到 19 世纪给出了极限的精确定义, 创立了严密的实数理论才得以完成.

2. 实践的观点

实践是认识的起点, 也是认识的归宿. 数学源于实践, 最终还要应用于实践, 接受实践的检验.

例如, 导数的概念源于物理中的速度问题和几何中的切线问题, 研究了导数的性质和计算方法后, 导数不仅可用计算物理中的速度问题和几何中的切线问题, 还可用来求其他变化率的问题, 如物理中的加速度、电流强度、线密度, 经济中的边际成本等. 当然用数学公式计算出的结果是否正确还要通过实践来检验, 实践是检验真理的唯一标准.

3. 联系的观点

事物是普遍联系的. 数学中的内容也不是孤立存在的, 它们之间存在着千丝万缕的联系. 例如, 解析几何就建立了数与形之间的联系, 可以使人们应用代数的方法研究几何问题, 同时还可以利用几何的直观研究代数问题.

4. 多样性与统一性

世界是多样的, 又是统一的, 数学中的研究对象也是如此. 例如, 数有整数、有理数、无理数、实数、虚数等等, 都可进行四则运算, 有许多共同的运算规律; 二次曲线是多样的, 有抛物线、双曲线、椭圆, 但无论多么复杂的二次曲线均可用方程 $Ax^2 + Bxy + Cy^2 + Dx + Ey + F = 0$ 来表示.

又如, 函数是多种多样的, 有初等函数、分段函数、一元函数、多元函数、显函数、隐函数. 表示方法也是多种多样的, 可用解析式表示、表格表示、图像表示, 还可以用积分、级数形式表示. 但无论怎样的函数, 从本质上讲都是一种映射, 一种对应关系.

5. 相对性与绝对性

事物既是相对的, 又是绝对的. 数学中的许多研究对象也如此. 例如, 对于二

元函数 $z = f(x, y)$, x 与 y 是自变量 (绝对的), 但在对 x 求偏导数的过程中, 把 y 暂时看作常量 (相对的).

6.2 数学对哲学的作用

从古希腊时代开始, 数学与哲学就结下了不解之缘. 西方近代最杰出的哲学家, 如笛卡儿、莱布尼茨、贝克莱等, 或者本人就是数学家, 或者具有相当高的数学素养, 而他们的哲学也深深地打上了数学的印记. 19 世纪后期以来, 一些重要哲学进展也与数学发展密切相关, 例如庞加莱的约定论、分析哲学、结构主义、系统哲学等.

6.2.1 数学与形而上学的起源[3]

按一般的讲法, 形而上学作为一门哲学学问是研究关于存在的科学. 形而上学之所以能在古希腊出现并成为传统哲学中的显学, 首先要归于西方数学的激发和维持. 概念形而上学的 "真身" 是在数学. 形而上学的起源要上溯到毕达哥拉斯这位主张 "数是万物本原" 的数理哲学家.

为了论证 "数是本原", 毕达哥拉斯学派提出万物 (这里还可以理解为表达万物的语言的意义) 与数是 "相似" 的, 而他们用以论证这种相似的最根本理由为数是结构性的, 即认为数中的比率或和谐结构 (比如在乐音中) 证明万物必与它们相似, 以获得存在的能力. 亚里士多德这样叙述这一派的观点: "他们又见到了音律 [谐音] 的变化与比率可由数来计算——因此, 他们想到自然间万物似乎莫不可由数构成, 数遂为自然间的第一义; 他们认为数的要素即万物的要素, 而全宇宙也是一数, 并应是一个乐调." 这种 "以结构上的和谐为真" 的看法浸透于这一派人对数的特点和高贵性的理解之中. 比如, "10" 对于他们是最完满的数, 因为 10 是前四个正整数之和, 而且这四个数构成了名为四元体的神圣三角, 如图 6.1 所示 (注意它的多重对称、相似与谐和). 而且, 用这四个数就可以表示三个基本和谐音 (4/3, 3/2, 2/1) 和一个双八度和谐音 (4/1). 这些和谐音的比率可以通过击打铁钻的锤子的重量、琴弦的长度、瓶子中水面的高度, 甚至是宇宙星球之间的距离表现, 但它们的 "本质" 是数的比率. 此外, 组成 10 的四个基本数或四元体还表现为: 1 为点、2 为线、3 为面、4 为体, 而且是点移动产生了线, 线的流动产生了平面, 平面的运动产生了立体, 这样就产生了可见的世界. 所以毕达哥拉斯学派的最有约束力的誓言之一是这样的: "它 (四元体) 蕴涵了永恒流动的自然的根本和源泉." 此外, 四元体还意味着火、气、水、土四个元素; 春、夏、秋、冬四季; 四种认识功能 (纯思想、学识、意见、感觉); 等等.

---

[3] 本小节参考了文献 [80].

图 6.1

除了通过四元体之外, 对 10 的完美性和神圣性还可以以更多的方式或花样来认识, 比如数从 10 以后开始循环, 还有就是认为 10 包含了偶数与奇数的平衡. 毕达哥拉斯学派说过这样一段话:"首先, 10 必须是一个偶数, 才能够是一个相等于多个偶数和多个奇数之和的数, 避免二者之间的不平衡. ……10 之数中包含着一切比例关系: 相等、大于、小于、大于一部分等等." 由此可见, 数的本原性有数理本身的结构根据. 10 之所以完美, 被视为"永恒的自然根源", 是由于在它那里, 可以从多个角度形成某种包含对立、对称与比例的花样或"和谐". 一位著名的毕达哥拉斯主义者菲罗劳斯这么讲:"人们必须根据存在 '10' 之中的能力研究 '数' 的活动和本质, 因为它 ('10') 是伟大的、完善的、全能的. …… 如果缺少了这个, 万物将是没有规定的、模糊的和难以判别的."

对于毕达哥拉斯学派, 数学与几何形状, 特别是 10 以内的数字和某些形状 (比如圆形、四面体、十二面体), 都具有像"1""2""4""10"那样的语义和思想含义, 而且这些含义被表达得尽量与数、形本身的结构一致. 例如"3"意味着"整体"和"现实世界". 因为它可以指开端、中间和终结, 又可指长、宽、高. 此外, 三角形是几何中第一个封闭的平面图形, 基本多面体 (正四面体) 的每一面是三角形, 而这种多面体构成了水、火、土等元素, 再构成了万物. 所以, "世界及其中的一切都是由数目 '3' 所决定的". "5"对于毕达哥拉斯学派是第一个奇数 ("3") 和第一个偶数 ("2") 相加而得出的第一个数, 所以, 它是婚姻之数. 此外正十二面体的每一面是正五边形, 把正五边形的 5 个顶点都用直线连起来, 就做出 5 个等腰三角形, 组成一个五角星, 这五角星的中腹又是一个正五边形, 而且, 这种正五边形对角线 (顶点连线) 与边之比等于黄金分割的比率: 1.618. 再者, 这五角星围绕中心点 5 次自转而返回原状, 等等. 因此, 这种五边形和五角星也是有某种魔力的. 再比如, 7 是 10 之内的最大素数, 意味着过时不候的"机会", 由此就有"时间""命运"的含义. 诸如此类的对"数"的结构意义的把握及其语义赋值和哲理解释, 是典型的毕达哥拉斯学派的风格.

从这些讨论可以看出, 在毕达哥拉斯学派也可以说是在西方传统形而上学的主流唯理论的开端这里, 也有一种结构推演的精神在发挥关键性作用, "本原"意味着推演花样的最密集丰满处, 也就是在这个意义上的最可理解处、最有理性处. 所以, 这里有一个不可回避的问题, 即有自身推演力的符号系统 (对于毕达哥拉斯学派是数学符号系统) 与它的语言和思想内容的关系问题, 简言之, 就是数与言的关系问题. 应当说, 就西方的整个学术思想走向, 特别是它的近现代科学走向而言, 对于数学符号系统的思想和语义赋值, 以及反过来, 科学思想和语言的数学化, 都是相当成功的. 或起码取得了重大进展, 影响到整个人类的生存方式. 数学成为科学的楷模, 理性的化身, 同时也是传统西方哲学在追求最高知识中的既羡又妒的情敌, 在西方传统哲学中, 毕达哥拉斯学派论述过的前三个数字和某些图形, 比如三角形、圆形, 也获得了思想与语言的生命, 尤其是, 毕达哥拉斯学派的"数本原"说中包含的追求可变现象后面的不变本质的倾向, 几乎成了西方传统哲学主流中的一以贯之的"道统". 然而, 毕达哥拉斯学派对于数、形所做的思想和语言赋值的大部分具体工作都失败了, 致使毕达哥拉斯学派的数与言的沟通努力大多无效. 但他之后的古希腊哲学家, 例如巴门尼德、柏拉图、亚里士多德等, 还是在保留其基本精神的前提下另辟蹊径, 试图在人们普遍使用的语言中找出或构造出最接近数学结构的东西. 巴门尼德抛弃了绝大部分毕达哥拉斯学派的数, 只保留了 1 和圆形作为"存在"这一自然语言中的范畴的对应物, 由此而开创了西方哲学 2000 年之久的"存在论"传统. 当然, 在"圆形"的、"静止"的"1"被突出到无以复加的程度的同时, 毕达哥拉斯学派通过推演结构来演绎思想和语言的良苦用心, 就在很大程度上被忽视了.

后来柏拉图讲的"辩证法"和亚士多德的"逻辑"与"形而上学"(但不包括他对"实践智慧"的考虑), 都是在追求这种数学化哲学的推演理想, 其结果就是为整个传统西方哲学建立了一整套概念化语言和运作机制, 用一位美国哲学家库恩的术语来讲, 就是建立起了传统西方哲学的"范式". 最后, 这种通过概念化获得数学式的确定性和讨论哲学问题所需要的终极性的理想, 在黑格尔那里达到了一次辉煌和悲壮的体现. 成为像数学或数学化的物理学那样的严格科学, 同时又具有解释世界与人生现象的语义功能, 一直是西方哲学和形而上学的梦想. 但情况似乎是: 毕达哥拉斯的哲学梦破碎之处, 其他的西方哲学家也极少能够将其真正补足. 不过, 毕竟还有某种希望. 基数越小, 越有可能与自然语言沟通. 而且, 如果这"小"不只意味着数量的"少", 还可以意味着进制的"小"和图形的"简易", 就有可能出现数与言之间的更紧密的关系. 于是近代的莱布尼茨提出了二进制数学, 以及这种简易型的数理精神在当代数字化革命中扮演的中心角色. 这种改变人类生存方式的简易数理依然是形而上学的. 也就是说, 它依然是在用一套人工符号的超越框架来规范人生, 而不是"道法自然". 只不过, 它在 2000 年之后又回到了毕达哥拉斯学派的数理哲学观点, 让人们又一次感到"数是万物的本原"的深刻而又令人战栗的力量.

6.2.2 数学对西方哲学的影响[4]

数学尤其是几何学对哲学的影响极为深远, 在哲学发展的各个阶段都闪耀着数学的光芒. 透视不同阶段著名哲学家的哲学和数学思想, 不难发现数学与哲学本体

---

[4] 本小节参考了文献 [81].

论、认识论和方法论的逻辑联系: 数学与哲学同宗同源; 数学问题是哲学问题提出的前提和根据; 数学方法是构建哲学体系的重要方法之一. 数学的研究对象、本质特征、学科性质使它与西方哲学结下了不解之缘.

西方哲学发展的各个阶段都与数学有着千丝万缕的联系, 数学不仅是哲学问题的重要来源和根据, 而且为哲学的发展提供了丰富的土壤和环境. 历史上许多哲学家同时也是卓有成就的数学家, 在他们眼里, 数学与哲学是同宗同源的, 数学一直以来就被看作理性的事业和真理的化身, 它的研究对象是理念世界. 尽管哲学家们几乎对一切事物都提出过怀疑, 但他们对数学的真理性却有着惊人一致的认同. 从柏拉图到亚里士多德, 从笛卡儿到康德, 都认为数学具有无可辩驳的真理性, 即使他们对数学的地位和作用的看法有所不同. 数学中发生的每一次危机和革命, 无一例外都会对西方哲学产生重大的影响, 数学主义有时甚至会被认为是柏拉图主义的代名词. 进一步, 许多哲学家认为数学就其抽象性和普遍的研究对象而言, 就是另一种形式的哲学, 至少可以说是亚哲学, 从而把数学提高到统领各门自然科学的高度. 毋庸置疑, 数学以其无与伦比的确定性和真理性与西方哲学结下了不解之缘, 即使是由于非欧几何的创立以及许多非标准模型的建立而使其备受诘问的时候, 这种状况也始终未有改变.

1. 本体论的数学预设

早期哲学关注的主要对象是自然界, 思考的也主要是自然界的本原问题, 也就是通常所说的本体论问题. 从发生学的角度看, 这符合认识的心理学规律. 古希腊的智者们面对茫茫宇宙并试图揭开其奥妙的时候, 摒弃了故弄玄虚、神秘主义和关于自然运动杂乱无章、混沌无序的观点, 认为自然是有序的, 按完美、和谐的方式设计并恒定地运动着. 这种设计客观不变, 却能被人的智慧所发现和理解. 而这种"序"是什么? 设计的方式又是什么呢? 由于数学是人类较先拥有的知识形态之一, 抑或是毕达哥拉斯的原因 ······, 总之, 数学被引进来, 并被古希腊人虔诚地认为宇宙之序即数学之序. 因此, 借助于数学知识和数学方法, 人们可以精确而完美地认识自然. 如果说这种信念在知识贫乏的古希腊是毫无根据的盲目迷信, 那么在科学知识风起云涌的近代欧洲则成为探索者们的自觉意识.

最早提出自然界数学模式的是毕达哥拉斯及他领导的毕达哥拉斯学派. 毕达哥拉斯学派特别注重对事物的定量研究, 取得了一系列的成就. 为数学的发展作出了贡献, 也为其哲学思想提供了丰富的素材. 例如, 他们发现和声学就可以借助弦长的数量关系而得到解释和证明. 弦所发出的声音取决于弦的长度, 当两根绷得一样紧的弦的长度比为 2:1 时, 就会产生相差八度的谐音, 如果长度比为 3:2 时, 就会发出另一种五度谐音. 他们将这种发现推广到宇宙中的行星运动, 认为运动得快的物体比运动得慢的物体发出更高的声音, 离地球越远的物体运动得越快. 因此,不同行星发出的声音 (因为听惯了, 所以日常生活中觉察不出来) 因其与地球的距离成整数比而成谐音. 诸如此类, 性质截然不同的现象却有着相同的数量性质, 这使毕达哥拉斯学派坚信数学性质就是这些现象的本质, 数学是解释自然不可或缺甚至是唯一的要素. 这种逻辑被发展到极端就成为"万物皆数"的哲学思想. 哲学家第欧根尼 • 拉尔修 (Diogenes Laertius) 有一段重要记述表达这种思想: 万物的本质是 1, 由这个单子产生不定的 2, 不定的 2 是从属于单子的质料, 单子是形式或原因; 由单子和不定的 2 产生出各种数目; 由各种数目产生出点; 由点产生出线; 由线产生出平面图形; 平面图形产生出立体图形; 由立体图形产生出一切可感觉的物体, 产生出可感物体的四种元素——水、火、土、气; 这些元素相互交换就完全变成另一些物体, 它们组合产生出有生命的、精神的、球形的世界 ……

总之, 毕达哥拉斯学派在研究数学、研究自然现象的数学规律的基础上, 提出任何事物都具有量的规定性, 只有用数量关系才能解释各种自然现象, 阐释万物及其运动变化, 其原始性是不容置疑的. 但这些思想对西方哲学的意义却是深远的, 正如恩格斯所说:"数服从于一定规律, 同样, 宇宙也是如此. 于是, 宇宙的规律性第一次被提出来了."

欧洲文艺复兴大潮使古希腊这种自然本体论的数学解释得以传播. 但这与当时占统治地位的宗教观——"上帝说"产生了冲突, 于是, 古希腊人的宗旨和文艺复兴时代的信念相互融合, 形成了"上帝按数学方式设计自然界"这一统治欧洲乃至全世界几百年的思维范式, 在科学家对自然界的探寻中结出了丰硕成果, 尤其在天文学领域.

"哥白尼革命"的革命性不仅表现于由"地心说"到"日心说", 更表现于处理问题的指导思想. 哥白尼秉承毕达哥拉斯学派"预定和谐"的理念, 坚定上帝按某个简单和谐的数学方式设计了自然界, 将烦琐的"地心说"理论体系作了最大限度的简化, 由原来计算所需 77 个圆 (周转圆和从圆) 减少到 44 个, 从而极大地优化了理论体系和减少了相应的运算. 开普勒对这种理念的运用更令人叹为观止, 他认为上帝头脑中的数学和谐性完全可以解释天体运动的轨道、大小和数目, 并为此进行了多年的艰苦探索. 虽然它以五个正多面体为基础建立起来的关于天体数目、运动的理论最终被观察结果所推翻, 但在寻找和谐的数学关系上却取得了极大的成功, 其中最著名的成果就是我们今天所说的开普勒行星运动三定律. 这三个定律说明行星的运动轨道是椭圆, 利用数学定律不仅能清楚地说明行星运动速度的快慢, 而且还能描述太阳到行星的距离, 这些结论后来被伽利略用望远镜观察的结果有力地证实. 牛顿的工作为哥白尼、开普勒、伽利略的研究画上了完美的句号. 他预设了物体间的万有引力, 将伽利略的地上物体运动定律普遍推广而得到牛顿运动三定律, 并在此基础上用数学方法证明了开普勒行星运动三定律, 表明行星运动遵循与地面物体运动同样的数学规律. 16—19 世纪还有许多伟大的发现也都是基于上述先辈的这种信仰. 观察和实验工具的改进及航海技术的发展, 使得越来越多的关于自然界的数学规律被揭示, 并被观察事实所验证.

这种数学预设对西方哲学的影响既有显性的, 也有隐性的. 前者表现在早期的时空观念上, 即强调空间是抽象的、绝对的, 具有长、宽、高三个维度, 而时间是事物运动或运动持续性的量度, 是对运动的计数, 这种时空观处处渗透着数学的精神. 隐性的影响则使哲学家坚信数学规律就是自然规律, 这种理念的内化使他们形成了对物理世界的简单性理解和美学思维.

2. 认识论的数学辩护

近代哲学以主体性为主题, 这种主体性原则就体现在启蒙主义的科学主义和理性主义之中, 由此与认识论问题密切相关. 古代哲学基本沉浸在感觉经验之中, 哲学家的工作是研究如何从感觉经验中抽象出普遍的概念规律来. 所以, 古代哲学家思考的主要内容是自然界即客体, 认识论的问题还没有真正触及. 近代以来, 自然科学飞速发展、日新月异, 科学的成功应用和巨大威力使人们产生了新的认识, 认识论问题随之成为哲学问题的焦点, 即我们常说的"认识论的转向". 人类的认识可以通向真理之路吗? 对此, 哲学家的答案是肯定的, 而且以数学的真理性为之辩护, 这成为这个时代西方哲学的一个主要特征.

数学家莱布尼茨将真理分为理论真理和事实真理, 以它们作为认识论研究的出发点. 他认为, 理论真理是必然的, 其反面一定不成立; 而事实真理是偶然的, 其反面可能成立. 人类可以认识到必然的理论真理, 他认为数学就是这样的真理. 数学真理可分为原始真理和推理真理, 当我们说一个推理真理是必然的时候, 可以用分析法找出它的理由来, 把它归结为更为单纯的观念或真理, 一直到原始真理, 这就是"同一陈述"或逻辑上的重言式. 原始真理即数学中的公理和公设, 它们的真理性不是建立在人的"自明性"和"清晰性"的直觉之上, 而是天赋的. 莱布尼茨说:"全部算术和几何学知识都是天赋的和以潜在的方式在我们心中的, 所以我们只要注意考虑并按顺序安排好那些已在心中的东西, 就能在其中发现它们, 而无须利用凭经验或凭旁人的传统学到的真理." 在莱布尼茨那里, 数学哲学的研究和一般哲学的研究, 特别是和认识论的研究直接联系起来, 用以说明人类可以掌握理论真理. 他通过牺牲数学的客观性来证明其真理性, 认为数学无须用实验来检验, 而是靠内在的东西, 即按矛盾原则"由果推因"来检验其真假, 而逻辑的规则也是天赋的. 莱布尼茨关于数学真理必然性和先天性的分析有力地驳斥了经验论, 针对洛克提出的全部知识必须建立在经验之上的见解, 他认为其错误就在于没有将来自理智的必然真理的起源和来自感觉经验的事实真理的起源做出充分区别.

康德与莱布尼茨沿着相似的进路探求人类认识真理的可能性, 区别在于他用"知识三分法"代替传统的"知识二分法", 即人类的知识最终可以分为三类: 分析命题、先天综合命题、经验综合命题. 在上述三种命题中, 康德认为只有先天综合命题才是真正的知识. 因为知识可靠性的标准是必然性与普遍性, 而经验综合命题不具有必然性, 分析命题则不能提供新的知识, 从而也不是真正的知识. 对于人类能否拥有真正的知识——先天综合判断的诘问, 康德用数学命题的绝对真理性和客观实在性作为回应. 具体地说, 康德认为数学命题是先天综合判断: 一方面, 我们在作出数学判断时, 给某些已知的概念附加上了它们以外的概念, 即产生了新的知识, 所以是综合的; 另一方面, 数学知识具有必然性和普遍性, 这是经验综合命题所不具备的, 所以必然是先天的. 在康德看来, 数学命题是必然性和普遍性的典范, 因为数学命题是关于时间和空间的命题, 而时间和空间作为感性的两种纯粹形式, 是天赋而不是从经验中得来的, 所以具有先验性和直观性. 而所谓数学具有客观实在性, 是因为 "纯粹数学, 特别是纯粹几何学, 只有在涉及感官对象的条件下才具有客观实在性. …… 因此几何学命题不是纯粹由我们幻想出来的一种产物的什么规定, 因而不能可靠地涉及实在的对象; 而是对于空间必然有效, 从而对于空间里所有的东西都是必然有效的命题". 康德关于数学是先天综合知识的观点贯穿于他的先验论和不可知论哲学, 为他的哲学观点提供了有力的根据, 深刻地影响了数学和哲学的发展. 当然, 这种认识从一开始就带有先天不足, 因为在论证的过程中, 康德有时并不是用感性的纯粹形式的分析来解释数学的可能性, 而是用数学的先天性即必然性和综合性来证明时、空的先验性与直观性, 从而犯了循环论证的错误. 康德的哲学理论是建立在数学命题的必然真理性的信念上的, 因而随着这种必然真理性的丧失, 他的批判哲学的基础也就动摇了.

然而无可辩驳的一点是, 数学对确定性和真理性的追求极大地激发了哲学家追求真理的热情. 他们普遍认为客观世界存在着绝对真理 (数学就是这种真理的典范), 哲学的任务就是引导人们探求这种绝对真理, 进而使其成为科学之科学. 以确定性、逻辑性和演绎构造性为代表的理性精神成为西方哲学的代名词.

3. 方法论的数学沉迷

随着经院哲学的衰落, 开始了文艺复兴的时代. 因此, 如何恢复理性地位, 为整个人类知识大厦重新奠定基础成为哲学家面临的首要问题. 虽然哲学一直以来被看作是一切科学知识的基础, 甚至被标榜为科学之科学, 然而它的每一个原理却都存在着争论, 很难想象在这样不稳定的基础之上能建立起确定的知识. 我们怎样才能使哲学成为普遍适用、无可争议的科学呢? 从某种意义上来说解决这个问题的前提在于解决哲学方法论的问题. 方法论问题是西方哲学极其重要的问题, 它是解决哲学问题的关键, 甚至可以说哲学的每一次变革几乎都缘于方法论的变革.

笛卡儿对亚里士多德的逻辑方法和数学方法进行了比较研究, 他认为, 旧的逻辑只能用来推理分析已知的知识而不能获得新知识. 数学方法也有其局限性, 它虽然具有清楚明白、无可置疑的确定性, 并且能够推理出新知识来, 但却只研究抽象的符号, 不研究知识. 于是, 笛卡儿设想了一种包容这两种方法的优点而避免了它们的缺点的新方法, 它既推理严密又能获得新知识, 这种新方法论的四条原则是: 确立理性标准、分析方法、综合方法和普遍怀疑. 在此基础上笛卡儿寻求发现真理的一般方法, 他在其著作《指导思维的法则》中将自己设想的一般方法称为"通用数学", 并概述了这种通用数学的思路, 提出了一个大胆的计划:

任何问题 ⟶ 数学问题 ⟶ 代数问题 ⟶ 方程求解.

为了实施这一计划, 笛卡儿首先通过"广延"的比较, 定义了"广延"的单位, 建立了"广延"的符号及其算术运算, 从而将其化为代数方程问题. 而在几何占统治地位的时代, 这些代数方程将如何求解呢? 笛卡儿的思路是利用几何作图来解代数方程, 这也正是他创立解析几何的方法论背景. 或者可以说, 解析几何是笛卡儿方法论的实验产物. 笛卡儿的另一个设想是尝试按照数学特别是几何学的方式构建一个严密的哲学体系. 因为他认为几何学是精确知识的典范, "探求真理正道的人, 对于任何事物, 如果不能获得相当于算术和几何那样的确信, 就不必去思考他". 他从数学特别是从几何学明确的概念和自明的公理出发进行演绎推理得到启发, 建立了他的"理性演绎法", 其中包括两个部分, 即直观和演绎. 所谓直观, 不是通常意义上的感性直观或神秘的知觉, 而是"理性直观", 它在理性推理过程中突现. 所谓演绎就是从业已确知的基本原理出发而进行的带有必然性的推理, 它和经院哲学的演绎法不同, 是一种能够产生新知识, 形成科学体系的新方法. 为了实施理智来发现那些类似几何学公理的自明的哲学原理, 笛卡儿应用普遍怀疑的方法, 提出了著名的哲学原理"我思故我在", 以此作为他形而上学的第一原理.

当然, 由于陷入身心二元论的困境, 笛卡儿没有完成他的宏伟蓝图. 真正使他的哲学理想付诸现实的是荷兰哲学家斯宾诺莎, 他在其著作《伦理学》中, 从定义和公理出发, 再到命题, 之后还有推论、解说等, 完全按照几何学演绎体系构建了他的哲学体系. 例如, 我们随便翻开《伦理学》第八十三页第二部分, "论心灵的性质和起源"中的命题四十四.

命题四十四　理性的本质不在于认为事物是偶然的, 而在于认为事物是必然的.

证明　理性的本质 (据第二部分命题四十一) 在于认真地认知事物或 (据第一部分公则六) 在于认知事物自身, 换言之 (据第一部分命题二十九) 不在于认为事物是偶然的, 而在于认为事物是必然的. 此证.

这是一个比较简单的命题. 虽然如此, 如果想要理解这个命题, 我们需要循序渐进, 从第一部分的"界说"和"公则"开始, 理解并牢记那些论证的根据 (据第二部分命题四十一 ……), 这完全是一套按数学公理化方式构建起来的关于哲学的严密体系. 受笛卡儿哲学的影响, 霍布斯也非常重视数学中的几何方法, 他深为几何学严密准确的逻辑论证所折服, 并设想完全按照几何学方法构建自己关于人性和国家的哲学思考. 当然, 几何学这种简洁明快的方法用于哲学著作中未必见好, 例如它最适合于对符号和图形的论证推理, 如果用于哲学则难以充分展开思想的内容, 且有烦琐之嫌, 但它却表达了哲学家对确定无疑的哲学知识的向往与诉求.

由 "公理 + 演绎" 的数学方法概括而形成的 "直觉 + 演绎" 方法成为近代经验主义和理性主义的共同财富, 而且还为后来西方哲学中直觉主义和演绎主义的分野提供了依据. 特别值得一提的是, 在数学的启发下形成了近代哲学认识论、方法论的逻辑化倾向, 即知识是按照逻辑 (数学) 的方式构建起来的公理化系统, 它从第一原理推演而来, 只要第一原理是可靠的, 那么整个知识系统就是可靠的. 这种倾向一直贯穿于现代哲学和科学的发展之中.

立足哲学史, 以上三方面深刻地说明了西方哲学与数学的种种情缘. 几个世纪以来, 数学和哲学从思想到内容、形式体系都已发生了很大变化, 然而这种变化丝毫没有影响数学在西方哲学中的地位和所承担的重要使命. 数学不仅给哲学提供素材和论证, 而且有的数学问题也会激发哲学家的热情并进入哲学论争的界域. 非欧几何的创立和哥德尔不完全性定理的证明引起哲学界的震撼就是典型例证. 在浩瀚的哲学史中不时闪现的数学火花是如此让人惊叹, 而惊叹之余更多的是深思: 为什么古希腊乃至西方的哲学会对数学如此垂青? 下面给出几点思考.

首先是数学和哲学的同宗同源性. 人类认识自然既有宏观的把握, 也有微观的深入. 宏观是寻找隐藏在事物后面的一般规律或共性, 所谓哲学之研究领域; 微观是对事物质和量的规定性的思考认识, 即自然科学和数学的研究范围. 而认识作为质和量的统一体的事物, 先要从认识量开始, 以量的规定性为认识起点和工具, 通过一定程度的量的积累才能进一步深入事物的质, 进而上升到整体、宏观层次, 这也许是哲学始终钟情于数学的本体论基础. 其次是数学和哲学具有共同的特征: 抽象性. 抽象并非数学独有的特征, 但数学的抽象却是最为典型的, 数学的抽象在数学原始概念的形成中已经体现出来, 并且经过古希腊数学家的独创性的工作而远远超过其他知识领域的程度. 而就思维方式而言, 西方哲学的基本特征也具有抽象性, 古希腊哲学正是多种抽象思维的发源地, 其主题是获得宇宙万物的必然性或规律性的认识. 二者相似的认识论特征成为它们紧密联系的纽带. 最后是数学的演绎科学性质. 数学尤其是几何学作为演绎科学的典范, 为哲学家们构造哲学体系, 实现使哲学成为科学乃至科学之科学的理想做出了榜样. 数学使用了一种特殊的逻辑推理规则, 从清晰的概念和自明的公理出发来达到确定无疑的结论, 这种推理模式赋予数学以其他知识无可比拟的精确性, 成为人类思维方式的一种典范. 这种确定性在人类认识和改造自然的奋斗史中一次又一次得到确证和加强. 相反, 哲学从一开始就关注本原、存在、实体或本体等超验的对象, 并成为很长时间以来哲学的一种传统. 因此, 哲学问题注定不会有确定解, 而是一直处于无休止的争论、推翻、重建的循环中. 然而, 哲学家的自信使他们坚信哲学是一切科学之科学, 可以达到一切科学知识之基础应该具备的普遍必然性. 在许多哲学家看来, 哲学要想成为科学只有一条出路, 那就是以演绎的体系来保证它的科学性. 数学的绝对真理性使他们确信数学的公理化方法可以帮助他们完成这一伟大的构想, 这也就成为数学进入哲学视野的方法论基础.

6.2.3　数学科学的发展, 加深了对哲学基本规律的理解, 丰富了哲学内容

美国数学家罗宾逊给出的实数的非标准模型, 为无限大、无限小提供了严格的理论依据, 为微积分增添了直观的因素, 从而创立了新的微积分理论——非标准分析. 在非标准分析中, 构建非标准实数轴并引入单子概念, 使非标准实数轴成为一个层次结构空间. 在该空间中, 单子外部表现为不同数量层次之间质的差异; 单子内部是无穷小量, 其间只是量的差异, 其比值是有限数量, 其运算性质同单子外普通实数是一样的, 可重新作为微分运算的出发点. 因而非标准分析的建立就为阐明质量互变规律在"无限"领域的具体表现提供了一个恰当的数学模型. 而在这之前, 人们在讨论质量互变规律中的量时, 还未涉及这种类型的无限数量的变化发生质变的情形, 因而非标准分析的创立丰富了质量互变规律的内容.

法国数学家托姆, 在考察自然界、社会领域大量存在不连续现象的基础上, 利用微分映射的奇点理论, 为这类客观现象建立了数学模型, 用以预测和控制该类客观现象, 这就是突变论的产生. 突变论提供的模型表明, 在一定条件下, 质变可以通过飞跃的形式来实现, 也可以通过渐变的方式来实现. 在给定的条件下, 只要改变控制因素, 一个飞跃过程可以转化为渐变; 反过来, 一个渐变过程也可以转化为飞跃. 突变模型还表明, 在奇点 (质变点) 领域事物状态的变化, 不仅具有多种可能性, 而且有它的随机性.

6.2.4　数学的发展带来哲学的重要进展

1. 庞加莱的约定论

庞加莱是 19 世纪末和 20 世纪初的两位数学巨人之一 (另一位是希尔伯特), 在数学的四个主要分支——算术、代数、几何及分析中都作出了开创性的成就, 尤其是在函数论、代数几何学、数论、代数学、微分方程、代数拓扑学等分支都有卓越贡献. 他的约定论起源于他在几何基础方面的研究, 系统而明确的表述是在《科学与假设》(1902 年) 一书中, 基本观点是: ① 几何学的公理是人们约定的; ② 物理学的一些基本概念和基本原理也具有约定性质; ③ 约定是理论和经验相结合的产物. 这些思想对 20 世纪科学哲学的发展产生了重要影响.

2. 数理逻辑的蓬勃发展与分析哲学的崛起

分析哲学创始于 20 世纪初的英国, 一般认为, 它的直接思想先驱是德国数学家、逻辑学家弗雷格 (F. L. G. Frege, 1848—1925), 创始人是英国哲学家、逻辑学家罗素和奥地利哲学家维特根斯坦 (L. Wittgenstein, 1889—1951), 并以罗素在 1905 年发表的《论指示》一文作为分析哲学形成的标志.

罗素是分析哲学的主要创始人. 他第一个强调要把形式分析或逻辑分析看作哲学固有的方法, 并加以广泛的应用. 他指出日常语言无论在词汇还是在句法方面都模糊不清, 以致引起哲学中的混乱. 他主张以现代数理逻辑为手段, 创造理想的人工语言, 以保证命题的句法形式一定与它的逻辑形式相一致. 他提出了对后来分析哲学的发展有重大影响的类型理论和摹状词理论. 罗素的哲学思想实际上是一位数学家的思想, 他是著名的数理逻辑学家, 20 世纪数学基础研究中逻辑主义学派的杰出领导人. 罗素的数学训练的一个结果是他愿意构造人工的演绎系统而颇不关心他所使用的术语是否与日常语言绝对符合.

分析哲学的产生与当时蓬勃发展的数理逻辑有密切联系, 它的许多代表人物都对数理逻辑进行过深入研究, 并作出重大贡献. 数理逻辑借助于形式化的逻辑语言与逻辑演算来处理形式逻辑中的问题, 这就便于对问题作高度精确的表述, 避免日常语言的不确切和逻辑上的不严密. 因此, 绝大部分分析哲学家对数理逻辑都十分重视, 经常借助于数理逻辑来论证分析哲学的命题. 弗雷格和罗素, 特别是后来的逻辑实证主义者, 试图利用数理逻辑来构造一种理想的、精确的人工语言, 以求使哲学混乱. 20 世纪 60 年代以来, 英、美分析哲学家也强调要以数理逻辑为手段, 从事自然语言的语义学研究. 分析哲学家, 尤其是逻辑实证主义者, 经常表白他们的理论具有科学性, 称为科学的哲学. 他们强调要以自然科学, 特别是数学和物理学为模本来建立自己的理论, 要使自己的论证达到自然科学那样的精确程度. 他们特别利用现代数理逻辑的演算来支持自己的论证, 建立了他们自己的一套技术术语.

3. 结构主义

所谓结构主义, 可以上溯到 20 世纪初在语言学中由索绪尔 (F. de Saussure) 提出的关于语言的共时性的有机系统的概念和心理学中由完形学派开始的感知场概念. 此后在社会学、数学、经济学、生物学、物理学、逻辑学等各学科领域中, 都在谈结构主义. 当代结构主义的领袖人物是法国人类学家、哲学家列维–斯特劳斯 (Levi-Straush). 结构主义企图构造人类精神的普遍理论. 它确实是一种逻辑, 这种逻辑的模型就是数学, 并且像数学一样, 它所感兴趣的不是内容, 而是关系以及在组合的形态中扩大关系的数目. 瑞士著名心理学家皮亚杰在他的《结构主义》(1968年) 一书中清楚地说明了结构主义哲学与数学的关系: 如果不从检验数学结构开始, 就不可能对结构主义进行批判性的陈述. 之所以如此, 不仅因为有逻辑上的理由, 而且还同思想史本身的演变有关. 固然, 产生结构主义的初期, 在语言学和心理学里起过作用的那种创造性影响, 并不具有数学的性质 (索绪尔学说中关于共时性平衡的理论是从经济学上得到启发的; 格式塔学派的完形论学说则是从物理学上得到启发的), 可是当今社会和文化人类学大师列维–斯特劳斯, 却是直接从普通代数学里引出他的结构模式来的.

4. 系统哲学

20 世纪中叶, L. V. 贝塔朗菲 (L. V. Bertallanfy, 1901—1972) 创立了一般系统论, 其思想在本质上是数学的. 70 年代, 西方出现了自称为系统哲学的新哲学, 这是对自然科学发展的哲学响应, 主要以拉兹洛和邦格为代表. 由于系统哲学与当代具体科学的密切联系, 所使用的概念都从不同侧面反映了现代科学的新特征.

1) 拉兹洛 (E. Laszlo)

拉兹洛是美籍匈牙利人, 主要著作有《系统哲学引论》、《用系统的观点看世界》以及《系统、结构和经验》等. 他研究系统哲学的目的是寻找一个反映现代思想特征的最为一般的系统模型, 为自然科学和人文科学提供具有方法论意义的工具. 所以可以将他的系统哲学说成是模型论的或方法论的. 拉兹洛认为, 系统哲学的材料来自经验科学; 问题来自哲学家; 概念来自现代系统研究. 他的系统哲学深受贝塔朗菲思想的影响, 以发现各种系统的异质同型性为己任.

2) 邦格 (M. Bunge)

邦格是加拿大哲学教授. 他原为理论物理学家, 后来转向哲学, 其系统哲学观点主要反映在 1979 年发表的 7 卷本 "基础哲学论丛" 第 4 卷《系统世界》中. 他称自己的系统哲学是一种科学的本体论, 它主要讨论世界的系统图景. 邦格系统哲学的一个重要特征是形式化. 概而言之, 他把系统定义为两个以上事物 (或概念) 相互联系而形成的整体. 邦格还用数学工具定义了元素、结构、环境等概念. 他用大量篇幅讨论了从自然到人类社会的各种系统, 并提出了八条公理作为其系统哲学的基本出发点.

6.3   哲学对数学的作用

6.3.1   数学的哲学起源[5]

古代神话是古人对自然现象和人类自身的最初解释; 不同文化的融合产生了批判, 批判产生理性; 人类开始摆脱神话的理性思考, 产生了古代自然哲学; 数学 (本小节特指西方理性数学) 是作为古代自然哲学的一部分而产生的; 古希腊自然哲学

---

[5] 本小节参考了文献 [82].

和数学的产生是商业经济、民主政治、人性宗教等共同作用的结果, 其直接起因是对不同文化的批判.

探寻人类从愚昧走向文明、从迷信走向科学的足迹, 只要多少具备一点人类文明史的常识, 那就一定会"言必称希腊"的. 这不仅因为古希腊是世界上著名的"四大文明古国"之一, 如果仅仅如此, 那就不足为道了. 对于今天的研究来说, 我们的兴趣在于, 中国、古埃及、古巴比伦和古希腊这"四大文明古国"中, 前三者都先于后者取得了算术与几何上的辉煌成就, 但是, 只有古希腊产生出了具有"科学意义"的数学, 因而才成为现代数学乃至现代科学的发源地. 是什么原因促使古希腊的数学从"木匠的工具盒和农民的茅屋"中走了出来, 从经验性的描述走向理性、逻辑和公理化, 从而成为现代科学技术与人类所从事的一切活动的基础, 这难道不具有耐人寻味的重大理论价值吗?

有一种观点认为, 科学、教育和宗教都属于上层建筑的范畴, 而上层建筑是由经济基础所决定的. 这当然是一个具有哲学意义的观点. 如果我们以这个观点为工具作如下推理: 一切属于上层建筑的东西都是由经济基础所决定的, 古希腊的数学与科学属于上层建筑, 所以, 古希腊的数学与科学是由其当时的经济基础所决定的, 那么, 从科学研究的意义上来说, 就相当于什么也没说. 这是因为: 一方面, 按照这个观点, 所有属于上层建筑范畴的东西都是由经济基础所决定的, 这能给我们提供多少有用的信息呢? 另一方面, 在古希腊那个时期的世界范围内, 经济发达地区并非古希腊自己, 而古希腊的经济在当时的世界范围内也并非最发达的. 还有一种观点认为, 在公元前 800 年以后, 古希腊逐步形成了大批的城邦, 这些城邦大多实行民主政治, 民主政体的形成使公民有机会常常参与对城邦事务的思考与辩论, 这使人们的思维活动由单纯的经验总结过渡到理性思辨. 因而, 这种观点认为, 民主政体是古希腊率先走向数学和科学的直接原因. 但是我们注意到, 在那个时代, 古希腊及其殖民区域中, 大小城邦数百个, 遍布地中海至黑海沿岸, 各城邦大都采用相同的或相似的民主政体, 为什么科学的火种却在这个城邦而不在那个城邦出现呢? 更应该提醒我们注意的是, 无论欧洲第一个数学家、哲学家泰勒斯, 还是紧随其后的对数学发展作出杰出贡献的毕达哥拉斯, 都不是希腊本土的人. 而毫无疑问, 希腊本土才是整个古希腊民主政体的中心. 波普尔曾对以雅典为代表的希腊精神的核心内容做出了这样的评价: "(雅典) 这个城邦不但已成为希腊的学校, 而且, 我们知道, 它已成为人类的学校, 不但对于遥远的过去而言而且对于未来而言." 同时还要注意, 人类历史上出现过城邦的地域非常广泛, 最早诞生城邦的地域也不是爱琴海地区, 而是两河流域. 由此可以看出, 虽然我们不能说古希腊的经济和政治对于科学思想的出现不起作用, 事实也绝非如此, 但至少我们可以说, 这不是导致数学及科学思想产生的直接原因. 那么, 导致数学及科学思想产生的直接原因是什么呢?

如果在对数学及科学起源进行探索的时候，把科学与神话对立起来，认为这两者格格不入，进而对神话兴味索然、不屑一顾，那么则难以得出正确的结论. 这是因为，世界上所有不同的民族，其最初的精神文化产品都表现为神话，这绝不是偶然的. 什么是"神话"？神话就是关于"神"的"传说". 既然是传说，那就要有载体. 神话传说的载体是人，或者说，人是神话的传承者. 那么我们要追问：最初的神话是从哪里来的？最初的神话只能是人造的. 人为什么要造神话？人造神话的目的只有两种可能，一是消遣，二是解释. 反正远古时代的人们创造神话的目的肯定不是开发儿童的智力. 那么，人造神话是为了用于消遣还是为了解释什么呢？当我们观察动物园里猴子们之间相互给对方捉虱子，而不是大猴子给小猴子讲神话故事的时候，你就会知道，人最初的消遣方式肯定是感官方面的. 与感官相关的消遣方式的佐证之一，就是"与人体自身的脉动节律相协调的"劳动号子——诗经、进而发展成为音乐、诗歌. 这也正是之所以不同的民族有着各自不同风格的音乐和诗歌的原因. 但是，我们始终没有看到人造神话的最初目的是消遣的任何迹象. 非此即彼，既然人造神话的最初目的不是消遣，那么，就只有一种可能，那就是为了解释. 要解释什么呢？我们只要考察一下各民族之间"不同"神话的"相同"之处，亦即包含于各自特性中的共性、偶然中的必然，或许能对我们的研究产生有益的启发.

综观世界各民族的神话传说，可谓是五花八门、各执一词，形成了一个博大精深的神文化宝库. 从中国神话传说的盘古开天辟地、女娲炼石补天，到古希腊神话中与人同形同性的众神之主宙斯、天后赫拉、智慧女神雅典娜、太阳神阿波罗，从印度吠陀神殿的主神因陀罗、方位不同名称各异的太阳神苏耳耶、娑维特丽，到埃及古老传说中的拉神与冥府之蛇阿波斐斯英勇搏斗的故事，从古巴比伦的恩利尔神切断"天地之纽"创造人间的传说，到圣经故事里耶和华造亚当、夏娃看管伊甸园……尽管在曾经古老的大地的各个角落里传诵的稀奇古怪的神话故事的情节各不相同，但它们却有一个共同特点，那就是这些神话都有着相同的题材. 比如天地是怎么产生的，人是哪儿来的，日月星辰、雾雨雷电、地震海啸、飞禽走兽、生老病死是怎么回事等. 这些不同传说中的共同题材告诉我们上面问题的答案：人类的祖先试图解释他们能够观察到的、感受到的，或者与他们生活、生产息息相关的，各种他们搞不明白的事物和现象. 由此可见，神话其实就是先民们对自然和人类各种事物与现象的最原始的解释.

有趣的是，人创造了神话，而使神成了人的统治者. 作为人类最早期的文化形式之一，神话历经世代相传并不断发展完善. 在此过程中，神统治了人类的精神领域. 尤其是在那个精神文化资源极度匮乏的远古时代，神无时无刻不在控制着人的精神世界. 从下面这段描述中，大概可以感受到神在人的精神生活中占有怎样的地位："希腊的每一个城邦都有一个保护神，如雅典的就是手持长矛的雅典娜，萨摩斯的则是美丽善妒的天后赫拉. 在萨摩斯，最引人注目的就是大大小小的赫拉神庙，与在其他城邦一样, 这些神庙大多建在卫城高地和每一个山路的转角处. 希腊人不把神庙当作凡人聚会崇拜的地方, 他们认为这只是神居住之处. 由于神庙修在高地, 所以人们很容易看到, 进港的船只也都向神庙致敬. 萨摩斯的神庙里供奉的几乎都是赫拉——天帝宙斯的妻子. 但她受到萨摩斯人的特别崇拜显然不是因为她的美丽, 而是因为她的威力——若天色已晚, 就只能见到山道上蜿蜒的火把队伍如金蛇曼舞——这是虔诚的香客在摸夜路前去山顶的赫拉庙朝拜. 当年修在崖壁另一侧的大剧场也一定无数次在沉默中目睹了同一景象."

弄清了人创造神话的目的以及神在古人精神生活中的地位, 我们的讨论就可继续下去. 既然神话是先民们对自然和人类各种事物和现象所作的解释, 那么, 不同的民族有着各自不同的、各具特色的神话传说, 也就意味着如下的事实: 对于早期的人类所普遍关心的相同的事物或现象, 各民族有各自不同的解释. 鉴于这个事实我们不难想象, 如果一个人除了对本民族的神话有所了解, 而始终不曾了解其他民族的神话, 也许他始终都不会对本民族的神话产生任何怀疑, 也许他始终都是一个神的虔诚的信徒, 即使对于当时的某个智者来说情况也是如此. 但是, 当他既熟知本民族的神话, 又接触到了其他民族的不同于本民族的神话, 问题出现了: 对于人类所关心的同一个问题, 却出现了不同的解释, 那么, 哪种解释是对的呢? 哪种解释更合理可信呢? 对于一个处于这种矛盾之中的智者来说, 便自然地产生了对这些不同解释的比较、分析和评价. 而这种 "比较、分析和评价", 正是我们今天所说的认识论意义上的 "批判". 如果说神话来自古人的观察与想象, 那么批判就是人类最初的理性形态. 对神话的批判, 其直接结果就是对神的怀疑. 当这种怀疑得到实际的验证, 比如, 偶然发现神并不具有传说中那样的威力的时候, 对于一个智者来说, 他就会转向对这种现象背后蕴涵的 "真正原因" 的发问. 这种 (至少是在一定程度上) 摆脱了神话的发问, 例如 "地震是怎么产生的", 正是最初的自然哲学问题. 而哲学 (philosophia) 一词的原始含义是 "爱智慧". 何为智慧? 亚里士多德说: "智慧是关于某些原因和原理的知识." 并且他还解释说: "我们不认为任何感官的感觉是智慧, 虽然它们的确给予我们对特殊事物最可信的知识, 但它们不能告诉我们任何事物的为什么, 如为什么火是热的. 它们只能说火是热的这一现象." 因此我们可以得出结论: 人类理性最初是由于对不同民族的神话进行比较、分析和评价而产生的, 即批判产生理性; 而最初的哲学就产生在开始摆脱了神话的发问与思考中.

既然哲学是 "智慧", 是 "关于某些原因和原理的知识", 而不是 "感官的感觉", 那么, 哲学就既不是神话也不是经验. 所谓经验, 就是对具体事物感觉的积累. 从认识论的意义上说, 它与具体事物相连, 不具有脱离具体事物的质的飞跃. 因此, 哲学不是经验, 它不研究 "具体" 的事物和现象, 而要研究带有 "一般性" 的事物与现象. 例如, 哲学不研究这一次雷电, 也不研究那一次雷电, 而是研究能代表所有雷电的具有一般意义的、抽象的"雷电"；哲学不研究这个人，也不研究那个人，而是研究具有一般意义的、抽象的"人"；如此等等．当古代的智者用哲学的目光观察世界的时候，他怎样去把握具有一般意义的事物呢？我们知道，人对自然界诸事物的反应最初要靠人的感觉器官．在视觉、听觉、嗅觉、味觉、触觉这 5 大感觉器官中，视觉被称为"第一感觉"．也就是说，人对事物的第一反应是事物的大小、多少、长短、高低、形状等，也就是数与形．这正是希腊哲学一开始便与数学结下不解之缘的原因．人类对数与形的最初研究产生了算术与几何．但是，基于观察所得经验基础上的算术与几何不具有哲学的意义；同样，基于观察和经验基础上的算术与几何的零星结论和方法也不具有哲学的意义；甚至说，人们根据经验总结出来的，并在生产生活中应用的有关数与形的知识和方法也不具有哲学的意义；只有理性地建立了因果逻辑联结的有关数与形的知识，才真正具有哲学的意义．这是因为，理性的、建立了因果逻辑联结的知识，不依赖于人的感官感觉，也不依赖于由这些感觉所积累起来的经验．数学正是在这种具有哲学意义的思维基础上才产生出来的．或者说，当古代的智者用哲学的目光观察自然现象的时候，他要想把握具有一般意义的自然现象和事物，就要把握这类现象和事物的一般意义，数与形正是这种一般意义的最基本的体现．因此，我们得出进一步的结论：数学是古典自然哲学的一部分；自然哲学问题的解决必然依赖于相关数学问题的解决；数学的结论为自然哲学提供了最基本的依据．

那么古希腊的数学与自然哲学的产生是否符合上述规律呢？让我们回到公元前 8 世纪至公元前 4 世纪前后的古希腊文明时代．

古希腊以其得天独厚的、由内海纵深切割而形成的陆海交错的地理环境为自然特征．这一特征成就了古希腊尤其是爱琴海海域诸岛的商业文明．"即使在设施简单的古代，人们也比较容易扬帆驾舟，往返于东地中海的蓝天白云之间，用希腊的橄榄油、葡萄酒，去换取埃及、小亚细亚、西西里的粮食、金属和奴隶．"由此可见，古希腊尤其是东地中海一带的经济，是以商业为主的经济．商业活动的特点之一就是区域性文化对人的限制相对较小，因此较容易最大限度地发挥人个体的智慧与才干．这既是古希腊文化乃至欧洲文艺复兴以后西方文化中崇尚个性的原始起因，也是古希腊城邦制民主政体形成的社会基础．"在一个城邦里，公民都是平等的．任何人都能参与决策有关公益的事．城邦的最高官员是执政官，但他的言行又受到议事会的监督，议事会的官员又是由公民大会选举产生的．"由此我们可以看出，古希腊的民主政治确实具有其自身的特色．那么，除了经济和政治之外，古希腊的神话与宗教又是怎样的情形呢？

古希腊有其不同于其他各民族神话、宗教的鲜明特色，这一点需要引起我们的特别注意．虽然古希腊的神也统治着人们的精神领域，但是，这种统治的方式和程度却有明显的甚至是实质的不同．古希腊人实际上是按照人的模式创造了神，因此，希腊诸神与人同形同性, 有七情六欲、喜怒哀乐, 诸神也不是完美的偶像, 他们各有自己的缺陷, 例如他们比人更具有虚荣心, 更嫉妒成性, 更贪婪好色等. 神与人的区别仅在于神更有力量、更长寿或者更美丽. 对这样的神的信奉, 使希腊人觉得自己生活在一个和谐的世界里, 这个世界是由人们所熟悉的、可以理解的、具有一定亲和力的、可以与人和谐相处的"并不神秘"的神的力量统治着. 这样的神不可能扼杀人类对自然现象的好奇心与主动探索的欲望. 古希腊宗教的另一特点是诸神的地位是平等的, 没有哪一位神具有绝对的权威. 比如被称为众神与人类之父的宙斯, 其被人们重视的程度还不及海神波塞冬, 其受崇拜的程度尚不及智慧之神雅典娜、太阳神阿伯罗等. 这一特点也许正是古希腊人崇尚个性、主张平等自由思想的反映, 又反过来使这一思想得以延续和发展. 上述经济、政治、宗教环境, 无疑有利于人的自由思考, 有利于人的个性发挥, 从而为科学思想的产生创造了有利的客观氛围.

下面我们把目光转向对古希腊科学具有开创性意义的两个重要人物, 他们是有着"科学之祖"之称的泰勒斯和被誉为"智慧之神"的毕达哥拉斯.

泰勒斯, 生于古希腊位于东地中海小亚细亚西岸的爱奥尼亚地区的米利都, 他的生平及学术资料少得可怜, 我们今天对这位伟大的"科学之祖"的了解, 大都来自后人的著作中. 但是, 这些零星的记载却给我们提供了必要的信息. 如果对于泰勒斯最初的研究者来说, 他们只有从泰勒斯之后的经典哲学家那里寻找有关泰勒斯的线索, 那么, 对于今天的研究者来说, 可供参考的资料已经远远比那个时代系统得多. "泰勒斯出生于一个贵族家庭, 从小就被送到有名望的贤人处受教育. 可他十几年后便超过了自己的老师, 以学识渊博和富于独创精神而闻名于希腊." 这就给我们至少两方面的信息, 其一是, 他早年师从贤人, 因而能学习和继承先于他的那些贤人的思想和文化; 其二是, 他比常人具有超常的智慧和开拓精神, 因而能在前人的基础上产生新的思想. "泰勒斯早年是一个商人, 曾到过不少东方国家, 学习了古巴比伦观测日食、月食和测算海上船只距离等知识, 了解到腓尼基人英赫·希敦斯基探讨万物组成的原始思想, 知道了埃及土地丈量的方法和规则等. 他还到美索不达米亚平原, 在那里学习了数学和天文学知识." 从这一描述中, 我们可知的是, 他有机会接触不同民族的文化, 因而, 这为他对这些不同文化的比较、分析和评判提供了可能性. 可以说, 泰勒斯所处的时间和空间, 以及当时的经济、政治、宗教和社会活动环境, 已经为人类摆脱超自然的神力束缚提供了适宜的外部条件; 而对先于他的贤人思想的学习, 对不同民族文化的接触和了解又在另一方面提供了值得比较、分析、评判和思考的客观问题; 而泰勒斯本人的智慧与创造人格与这种客观条件的相互协调, 无疑有利于人类理性思想的产生. 尽管他提出的"万物起源于水又复归于水"的自然观在今天看来是十分粗陋的, 但是, 他的贡献却是伟大的. "这句话的意义在于, 从思维方式上, 泰勒斯提出了一个普遍性的命题, 他追求和找到的万物的本源是物质性的本源, 而不是其他任何精神的东西. 他力求从自然界本身说明自然界——用水的无定形和流动性来描绘自然界的生成和变化. 这种超越经验的抽象思维和综合思考开创了人类以科学分析与哲学概括认识世界的新纪元."除了对自然的发现以外, 米利都人把批判带进了人类认识事物的进程中, 使批判成为继承和发展人类文化的有力工具和思想方法. 这一点完全可以从泰勒斯及其以后的哲学家们对自然的不同解释中看出. 例如, 泰勒斯把前人解释万物的超自然的"神力说"变成了"自然说", 他认为水是万物的本源; 而泰勒斯的学生与继承者阿那克西蔓德 (Anaximander, 约公元前 610—约前 545) 则认为万物的始因是"无限物"; 阿那克西蔓德的学生阿那克西米尼 (Anaximenes, 约公元前 585—约前 528)则认为, 万物的始因既不是水, 也不是"无限物", 而是气. 由此可见, 泰勒斯是把这种批判的思辨第一个带进人类认识世界的进程中来并传给后人的人, 至少从可见的资料或可以推断的情况能够得出这样的结论. 根据以上分析, 我们有理由相信,正是这种开始摆脱了超自然的神力而转向在物质世界当中来寻求万物本源的思想,以及这种对各种不同文化进行批判的思辨, 使泰勒斯对他在当时所掌握的算术与几何的方法和结论都要寻出一个"来源", 而不仅仅满足于这种成果的经验性. 于是,他把证明引入了数学, 确立并证明了以下数学定理: 直角都相等、对顶角相等、等腰三角形的两底角相等、直径等分圆周、圆周角定理以及泰勒斯定理——如果两个三角形有一边及这边上的两角对应相等, 那么这两个三角形全等. 这些工作, 无论对于数学还是其他科学, 都无疑具有划时代的重大意义. 这就是泰勒斯数学思想的起因和开端. 当我们今天对数学溯源到公元前 7 世纪到公元前 6 世纪的米利都学派创始人泰勒斯的时候, 我们的讨论仅限于寻找数学的开端, 绝不意味着把数学的发展与成熟的荣誉全部归功于泰勒斯.

　　如果说泰勒斯是古希腊数学的奠基人, 那么, 第一个认识到数量关系对于人类理解和把握世界所起的重要作用, 进而将其发展为一门独立学科的人, 就是毕达哥拉斯.

　　毕达哥拉斯, 生于古希腊位于东地中海爱奥尼亚群岛的萨摩斯岛. 关于毕达哥拉斯的生平及学术情况, 我们今天所能掌握的资料显然比泰勒斯详细得多, 尽管这些信息同样大都来自后人的著述. 他小时候先是被父亲送到腓尼基的提尔 (现属黎巴嫩), 在一闪族的叙利亚贤哲处学习东方宗教和文化 (如占星术等), 也曾多次随父亲作商务旅行到过小亚细亚, 从而有机会接触那里的文化. 后来父亲又把他送到萨摩斯的著名诗人克莱非洛斯那里学习古希腊史诗, 这使他对古希腊的神话和音乐产生了兴趣. 再后来, 他到自然哲学与数学的发源地米利都, 拜访了泰勒斯, 并接受泰勒斯的教诲、指点. 后经泰勒斯推荐, 他又投到泰勒斯的学生阿那克西曼德门下,学习天文、地理、实验方法、生物进化说和不同于泰勒斯的宇宙观. 之后, 毕达哥拉斯又来到爱琴海的得洛斯岛, 投奔到菲尔库德斯门下学习古希腊神话, 并接受了灵魂轮回转世学说. 步入中年之后, 毕达哥拉斯又到了埃及、巴比伦, 学习了那里的文字、神话、历史、数学和宗教, 并宣传希腊哲学. 他的这些经历, 无疑给我们提供了确切的信息: 他师从贤哲、游历四方、兼收并蓄、博学多思, 因此成为欧洲最早期的哲学家之一, 也是欧洲最早期的数学家之一. 毕达哥拉斯同样以批判的眼光继承和发展了古希腊的哲学与数学. 他的宇宙观认为, 万物的基础既不是水, 也不是无限物, 也不是气, 而是自然数. 其"万物皆数"的哲学观点正是兼收并蓄、批判地继承和发展的结果. "万物皆数"虽带有浓厚的神秘主义色彩, 但却在事实上把自然哲学与数学推向了抽象阶段. 抛开其"数"与"和谐"神秘主义的风格, 毕达哥拉斯及其社团的数学成就是有目共睹的. 对自然数和有理数的研究、对黄金分割的研究和应用、在西方第一个发现并证明了勾股定理及三角形内角和定理、用数研究音律和美学等, 都使他成为他那个时代欧洲无与伦比的智者. 今天的学者们通常认为, 毕达哥拉斯学派在数学上有两大突出的贡献. 其一是他坚持在发展几何时必须首先制定"公理"或"公设", 而此后的工作就是通过严密的、导向公理的演绎推理来完成的. 他因此后来把"公理"引入了数学. "公理"思想的产生, 以及他从泰勒斯那里继承并大力发展了的对数学问题进行逻辑证明的理性主义思想和方法, 深深影响了西方数学乃至整个西方文化, 成为东西方文化差异的主要标志之一. 美国著名数学史家贝尔在他的名著《数学大师》中如是说: "在他 (毕达哥拉斯) 之前, 几何学主要是凭经验得出的规律, 对于这些规律之间的相互联系, 没有作任何明确的说明, 也丝毫没有猜疑到这些规律能从一些数量相对少的公设推出. 证明, 现在被认为是理所当然的数学的真正精神, 我们甚至很难想象必然先于数学推理的原始阶段是什么." 他的第二个突出贡献是对有理数的研究以及后来发现了有理数对于表示世间万物是远远不够的. 无理数的发现, 虽然使他"万物皆数"的哲学体系毁于一旦, 但是, 他作为一个真正的理性主义的先驱, 却由于他最终接受了这种"数"与"和谐"哲学理念的失败而为数学开辟了广阔的道路. 在自然哲学史上, 由无理数的发现所产生的第一次数学危机, 大大推动了数学与哲学的发展. 后来的哲学家、数学家, 带着批判的眼光继承了毕达哥拉斯学说的精髓. 他们一方面继承了毕达哥拉斯的数学理性精神, 另一方面对数的基础性和重要性产生了怀疑, 进而将数学的基础研究转向了几何学. 由此不难理解, 在毕达哥拉斯之后的古希腊, 为什么会产生出像苏格拉底、柏拉图、亚里士多德那样的哲学家, 为什么会产生出数学史上具有划时代意义的大数学家欧几里得及其不朽名著《几何原本》.

从泰勒斯到毕达哥拉斯, 其哲学与数学的研究过程以及所取得的成就, 都验证了结论: 对不同文化的融合与批判产生了理性, 数学正是在人类用理性的眼光探索自然的过程中产生的, 数学是古希腊自然哲学的一部分.

6.3.2　辩证法在数学中的运用[6]

数学以量的变化律去把握客观事物的一般运动法则, 而辩证法则通过量变揭示事物质变的普遍规律. 因此, 辩证法对数学研究具有普遍实用的方法论意义. 这里从数学和哲学的结合上考察人类对量的认识历史, 指出了数学史上几次 "危机" 的实质, 提出了量的多样性、层次性与统一性的结构问题; 论证了数学与辩证法的内在联系; 充分肯定了马克思和恩格斯在解决数学理论基础问题上的卓越贡献, 特别是马克思巧妙地运用辩证否定法解决微分运算法则的伟大功绩.

1. 人类对量的认识

数学是一门计量的科学, 它研究现实世界量的关系及其规律. 数学是客观事物的存在状态和运动规律的反映, 一切数学模型都以它的现实原型为基础. 它的概念、定理、运算法则都不是先验的, 而是对客观世界在量的规定方面的概括和抽象. 数学随着人类对量的认识不断深化、突破而向前发展.

在古代, 劳动人民为了分配物品, 首先就遇到量的问题. 例如, 对一群野兽、一堆水果如何进行分配? 在长期的生产实践中, 我们的祖先逐步认识到这些东西 (一群野兽、一堆水果) 它们都具有天然的个别单元. 于是劳动人民创造了对这种离散量测定的行之有效的方法——数一数它们的个数的方法. 与之对应的数学体系是 "自然数系". 随着生产斗争的发展、人类社会的进步, 人类对量的认识也逐渐深化, 开始对一些几何量——长度、面积、体积等进行量测和计算了. 与之对应的是几何数学体系. 物体的长度、面积、体积、重量等这一类量不具有天然不可分割的单元, 处理这种连续量的办法是 "度量". 由度量所产生的数系就是 "实数系", 这是对连续量的通性加以抽象化、组织化的结果.

数学史上专门分析量的最早尝试是毕达哥拉斯学派. 他们对数学、哲学皆通. 这些人在总结前人成果的基础上对量进行了专门探讨. 他们建立了线段比的理论, 并发现了不可公度的量的存在, 亦即无理量. 由此引起了所谓的第一次数学危机.

无理量是否存在之争持续了 200 多年, 直到后来《几何原本》的编著者欧几里得从理论上论证了无理量的存在以及人们后来在实践中又陆续发现了圆周率、三角函数、对数等无理量之后, 才被人们普遍地承认和接受.

亚里士多德是第一个把量看作是和数学概念不一致的特别范畴, 并对量进行了初步分类, 并把量和时空联系起来.

公元 600 年, 印度人在认识数量时, 发现向量. 这一类量的最大特点是不仅具有大小, 而且具有方向. 当时他们用负数来刻画它. 这一重大发现却遭到数学界传统观念的强烈反对, 再次震动了数学领域. 经过几百年的争论, 数学家们才接受了

负数的概念.

后来所谓虚量的发现亦是如此. 当虚量闯进数学领域后, 足足有两个世纪的时间, 一直披着一张神秘的、不可思议的面纱. 直到两个业余数学家威塞尔和阿尔刚给虚量作出了合理的几何解释之后, 这张神秘的面纱才被揭去.

17 世纪是数学史上的黄金时代, 它标志着人类对量的认识进入一个崭新的阶段. 笛卡儿是一位数学哲学家, 他在数学领域内的独到发现在很大程度上取决于他的哲学辩证法思想. 他把量作为哲学范畴来分析, 从运动不灭原理出发, 为了寻求一般运动的数学表达式, 他把运动引进数学, 产生了变量的概念. 正是在此基础上笛卡儿创立了解析几何, 奠定了现代高等数学的基础. 恩格斯曾对笛卡儿给予了很高的评价, 他说: "数学中的转折点是笛卡儿的变数. 有了变数运动进入了数学, 有了变数, 辩证法进入了数学, 有了变数, 微分和积分也就立刻成为必要的了."

微积分的发明者莱布尼茨运用等级系统原理, 把无限量引进数学. 也就是他在笛卡儿变量的基础上, 把变量推广到无限大和无限小, 第一次以数学的形式揭示了它们之间的内在联系, 发现了它们的重要性质, 并且建立了它们的运算法则, 在数学史上树立起一座丰碑. 恩格斯称他为 "研究无限数学的创始人".

由于微积分的创始人不能把辩证法自觉地贯彻到底, 不懂得量到质的转化, 特别是对无穷小量之比 $\frac{0}{0}$ 缺乏辩证的理解, 又加之他们在进行微分演算中先验地引入微分量, 使之神秘化. 因而遭到贝克莱的攻击, 于是引起了数学史上所谓的第二次数学危机.

18 世纪末到 19 世纪初的德国古典哲学是对量的问题进行哲学分析的极为重要的阶段. 特别是黑格尔第一次明确地把量作为质的对立范畴提了出来, 并揭示了二者之间的辩证关系, 而且站在哲学的高度对高等数学中的无限量进行了深刻研究.

马克思和恩格斯批判地继承了人类历史上优秀的数学思想, 对传统的数学基础论进行了深入精湛的研究, 建立了辩证唯物主义的数学观. 马克思的《数学手稿》、恩格斯的《自然辩证法》中的《数学札记》是他们的代表作. 他们对量范畴的考察, 首先是联系着对量的数学规律性的确定, 而量的规律性又是同客体的质变相联系. 恩格斯研究了数学的起源、结构和辩证内容, 提出了关于数学的现实原型以及数学是辩证法的辅助工具和表现方式的著名论断以及关于量是可以精确地测量和探寻的重要论点, 特别是他们对无穷小量的本质的揭露为研究高等数学奠定了基础.

2. 关于非标准量

非标准量 (无穷小量) 由来已久. 古希腊的数学原子论者德谟克利特直观天才地猜测到无限小的存在. 他视无限小为一种量, 并且把原子就看作这种量. 他运用数学原子的思想来解释几何图形和线条的性质. 他把线看成是无数原子集合的结果, 面则被看作是无数紧靠在一起的线的总和, 而体积则是数量非常大的平面——原子层的总和. 根据这些观点, 德谟克利特正确地计算出了许多几何图形的体积, 尤其是圆锥体体积.

我国魏晋时期的数学家、《九章算术》的注释者刘徽发明了 "割圆术". 他说: "半之弥少, 其余弥细, 至细曰微, 微则无形, 由是言之, 安取余哉?" 并且指出: "割之弥细, 所失弥少, 割之又割, 以至于不可割, 则与圆周合体而无所失矣." 由此他计算出圆周率的近似值为 3.1416.

文艺复兴时代的意大利科学家布鲁诺把极小分为三种: 在数学中极小就是点, 在物理学中就是原子, 在哲学中就是单子. 并且指出, 统一物中对立面的一致可以用极小和极大中的直线与曲线的一致为例; 最小的弧线和最小的弦是相等的; 具有无限大的半径圆周和切线是一致的. 并且告诫人们: 谁要认识宇宙的秘密, 那么请你去研究和观察矛盾和对立面的极大与极小吧!

在开普勒的几何学中, 第一次提出了无穷小就是点的思想. 他把圆划分为顶点都在圆心上的许多扇形, 每个扇形越小则它越趋近于以扇形的弧长为底的三角形, 所以它的面积等于其弧长乘上半径之半; 将这些面积加起来便得到圆面积等于圆周长乘上半径之半. 他认为, 扇形可以分成如此得小, 小到其底成为点, 此时扇形的个数亦为无穷多; 在这些无穷小扇形中每个扇形已完全与三角形无异. 他以此法确定了 92 种回旋体体积.

第一次把代数扩展到分析学的英国数学家约翰·沃利斯首先使用符号 $\frac{1}{\infty}$ 以代表一个无穷小量, 或零量, 记为 $\frac{1}{\infty} = 0$. 一个高为无穷小或零的平行四边形不是别的, 只是一条线段.

后来的牛顿承认他在分析和流数方面的第一次发现, 是受了沃利斯思想的启示. 他本人对流数的理解是, "消失中的量的最终比, 是看作这两个量既不在它们消失之前, 也不在这以后, 而只是在它们消失时的比".

莱布尼茨把无限引进微积分, 用 dx, dy 表示微分量; 用 d^2y, d^3y 表示微分量的微分量. 他指出, 无穷小是对量的消失或萌生的研究, 跟已形成的量截然不同. 他认为一个量的微分跟那个量本身之间的关系, 就好比是质点跟地球或者地球半径跟宇宙间的关系. 进一步, 因为地球相对于手里拿着的小球来说是无限大的, 所以恒星间的距离对小球来说就是二重的无限大.

究竟 dx, dy 是一种什么量? 它的本质又是什么? 为什么 $\frac{dy}{dx}$ 在一定条件下能成为有限量? 对这些问题的回答, 从第二次数学危机起大约过了一个世纪, 第一个站出来作答的是哲学家黑格尔. 他广泛地考察了数学无限的论证和规定, 指出: "dx, dy 不再是定量了, 也不应该有定量的意义, 它们的意义只在于关系中, 仅仅意味着环节, 它们不再是某物 (被当作定量的某物), 不再是有限的差分; 但也不是无, 不是无规定的零. 在比率之外, 它们是纯粹的零, 但是它们应该被认为仅仅是比率的环节, 是 $\frac{dy}{dx}$ 微分系数的规定." 还指出: "所谓无限差分就是表示作为定量的比率的两端之消失, 而留下来的只是两端的量的比率, 比率之所以纯粹, 因为它是以质的方式规定的; 质的比率在此并没有丧失什么, 倒不如说它正是有限的量转化为无限的量的结果. 我们已经看到这里正是事物的全部本性所在."

马克思系统地考察了微分的演变历史过程, 精辟地分析了高等数学中的变量、导数和微分等概念的辩证性质, 把辩证法贯彻到底, 深刻揭示出初等数学与高等数学之间的、内在联系, 指出初等数学向高等数学飞跃的关节点就是 "$\frac{0}{0}$"; 论述了在导函数中以符号形式出现的 $\frac{dy}{dx}$ 作为被扬弃了的或消失了的差在量上等于 $\frac{0}{0}$, 在这个关节点上量的关系转化为质的关系, 并且明确指出导数等式两边是等价关系而不是极限关系. 事实上, 无论是求运动学中的速率还是求几何学中的切线斜率都要求变化着的两点重合. 正如恩格斯评价马克思的微分法时所指出的那样: "只有当 $\frac{dy}{dx} = \frac{0}{0}$ 时, 而且只有那时演算在数学上才是绝对正确的."

综上所述, 一部数学史就是人类对量认识逐步深化的历史. 首先, 人们对客观事物量的规律性的认识推动了数学的不断发展. 整个数学的历史发展证明: 以量这一普遍的逻辑范畴为纽带把数学和辩证法紧紧地联结在一起. 数学以量的变化规律去把握现实世界的一般运动法则, 而辩证法则通过量变揭示事物质变的普遍规律. 变量数学就是辩证法在数学方面的运用. 量是一切事物所具有的与质相对立的重要范畴. 质是由事物的特殊性规定的, 量则是事物的普遍性规定. 前者通过各种属性表现出来, 后者通过值、数、度、图形和结构表现出来. 质是事物的个性, 量是事物的共性, 质和量是不可分离的. 量最大的特点是可以进行测量, 可以施行数学运算. 一切客体都是质和量的统一体. 量中有质, 质中有量. 通过量变去把握质变, 通过质去认识新的量. 人们掌握了量的规律性之后, 也就是当我们可以严格地用数学来刻画一种事物的量的规定性之后, 于是根据数学研究所已经弄清楚的原理, 我们就可以精确地对该事物的规律做出相应的科学预见, 从而达到改造客观世界的目的.

其次, 在数学中, 由于它自身的发展, 形而上学的观点已经成为不可能的了. 数学领域中 "无理量" 和 "无限量" 的发现而引起的两次数学危机实质是形而上学的危机. 数学革命宣告了形而上学的破产. 数学本身由于研究变量而进入辩证法的领域. 微积分学中的导数和微分用形而上学的思维方式是不可能真正理解的. 因为标准量的扬弃或消失的过程就是宏观量向微观量转化的过程, 而扬弃了的差或消失了的差就是转化的结果所得到的非标准量. dx, dy 不是标准量, 而是非标准量——点量、线量了. 从数学上来说, 标准量和非标准量 (较高层次的量与较低层次的量) 相比, 在量上是不可通约的, 因此在数量上只能用零来表示. 零在非标准量中扮演了极为重要的角色, 是微积分研究的重要对象. 事物的量是标准量和非标准量的对立统一. 导函数则是两个非标准量的比率, 它们可以转化为标准量; 微分则是标准量转化为非标准量、积分则是非标准量转化为标准量的生动例子.

最后, 数学的发展不断揭示出量的多样性、层次性和统一性. 量的多样性和层次性正好揭示了物质系统的不可穷尽. 事物越复杂, 它的量的参数就越复杂, 对之进行准确的量的分析就越加困难. 这就决定了量测方法和计量方法的不断变革. 量的统一性正好从一个侧面证明了世界的统一性. 不同性质的运动过程可以用同一形式的数学模型来描述, 正好反映了它们之间具有共同的变化规律. 随着人们对宇观世界和微观世界的深入, 一定会发现量的更多特性, 认识更深刻的本质. 人类对量的认识、量的测定、量的计算也永远不会停留在一个水平上. 量的关系、量的变化、量的关系的变化、量的变化的关系是无穷的; 量中还有量, 变化之中有变化, 关系之中有关系, 共性的共性, 循环往复, 以至于无穷.

3. 否定之否定在数学中的运用

唯物辩证法既是世界观又是方法论. 马克思拿着这把钥匙打开了微积分理论的大门, 揭示了导函数的本质, 从而奠定了微积分的理论基础. 马克思运用辩证方法处理高等数学中的基本问题, 创立了 "比所有其他的方法要简单得多" 的独特的微分计算方法, 解决了数学发展过程中所遇到的难题, 所出现的 "危机", 为在数学领域中使用辩证方法开拓了广阔的图景. 这就是马克思在数学领域中的独到发现.

辩证法的否定之否定, 是发展的条件和方式, 是新与旧联系的环节. 因此, 否定之否定在数学领域中被广泛地运用, 用它来解决数学中的两大基本问题——推理论证和计算求解. 数学家们经常喜爱用的 "间接证明法" (反证法和同一法) 就是这一规律不自觉的应用.

辩证否定法在数学的推理论证中用得相当广泛, 无论是初等数学, 还是高等数学; 也无论是几何, 还是代数.

此外, 数学中的另一类基本问题——计算求解, 如能巧妙地运用辩证否定法, 同样可以顺利地得到解决. 例如, 在初等数学中关于一元二次方程的求根以及二次函数的求极值问题. 经常采用 "加一个, 减一个" 的特定否定方式, 由此得出一元二次方程的一般求根公式. 同法可求得二次函数的极值条件和极值.

关于无理分式的有理化问题. 经常采用 "乘一个, 除一个" 的特定否定方式, 由此解决无理分式的有理化问题.

马克思运用辩证否定法于任意自变量, 于是解决了微分运算法则.

马克思指出: "首先取差, 然后再把它扬弃, 这样在字面上就导致无. 理解微分运算时全部困难 (正像理解否定的否定本身那样), 恰恰在于要看到微分运算是怎样区别于这样的简单手续, 并因此导出实际结果的." 还指出: "先验的或符号上的不幸只发生在左边, 可是它已经失去了自己可怕的样子, 因为它现在只是作为过程的表达式而出现, 其实际内容已在等式右边表明了."

马克思指出: "微分学的所有运算都可以用这样的方式来处理, 但这是无益的烦琐,"还指出: "只有从微分起着计算的出发点的作用时开始, 代数的微分方法的转换才告结束, 从而微分学本身就作为一种完全独特、专门的变量的计算方法而出现."

6.3.3 哲学作为世界观, 为数学发展提供指导作用

在人类的科学手段、科学方法尚未达到真切认识事物的时候, 哲学往往有很强的前瞻作用, 这种认识往往会指导人类去准确定位客观事物, 对科学的发展方向能够正确把握.

哲学作为人类认识世界的先导, 首先应当关注的是科学的未知领域, 往往对科学的发展有预言性定论. 在一门学科发展的萌芽阶段, 其粗浅认识经常以哲学的形式出现. 这方面的例子举不胜举.

哲学家谈论原子在物理学家研究原子之前, 哲学家谈论元素在化学家研究元素之前, 哲学家谈论无限与连续性在数学家说明无限与连续性之前.

希尔伯特曾直言不讳, 他关于无限的形式主义思想来自康德的哲学观念. 罗素从分析哲学的基本立场出发, 坚持逻辑即数学的青年时代, 数学即逻辑的壮年时代的观点从这个意义上来讲, 哲学实际上就是数学发展前进路上的方向盘.

数学作为空间形式和数量关系的科学, 其研究的是客观世界的运动规律, 因而其必然是唯物的. 数学对象是人类抽象思维的结果, 无法脱离感性事物而独立存在. 数学是形式的, 但绝不是形式主义的. 数学的抽象形式离不开现实世界, 在内容上仍与现实有着密切的关系, 抽象的数学内容在现实世界中都能找到原型. 如平面几何的全等, 就是反映了把两个现实对象相互贴附在一起的实际操作过程; 微积分的概念, 反映了自然界无限接近的结果. 不过, 数学形式对客观现实而言, 具有相对独立性. 数学理论往往仅通过内部因素交汇融合、振荡提炼, 就会涌现出简明深刻、和谐统一的理论. 但是, 我们应当充分认识到, 这仅仅是暂时的形式脱离内容. 这种居高临下的发展态势, 往往有助于人类进一步理解认识其他学科. 只有形式而无内容的事物是世界上没有的, 数学的形式必须结合内容才会获得旺盛的生命. 那种在数学工作中人为的推广, 盲目的抽象, 往往会形成无足轻重的支流末节, 不久就会在数学大地上干涸消失. 雄才大略的希尔伯特数学规划的破产就是不争的事实. 因此, 数学研究必须以客观事物及其发展规律的客观实在性为前提, 通过科学实践完成所要解决的课题.

辩证唯物主义克服了古代朴素唯物主义的缺点和唯心主义的局限性, 是科学的世界观方法论. 半个世纪以来, 数学的发展呈现两个态势, 既高度分化又高度综合. 分化越深入, 综合就越需要, 这是辩证统一的. 在数学研究中自觉地运用辩证唯物

主义哲学做指导, 就可能避免或减少片面性、局限性, 否则数学的发展就可能误入歧途, 停滞不前. 数学发展史上有很多这样的实例, 如古希腊宁愿使用"严格但相对贫瘠的穷竭法"而不采用根基松懈但很有效的"原子法", 正是由于深受柏拉图唯心主义的影响. 又如非欧几何学诞生时, 这一伟大的发现之所以不能立即被人接受, 就连高斯这样伟大的数学家也不敢发表看法, 正是由于康德哲学.

因此, 哲学对数学发展的影响是深远的, 正确的哲学思想无疑会极大促进数学发展. 反之, 错误的哲学思想会阻碍数学的发展.

6.3.4 哲学作为方法论, 为数学提供伟大的认识工具和探索工具

从实无穷小——潜无穷小——实无限与潜无限交叉, 无穷小方法走过了漫长的曲折道路. 实无穷小方法是一种静态的思想方法, 潜无穷小方法是一种动态的思想方法, 两者是辩证统一的. 当人们充分认识到无穷小量方法和无限可分方法并非绝对对立时, 它们不仅具有内在联系, 而且是相辅相成的, 在一定条件下, 还可以相互转化、相互借用的辩证统一后, 无穷小量方法才有了突破性进展, 因此有了微积分诞生的前提.

近代数学公理化进展中最重要且最有效的成果之一, 就是明确地认识到数学的基本概念并不必须具体化, 冲破了教条主义哲学的束缚.

再如, 借用模型研究原型的功能特征及其内在规律的数学模型方法, 在当今已成为解决科学技术及人脑思维等问题的最重要的一种常用方法. 它的主要特征是高度的抽象化和形式化. 那么, 如何揭示和把握这种抽象形式结构的规律性呢? 是运用数学变换方法. 它的思想基础是辩证法: 任何事物都不是孤立的、静止的和一成不变的, 而是在不断地发展变化. 因此作为一个数学系统和数学结构, 其组成要素之间的相互依存和相互联系的形式是可变的. 数学家们也正是利用这种可变的规律性, 强化自身在解决数学问题中的应变能力, 不断提高自己解决数学问题的思维能力和技能、技巧.

6.3.5 数学哲学

数学哲学是指研究数学理论、概念及数学发展中哲学问题的学科, 是对数学的哲学概括和总结, 是哲学与数学相互联系和渗透的交叉学科. 其萌芽可以追溯到古希腊的毕达哥拉斯学派.

1. 简介

古希腊的毕达哥拉斯学派可为数学哲学的鼻祖. 毕达哥拉斯认为, 万物的本质不是物质, 而是抽象的数. 17 世纪初, 法国的哲学家、数学家笛卡儿创立了解析几何, 认为如果从不可怀疑和确定的原理出发, 用类似数学的方法进行论证, 则可把自然界的一切显著特征演绎出来. 英国人牛顿和德国人莱布尼茨创立了微积分, 使

数学发展成为研究无限的科学. 马克思和恩格斯先后在《数学手稿》和《自然辩证法》中运用唯物辩证法研究数学问题, 对数学哲学的许多问题作出重大发展.

从毕达哥拉斯到康德的众多思想家都有许多数学哲学的重要思想, 但作为专门学科直到 19 世纪中叶以后才逐渐建立起来, 着重研究数学的对象、性质、特点、地位与作用, 数学新分支、新课题提出的重要概念的哲学意义, 著名数学家与数学流派的数学和哲学思想, 数学方法和数学基础等问题. 现代数学哲学的研究内容包括: 对数学基础的研究, 形成了罗素的逻辑主义、布劳威尔的直觉主义和希尔伯特的形式主义等流派; 对数学悖论的研究, 探讨悖论的排除及彻底解决的可能性; 对数学本体论的研究, 探讨数学的研究对象是否为客观的真实的存在; 对数学真理性的研究等.

2. 研究范围

数学哲学的研究内容主要有:

(1) 数学与现实世界, 数学理论与实践发展的关系问题;

(2) 数学概念及数学运算中的辩证关系, 数学概念发展的内在逻辑;

(3) 数学范畴的辩证统一关系, 如常量与变量、有限与无限、直线与曲线、连续与间断等相互联系、相互转化的关系.

3. 数学流派

由于哲学立场的不同, 在数学基础的现代研究中逐渐形成了逻辑主义、直觉主义等学派. 作为其数学哲学思想的体现, 这些学派又都提出了数学基础研究的具体规划.

1) 逻辑主义学派

逻辑主义学派的主要代表是罗素和弗雷格, 其基本思想在罗素 1903 年发表的《数学原理》(*The Principles of Mathematics*) 中有大概轮廓, 罗素后来与怀特黑德 (A. Whitehead, 1861—1947) 合著的三大卷《数学基本原理》(*Principia Mathematica*) 是逻辑学派的权威性论述, 按照逻辑主义的观点: 数学乃逻辑的一个分支, 逻辑不仅是数学的工具, 逻辑还成为数学的祖师, 所有数学的概念要用逻辑概念的术语来表达, 所有数学定理要作为逻辑的定理被推演. 至于逻辑的展开, 则是依靠公理化的方法进行, 即从一些不定义的逻辑概念和不加证明的逻辑公理出发, 通过符号演算的形式来建立整个逻辑体系. 为了避免悖论, 罗素创造了一套"类型论", 类型论将对象区分为不同的层次, 处于最底层的是 0 类型的对象, 属于 0 类型的元素构成 Ⅰ 类型不同的对象, Ⅰ 类型的元素构成 Ⅱ 类型的元素, 如此等等, 在应用类型的理论中, 必须始终贯彻如下的原则: 一定类的所有元素必须属于同一类型, 类相对于其自身成员是高一级类型的对象, 这样集合本身就不能是它自己的成员, 类型论避免了集合论悖论的产生. 在《数学基本原理》中还有各种等级内的各种等级, 导致所谓"盘根错节"的"类理论", 为了得到建立分析所需要的非断言定义, 必须引进"可化归性公理", 该公理的非原始性和随意性引起严重的批评, 可化归性公理被指出是非逻辑公理而不符合将数学化归为逻辑的初衷, 按类型论建立数学开展起来极为复杂. 事实上, 罗素和怀特黑德的体系一直是未完成的, 在很多细节上是不清楚的.

2) 直觉主义学派

直觉主义学派的主要代表人物是荷兰数学家布劳威尔, 布劳威尔 1907 年在他的博士学位论文《论数学基础》中搭建了直觉主义数学的框架, 1912 年以后又大大发展了这方面的理论. 直觉主义学派的基本思想是数学独立于逻辑, 认为数学理论的真伪, 只能用人的直觉去判断, 基本的直观是按时间顺序出现的感觉. 例如, 由于无限反复, 头脑中形成了一个接一个的自然数概念, 一个接一个, 无限下去. 这是可以承认的 (哲学上称为潜无限), 因为人们认为时间不是有限的, 可以一直持续下去, 但永远达不到无限 (即实无限). 所谓"全体实数"是不可接受的概念, "一切集合的集合"之类更是不能用直观解释的, 因而不承认集合的合理性, "悖论"自然也就不会产生了.

3) 形式主义学派

形式主义学派的代表人物是希尔伯特, 希尔伯特于 1899 年写了一本《几何基础》, 在其中, 曾把欧几里得的素材公理到当代的形式公理的数学方法深刻化. 在集合论悖论出现之后, 希尔伯特没有气馁, 而是奋起保卫"无穷", 支持康托尔反对克罗内克, 给纯粹性证明打气. 为了解决集合论悖论, 希尔伯特指出, 只要证明了数学理论的无矛盾性, 那么悖论自然就永远被排除了. 在 1922 年汉堡一次会议上, 希尔伯特提出了数学基础研究规划, 这就是首先将数学理论组织成形式系统. 然后, 再用有限的方法证明这一系统的无矛盾性. 这里所说的形式系统就是形式公理化, 所谓的一个数学理论的形式公理化, 就是要纯化掉数学对象的一切与形式无关的内容和解释, 使数学能从一组公理出发, 构成一个纯形式的演绎系统. 在这个系统中那些作为出发点的命题就是公理或基本假设, 而其余一切命题或定理都能遵循某些假定形式规则与符号逻辑法则, 逐个地推演出来.

形式主义者认为: 无论是数学的公理系统还是逻辑的公理系统, 其中只要能够证明该公理系统是相容的、独立的和完备的, 该公理系统便获得承认并代表一种真理, 悖论是不相容的一种表现.

最后, 引用钱学森同志在《发展我国的数学科学》中的一段话来引申哲学与数学的关系, "我认为每一门科学都有一个哲学总结, 自然科学的哲学总结是自然辩证法, 社会科学的哲学总结是历史唯物主义, 数学科学的哲学总结就是数学哲学, 思维科学的哲学总结就是认识论, 等等, 所有这些哲学概括再汇总, 我认为就是人类知识的结晶, 即马克思主义哲学. 这样一个体系, 就是以马克思主义哲学为指导的科学体系. 科学技术的发展并通过哲学概括, 必然会发展深化马克思主义哲学."

数学和哲学, 在过去有着密切的联系, 现在、将来也一定有着密切的联系, 这是必然的. 可以这样讲, 哲学是一门宏大的科学, 它虽无法与数学在具体学科内直接争锋, 但其可为数学新分支的诞生及深入发展给予指导或准备条件. 社会的进步、人类的发展, 离不开哲学和数学发展. 在未来, 哲学和数学一定会具有无限的发展空间.

6.4 数 学 与 美

数学发展的重要动力之一就是对美的追求, 研究数学与美对人的一般审美能力的提高及人的全面发展都有重要的作用. 本节主要讨论数学中的美学特征.

6.4.1 数学美的几种常见类型

在现实生活中, 人们对美的感受是多样的, 例如, 有优美、俊美、壮美、秀美、柔美等. 数学美也不例外, 也有多样性. 人们常把数学美归结为简洁、对称、和谐和奇异等. 下面就从这四个方面分别作一些简单的讨论和分析.

1. 简洁美在数学中的表现形式

简洁美不只表现在数学中, 在艺术设计中简洁美也是基本要求之一. 标志性设计强调简洁的笔法; 建筑物的外装修强调简洁的线条. 当然, 在简洁之中也希望尽可能包含深刻的寓意, 富有想象力, 图案、徽标, 国画艺术等皆如此.

数学的简洁美主要表现在如下几个方面:

(1) 定义、定理、规律等叙述语言的高度浓缩性, 使它的语言精练到 "一字千金" 的程度.

例如素数的定义: 只能被 1 和它自身整除的正整数. 若去掉 "只" 字, 便荒谬绝伦; 又如圆的切线的定义: 与圆只有一个交点的直线. 若去掉 "只" 字, 便 "失之千里". 此种例证举不胜举.

(2) 公式、法则、概念等的高度概括性. 一个公式可以解无数道题目, 一条法则概括了万千事例, 一个概念具有丰富的表现形式.

例如, 三角形的面积 = 底 × 高 ÷ 2, 把一切类型的三角形都概括无遗; 勾股定理把各种直角三角形三边的关系都表达出来; 函数的概念可以适应于各种具体函数, 如三角函数、对数函数、指数函数等等.

(3) 符号语言的广泛适应性. 数学符号是最简洁的文字, 表达的内容却极端广泛而丰富, 它是数学科学抽象化程度的高度体现, 也正是数学美的一个方面.

例如, $a+b=b+a, a+b+c=(a+b)+c=a+(b+c), \cdots$, 其中 a,b,c 可以是任何数. 这些用符号表达的算式, 既节省了大量文字, 又反映了普遍规律, 简洁、明了、易记, 充分体现了数学语言精练、简洁的特有美感.

当然, 数学的简洁美也是人们的一贯追求, 也有一个发生发展的过程, 也有人们的反复比较.

例如, 微积分是由英国科学家牛顿和德国科学家莱布尼茨发现的, 但是牛顿和莱布尼茨所使用的微分符号是不相同的.

牛顿的微分符号似乎比较简单, 比如 y 的微分用 $\dot{y}$ 来表示, 但是这一符号对于高阶微分的表示不便使用, 并且不宜于表现微分和积分之间的关系. 因此, 牛顿的微分符号不值得固守. 但英国人以牛顿自豪, 他们曾固守牛顿的符号, 仅因为这一点, 使英国数学的发展受到了损害.

莱布尼茨的微分符号不仅简洁, 而且反映了事物内在的本质, 更容易揭示微分和积分之间的关系, 但莱布尼茨的符号有一个发展变化的历史过程.

1675 年 10 月 29 日的手稿中, 莱布尼茨用 l 表示今天的微分 dy, a 表示 dx 且等于 1; 用 omn. 表示今天的积分 $\int$, 并且得到了 $omn.xl = xomn.l - omn.omn.l$, 对于我们来说就是 $\int xdy = xy - \int ydx$. 同时莱布尼茨决定用 $\int$ 代替 omn., 并假定 $\int l = ya$, 设 $l = ya/d$, 两星期以后, 他引进了符号 dy. 由此便有 $\int dy = y$ 的优美表达式.

1675 年 11 月 11 日, 莱布尼茨用 $\int$ 表示和, x/d 表示差. 然后他说, x/d 是 dx, 是两个相邻的 x 值的差, 但是显然这里的 dx 是常数, 且等于 1. 同时也引进了 dy/dx 表示商.

1676 年 11 月左右, 他给出了 $dx^n = nx^{n-1}dx$, 其中 n 是整数或分数. 随后, 对于 n 阶微分引进了 d^n, 甚至对 $\int$ 与 n 重和分别引进了 d^{-1} 与 d^{-n} (当然它们没有被后人采用).

从这个例子可以看出, 正确地引入数学符号对数学的发展十分重要.

2. 对称美在数学中的表现形式

对称是美学的基本法则之一, 在日常生活中, 可以看到许多对称的建筑物、对称的图案. 绘画艺术中利用对称的手法, 在文学作品中也运用. 数学中的对称是数学美的一种重要表现.

数学的对称美主要表现在如下几个方面:

(1) 概念的成对出现. 例如, 奇数与偶数、正比与反比、平行与相交、原命题与逆命题、微分与积分等.

(2) 几何图形的对称性. 例如, 在几何中有很多对称性: 点对称、线对称、面对称等. 球形既是点对称的, 又是线对称的, 还是面对称的, 具有很好的对称性和匀称性; 圆形也有类似的特点. 难怪古希腊学者认为: 一切立体图形中球形是最美的, 一切平面图形中圆形是最美的. 在复平面上, 共轭复数 $z = a + ib$ 与 $\bar{z} = a - ib$ 所对应的点是对称的. 这种对称性可以使人们得到一些可靠的结论, 例如, 若 $z = a + ib$ 是某个实系数多项式的根, 那么对称的 $\bar{z} = a - ib$ 也必是其根.

(3) 表达式的对称性. 例如, 在集合的运算公式中一些表达式很具对称性:

$$\overline{A \cup B} = \overline{A} \cap \overline{B}, \quad \overline{A \cap B} = \overline{A} \cup \overline{B}$$

又如, 交换律成立的数学运算表达式也很具对称性.

对称是数学中常见的形式之一, 常常给人带来美的感受. 人们对数学中对称性的追求也常给数学带来意想不到的发展.

例如, 在欧氏几何中, 点和直线的对称性美中存在不足. 大家知道, 过两点总可作一条直线, 但两条直线并不总有一个交点. 这种情况发生在两直线平行之时. 那么, 如何克服这一缺陷呢? 法国数学家德萨格基于对对称性的 "弥补", 解决了这一问题推动了几何学的发展.

德萨格设想两平行直线在无限远点相交, 这样点与直线之间按照 "过两点总可作一条直线, 两直线总有一个交点" 就形成完全对称关系了. 按照这种想法, 德萨格初步建立了射影几何理论, 在该理论中, 点和直线始终具有对称的重要特性, 诸如: 两点确定一条直线, 两直线确定一点; 不共线的三点唯一地确定一个三角形; 不共点的三条直线唯一地确定一个三角形 (这个三角形的一个顶点可能是无限远点); 等等.

3. 和谐美在数学中的表现形式

事实上, 对称也是和谐的一种表现形式, 但和谐具有更广泛的意义. 数学中的和谐美主要表现在如下几个方面:

(1) 理论之间的某种内在的本质联系.

例如, 若平面上矩形的两边分别为 a 和 b, 对角线为 c, 则 $c^2 = a^2 + b^2$. 这就是著名的勾股定理, 若三维空间上长方体的三边为 a, b, c, 对角线为 d, 则也有 $d^2 = a^2 + b^2 + c^2$, 这种现象还可以向 n 维空间推广 $(n > 3)$.

又如, 平面上过点 (x_1, y_1) 和 (x_2, y_2) 的直线方程为 $\begin{vmatrix} x & y & 1 \\ x_1 & y_1 & 1 \\ x_2 & y_2 & 1 \end{vmatrix} = 0$, 由此,

我们可以写出三点 $(x_1, y_1), (x_2, y_2), (x_3, y_3)$ 共线的条件是: $\begin{vmatrix} x_1 & y_1 & 1 \\ x_2 & y_2 & 1 \\ x_3 & y_3 & 1 \end{vmatrix} = 0.$

上面的例子, 体现了代数与几何的内在本质联系, 揭示了数学中的和谐美.

(2) 理论的某种统一性. 例如, 圆无论大小, 圆周率都是 π; 古希腊人认为世界统一于整数; $e^{i\pi} + 1 = 0$ 可以说是有理数、无理数, 代数数、超越数, 实数、虚数的一个完美统一.

从柏拉图到欧几里得, 几何学成了主体, 于是数学统一于几何. 当时, 代数问题也以几何形式出现并用几何语言表达. 例如, $a \times b$ 作为长宽分别为 a 和 b 的矩形面积来看待; 到了 17 世纪, 经笛卡儿、费马等的工作, 诞生了解析几何学, 从而实现了几何与代数的一次大统一; 公理化方法也体现了数学中的一种统一性. 关于数学中统一性的研究一直都在进行着, 它促使了数学的发展, 是数学美的重要体现.

(3) 理论的无矛盾性. 数学理论的无矛盾性是数学体系和谐的必要条件. 因此, 可以说数学和谐美的主要表现便是理论的无矛盾性. 理论的无矛盾性也是数学追求的根本目标之一. 在数学发展史上的三次危机, 都与破坏数学理论的无矛盾性有关. 但每一次危机, 不但没有阻碍数学的发展, 而且使数学体系更加枝繁叶茂. 危机的探究和解决都创立了新的数学理论, 使新的数学理论无矛盾性, 推动数学的发展, 展示数学的和谐美.

4. 奇异美在数学中的表现形式

在数学中新奇的领域、新奇的问题、新奇的方法、新奇的结论, 也可以使人产生一种神秘莫测的美感, 人们也因此而特别喜欢了解数学、研究数学, 以便揭开神秘的面纱欣赏它.

例如, 周长相等的图形中, 以圆的面积为最大.

在数学发展史上, 中国人最早知道了勾股定理; 3, 4, 5 就是一组勾股数. 它满足 $3^2 + 4^2 = 5^2$. 于是人们就想, 还有没有其他的勾股数呢? 如果有, 有多少呢? 根据勾股定理, 问题就转化为求不定方程 $x^2 + y^2 = z^2$ 的正整数解的问题, 经过研究人们给出了下式: $x = a^2 - b^2, y = 2ab, z = a^2 + b^2$. 其中 a 与 b 一奇一偶, 由此得到了寻找勾股数的一般方法, 同时由此也可得不定方程 $x^2 + y^2 = z^2$ 的一切正整数解.

紧接着人们就想到不定方程 $x^3 + y^3 = z^3$ 的正整数解问题, 它是否有解? 如果有, 有多少? 到了 17 世纪, 法国数学家费马认为它没有正整数解, 并且认为, 不定方程 $x^n + y^n = z^n$ 在 $n \geqslant 3$ 时, 都没有正整数解. 费马说他已找到了这一结论的证明, 但是, 300 多年过去了, 没有人找到他的证明. 因此, 人们仅把这一结论叫作费马猜想, 也有叫 "费马最后定理" 的, 在我国一般叫费马大定理.

到了 18 世纪, 欧拉证明了 $n = 3, 4$ 时, 费马猜想成立.

到了 19 世纪, 德国数学家库默尔证明了 $n < 100$ 时, 费马猜想成立.

经过 300 多年历代数学家的不断努力, 剑桥大学的怀尔斯终于在 1995 年彻底解决了这一大难题. 人们在证明了不定方程 $x^3 + y^3 = z^3$ 无正整数解之后, 又猜测不定方程 $x_1^4 + x_2^4 + x_3^4 = x_4^4, \cdots, x_1^n + x_2^n + \cdots + x_{n-1}^n = x_n^n$ 也都是无正整数解. 在这个猜测之后差不多 200 年, 终于 1966 年有人发现了如下的等式: $27^5 + 84^5 + 110^5 + 133^5 = 144^5$. 人们惊奇地看到, 不定方程 $x_1^5 + x_2^5 + x_3^5 + x_4^5 = x_5^5$ 有正整数解. 但不定方程 $x_1^4 + x_2^4 + x_3^4 = x_4^4$ 是否有正整数解还是个谜. 后来, 终于发现了它也有正整数解, 且其最小正整数解为: $95800^4 + 217519^4 + 414560^4 = 422481^4$. 最后证明了当 $n \geqslant 4$ 时, 不定方程 $x_1^n + x_2^n + \cdots + x_{n-1}^n = x_n^n$ 有无穷多组正整数解. 这与 $n \geqslant 3$ 时, 不定方程 $x_1^n + x_2^n = x_3^n$ 无任何正整数解的结论相距甚远. 这真是一个意想不到的结论.

20 世纪 60 年代以来, 数学界的新成果与新思想竞相涌现. 如突变理论、模糊数学等都给予了数学不同风味的美感.

6.4.2 正整数与美

在数学发展史中, 正整数曾引起很多人的兴趣和喜爱, 而且是一个长盛不衰的论题, 其中闪耀着美的光芒.

1. 完美数

关于正整数的分解, 即分析一个正整数是几个正整数的乘积, 是人们很早就研究的问题. 在这一问题的研究中, 人们发现某些正整数有一些奇妙的性质, 这些性质引起了人们极大的兴趣.

例如, 现在要研究一个正整数 n 的所有因数之和的问题. 很显然, 一个正整数 n 是素数的充要条件是它的所有因数之和为 $n + 1$. 下面的一些数更有特点.

6 这个数的所有因数为 1, 2, 3, 6, 它们的和正好是 6 的 2 倍.

28 这个数也有这样的性质, 它的所有因数为 1, 2, 4, 7, 14, 28, 它们的和正好是 28 的 2 倍. 28 是第二个具有这种性质的正整数.

第三个具有这种性质的正整数是 496, 496 的所有因数为 1, 2, 4, 8, 16, 31, 62, 124, 248, 496, 它们的和正好是 496 的 2 倍.

第四个具有这种性质的正整数不像前面 3 个数找起来那样简单, 尽管如此, 人们在 1800 多年前就找到了这个数, 它就是 8128.

人们称具有这种性质的正整数为完美数, 即如果一个正整数 n 的所有因数之和为 $2n$, 则称这个正整数 n 为完美数, 上面 4 个数是人们在很久以前就知道的 4 个最小的完美数. 从中可以看出, 在 8000 多个正整数中仅有 4 个完美数.

第五个完美数于 1538 年找到, 这个数就是 33550336. 从发现第四个完美数到发现第五个完美数中间用了 1000 多年, 又过了 50 年, 人们才发现了第六个完美数: 8589869056. 到目前为止也仅发现了 50 多个完美数.

完美数是如此之稀罕, 寻找起来是如此之困难, 但还是有人去寻找, 寻找的动力并非来自实用, 因为到目前为止人们还没有发现完美数在现实生活中有什么特别的实用价值, 而是来自对美的追求, 这种数的大名足以说明这一点.

2. 默森数

在寻找完美数的过程中, 著名数学家欧几里得就已发现完美数可能是形如 $c_n = 2^{n-1}(2^n - 1)$ 的正整数. 显然, $c_2 = 6, c_3 = 28, c_5 = 496, c_7 = 8128$ 正好是最小的 4 个完美数, 由于 $c_8, c_9, c_{10}, c_{11}, c_{12}$ 都不是完美数, 因此, 寻找第五、第六个完美数就要困难一些. 第五、第六个完美数分别是 $c_{13} = 33550336, c_{17} = 8589869056$.

已知 $n = 2, 3, 5, 7, 13, 17$ 都是素数, 且 $2^2 - 1 = 3, 2^3 - 1 = 7, 2^5 - 1 = 31, 2^7 - 1 = 127, 2^{13} - 1 = 8191, 2^{17} - 1 = 131071$ 也都是素数, 这一现象欧几里得当时已经发现, 而且认为, 如果 n 和 $2^n - 1$ 同时是素数, 则 $c_n = 2^{n-1}(2^n - 1)$ 是完美数, 这一论断直到 18 世纪才被一位数学家证明.

这样, 形如 $M_n = 2^n - 1$ 的素数就与完美数的关系十分密切了. 只要确定了 M_n 是素数, 就比较容易确定相应的完美数了. 人们称形如 $M_n = 2^n - 1$ 的素数为默森数. 目前为止, 发现了一些默森数, 其中前 8 个默森数 M_n 的 $n = 2, 3, 5, 7, 13, 17, 19, 31$; 第 28 个默森数为 $M_n = 2^{86243} - 1$, 这已是一个非常大的数了, 写出来共有 2.5 万多位. 这样大的数, 要判断它是素数, 如果没有计算机的帮助是难以想象的.

默森数一直被人们研究着, 它的研究在代数编码等学科中有重要应用. 然而, 长久以来, 人们对默森数乃至整数的许多奇特性质的研究常常出自对自然美的追求, 并非出自应用的目的. 在这种追求中也闪耀着人类智慧的光芒, 体现着人生的价值.

6.4.3 无理数与美

无理数的发现导致了第一次数学危机, 打破了古希腊时数学观与哲学观的和谐与美感. 然而, 在其后的发展中, 无理数也放射出美的光芒.

1. 黄金分割

正五边形对角线长与边长之比为 $\frac{\sqrt{5}+1}{2}$, 而边长与对角线长之比为 $\frac{\sqrt{5}-1}{2}$, 这两个数正好是方程 $x^2 + x - 1 = 0$ 的两个根的绝对值. 因此, $\frac{\sqrt{5}-1}{2}$ 是代数无理数而不是超越无理数, 对此稍加解释.

若一个无理数是某个有理系数多项式的零点, 则称该无理数为代数无理数; 若一个无理数不是任何有理系数多项式的零点, 则称该无理数为超越无理数. 例如 π

是超越无理数.

什么叫黄金分割, 它和 $\dfrac{\sqrt{5}-1}{2}$ 又有什么联系呢? 给定线段 AB, 若点 C 分割了线段 AB, 且分割后的两段正好满足 $\dfrac{小段}{大段} = \dfrac{大段}{全段}$, 则称点 C 为黄金分割. 假设 $AB = 1$, $AC = x$, 则 $\dfrac{x}{1-x} = \dfrac{1}{x}$, 即 $x^2 + x - 1 = 0$, 从而 $x = \dfrac{\sqrt{5}-1}{2}$, 这也就是 A 点到 C 点距离. $\dfrac{\sqrt{5}-1}{2}$ 的近似值是 0.618, 它是一个有理数. 人们在实际应用中, 常采用有理近似的方法, 对于实际问题来说, 采用近似值 0.618 已有很高的精度, 在这种意义下, 也可以说 0.618 是黄金分割点.

在自然界里经常也可以看到黄金比. 例如, 人的肚脐是人体长的黄金分割点, 膝盖又是人体肚脐以下部分体长的黄金分割点. 正因为黄金比体现了和谐与美感, 因此, 在建筑设计、绘画艺术、外科整形等中经常利用黄金比.

2. e 与 π

e 与 π 都是超越无理数. 虽然人们很久以前就知道这两个数, 但证明它们是超越无理数才不过一二百年的历史. π 是与几何联系在一起, 而 e 是与某种数量增相联系, 例如, 短期内生物的繁殖、存款本息的增长等. 然而 π 与 e 之间却有美妙的联系, $e^{i\pi} + 1 = 0$. 在这里, $i = \sqrt{-1}$ 来源于代数 (是虚数的基本单位), π 来源于几何, e 可以说是来源于分析, 0 是唯一的中性数, 1 是实数的基本单位, 这 5 个数看似互不相干, 然而它们却如此和谐美妙地统一在一个式子中, 这是数学美的体现. 在高等数学中可以证明 $\cos\theta + i\sin\theta = e^{i\theta}$. 显然, 只要取 $\theta = \pi$, 便可得到上面和谐美妙的表达式 $e^{i\pi} + 1 = 0$.

上面这种不同量之间联系的思想的进一步发展, 就是研究不同现象、不同事物之间的内在联系及共同规律, 所使用的方法就是应用集合论, 建立不同集合之间的某种一一对应关系, 通过这种一一对应关系研究不同现象、不同事物之间的内在联系及共同规律, 这种思想方法在代数、几何等领域又得到许多重要发展, 可以使人们由对某一领域规律的研究去推断另一领域类似规律的存在. 这正是很多看来似乎毫无关系的事物之间和谐奇妙联系被发现的原因所在.

6.4.4 无限世界中的数学美

有的数学家认为, 数学是关于无限的科学. 这与一般人的感觉不同, 一般人的感觉是有限的, 因为一般人生活在有限的世界里, 例如, 土地是有限的; 人口是有限的; 生命是有限的; 财富是有限的 …… 所以, 很少人有关于无限的真实感, 但也有人在有限的世界里感觉到无限世界, 例如, 古希腊人认为一条线段是由无限多个点组成的; 又如中国古代就有 "一尺之棰, 日取其半, 万世不竭" 之说. 事实上, 无限的东西也并不难把握. 例如, 要问正整数有多少个? 回答是无限多个, 通常可以用反证法来证明这一结论. 如果说正整数仅有有限多个, 不妨设有 n 个; 那么除了 1, 2, 3, $\cdots$, n 外, $n+1$ 又是一个正整数. 因此, 正整数不可能仅有有限多个.

数学问题不仅涉及无限的存在性, 而且还要对无限进行深入的研究. 例如, 如何比较两个无限集中元素个数的多少? 如何研究有限和无限的关系?

1. 无限集中元素个数的描述

正整数集 $\{1, 2, \cdots, n, \cdots\}$ 是无限集, 正偶数集 $\{2, 4, \cdots, 2n, \cdots\}$ 也是无限集, 人们要问这两个无限集中元素个数的关系.

正偶数集是正整数集的真子集, 当然是后者个数多吗? 这在有限集的情形下, 回答是肯定的. 但在无限集的情形下, 回答就不一定了. 原因在于, 当从正整数集中去掉 1 时, 就从正偶数集中去掉 2; 一般来说, 当从正整数集中去掉 n 时, 就从正偶数集中去掉 $2n$. 按照这种方法进行比较, 就可知道正偶数集中元素的个数并不比正整数集中元素的个数少. 伽利略就是按照这种思想方法知道了平方数集 $\{1, 4, 9, \cdots, n^2, \cdots\}$ 的元素个数并不比正整数集的少.

上面的做法实际上是在两个集之间建立了一一对应关系. 例如, 正整数集与正偶数集之间的一一对应关系为 $M(n) = 2n$; 正整数集与平方数集之间的一一对应关系是 $M(n) = n^2$.

尽管已有例子说明一个集合的真子集的元素个数并不比这个集合的元素个数少, 但是, 在有理数集与正整数集的元素个数的比较中, 最初人们猜测, 正整数集的元素个数比有理数集的元素个数少得多, 原因在于正整数集在数轴上相应的点是稀疏的, 而有理数集在数轴上相应的点是密密麻麻的.

当时人们证明正整数集的元素个数比有理数集的元素个数少的想法是: 只要证明任何对应关系都不可能成为这两个集合之间的一一对应. 遗憾的是, 一直都找不出这种证明.

于是, 人们就反思, 去寻找它们之间的某种一一对应关系. 正整数集有一个特性叫可数性, 即它的元素可以一个一个地数出来, 不重复也不遗漏. 其他任何一个可数的集合必定与正整数集之间能建立一一对应的关系. 因此, 任何一个可数集的元素个数与正整数集的元素个数相等. 现在的问题在于, 有理数集可数吗?

由于有理数的特点, 不可能按大小顺序数有理数. 那么如何来数有理数呢? 人们经过分析想出了如下的方法.

对每个既约的正有理数 $\frac{q}{p}$, 称 $p+q$ 为它的高. 这样, 高为 2 的有理数只有 1, 即 $\frac{1}{1}$; 高为 3 的有理数只有两个: $\frac{1}{2}, \frac{2}{1}$; 高为 4 的有理数也只有两个: $\frac{1}{3}, \frac{3}{1}$; 高为 5 的有理数也只有四个: $\frac{1}{4}, \frac{4}{1}, \frac{2}{3}, \frac{3}{2}; \cdots$; 任何高度的有理数都只有有限个. 这一特点

就保证了按高度从小到大把所有有理数无遗漏、无重复地数出来. 由此, 人们发现了一个令人惊喜的未曾预料到的结果: 有理数集的元素个数与正整数集的元素个数相等.

显然, 从任何一个无限集中都可以取出一个可数的无限子集来, 这表明正整数集是元素个数最小的无限集, 同时也说明似乎元素个数多得多的有理数集, 其元素个数在无限集中也是最小的.

接着, 又出现了新问题: 在无限集中是否存在比正整数集元素个数更多的集合. 否则, 整个无限集的元素个数就无多少可言了.

事实上, 集合论的创始人当初就猜测, 整个实数集的元素个数也与正整数集的元素个数一样多.

要证明上述猜测是正确的, 就要证明实数是可数的. 由于 $y = \dfrac{x}{1-x}$ 建立了 $(0, 1)$ 与 $(0, +\infty)$ 之间的一一对应关系, 所以, $(0, 1)$ 区间与 $(0, +\infty)$ 的元素个数一样多. 因此, 只要证明 $(0, 1)$ 可数.

若 $(0, 1)$ 可数, 则 $(0, 1)$ 中的全体实数可写成 $a_1, a_2, \cdots, a_n, \cdots$. 由于 $(0, 1)$ 中的数都可以表示成无穷小数, 所以有

$$a_1 = 0.a_{11}a_{12}\cdots a_{1n}\cdots; \quad a_2 = 0.a_{21}a_{22}\cdots a_{2n}\cdots; \quad \cdots;$$

$$a_n = 0.a_{n1}a_{n2}\cdots a_{nn}\cdots; \quad \cdots$$

但可以构造下面的一个数 b, $b \in (0, 1)$, 而 $b \neq a_n (n = 1, 2, \cdots)$. 事实上, 当 $a_{11} > 5$ 时, 取 $b_{11} = a_{11} - 1$; 当 $a_{11} \leqslant 5$ 时, 取 $b_{11} = a_{11} + 1$; 对 a_{22} 也同样处理, 得到 b_{22}; 依次得到 $b_{33}, \cdots, b_{nn}, \cdots$. 这时取 $b = 0.b_{11}b_{22}\cdots b_{nn}\cdots$ 即可.

上面的证明实际上说明了 $(0, 1)$ 中的全体实数是不可数的. 从而实数集中元素的个数比正整数集中元素的个数要多, 确实在正整数集外还有更大的无限集. 这是一个令人振奋的发现, 是集合论发展史上具有里程碑意义的关键步骤之一. 进一步的结论是: 任何集合以其一切子集作元素构成的集类 (称其为该集的幂集), 其元素个数比原集合的元素个数要多. 由此可以知道: 在无限世界里不仅有元素个数更多的集合, 而且可以一直多下去, 不存在元素个数最多的集合. 这已足以使我们感受到一个灿烂美丽的无限世界. 这也是人类认识史上的一次重大飞跃.

2. 如何研究有限和无限的关系

关于有限和无限的关系问题的研究既要讨论二者的区别又要讨论二者的联系.

1) 区别

无限世界里的事物常常表现出与有限世界里的事物不同的性质特点. 从前面的讨论中我们知道, 每个无限集都可以讨论它的元素个数, 这种数已是无限数了. 若记正整数集的元素个数为 a, 实数集的元素个数为 c, 则有下面的结果:

① $a + a = a$, 即 $2a = a$; ② $a + a + \cdots + a + \cdots = a$, 即 $a^2 = a$;

③ $c - a = c$; ④ $c + c = c$, 即 $2c = c$; ⑤ $c + c + \cdots + c + \cdots = c$;

等等. 还可以写出许多. 这些性质在有限世界里一般是看不到的. 它表现出了无限世界中的美丽风景.

2) 联系

数学十分严密地研究着有限和无限的联系, 这种研究工作大大地提高了人类认识无限的能力, 体现了人类的智慧思想.

第一, 极限方法: 人类在认识无限的过程中创立了极限的理论和方法, 通过极限从有限过渡到无限. 例如, 要求 $\sum\limits_{n=0}^{\infty} \dfrac{1}{2^n}$, 先求 $\sum\limits_{i=0}^{n} \dfrac{1}{2^i} = 2\left(1 - \dfrac{1}{2^{n+1}}\right)$, 再利用极限, 有

$$2 = \lim_{n \to +\infty} \sum_{i=0}^{n} \frac{1}{2^i} = \sum_{n=0}^{\infty} \frac{1}{2^n}$$

第二, 数学归纳法: 数学归纳法也是人们通过有限去认识研究无限的重要方法之一. 其含义是: 若一个命题 P 与正整数 k 有关, 即 $P = P(k)$ 且 $P(k)$ 满足:

(1) 当 $k = 1$ 时, $P(1)$ 为真;

(2) 假设 $k = n$ 时, $P(n)$ 为真, 则当 $k = n + 1$ 时, $P(n+1)$ 也为真.

那么对于所有正整数 k, $P(k)$ 都为真.

例如证明: $\dfrac{1}{2} + \dfrac{1}{2^2} + \cdots + \dfrac{1}{2^k} = 1 - \dfrac{1}{2^k}$. 此命题由等式表达, 要证的是此等式对于所有的正整数均成立.

(1) 当 $k = 1$ 时, 等式成立;

(2) 假设等式对于 $k = n$ 成立, 即

$$\frac{1}{2} + \frac{1}{2^2} + \cdots + \frac{1}{2^n} = 1 - \frac{1}{2^n}$$

则当 $k = n + 1$ 时, 有 $\dfrac{1}{2} + \dfrac{1}{2^2} + \cdots + \dfrac{1}{2^n} + \dfrac{1}{2^{n+1}} = 1 - \dfrac{1}{2^n} + \dfrac{1}{2^{n+1}} = 1 - \dfrac{1}{2^{n+1}}$, 即等式成立, 故等式对所有正整数成立.

6.4.5　数学方法的优美性

数学方法在数学乃至其他一些相关学科的发展中起着十分重要的作用, 其中也闪耀着美的光彩. 数学方法的优美性主要表现在达到目的的方法的精确美、转化问题方法的奇妙美等. 这里仅举两例来说明这一问题.

1. 抽象方法的优美性

先看下面问题: 在一条河中有两个小岛 A 和 B, 连接这两岛与两岸 C, D 的共有 7 座桥, 如图 6.2 所示, 问: 能否从某地出发, 走过所有的桥, 但每座桥只经过

一次?

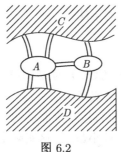

图 6.2

这就是古老的七桥问题 (也称为哥尼斯堡七桥问题). 这个问题提出后, 很多人对此很感兴趣, 纷纷进行试验, 但在相当长的时间里, 始终不能解决. 18 世纪 (公元 1737 年) 俄国科学院院士欧拉参与该问题的研究, 当时他三十岁. 欧拉心里想, 先从桥上走一下看吧. 欧拉连试了好几种走法都不行, 他算了一下, 走法很多, 共 $7! = 5040$(种). 看来, 试走的方法行不通, 得想别的方法.

聪明的欧拉终于想出了一个奇妙的办法, 把岛的大小、形状, 两岸面积的大小全部略去, 把桥的长短、曲直、宽窄等也全不考虑, 保留了最本质的东西, 把七桥问题经过抽象变成了另一个图, 如图 6.3 所示. 在这个图中只有 4 个点和 7 条线, 这样, 原来的七桥问题, 就转化为"一笔画"问题, 即能不能一笔不重复地画出图 6.3.

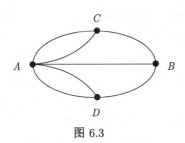

图 6.3

欧拉集中精力研究了这个图形, 发现中间每经过一点, 总有画到那一点的一条线和从那一点画出来的一条线. 这就是说, 除起点和终点外, 经过中间各点的线必然是偶数. 由于图 6.3 为一个封闭曲线, 因此, 经过所有点的曲线都必须是偶数才行. 而这个图中, 经过 A 点的有 5 条线, 经过 B, C, D 三点的线都是三条, 没有一个是偶数. 这说明, 无论从哪一点出发, 最后总有一条线没有画到, 也就是有一座桥没有走到. 欧拉终于证明了, 不可能一次性不重复地走过七座桥.

七桥问题的解决是图论史上的一项重要工作, 由此引发了网络理论的研究, 并被认为是拓扑学产生的萌芽.

从七桥问题的解决, 不仅可以看到抽象方法所显示出的威力, 而且可以看到数学方法的优美性. 抽象方法并不是一个具体的数学方法, 但是要想感受到数学方法的美妙, 就不能不体会数学抽象的手法.

2. 反证法的优美性

反证法是数学中常用的一种方法, 反证法的第一步就是假定结论不成立, 然后通过推导得出矛盾, 从而说明结论成立.

(1) 证明 $\sqrt{2}$ 为无理数. 如果直接从正面证明 $\sqrt{2}$ 是无理数, 则要通过对 2 开方, 计算它确实是一个无限不循环小数, 但这实际上是不可能做到的, 因为开方计算只能算到小数点有限位, 不可能算到无限. 如果用反证法, 从 "反面" 来证明, 情况就不同了. 古希腊人就是用反证法来证明的.

假设 $\sqrt{2}$ 不是无理数, 即 $\sqrt{2}$ 是有理数, 则它可表示为既约分数 $\dfrac{p}{q}$, 即 $\sqrt{2} = \dfrac{p}{q}$. 两边平方, 有 $p^2 = 2q^2$. 可见 p 必为一偶数, 设 $p = 2n$, n 为正整数, 则 $2q^2 = 4n^2$. 这样 $q^2 = 2n^2$, 从而 q 也是偶数, 因此 p, q 都是偶数, 这与 $\dfrac{p}{q}$ 是既约的假设相矛盾.

(2) 抽屉原理及应用.

设有 10 个球, 装在 3 个抽屉里, 则至少有一个抽屉装有 4 个或 4 个以上的球. 这是一个具体的抽屉原理问题, 看似简单, 却很有用.

这个原理很容易应用反证法证明.

假设三个抽屉的球都不超过 3 个球, 则所有的球加起来就不超过 9 个. 这与共有 10 个球相矛盾, 故至少有一个抽屉装有 4 个或 4 个以上的球.

利用抽屉原理, 不难证明下面的一个命题:

在任意的 6 个人中, 一定可以找到 3 个互相认识的人, 或 3 个互不认识的人.

现在, 我们给 6 个人依次编号 1, 2, 3, 4, 5, 6, 以 6 号为基准, 将 1, 2, 3, 4, 5 号, 这 5 个人分在两个办公室, 一个是 "与 6 号相识" 的, 另一个是 "与 6 号不相识" 的. 根据抽屉原理, 这两个办公室中至少有一个有 3 个或 3 个以上的人.

如果 "与 6 号相识" 的办公室有 3 个人, 不妨设是 1, 2, 3, 4, 5 号中的 1, 2, 3 号, 这时, 假若 1, 2, 3 号 3 人互不相识, 那么答案已经成立; 假若 1, 2, 3 号中至少有两人相识, 例如 1, 2 号相识, 再加上他们都与 6 号相识, 因此 1, 2, 6 号 3 人便是互相认识的 3 人. 这也说明答案成立.

如果 "与 6 号不相识" 的办公室有 3 个人, 仍不妨设是 1, 2, 3, 4, 5 号中的 1, 2, 3 号, 这时, 假若 1, 2, 3 号, 3 人互相认识那么答案已经成立; 假若 1, 2, 3 号中至少有 2 个人不相识, 例如, 1, 2 号不相识, 而他们又都与 6 号不相识, 这样, 1, 2, 6 号 3 人就是互不相识的 3 人. 于是命题成立.

我们用反证法很容易证明简单的抽屉原理, 利用抽屉原理又可以论证一些奇妙的现象. 在这里反证法使我们感受到数学方法的精美.

对于反证法的使用也有不同的看法. 因为反证法要以排中律为前提, 例如, 若把所有实数划分为两类数, 即有理数和无理数, 则一个实数要么是有理数, 要么是无理数, 没有其他"中间"形状. $\sqrt{2}$ 为无理数的证明就利用了排中律. 但是, 排中律是否具有普遍意义呢? 这确实是值得深思的, 尤其是在日常生活中运用时要特别注意. 事实上, 我们已经看到在模糊现象中, 排中律不成立.

第7章 数学与其他人文社会科学

数学在人文社会科学中有广泛的应用, 人文社会科学中的一些学科由于应用了数学而得到了巨大的发展, 同时也推动了数学的发展. 本章简要讨论数学与语言、文学、艺术、法学、保险学等的关系, 以及如何应用数学方法研究这些学科中的问题.

7.1 数学与语言

有位数学家预言: "只要文明不断进步, 在下一个两千年里, 人类思想中压倒一切的新事物, 将是数学理智的统治." 数学在过去的两千年里所表现出来的深刻性、有效性和普遍性以及由此而在人类文明史上显示出来的巨大作用, 使人们对其未来有更乐观的估计. 本节讨论数学与语言的关系、如何应用数学方法研究语言的有关问题、计算风格学及进一步的关联, 由此可以看出数学作为文化的意义.

7.1.1 数学语言与一般语言的关系

1. 数学语言与一般语言的共性

数学语言与一般语言有共同之处, 它们都是由符号组成的, 只是符号不同而已; 这些符号均按照一定的法则组合起来; 它们都用以表达思想、观念; 它们都有一定的形成和发展的过程, 且继续发展变化着, 只是影响发展的因素不同、变化的性质不同; 它们都是人类文明进步的象征之一, 又都支撑着文明的发展 ……. 一般语言与数学语言几乎是所有学生都必须修读的两门最重要的课程 (虽然并非都出于语言学的目的). 语言不仅是思维的工具, 而且是思维的产物, 同时语言又反作用于思维, 使思维更健康、更活泼. 语言的巧妙运用需要智慧, 同时, 在语言的运用过程中也使人更富于智慧.

对数学语言的理解必须以对一般语言的理解为基础, 一般语言的基础不好, 将很难掌握数学语言. 一个一般语言水平很高的人也不一定能掌握好数学语言, 它们毕竟有差别.

2. 数学语言与一般语言的区别

(1) 一般语言与学科的专业语言一般都有区别, 在一般语言上没有什么困难的情况下, 在专业语言上可能有困难. 这种困难不一定来自语言本身, 而往往来自专业. 数学语言更有其特殊性. 不了解数学的内容和本质, 无法把握数学语言; 反过来, 不掌握数学语言, 也难以理解数学内容.

(2) 通常讲"语言学", 对于我们来说是指汉语语言学, 日常交谈中把"汉语"两字略掉了. 如果我们谈"英语语言学", "英语"两字就不能省掉. 这与语言环境有关. "语言学"可指一般语言学, 包括汉语语言学、日语语言学、英语语言学、俄语语言学, 等等, 却并不含"数学语言"或"数学语言学". 数学语言是指这一学科特有的语言.

(3) 一般语言具有民族性、地区性, 但数学语言在全世界是高度统一的.

语言与民族文化有极密切的联系. 不同地区的语言差别可以很大, 这种差别主要指符号及法则体系的不同. 试比较汉语与英语, 就可以知道二者在写法、读法、语法都有很大差别. 至于书面语言完全相同而发音差别较大的情形更多, 如在汉语中, 北京话与广东话差别较大. 即使不考虑这种情形, 全世界因为地区的不同、民族的不同就有 2500—3000 种语言. 以汉语为母语的人最多, 约占世界人口的 20%; 其次是英语, 约占 6%.

数学语言没有民族性、地区性. 全世界的数学语言只有一种. 数学中所使用的语言符号 $(a+b)^2 = a^2 + 2ab + b^2$, 全世界的中学生都认识, 同一种书写、同一个含义 (当然读音一般不同).

当然, 数学语言在全世界的高度统一是近代的事, 也有其发展过程. 今天全世界所使用的 1, 2, 3, 4, 5, 6, 7, 8, 9 是由印度人发明的, 大约是在公元 2 世纪至 8 世纪之间形成的, 而 0 则出现较晚, 一说出现在 6 世纪, 另一说是出现在 9 世纪. 说起 0, 人们围绕着"它是被发明的还是被发现的"这个问题, 颇有一番争议. 说是被发明的, 有道理, 世上本无一个什么 0, 难道不是被发明的吗? 说是被发现的, 也有道理, 一万零六怎么写? 没有 0 这个符号几乎没有办法写出. 0 有十分丰富的含义, 说这些含义是被发现的, 这一点没有疑问. 至少可以说, 先有了这个发现, 才能有这个符号的发明.

我们已经知道, 现在通用的数字符号表示是印度人发明的, 而后经由阿拉伯人于 12 世纪传入欧洲, 被欧洲人称为阿拉伯数字. 但这是印度人对人类文明的一大贡献, 这也是不争的事实. 从各民族使用各种不同的数字符号到最终都共同选择了印度人发明的符号这一事实, 可以做出回答; 从它的有效性以及它几乎在每一个人的生活旁边这一事实可以做出答案; 从这一统一所带来的其他众多好处, 也可以做出答案.

尽管还有其他一些原因, 世界在基本数字符号上的统一无疑是促成数学语言统一性的重要原因之一.

(4) 数学语言与一般语言比较, 还有简洁性、明晰性、无歧义性等特点.

第一, 简洁性: 主要体现数学语言比一般语言更精练. 例如, $[a, b]$ 要用一般语言表示就比较长了. 第二, 明晰性: 主要指数学语言能更好地体现思维经济性, 它使数学思维流畅、迅捷和便于创造. 第三, 无歧义性: 在一个具备相容性的数学系统内, 符号的正确使用是不会引起歧义的. 当然数学的相容性也有其发展过程, 在一些分支还出现过悖论以及为消除悖论作出过巨大努力, 使得数学语言达到了今天这样协调、这样无歧义的境地.

一般语言学能否做到像数学一样消除悖论呢？语言学家将语言分为自然语言学和逻辑语言学. 逻辑语言学可做到无歧义性, 而自然语言学做不到这一点. 逻辑语言学的创始人朗斯基认为, 对自然语言的语义进行严格处理是不可能的, 并认为若要消除语义悖论必须区别语言的层次.

3. 一般语言与数学语言的联系

研究一般语言与数学语言的联系的主要目的在于应用数学方法研究语言学中的问题.

(1) 语言符号的随机性. 语言符号在一部著作中, 或某人的全部著作中, 或某类著作中, 出现和分布的规律不是完全确定的, 具有随机性. 一个人的日常语言也有类似的特点. 因此, 对人们表达的特性进行分析, 统计数学将起作用, 这使得语言和统计学发生了联系.

(2) 语言符号的冗余性. 语言符号之间是彼此关联、彼此制约的, 这使得我们可以根据前面符号的关系来判断有关语言符号的性能. 在语言使用时, 所说出或听到的任何一句话中, 其语言成分之间是前后联系、彼此影响的. 因此, 若把话语中的一个单独的语言符号出现的试验作为一个随机试验来研究的话, 其结局可以视为一系列具有不同随机试验结局的链中之一环. 这样, 就可以把语言的使用视为一个随机过程, 而这样的随机过程可以用信息论的方法加以研究.

(3) 语言符号的离散性. 语言符号与符号之间虽有关联, 但它又是由一些离散的单元组成的, 因而具有离散性. 这使得语言可以借助于集合论模型来进行研究.

(4) 语言符号的递归性. 语言符号可以通过反复地使用有限的规则而构成无限的句子. 具有递归性. 例如, 我知道小王不知道这件事 ⟶ 我知道小张知道小王不知道这件事 ⟶ 我知道小李知道小张知道小王不知道这件事 ⟶ 我知道小陈不知道小李知道小张知道小王不知道这件事 ⟶ …… 可以无限地叠套下去. 这就是语言的递归性. 人们分析了这些叠套的不同结构, 这样就有了生成语言的公理化方法.

(5) 语言符号的层次性. "甲在乙先走"这个句子可产生歧义, "甲在, 乙先走"与"甲在乙先, 走", 意思完全相反. 这种层次使语言符号的演变规律可借助于图论.

(6) 语言符号的模糊性使得语言与模糊数学发生了联系.

(7) 语言符号的非单元性使得语言与数理逻辑的演算方法发生了联系.

7.1.2 应用数学方法研究语言

数学与语言的联系使我们有可能利用数学方法来研究语言. 运用数学方法研究语言, 包括对字频, 词频的研究, 对语音的研究, 对方言的研究, 对写作风格的研究等. 另一方面, 可从所运用的数学方法门类的不同而分别称为代数语言学、统计语言学、应用数理语言学等. 这里主要讨论运用统计方法研究字频.

清朝, 陈廷敬等编著的《康熙字典》, 收字 47043 个.

1971 年, 张其昀主编的《中文大辞典》, 收字 49888 个.

最新分册出版的《汉语大字典》, 收字 56000 个.

可以看到, 随着时间的推移, 字典所收汉字越来越多, 形成了庞大的字符集合. 面对如此庞大的字符集合, 必须回答的一些问题是：哪些字是最基本的、常用的、通用的? 识字量的大小与阅读能力的关系如何? 显然解决这些问题对语言教学有重要意义. 回答以上问题的基础工作是进行汉字频率 (简称字频) 统计.

1. 常用字的统计工作

我国最早进行的字频统计是由著名教育家陈鹤琴主持的. 1928 年出版的《语体文应用字汇》中反映了陈鹤琴的成果. 他的第一次统计包括了 554478 个汉字的语料, 其不同的汉字共 4261 个. 陈鹤琴所用语料包含了以下 6 类：儿童用书 (127293 个字)、报刊 (153344 个字)、妇女杂志 (90142 个字)、小学生课外作品 (51807 个字)、古今小说 (71267 个字)、杂类 (60625 个字). 在《语体文应用字汇》书末附有 "字数次数对照表", 即按各汉字出现的绝对频率排列的表. 这种频率大小之不同就表明在数以万计的汉字中, 各个字用途大小的不同, 频率越高的字表明其通用性越强.

1946 年, 四川省教育科学院根据陈鹤琴的研究和杜佑周、蒋成堃的《儿童与成人常用字汇之调查及比较》, 选出最常用的字 2000 个, 编成《常用字选》.

1974 年 8 月, 中国科学院、新华通讯社、原四机部、一机部等联名申请 "汉字信息处理系统工程", 原国家计划委员会批准了这一被称为 "748 工程" 的项目. 该工程花两年时间, 把从各单位收集来的共三亿多字的出版物, 分成科学技术、文学艺术、政治理论、新闻通信四类, 并从中选出 86 本著作、104 本期刊、7075 篇论文, 合计 21657039 个字, 作为统计研究的样本, 对四类语料分别进行频率统计, 最后汇总成一份综合资料, 从这 21657039 个汉字样本中, 统计出不同的汉字 6347 个, 编成了汉字频度表. 但这一工作竟是用手工做的, 除了工作量大外, 还容易出错.

我国 1977 年开始用电子计算机进行语言研究, 是从原北京航空学院计算机科学工程系开始的.

1) 原北京航空学院计算机科学工程系的研究方法及结果

他们根据 1977—1982 年出版的社会科学和自然科学文献 138000000 个字的语料, 抽样 11873029 个字进行统计, 语料来源包括报纸、期刊、教材、专著、通俗读物等. 抽样语料分为社会科学、自然科学两大类, 每大类又各分为 5 个科目.

社会科学的 5 个科目: ① 社会生活, 包括服装、食谱、旅游、集邮等, 所抽取语料的含字量为 577024 个汉字, 其中不同汉字为 4210 个. ② 人文科学, 包括历史、哲学、心理学、教育学、美学、社会学等, 所抽取语料的含字量为 131694 个汉字, 其中不同汉字为 5402 个. ③ 政治经济, 包括财贸、统计、管理等, 所抽取之语料含字 1644659 个, 其中不同汉字为 4889 个. ④ 新闻报道, 包括报纸、杂志上的各种新闻, 所抽取的语料含字 1798467 个, 其中不同汉字为 4913 个. ⑤ 文学艺术, 包括小说、散文、戏剧、说唱文学等, 所抽取之语料含字 2953903 个, 其中不同汉字 6501 个.

自然科学的 5 个科目: ① 建筑运输邮电, 所抽取之语料含字 264408 个, 其中不同汉字为 3010 个. ② 农林牧副渔, 所抽取之语料共含字 552761 个, 其中不同汉字为 3688 个. ③ 轻工业, 包括电子、日用化工、塑料、食品、纺织等, 所抽取之语料含字 901003 个, 其中不同汉字为 4502 个. ④ 重工业, 包括矿山、冶金、机械、能源等, 所抽取的语料共含字 684376 个, 其中不同汉字为 3916 个. ⑤ 基础科学, 包括数学、物理、化学、生物、地理、天文等, 所抽取的语料共含字 1179764 个, 其中不同汉字为 4426 个.

以上研究于 1985 年完成. 这一研究工作不仅为现代汉字的定量分析提供了有用的数据, 而且对于汉语言文学教学、汉字的机械处理和信息处理的研究也有重要参考价值. 这些研究也只在近几十年才有可能.

2) 原北京语言学院的研究结果

原北京语言学院曾对十年制语文课本做了统计研究, 并在此基础上制定了《按出现次数多少排列的常用汉字表》(以下简称《字表》). 语料总数为 520934 个字. 按出现频度由高至低排列, 排前的 100 个字出现的次数共 230946, 占总语料量 520934 的 44.33%; 前 1000 个字出现的次数为 409305, 占总量的 78.57%. 这样在语文教学中, 最先应让学生学的 100 个字是哪些, 1000 个字是哪些, 就比较好确定了 (不可能完全按出现频率的高低来确定, 还会考虑其他一些因素, 其中字频肯定是考虑的重要因素之一). 这也就有利于加快识字速度, 提高阅读能力, 提高教学质量.

3) 实际编制汉字表时应考虑的因素

实际编制汉字表时主要考虑如下 4 方面的因素:

① 根据其出现频率, 优先选取出现频率较高的字; ② 在出现频率相同的情况下, 选取学科分布广的 (即多学科中出现的) 和使用度高的字 (关于使用度, 另有计算方法); ③ 根据汉字的构词和构字能力, 选取构词和构字能力较强的字; ④ 根据汉字的其他使用情况进一步斟酌取舍 (例如有的汉字在书面语言中较少出现, 却在日常用语中较多出现, 对于这样的字也需适当选取).

根据统计研究以及以上四个方面的综合考虑, 编制出了《现代汉语常用字表》, 总共 3500 个字, 其中常用字 2500 个、次常用字 1000 个.

4) 山西大学计算科学系的研究结果

山西大学计算科学系又抽样 2011076 个字的语料, 对常用字表进行检验. 其结果如下: ① 在 2011076 个字的语料中, 不同汉字为 5141 个, 在 5141 个字中含《字表》中 3500 个字的 3464 个, 覆盖率高达 98.97%. ② 在 3464 个不同汉字中, 含《字表》中 2500 个常用字的 2499 个, 覆盖率达 99.96%. ③ 在 3464 个不同汉字中, 含《字表》中 1000 个次常用字的 965 个, 覆盖率达 96.5%.

这一检验结果进一步表明《现代汉语常用字表》的收字是合理的、实用的.

1988 年, 国家语言文字工作委员会和新闻出版署联合发布了《现代汉语通用字表》, 共收汉字 7000 个.

以上的研究及有关的工作, 可以回答的问题是: 认识了多少汉字可达到何种程度的阅读能力? 反之, 要达到某种程度的阅读能力, 需要至少识多少字? 对于后一问题, 我国学者也进行过研究.

2. 阅读能力与识字多少的关系的研究方法

首先按字出现的频率大小排号 (称为序号)1, 2, $\cdots$, i, $\cdots$, 序号为 1 的字频率记为 p_1, 序号为 2 的字频率记为 p_2, $\cdots$, 序号为 i 的字频率记为 p_i, $\cdots$. 显然有 $\sum_{i=1}^{\infty} p_i = 1$. 实际上, 从某个 n 之后, $p_i = 0$, 或 $p_{n+1} = p_{n+2} = \cdots = 0$. 或者说, 前 n 个 p_i 的累计和为 $\sum_{i=1}^{n} p_i = 1$. 如果要求读某一类 (如政治类) 的作品时, 90% 的字能认识, 那么可求 m, 使 $\sum_{i=1}^{m} p_i \geqslant 0.9$. 研究结果表明, 就政治类作品而言, $m = 650$; 就文艺类而言, $m = 860$. 若要能认识 99% 的字, 那么, 对于政治类, $m = 1790$; 对于文艺类, $m = 2180$. 由此可构成表 7.1. 由表 7.1 可以看出, 累计和大于 0.9 的阅读综合类书刊所需认识的字最多, 其次是科技类的.

表 7.1

频率累计和 $\sum_{i=1}^{m} p_i$	作品类别 (m 值)				
	政治	文艺	新闻	科技	综合
0.50	102	96	132	169	163
0.90	650	860	780	900	950
0.99	1790	2180	2080	2250	2400
0.999	2966	3204	3402	3710	3804
0.9999	3917	3808	4575	5116	5265
1.0000	4356	3965	5084	5711	6399

此外还可看出, 大约掌握了 1000 个常用汉字后, 一般作品的 90% 能看懂 (只

在识字的意义上); 大约掌握了 2500 个常用汉字之后, 一般作品的 99% 能看懂. 而掌握了约 6000 个汉字的人则可称为 "活字典" 了.

7.1.3　计算风格学及进一步的关联

1. 计算风格学

计算风格学就是运用统计分析的方法研究文学作品的语体风格.

中国文学史上,《红楼梦》占有独特地位, 亦属世界名著. 在红学研究中, 最重要的问题之一是关于此书作者的研究. 我国学者曾利用计算机对《红楼梦》每回分别列出了累计频率和序号关系, 发现在累计频率和序号的关系中, 前 80 回与后 40 回有明显的差异. 通过这种定量研究, 人们有充足理由断言:《红楼梦》出自两位不同风格的作家之手.

武汉大学语言自动处理研究组也曾利用计算机对 6 位现代作家 (巴金、茅盾、郭沫若、赵树理、老舍、夏衍) 的 12 部作品进行过统计分析, 研究他们的语体风格.

1) 语体风格

语体风格是人们在语言表达活动中的个人言语特征, 是人格在语言活动中的某种体现. 这种风格可在一定程度上通过数量特征来刻画. 例如, 句长和词长可以代表人们造词句的风格. 句长是句子中的单词数, 词长是词中的音节数. 反映作者风格的不是单个句子的句长和单个词的词长, 而是以一定数量的语料为基础的平均句长和平均词长. 平均句长即语料中单词总数与句子总数之比. 公式 $M_s = L_s/N_s$ 表示平均句长, 其中 L_s 代表语料中单词总数, N_s 代表语料中句子总数. 公式 $M_w = L_w/N_w$ 则表示平均词长, 其中 L_w 代表语料中音节总数, N_w 代表语料中单词总数. 由于 $L_s = N_w$, 所以 $L_w = M_w N_s M_s$. 通过计算书面语言的平均句长和平均词长, 可以分析不同作者的写作风格以及一种语言的句长和词长的变化趋势.

2) 作者考证

作者考证有时是一个很困难的问题, 计算风格学可被应用于解决这种问题. 下面是两个关于作者考证问题的例子.

例 7.1.1　《静静的顿河》出版时署名作者为著名作家肖洛霍夫. 出版后苏联曾有人对这部书的真正创作者提出过疑问. 声称这本书是肖洛霍夫从一位名不见经传的哥萨克作家克留柯夫那里抄袭来的. 数十年之后的 1974 年, 一匿名作者在法国巴黎发表文章, 断言克留柯夫才是《静静的顿河》的真正作者, 肖洛霍夫充其量是合作者罢了.

为了搞清楚谁是《静静的顿河》的真正作者, 捷泽等学者采用计算风格学的方法进行考证. 具体办法是把《静静的顿河》四卷本同肖洛霍夫、克留柯夫这两人的其他在作者问题上没有疑义的作品都用计算机进行分析, 获得可靠的数据, 并加以比较, 以期澄清疑问, 得出谁是真正作者的结论.

捷泽等学者从《静静的顿河》中随机地挑选出 2000 个句子, 再从肖洛霍夫、克留柯夫的各一篇小说中随机地挑选 500 个句子, 总共三组样本, 3000 个句子, 输入计算机进行处理. 处理的步骤如下:

第一, 首先计算句子的平均长度, 结果三组样本十分接近. 于是再按不同的长度细分成若干组, 对三组样本中对应的句子组进行比较, 发现肖洛霍夫的小说与《静静的顿河》比较吻合, 而克留柯夫的小说与《静静的顿河》相距甚远. 第二, 进行词类分析. 从三个样本中各取出 10000 个单词, 用 χ^2 分布的方法, 求出词类三个样本中的分布. 结果发现, 除了代词以外, 有 6 类词肖洛霍夫的小说都与《静静的顿河》相等, 而克留柯夫的小说则与之不相符. 第三, 考察处在句子中的不同位置的词类状况. 有人曾经研究过, 对于俄语这样的词序相当自由的语言, 词类在句子中的不同位置可以很好地表现文体的风格特点, 特别是句子开头的两个词和句子结尾的三个词往往可以起到区分文体风格的作用. 捷泽等学者统计了三种样本中句子开头的词类和句子结尾的词类. 发现肖洛霍夫的小说都与《静静的顿河》十分接近, 而克留柯夫的小说则与之有相当大的差距. 第四, 进行句子结构的分析. 统计三种样本中句子的最常用格式. 结果发现, 肖洛霍夫的小说都与《静静的顿河》的最常用句式都是 "介词 + 体词" 起始的句子, 而克留柯夫的小说的最常见句式是以 "主词+动词" 起始的句子. 第五, 统计三种样本中频率最高的 15 种开始句子的结构, 发现肖洛霍夫的小说中有 14 种结构与《静静的顿河》相符, 而克留柯夫的小说中只有 5 种出现在《静静的顿河》中. 第六, 统计三种样本中频率最高的 15 种结尾句子的结构, 发现肖洛霍夫的小说中有 15 种结构与《静静的顿河》完全相符, 而克留柯夫小说中结尾句子与《静静的顿河》完全不符.

根据以上 6 个方面的统计结果与分析, 捷泽等学者已可以下结论:《静静的顿河》的真正作者是肖洛霍夫. 然而捷泽等学者对于这样一部世界名著, 这样一个世界文学界的重大疑案, 采取了十分慎重的态度, 为了精益求精, 他们在更大规模基础上进行研究. 至 1977 年, 他们已分析了取自三种样本中的 140000 个单词. 直至此时, 捷泽等学者才下了一个稳健的结论:《静静的顿河》确实是肖洛霍夫的作品, 他在写作时或许参考过克留柯夫的手稿. 后来, 苏联文学研究者从另外一些方面又进一步证实了肖洛霍夫是《静静的顿河》的真正作者.

例 7.1.2 1964 年, 美国统计学家摩斯泰勒和瓦莱斯考证了 12 篇署名 "联邦主义者" 的文章, 可能的作者是: 一位是美国开国政治家哈密顿, 另一位是美国第四任总统麦迪逊. 究竟是哪一位呢? 统计学家在进行分析时发现哈密顿和麦迪逊在已有著作中的平均句长几乎完全相同. 这使得这一能反映写作风格特征的数据此时失效了. 于是, 统计学家转而从用词习惯上来找出这两位作者的有区别性的风格特征, 而且终于找到了两位作者在虚词的使用上有明显的不同. 哈密顿在他已有的 18 篇文章中, 有 14 篇使用了 "enough" 一词; 而麦迪逊在他的 14 篇文章中根本未使用"enough"一词. 哈密顿喜欢用"while"而麦迪逊总是用"whilst". 哈密顿喜欢用"upon", 而麦迪逊很少用. 然后, 再把两位可能的作者的上述风格特征指标, 与未知的 12 篇署名"联邦主义者"的文章中表现出来的相应的风格特征进行比较. 结果发现那位署名"联邦主义者"的作者就是美国第四任总统麦迪逊. 这样就了结了这一考据学上长期悬而未决的公案. 两位统计学家所使用的数学方法也得到了学术界的好评.

2. 进一步的关联

在我国, 对学科进行分类的讨论, 比较活跃的时期也是近 40 年. 比如说, 我们曾把人文科学与社会科学一股脑地统称为社会科学. 其实, 语言学、伦理学、艺术学是典型的人文科学, 而且, 文学、哲学、历史学等也属于人文科学. 只有正确地分类, 才有讨论各学科之间关系的良好基础. 社会科学与人文科学混淆导致的结果是人文科学的严重消弱.

虽然对于数学是否属于自然科学也有不同的看法, 但从历史上看, 数学最早是与自然科学联系在一起的. 自然科学是数学的主要源泉, 又是其主要用武之地. 人们的问题是从这种状况已发生变化而提出来的. 数学更像是自然科学中的哲学, 因此不仅在工具的意义上, 而且在思维的意义上, 也与人文科学靠近, 与人文科学产生广泛的联系.

法国数学家阿达马曾说: "语言学是数学和人文科学之间的桥梁." 语言学作为人文科学之一比较直接地与数学发生联系, 数学通过语言学而与更多的人文学科建立联系. 语言文学和数学不仅同时被视为最基础的学科, 而且被学校视为最重要的课程. 可以说, 语言学是所有人日常生活最需要的.

正式利用数学研究语言现象却并不是很早的事情, 甚至还不如数学之应用于音乐、雕刻那样早.

1847 年俄国数学家布里亚柯夫斯基认为, 可以利用概率论进行语法、词源和语言历史比较研究. 1894 年, 世界知名的瑞士语言学家索绪尔指出: "在基本性质方面, 语言中的量与量之间的关系可以用数学公式有规律地表达出来." 1904 年, 波兰语言学家库尔特内认为, 语言学家不仅应当掌握初等数学, 而且还必须掌握高等数学. 他认为, 语言学将日益接近精密科学, 语言学将利用数学的模式, 一方面更多地扩展量的概念, 另一方面将发展新的演绎思想的方法. 1933 年, 美国语言学家甚至认为, 数学不过是语言所能达到的最高境界. 语言学家们对数学的这般推崇似乎更能说明数学对语言的作用和影响.

语言学作为数学与人文科学之间的这座桥梁是语言学家和数学家们共同修建的. 数学家不仅利用数学研究了语言, 而且在研究语言的过程中发展了数学. 马尔可夫的例子是很著名的. 俄国数学家马尔可夫在研究俄语字母序列的数学研究中,

提出了随机过程论 (后称马尔可夫随机过程论), 后来成为一个独立的数学分支, 对现代数学的发展产生了深远的影响.

第一台电子计算机问世的 1946 年, 英国工程师布斯和美国工程师韦弗在讨论电子计算机的应用范围时, 就提出了用电子计算机进行翻译的设想. 此后, 机器翻译就成了数学、语言、计算机的重大联合行动的一个方面.

1954 年在美国 IBM 公司的支持下, 美国乔治敦大学进行了世界上第一次机器翻译试验. 同年, 美国海军军械试验站用 IBM701 计算机建成了世界上第一个自动情报检索系统. 从此, 机器翻译和情报自动检索工作蓬勃兴起.

在这一工作中, 首先要深入研究构词法, 从而促进了形态学的研究. 在自动形态分析中, 数学方法起着重要的作用. 例如采用离散数学中的有限自动机理论来设计形态分析模型, 控制切分过程, 实现单词的自动形态分析. 在切分过程中, 有限自动机把词典中各构词成分 (词干、前缀、后缀、词尾) 相应的语法信息, 记录到输入词中去, 这样, 当切分结束时, 每个输入词都附上了有关的语法信息, 为进一步的分析提供了数据.

人们同时发现, 机器翻译时不仅要找出两种语言之间词汇的对应关系, 还要进行句法分析, 也就是要有句对句的翻译, 这就促进了自动句法分析的研究.

句法的形式化分析也要借助于数学. 苏联数学家库拉金娜用集合论方法建立了语言模型, 精确地定义了一些语法概念. 这一模型成为苏联科学院数学研究所和语言研究所联合研制的法俄机器翻译系统的理论基础. 著名的数理逻辑学家巴希勒提出了范畴语法, 建立了一套形式化的句法类型及演算规则, 通过有限步骤, 可以判断一个句子是否合乎语法. 数学方法大大推动了传统的句法分析方法向精密化、算法化的方向发展.

20 世纪 60 年代出现了高级程序语言, 使计算机工作者从烦琐的手编程序的沉重劳动中解放出来. 与此同时, 学者们提出了一种高级程序语言的形式系统, 即巴库斯–瑙尔范式, 简称为 BNF. 后来发现, 著名语言学家乔姆斯基的上下文无关文法即 CFG 原来与 BNF 是完全等价的, 亦即, 它们的数学形式在实质上是完全一致的, 于是 BNF 与 CFG 通过数学的分析而觉察到它们高度的统一. 乔姆斯基的工作因而引起了计算机科学界和数学界的广泛注意. 由于这种数学上的高度统一, 乔姆斯基的形式语言理论成为计算机科学的基石之一. 这一理论的提出, 推动了计算机科学的发展, 是数学、语言学、计算机科学的有效汇合.

乔姆斯基在格罗斯和伦丁所著《形式语法导论》一书的序言中指出: "生成语法的研究之能实现, 乃是数学发展的结果 …… 普遍语法的数理研究, 很可能成为语言理论的中心领域. 现在要确定这些希望能否实现还为时过早. 但是, 根据我们今天已经懂得的和正在逐渐懂得的东西, 这些希望未必是不合理的." "普遍语法的某种数学理论与其说是今日的现实, 毋宁说是未来的希望. 人们至多只能说, 目前的研究似乎正在导致这样一种理论. 在我看来, 这是今天最令人鼓舞的研究领域之一, 如果他能获得成功, 那么, 将来他可能把语言研究置于一种全新的基点上."

还有一种高级程序语言叫 ALGOL60, 这是一种用于科学计算的程序语言. AL-GOL60 公布不久, 人们就在使用中发现了存在二义性, 即歧义性. 于是, 计算机科学家们纷纷寻找机械的办法以便判断一种程序语言是否具有二义性, 为此绞尽脑汁. 后来, 乔姆斯基从理论上证明了, 一个任意的上下文无关文法 CFG 是否有二义性的问题是不可判定的. 由于 CFG 与程序设计语言 BNF 等价, 而 ALGOL60 的形式描述正是 BNF, 因此这种程序语言是否具有二义性也是不可判定的. 从 CFG 与 BNF 在数学上的一致性, 乔姆斯基有力地回答了计算机科学中的这一重大理论问题. 从而, 也充分显示了数学对于语言学理论和计算机科学理论的作用. 这样, 也就吸引了许多有才能的数学家和计算机科学专家来关心语言学中的数学问题.

在机器翻译研究以及立足于模式匹配的自然语言理解系统研制的推动下的自动句法研究, 带有浓厚的数学色彩. 在语言学领域中, 乔姆斯基提出了转换生成语法, 韩礼德提出了系统语法, 兰姆提出了层级语法, 派克提出了法位学理论, 盖兹达提出了广义短语结构语法, 这些语法理论都是相当形式化的, 有着数学一样的严谨风格.

在计算机科学领域中, 许多计算机专家和人工智能学者, 也用数学方法来研究句法. 伍兹提出了扩充转移网络, 卡普兰提出了通用句法生成程序, 埃丁格尔提出了预示分析法, 凯依提出了功能合一语法. 这些理论与方法, 都十分便于直接用来进行算法设计, 便于在计算机上实现.

这样, 便从不同的领域涌现出了大批兼通语言学、数学和计算机科学的人才. 例如布列斯南和卡普兰就是这一类人物. 他们提出的词汇功能语法, 处处都使用了数学论证的方法. 这种语法理论本身就是语言学和数学相互渗透的产物.

语音的自动合成与分析是语言信息处理的一个重要方面, 是语言学研究的重要方面. 由于语音频谱提供出来的信息实在太多了, 因此研制语音合成器, 使之能把语音频谱转化为语音十分困难. 然而, 这一研究也取得了进展. 这一研究涉及语音的语声统计特性、语言信号短期平均处理、频谱的分析与合成、短期傅里叶变换、语言的线性预测分析等数学问题. 这是数学与语言学彼此相同、彼此协作而有相得益彰的又一天地.

图像识别与文字学研究也结合起来. 图像识别的一般理论和方法涉及许多数学问题, 如何运用这些理论和方法研究书面文字结构, 是一个极有意义的课题. 我国的汉字识别研究独具特色, 采用选取汉字特征点和数学形态学的方法来提取汉字结构特征. 在印刷体汉字识别方面, 已研制出一批实用系统, 这些系统一般都具有版面分析、文本识别、识别结果后处理、自动纠错、自动编辑、自动输出等功能.

20 世纪 70 年代以来, 建立了许多立足于语义的自然语言理解系统, 使长期不受重视的语义学得到了发展. 数学方法也在语义学研究中发挥了作用. 语言学家和数学家、计算机科学家中都有人进行了语义学研究, 提出了一些语义学理论. 语义学在数学工具的推动下出现了活跃的局面.

　　电子计算机的出现和广泛使用, 使语言学与数学更加靠近, 数学渗透到了语言学的更多领域. 例如, 形态学、句法学、词汇学、语言学、文字学、语义学等语言学的各个分支, 既推动了语言学的发展, 又促进了数学自身的发展.

7.2　数学与文学

　　当我们讨论数学与语言学的关系时, 在一些地方已经涉及了文学. 例如计算风格学, 主要是指文学作品的风格、文学家的风格, 但重点还在讨论它们的语言风格.

　　文学以语言为基础, 但文学不只是语言问题. 数学与文学的联系是经过了语言学这座桥梁的. 这种联系的性质已大不一样. 从下面的许多例子中可看到文学与数学联系的必然性.

7.2.1　用数学概念及知识作比喻来说明某些深刻道理

　　例如, 托尔斯泰曾用分数来表示人的真实价值. 他把别人对一个人的评价比作分子, 这往往比较符合客观实际; 把一个人自己对自己的评价比作分母, 一部分人往往容易夸大这个分母. 当分母固定时, 分子越大分数值越大; 当分子固定的时, 分母越大分数值越小. 这个比喻确实发人深思.

7.2.2　在文学作品中巧妙地运用数学方法可起到意想不到的效果

　　北宋著名的文学家苏轼, 不仅诗词写得精彩, 而且还是绘画的高手, 如诗的画、如画的诗. 有一次, 他画了一幅《百鸟归巢图》, 广东一位名叫伦文叙的状元在他的画上题了一首诗: "归来一只又一只, 三四五六七八只. 凤凰何少鸟何多, 啄尽人间千万石."

　　画名即是 "百鸟", 而题画诗中却不见 "百" 字的踪影. 诗人开始好像是在漫不经心地数鸟: 一只, 又一只, 三只, 四只, 五只, 六只, 七只, 八只; 数到第八只, 诗人好像已不耐烦了, 突然感慨横生, 笔锋一转, 发了一通议论. 那议论之中, 诗人感叹官场之中廉洁奉公、洁身自好的 "凤凰" 太少; 而那贪污腐化的 "害鸟" 则太多, 他们巧取豪夺, 把老百姓赖以活命的千石、万石 "啄尽" 了. 那么诗人仅仅是在发了一通议论吗? 完全没有顾及百鸟吗? 请注意, 先把诗中的数字顺序写下来: 1, 1, 3, 4, 5, 6, 7, 8. 然后, 用诗中实际暗示的运算关系把它们连起来, 得到 $1 + 1 + 3 \times 4 + 5 \times 6 + 7 \times 8 = 100$. 原来诗人巧妙地将 100 分拆成 2 个 1, 3 个 4, 5 个 6, 7 个 8, 用诗又画了一幅 "百鸟图", "百" 字含而不露地藏在了诗中.

歌剧《刘三姐》中有一个精彩的片段, 说的是刘三姐与三位秀才的对歌. 双方用唱山歌的方式互相问难, 三位秀才自以为有"学问", 对歌中给刘三姐出了一道难题:

罗秀才: 小小麻雀莫逞能, 三百条狗四下分, 一少三多要单数, 看你怎样分得清?

刘三姐: 九十九条打猎去, 九十九条看羊来, 九十九条守门口, 还剩三条奇奴才.

刘三姐一下子把 300 分拆成了 4 个奇数之和: $300 = 99 + 99 + 99 + 3$. 歌中"三条奇奴才"是指陶、李、罗三个助纣为虐的秀才. 对歌既表现了刘三姐的机智与幽默, 又表现了刘三姐对这些秀才的鄙视和嘲弄.

在伦文叙的题画诗中和刘三姐的歌词中, 都包含了把一个正整数分拆成若干个正整数之和的数学问题. 像这种把一个正整数分拆成若干个正整数之和的方法, 在数论中称为整数的分拆, 整数分拆是数学中一个十分活跃的分支, 涉及很多艰难的数学理论. 整数分拆又分为不计次序的分拆和计及次序的分拆, 按照刘三姐歌词中的唱法, $300 = 99 + 99 + 99 + 3$ 与 $300 = 99 + 3 + 99 + 99$ 是有区别的. 应当说, 这是一个计及次序的分拆.

回文诗和回文质数. 古人诗作中有一种诗, 这种诗完全反过来念也成一首诗, 故称其为回文诗; 数学中有一种数叫回文质数, 它是指那样的素数, 将它的各位数码完全倒过来写, 却仍是素数. 下面来欣赏这样的两首诗, 感受它们的奥秘.《晚秋即景》:

烟霞映水碧迢迢, 暮色秋声一雁遥. 前岭落辉残照晚, 边城古树冷萧萧.

把这首诗从最后一个字"萧"起倒过来念, 即成为

萧萧冷树古城边, 晚照残辉落岭前. 遥雁一声秋色暮, 迢迢碧水映霞烟.

这就是"回文诗", 数学可以与之媲美, 因为数学中有回文质数. 如 13, 31; 17, 71; 113 和 311, 769 和 967, $\cdots$.

7.2.3   在文学作品中巧妙地运用数词可起到文学本身起不到的效果

李白的诗:"朝辞白帝彩云间, 千里江陵一日还. 两岸猿声啼不住, 轻舟已过万重山"这是公认的长江漂流的名篇, 描绘了一幅轻快飘逸的画卷. 他还有"飞流直下三千尺, 疑是银河落九天""白发三千丈"等诗句借助数字达到了高度的艺术夸张.

杜甫的诗句:"两个黄鹂鸣翠柳, 一行白鹭上青天. 窗含西岭千秋雪, 门泊东吴万里船"同样脍炙人口. 数字深化了时空意境. 他还有"霜皮溜雨四十围, 黛色参天二千尺""新松恨不高千尺, 恶竹应须斩万竿"表现出强烈的夸张和爱憎.

柳宗元的诗句:"千山鸟飞绝,万径人踪灭.孤舟蓑笠翁,独钓寒江雪"中,数字具有强烈的对比和衬托作用,令人为之悚然.他的"一身去国六千里,万死投荒十二年"诗句和韩愈的"一封朝奏九重天,夕贬潮阳路八千"诗句一样,抒发迁客的失意之情,收到惊心动魄的效果.

岳飞的千古绝唱:"三十功名尘与土,八千里路云和月",陆游的豪放之吟:"三万里河东入海,五千仞岳上摩天"同样是壮怀激烈的.

此外,在毛泽东的诗词中用到"千"和"万"的地方特别多,这里就不一一叙述了.

7.3 数学与艺术

美国数学史专家 M. 克莱因说:"音乐能激发和抚慰情怀,绘画使人赏心悦目,诗歌能动人心弦,哲学使人获得智慧,科技可以改善物质生活,但数学却能提供以上的一切."

数学即使在基于应用时也喜欢抽象;数学又因为抽象而常常获得意想不到的应用.数学既通过想象又通过计算、推证去预见一些事物,但常常又预见不到自己未来会有多宽、多广的应用.这也像许多珍贵的艺术作品在创作之初作者并未预期将来会价值连城一样.

文学与艺术在有些地方很难划分.诗歌算文学,可不可以也算艺术呢?文学作品改编为剧本可以搬上舞台,搬上银幕,诗可以成为诗歌,诗配画,画配诗.文学与艺术的界线是模糊的.文学与艺术中的语言有时也是模糊的,这不仅是必要的,而且还要利用这种模糊性.关于这一问题我们已在第 2 章做了讨论.这里主要讨论数学与音乐、雕刻、建筑、绘画等的联系.

7.3.1 数学与音乐的联系

数学与音乐相联系的历史十分悠久.在毕达哥拉斯时代,音乐是数学的一部分,毕达哥拉斯可以说是音乐理论的一位始祖,他阐明了单弦的调和音乐与单弦弦长之间的关系.两根绷得一样紧的弦,若一根长是另一根长的两倍,就产生谐音,而且两个音正好相差八度.若两弦长之比为 3:2,则产生另一种谐音,此时短弦发出的声音比长弦发出的声音高五度.事实上,产生每一种谐音的各种弦的长度都成正整数比.这被认为是美丽的音乐中的数学.然而,古希腊的哲学家们是倒过来看的,认为这种美丽旋律不过是数学美的一种体现.

音乐成为古希腊灿烂文化的重要组成部分是与数学紧密联系在一起的.经过中世纪,到文艺复兴时期,古希腊文化的这种精神在欧洲传播.欧洲近代以来的众多科学家、数学家而不只是艺术家关心着音乐.开普勒从音乐与行星运动之间寻找对应关系. 莱布尼茨首先从心理学分析音乐, 却与数学有联系, 他认为音乐是一种无意识的数学运算, 这是更直接地把音乐与数学联系起来, 从某种意义上讲, 这也是后来出现的用数学结构分析音乐思想的先驱.

18 世纪的数学家中, 除了欧拉外, 还有泰勒、拉格朗日、伯努利等都研究过音乐, 研究长笛、风琴、各种形式的管乐器、小号、军号、铃, 以及许多的弦乐器.

傅里叶是 19 世纪研究音乐的一位数学家的杰出代表, 他对乐谱的分析与三角级数联系起来, 经过他而逐步创立起来的调和分析, 其名称即含普遍和谐的意思.

薛定谔算是 20 世纪的一位代表, 从古代毕达哥拉斯的科学美学思想得到启示. 毕达哥拉斯发现音乐与数之间的一种奇特的关系, 一根振动的弦, 实际上包含着薛定谔所寻求的那种正整数序列. 薛定谔的思路是音乐式的. 人们早已知道, 琴弦、风琴管的振动符合类似形式的波动方程. 而一个波动方程, 只要附加一定的数学条件, 便会产生一些数列. 薛定谔决定根据这种见解, 创立一种原子理论, 而他终于得到了电子的波动方程, 把电子的波粒二象性完美地统一起来了. 这个方程有着巨大的威力, 他完满地解释了微观粒子的运动, 就像牛顿方程完满地解释宏观运动那样. 难怪有人说, 音乐孕育了一批杰出的科学家.

从毕达哥拉斯时代起, 音乐在本质上就被认为是数学性的. 这种研究 2000 多年来一直没有间断. 从数学上来看, 其最高成就属于法国数学家傅里叶, 他证明了, 所有的声音, 不管是复杂的还是简单的, 都可以用数学公式进行全面描述. 简言之, 傅里叶得到了这样一个定理: "任何周期性声音 (乐音) 都可表示为形如 $a \sin bx$ 的简单正弦函数之和." 小提琴奏出的声乐的数学公式为

$$y = 0.06 \sin 180000x + 0.02 \sin 360000x + 0.01 \sin 540000x$$

音乐声音的数学分析具有重大的实际意义. 在再现声音的仪器中, 如电话、无线电收音机、电影、扬声器系统的设计方面, 起决定作用的是数学. 对现代的音乐合成也有重要意义——"现代的计算机音响技术就是在计算机的帮助下, 人们可以得到所希望的任何音高和音色的声响, 它的基本原理是借助数学处理方法给出所需声波的数学描述, 再将其转化为声波. 具体步骤是: 首先, 根据特定需要 (模仿或创造), 用计算机给出所需波形及其随时间的变化. 若原始波形要从外部声源输入, 则需进行模–数转换. 其次, 对表示所需波形的时间函数进行等间隔的数字采样. 再次, 用采样数字控制电脉冲振幅, 产生相应的电脉冲序列 (数—模转换). 最后, 让电脉冲通过低通滤波器, 还原成给定波形的电信号直接驱动扬声器. 在计算机音响的基础上又发展出计算机作曲, 其基本思想是把音乐看作乐符的某种组合与变换, 先将约束条件 (理论规则、要求的特点) 输入计算机, 再让它依此进行音响组合".

贝多芬留给后人的是美妙的音乐, 而傅里叶留给后人的是创造美妙音乐的方法. 从这个意义上讲, 傅里叶在音乐上的功绩不在贝多芬之下. 傅里叶的工作还有

哲学意义. 艺术中最抽象的领域——音乐, 可以转化为最抽象的科学——数学. 最富有理性的学问和最富有感情的艺术有着密切的联系.

7.3.2 数学与雕刻、建筑的联系

1. 古希腊时期的雕刻与建筑

在雕刻和建筑艺术中, 我们也看到数学. 古希腊数学已表现出来的精确、严密和优美的统一及由数学充分体现出来的人类理性思维特征, 在古希腊优美的文学及其理想化的哲学直到理想化的建筑与雕刻中, 处处体现着数学的影响. 欧几里得几何所表现的清晰、简洁, 在文化现象中随处可见. 古希腊的建筑设计异常简明, 与中世纪哥特式建筑的烦琐形成鲜明对照.

古希腊数学表现出一种静态特性, 这与常量数学相应. 希腊庙宇给人的印象是宁静——思想和精神似处在安静状态; 雕刻中的图像也是静态的, 给人以宁静之感.

古希腊数学中出现的点、线、面、体都已表现出相当程度的抽象, 是对现实的理想化. 这种对抽象和理想化的偏爱, 在其文化中留下了深刻的烙印. 他们的雕塑并不注重个别的男人或女人, 而是注重理想模式的人. 这种对理想化和抽象的追求, 导致了对雕塑各部位 (包括人体各部位) 比例的标准化追求. 希腊人不仅给出了标准的黄金分割 0.618, 而且对脚趾、手指的比例也没有忽视. 所雕刻的人物面部和姿态并没有明显的情感流露, 看上去是宁静的、一副哲人思索的形象. 这种艺术风格与古希腊数学风格完全吻合.

希腊建筑也是标准化的. 在简单质朴的建筑中, 长、宽、高都遵循一定的比例. 他们把坚持理想的比例与抽象的形式紧密结合起来. 艺术是理想和抽象的统一, 数学更是理想和抽象的统一.

2. 木工镶嵌术

木工镶嵌术是用木料来制作镶嵌图案的艺术, 它是 15 世纪下半叶和 16 世纪头 25 年中的一个主要的艺术现象. 在 15 世纪中叶, 它由作为建筑物边缘装饰品的一种手艺成为一种卓越的几何艺术. 木工镶嵌板常常用透视法描绘出街道风景或复杂建筑结构 (真实或想象的), 其情景就像是透过一扇开着的窗户去看它们一样. 许多镶嵌板栩栩如生地刻画出半开的柜橱中所装的东西. 实际上每块板的图案都是一种三维图景的错觉, 而这种错觉是通过运用几何学上的规律而造成的. 木工镶嵌术从一开始就要求对实用几何学要有细微深入的理解, 还要求有精确的测量方法, 以切削和装配那些构成最终成品并使其具备特有的深度、阴影和纹理的木片. 然而, 只有在直线透视理论得到发展和整理的情况下, 木工镶嵌匠们才能产生对幻觉表示法的兴趣, 也才能创造出那个时期中最令人信服的幻觉艺术.

此外, 1983 年, L. D. 亨德森 (Henderson) 出版了他的《现代艺术中的四维空

间与非欧几何》一书. 全书 500 多页, 剖析雕塑 (及下面讲的绘画) 艺术等受高维空间、非欧几何的启发而发展的历程. 这里就不再叙述了.

7.3.3　数学与绘画的联系

1. 透视学

绘画科学是由布鲁内莱斯基 (Brunelleschi, 1377—1446) 创立的, 他建立了一个透视体系. 15 世纪, 艺术家们意识到, 用线条或色彩在二维的画面上真实地再现三维的现实世界, 必须依据几何学原理才能实现. 通过对透视理论的研究, 他们获得了解决这一问题的较明确的方向, 由此创立了数学透视学, 以便运用几何学的原理和方法把三维的现实世界真实地再现在二维的画面上. 当时许多著名的艺术家都写过这方面的著作. 其中第一个将透视画法系统化的是阿尔贝蒂.

1435 年, 阿尔贝蒂完成了《论绘画》一书 (出版于 1436 年), 书中他指出: 做一个合格的画家首先要精通几何学. 他认为, 借助数学的帮助, 自然界将变得更加迷人. 阿尔贝蒂抓住了透视学的关键, 即 "没影点" (艺术上称为 "消失点") 的存在. 他大量地使用了欧几里得几何的定理, 以帮助其他艺术家掌握这一新技术. 阿尔贝蒂在《论绘画》一书提出的原理成了后世的艺术家们所采用并加以完善的透视法的数学体系的基础.

阿尔贝蒂还提出了一个重要问题. 一个显然的事实是, 如果在眼睛和景物之间插入两张位置不同的屏板, 则在它们上面的截景将是不同的. 进一步, 如果眼睛从两个不同的位置看同一景物, 而在每一种情形下都在眼睛和景物之间插入一张透明屏板, 那么所得截景也将是不同的. 可是所有这些截景都是由同一景物获得的, 都在一定程度上表现了原来的景物, 所以它们之间必定有某种共性. 阿尔贝蒂提出的问题就是: 任意两个这样的截景之间有什么数学关系, 或者, 它们有什么共同的数学性质? 这个问题是射影几何学发展的出发点.

对透视学作出最大贡献的是艺术家达·芬奇. 他把透视理论中的数学精神注入绘画艺术之中, 创立了全新的绘画风格. 他通过广泛而深入地研究解剖学、透视学、几何学、物理学和化学, 为从事绘画作好了充分的准备. 他对待透视学的态度可以从他的艺术哲学中看出来. 他用一句话概括了他的《艺术专论》的思想: "欣赏我的作品的人, 没有一个不是数学家." 达·芬奇坚持认为, 绘画的目的是再现自然界, 而绘画的价值就在于精确地再现. 因此, 绘画是一门科学, 和其他科学一样, 其基础是数学. 他指出, "任何人类的探究活动也不能成为科学, 除非这种活动通过数学表达方式和经过数学证明为自己开辟道路".

透视学的诞生和使用是绘画艺术史上的一个革命性的里程碑. 艺术家从一个静止点出发去作画, 便能把几何学上的三维空间以适当的比例安排在画面上. 这就使二维画面成为开向三维空间的窗口. 数学透视体系的基本定理和规则是什么呢?

假定画布处于通常的垂直位置. 从眼睛到画布的所有垂线, 或者到画布延长部分的垂线都相交于画布的一点上, 这一点称为主没影点. 主没影点所在的水平线称为地平线; 如果观察者通过画布看外面的空间, 那么这条地平线将对应于真正的地平线.

对数学透视学表达最清楚的是荷兰著名风景画家霍贝玛 (1638—1709) 画的《林荫道》, 如图 7.1 所示.

图 7.1

2. 现代绘画

20 世纪初以来, 西方出现了一系列深受数学思想、方法影响的美术流派. 例如, 以毕加索等为代表的立体主义, 把自然物体形象分解为几何切面, 并相互重叠, 加以主观的重新组合, 又发展到在一个画面上同时表现几个不同方面; 以康定斯基等为代表的抽象主义, 明确提出要对绘画作数学的分析与处理, 在画面上作几何形体的组合或抽象的色彩与线条的组合; 以塔特林等为代表的结构主义, 利用几何图形构成抽象的造型.

1979 年, 美国数学家 D. R. 霍夫施塔特 (Hofstadter) 以他的《哥德尔, 艾舍尔, 巴赫: 一条永恒的金带》一书轰动了美国. K. 哥德尔是 20 世纪最伟大的数学家之一; M. C. 艾舍尔是当代杰出画家; J. S. 巴赫是最负盛名的古典音乐大师. 这本书揭示了数理逻辑、绘画、音乐等领域之间深刻的共同规律, 似乎有一条永恒的金带把这些表面上大相径庭的领域联结在一起.

3. 计算机美术

如今三维电脑动画已经变得十分普通, 其理论基础首先是数学. 一般说来, 用计算机产生美术图形的基本步骤是: ① 读入一个传统美术图形库. ② 利用艺术家的预编程序的规则, 使计算机随机操纵库中的数据, 以产生美术图形. ③ 产生输出, 把图形显示在一个图形显示终端上. ④ 为艺术家提供一种选择, 允许对计算机产生的美术图形作特定的变动或转换. 这种类型的试验可以产生出艺术家和计算机的联合作品, 艺术家或计算机都无法单独产生这种作品.

以分形几何学为理论基础的计算机图像学可以展示形态逼真、充满魅力的分形图案, 如分形山脉、分形海岸线、分形云彩、分形湖泊、分形树林, 其技艺之高超, 连大师们也叹为观止. 艺术精英荟萃的好莱坞电影界, 对分形艺术也另眼相待, 特技行业已率先采用分形图像. 享誉世界的卢卡斯电影有限公司聘请了一个很有实力的计算机制图集团, 利用分形技术制造了电影《星球旅行 I》等.

康奈尔大学数学系的曼德尔布罗特以分形艺术与科学和工业相互渗透的应征文章赢得 1988 年度的"科学为艺术奖". 该奖目的是激励"美学创造力伸展到科学技术领域中, 促进艺术、科学与工业界之间的相互渗透上的重大科学创新". 具有最细分辨率和最生动色彩的最壮观的图片, 来自两位德国人: 数学家派特根 (H. O. Peitgen) 和物理学家里希特 (P. Richter). 他们出售幻灯片、大张透明片、挂历、出版漂亮的目录和书籍, 带着他们的计算机图形在世界上作巡回展览. 派特根的《分形之美妙》和《分形图像的科学》两本充满精美图画的著作不仅给他带来了巨大的声誉, 也带来了可观的收入. 可以肯定, 分形图形将对绘画、雕塑、建筑设计、印染工业、装潢和广告设计等产生深远的影响.

7.3.4　从艺术中诞生的科学

数学对绘画艺术作出了贡献, 绘画艺术也给了数学以丰厚的回报. 画家们在发展聚焦透视体系的过程中引入了新的几何思想, 并促进了数学的一个全新方向的发展, 这就是射影几何.

在透视学的研究中产生的第一个思想是, 人用手摸到的世界和用眼睛看到的世界并不是一回事. 因而, 相应地应该有两种几何, 一种是触觉几何, 二种是视觉几何. 欧氏几何是触觉几何, 它与人们的触觉一致, 但与视觉并不总一致. 例如, 欧几里得的平行线只有用手摸才存在, 用眼睛看它并不存在. 这样, 欧氏几何就为视觉几何留下了广阔的研究领域.

现在讨论在透视学的研究中提出的第二个重要思想. 画家们搞出来的聚焦透视

体系, 其基本思想是投影和截面取景原理. 人眼被看作一个点, 由此出发来观察景物. 从景物上的每一点出发通过人眼的光线形成一个投影锥. 根据这一体系, 画面本身必须含有投射锥的一个截景. 从数学上看, 这截景就是一张平面与投影锥相截的一部分截面.

把问题提的一般些: 设有两个不同平面以任意角度与这个投影锥相截, 得到两个不同的截影, 那么这两个截景有什么共同性质呢?

17 世纪的数学家们开始寻找这些问题的答案. 他们把所得到的方法和结果都看成欧氏几何的一部分. 诚然, 这些方法和结果大大丰富了欧几里得几何的内容, 但其本身却是几何学的一个新的分支, 到了 19 世纪, 人们把几何学的这一分支叫作射影几何学.

射影几何集中表现了投影和截景的思想, 论述了同一物体的相同射影或不同射影的截景所形成的几何图形的共同性质. 这门 "诞生于艺术的科学", 今天成了最美的数学分支之一.

7.4 数学与法学

7.4.1 数学方法在法学中的应用

应用数学方法可对法学问题进行定量化研究, 即采用数学方法包括计算工具研究、表述法律现象的数量关系, 并从已知的法律现象的数量状态推测法律现象的未来的数量状态.

1. 法学研究定量化的必然性

(1) 法律现象不仅具有质的规定性, 而且还存在着数量关系和数量状态. 这就从根本上决定了数学方法在法学研究中的地位和作用. 一方面, 法律现象的数量关系需要用数学方法来分析, 其数量状态也需要用数学方法来描述. 另一方面, 通过法律现象的数量关系的研究, 有助于进一步认识法律现象的质的规定性.

(2) 数学理论和数学方法的不断发展, 为法学研究的定量化提供了基本的前提条件. 马克思主义的数学观和质、量统一学说, 为数学方法的运用奠定了坚实的哲学基础. 而现代数学的发展, 系统科学和电子计算机的大规模应用, 又准备了相应的条件. 如系统科学具有一系列数学基础, 包括运筹学、概率论、模糊数学等. 因此, 系统科学本身具有定量化的特质, 在法学领域中运用系统科学方法, 就意味着法学研究要采用一定的数学分析.

(3) 数学方法在自然科学、社会科学中的成功应用, 也为法学研究定量化提供了范例和榜样. 可以说, 现代法学生存、发展于科学定量化的时代——"各门科学技术正在经历着数学化的过程" 的时代. 首先, 数学方法在自然科学中得到了有效的应用, 他表明数学方法能够成为法学的精密化、模型化的科学工具, 同时他又为法学研究运用数学方法提供了借鉴和类比的可能. 其次, 第二次世界大战以来, 数学方法在哲学、经济学、社会学、历史学、政治学甚至语言学、文艺学和心理学中被广泛应用, 并取得了丰硕成果. 譬如说数学导致了"哲学革命"; 数学向经济学渗透, 不仅导致计量经济学、经济数学的创立, 而且使各个经济学分支学科趋向于精确化、定量化; 等等. 有些社会科学学者认为, 1940 年以后, "社会科学获得新的威望和影响的理由之一", 就是社会科学实行"数学和科学方法的革新"或者"是由定量分析推导出来的".

(4) 近百年来, 定量的研究方法, 对于法学来说, 也并不陌生. 19 世纪 30 年代, 犯罪经济学正式诞生. 这门法学分支学科所采用的方法, 就是统计分析方法. 随之法学的定量化研究不断积累和扩展: 犯罪统计学、司法统计学、选举的数量分析和立法行为的数量分析等, 逐渐兴盛起来. 例如, 司法统计就是根据违法行为的次数和实施违法行为的人数等数据计算出相关指数, 并提供分析这些数据的统计学方法. 司法统计所依据的主要是描述法和统计手段 (分数、平均值、百分比). 而现在, 数学方法在法学中的应用, 已经发展到一个新阶段——对法律现象进行数学模拟, 如法律规范作用的社会机制的数学模拟, 法律信息、法律规范的效力概念和合理性的数学模拟, 法律规范的结构、法律制度和法律体系的数学模拟; 把数学方法用于刑事侦查和司法鉴定; 把数学语言作为一种有前途的语言加以使用. 在我国, 数学方法的独特作用也日益受到法学家们的重视, 不仅有司法统计学、犯罪统计学方面的专著问世, 而且数学方法的应用范围不断扩展.

(5) 数学方法本身有其特殊的方法论功能: 数学方法主要适用于法律现象的数量关系问题. 而对于法的本质、基本特征和某些规律性问题, 却无法定量分析与描述. 许多法律现象, 如法治观念水平、执法守法的程度、违法行为的社会危害性、法与其他规范的关系等, 自然也是一个变量, 但其模糊性较高, 精确的数值表示比较困难. 因此, 法制指标体系的建立和定量化, 往往难于社会经济发展指标体系的设定及其定量化. 同时, 数学方法在法学研究中的应用, 也要受制于法学发展的程度. 著名哲学家、控制论专家克劳斯曾提出: "只有当一个知识领域的问题业已十分成熟, 概念业已表述得十分清楚, 以致这些问题有可能做数学表述时, 我们才能把数学应用于这个领域." 这样, 在某些特定问题上或特定的历史时期, 法学的定量化必然会受到相应的限制. 此外, 数学本身的发展水平和方法结构, 更直接地规定着法学定量化的临界范围.

2. 法学研究应用数学方法的主要领域

从法学定量化研究的历史和现代法学应用数学方法的基本趋势来看, 法学研究应用数学方法的主要领域, 可以有如下七方面.

(1) 建立数理法律学或法律数学, 研究法学和数学的一般关系, 探讨法律现象的数量特性、数量关系及其一般规律, 为具体的定量分析提供理论和方法论基础.

(2) 将数学方法引入法制史, 研究法制的数量史学. 数量史学是国外现代历史学的重要领域与分支, 是运用数学方法分析历史现象和历史进程的必然产物. 在国外, 数学方法也已被应用于政治法制史的研究. 如在 20 世纪 60 年代, 美国历史学家本森根据对选举结果报告的数量分析, 对 19 世纪 30 年代和 40 年代的美国政治活动提出了独特见解. 此后, 其他历史学家又相继定量化地分析婚姻家庭的变化、选举行为、立法行为等.

(3) 建立法制系统的数学模型. 用统计学方法、社会调查、民意测验方法, 计算机科学中的数据库理论以及电子计算机等工具, 收集和整理社会现象、法律现象及其相互关系的信息, 建立"数量信息库", 以提供立法和法学研究所需的各种数据. 如对各种数据进行分析、综合, 寻求社会现象、法律现象及其相互关系中比较稳定的数量关系, 构建相应的数学模型, 即用数学方法描述法制系统方面的模型, 包括法制战略模型、法制预测模型、立法模型和司法鉴定模型等.

(4) 建立法制 (法治) 的指标体系, 即评价法制 (法治) 结构状态、法制 (法治) 运行状态及其效果状态的数量标准.

(5) 创立和发展各种法律的统计学, 如犯罪统计学、立法统计学、司法统计学等.

(6) 运用数学方法研究犯罪问题, 如用回归分析的方法, 研究文化水平、年龄与性犯罪的关系, 用具体的数量关系说明文化水平是影响性犯罪的重要原因. 也可以通过各种数据的计算、比较, 进行不同国家犯罪情况的比较研究. 还可以运用趋势外推法预测犯罪的变化趋势, 并建立发案预报的数学模型.

(7) 依据数学逻辑, 概括和表述法学研究成果, 使理论形式精确化. 数学逻辑不仅表现为严密的数学公式, 而且也包括严密的推导法则, 如公理化方法、证明方法等.

7.4.2 高新技术对法学的影响

高新技术在本质上是一种数学技术, 高新技术对法学的影响是多方面的, 这里主要从法学教育方面来讨论这一问题.

教育与案例的数据库技术, 正在对研究法律的方法产生影响, 现在有人在进行法学研究时大量采用 WEST LAW 案件资料, 这种采用先进方法采集到更多的资料使研究者的视角更为宽广, 其合理性更高; 无线通信信息技术, 对法学教育的模式产生重大影响, 它使一对一、一对多或者多对一的讲课方式成为可能; 电视图像与信息技术对法学教育的影响还表现在电视直播法庭审判, 它使律师成为人们心目中的英雄, 法官再次成为捍卫公正的保护神, 人们对法律的认识更为真切. 因此信息社会的法学教育, 无论从形式到内容还是从时间到空间, 都以一种新的姿态出现.

　　高新技术对法学教育的另一种影响表现在对法律内容的改变方面. 随着高新技术的不断发展, 社会生活中出现了大量新的立法领域, 如出现了基因技术法、航空法、原子能法等; 同时对一些传统的法律领域提出了挑战, 如生育技术的进步, 出现了试管婴儿, 传统的亲子关系、抚养关系和继承关系发生了变化, 又如计算机创作作品的出现, 引发了著作权归属的新问题. 另外高新技术也为立法提供了新的指导思想, 对司法也产生了影响. 高新技术的发展要求必须转变法学教育观念, 逐步由国内本位向国际本位发展; 建立和完善网络教育模式, 促进法学教育的多元化; 优化选取法学人才的培养模式, 适应新时代的需要, 完善 21 世纪的法学教育之路.

参 考 文 献

[1] Wilder R L. The Evolution of Mathematical Concepts: An Elementary Study. New York: John Wiley, 1968.

[2] Kline M. Mathematical Thought from Ancient to Modern Times. Oxford: Oxford University Press, 1972.

[3] Wilder R L. Mathematics as A Cultural System. New York: Pergamon Press, 1981.

[4] 邓东皋, 孙小礼, 张祖贵. 数学与文化. 北京: 北京大学出版社, 1990.

[5] 齐民友. 数学与文化. 长沙: 湖南教育出版社, 1991.

[6] 孙小礼. 数学: 人类文化的重要力量. 北京大学学报 (哲学社会科学版), 1993(1): 76-83, 130.

[7] 葛照强, 侯再恩. 21 世纪中国数学展望. 陕西省科学技术协会编. 跨世纪科学文集. 西安: 陕西科技出版社, 1996: 231-233.

[8] 余凯, 洪成文, 丁邦平, 施晓光. 国外高等教育教学内容和课程体系改革动向. 教学与教材研究, 1998(1): 44-46.

[9] 张小萍. 美国大学数学教改初见端倪. 教学与教材研究, 1998(5): 45-47.

[10] 徐斌艳. 数学教育的未来. 外国教育资料, 1998(2): 34-36.

[11] 陈永明. 日本面向 21 世纪教改的三大趋势. 外国教育资料, 1998(4): 1-8.

[12] 吴晓郁. 美国研究型大学教育特色及思考. 教学与教材研究, 1999(1): 42-44.

[13] 葛照强, 侯再恩, 郑恩让, 等. 数学建模与工科教育. 中国电子教育, 数学建模教育专辑, 2000: 22-24.

[14] 董华, 桑宁霞. 科学–人文教育及其实现途径. 教育研究, 2001(12): 43-46.

[15] 杨叔子. 科学人文和而不同. 清华大学教育研究, 2002(3): 11-18.

[16] 顾沛. 南开大学开设 "数学文化" 课的做法. 大学数学, 2003(2): 23-25.

[17] 张奠宙, 梁绍君, 金家梁. 数学文化的一些新视角. 数学教育学报, 2003(1): 37-40.

[18] 张奠宙. 数学文化. 科学, 2003(3): 50-52.

[19] 张顺燕. 数学的思想、方法和应用. 北京: 北京大学出版社, 2003.

[20] 教育部高等教育司, 张楚廷. 数学文化. 北京: 高等教育出版社, 2004.

[21] 葛照强. 提高大学数学教学质量方法探索. 当代杰出管理专家人才名典: II. 北京: 长征出版社, 2004: 247-249.

[22] 葛照强, 王讲书. 论大学数学教育中的人文精神. 大学数学, 2005(4): 20-23.

[23] 张顺燕. 数学教育与数学文化. 数学通报, 2005(1): 4-9.

[24] 李大潜. 数学文化小丛书 (第 1 辑). 北京: 高等教育出版社, 2007.

[25] 顾沛. 数学文化. 北京: 高等教育出版社, 2008.

[26] 方延明. 数学文化. 2 版. 北京: 清华大学出版社, 2009.

[27] 薛有才. 数学文化. 北京: 机械工业出版社, 2010.

[28] 丘维声. 数学的思维方式与创新. 北京: 北京大学出版社, 2011.

[29] 伏春玲, 冯秀芳, 董建德. 数学文化在中学数学教学中的渗透. 数学教育学报, 2011(6): 89-92.

[30] 鲁小凡. 浅议高中课堂中数学文化渗透的切入点. 中国教师, 2013(10): 30-32.

[31] 张奠宙, 王善平. 数学文化教程. 北京: 高等教育出版社, 2013.

[32] 张若军. 数学思想与文化. 北京: 科学出版社, 2015.

[33] 李尚志. 数学大观. 北京: 高等教育出版社, 2015.

[34] 张夏雨, 喻平. 指向数学素养的系统化教学建议: 美国 NCTM 数学教学实践途径及其启示. 全球教育展望, 2018, 47: 14-27.

[35] 朱长江, 郭艾, 杨立洪. 面向理工科创新型人才培养的"四步进阶"大学数学教学改革. 中国大学教学, 2018(3): 33-36.

[36] 葛照强, 张学恭, 唐玉海. 自然科学发展概论——自然科学思想方法与人文教育. 西安: 西安交通大学出版社, 2007.

[37] 郭晓梅. 现代数学技术及其影响. 牡丹江大学学报, 2010, 19(2): 100-101.

[38] 王树禾. 数学思想史. 北京: 国防工业出版社, 2003.

[39] 李敏. 人工智能数学理论基础综述. 物联网技术, 2017(7): 99-102.

[40] 王树禾. 微分方程模型与混沌. 合肥: 中国科学技术大学出版社, 1999.

[41] 汪诚义. 模糊数学引论. 北京: 北京工业大学出版社, 1988.

[42] 刘来福, 曾文艺. 数学模型与数学建模. 北京: 北京师范大学出版社, 1999.

[43] 邓宗琦. 科坛无冕之王. 武汉: 湖北科学技术出版社, 2000.

[44] 田春芝, 徐泽林. 简论数学在近代科学革命中的作用. 科学, 2016, 68(5): 29-33.

[45] 舒爱莲. 古希腊的数学自然观及其对人类文明的贡献. 中国教育教学杂志 (高等教育版), 2006, 12(6s): 70-71.

[46] 梁立明. 数学对唯物主义自然观的影响. 河南师范大学学报 (哲学社会科学版), 1989(3): 21-26.

[47] 黄秦安. 数学真理的发展及其对自然观演变的启示. 自然辩证法研究, 2004, 20(2): 8-11.

[48] 梁晓燕. 论数学化思想在物理学发展中的作用. 内蒙古师范大学学报 (教育科学版), 2003, 16(3): 65-66.

[49] 张德华, 张晓燕. 数学方法在化学中的应用. 湖北师范学院学报 (自然科学版), 2007, 27(1): 110-112.

[50] 郑英元. 天文学与数学 (上). 数学教学, 2011(4): 49.

[51] 郑英元. 天文学与数学 (下). 数学教学, 2011(5): 49.

[52] 赵锐. 数学在地理学中的一些应用. 自然杂志, 1984, 6(3): 187-190.

[53] 皮洛 E C. 数学生态学引论. 卢泽愚, 译. 北京: 科学出版社, 1978.

[54] 储嘉康. 试论现代医学中的数学方法. 医学与哲学, 1984(10): 31-33.

[55] 何国龙. 现代科学技术发展中数学的作用及相关问题. 浙江师范大学学报 (自然科学版), 2002, 25(4): 337-341.

[56] 刘裔宏, 许康. 新的技术革命与现代数学. 系统工程, 1984, 2(2): 75-82.

[57] 彭英才, Zhao X. 面向 21 世纪的微电子技术. 物理通报, 2005(10): 5-7.

[58] 谢永高, 秦子增, 黄海兵. 军事航天技术的回顾与展望. 飞航导弹, 2002(11): 15-19.

[59] 闫志强. 语言学中数学方法的应用和探析. 消费导刊, 2011(16): 103-104.

[60] 吴哲辉. PETRI 网导论. 北京: 机械工业出版社, 2006.

[61] Li Z, Zhou M, Wu N. A survey and comparison of petri net-based deadlock prevention policies for flexible manufacturing systems. IEEE Transactions on Systems, Man, and Cybernetics-Part C: Applications and Reviews, 2008, 38 (2): 173-188.

[62] 黄娟, 王军. 基于不同人工智能算法的数学建模优化研究. 自动化与仪器仪表, 2018(6): 47-49.

[63] 杨峻中. 数学方法在保险学中的应用. 企业导报, 2013(15): 188-189.

[64] 欧俊. 经济学一本全. 南昌: 江西美术出版社, 2018.

[65] 吴晓. 经济学. 北京: 北京理工大学出版社, 2016.

[66] 茅于轼. 经济学所用的思考方法. 读书, 1998(1): 139.

[67] 伍超标. 数理经济学导论. 北京: 中国统计出版社, 2002.

[68] 肖柳青, 周石鹏. 数理经济学. 北京: 高等教育出版社, 1998.

[69] 蒋中一. 数理经济学的基本方法. 刘学, 译. 北京: 商务印书馆, 1999.

[70] 刘树林. 数理经济学. 北京: 科学出版社, 2008.

[71] 朱玉春, 刘天军. 数量经济学. 北京: 中国农业出版社, 2006.

[72] 谢识予. 计量经济学. 2 版. 北京: 高等教育出版社, 2004.

[73] 于俊年. 计量经济学. 北京: 对外经济贸易大学出版社, 2015.

[74] 王升. 计量经济学导论. 北京: 清华大学出版社, 2006.

[75] 颜军梅, 刘涛. 金融学. 武汉: 武汉大学出版社, 2018.

[76] 李换琴, 朱旭, 王勇茂, 等. MATLAB 软件与基础数学实验. 2 版. 西安: 西安交通大学出版社, 2015.

[77] 许家林. 会计学基础. 武汉: 武汉大学出版社, 2010.

[78] 袁水林, 张一贞. 管理会计. 上海: 上海财经大学出版社, 2018.

[79] 史树中. 诺贝尔经济学奖与数学. 北京: 清华大学出版社, 2002.

[80] 张祥龙. 数学与形而上学的起源. 云南大学学报 (社会科学版), 2002, 1(2): 31-35.

[81] 张俊青. 西方哲学的数学情缘. 长治学院学报, 2009, 26(5): 50-54.

[82] 王相国. 理性数学的哲学起源. 数学教育学报, 2007, 16(3): 63-67.

[83] 卢翼翔. 数学与辩证法. 1982. DOI: 10. 19603/j. cnki. 1000-1190. 1982. s1. 014.

[84] 邹庭荣. 数学文化欣赏. 武汉: 武汉大学出版社, 2007.